网络多媒体中的
关键技术及应用研究

冯 明　亓 慧　黎瑞成　编著

中国水利水电出版社
www.waterpub.com.cn

内 容 提 要

本书主要内容包括网络多媒体技术概论、多媒体数据压缩技术、多媒体通信技术、数字音频处理技术、图形图像处理技术、动画处理技术、数字视频处理技术、流媒体技术、网络多媒体技术综合应用等。

本书在内容编排上既包括基本理论部分，又融合了多媒体实用技术，同时对某些领域的前沿技术、热点问题也有所涉及，对在多媒体领域从事研究工作的研究人员具有很重要的参考价值。

图书在版编目(CIP)数据

网络多媒体中的关键技术及应用研究/冯明，亓慧，黎瑞成编著. --北京：中国水利水电出版社，2015.7（2022.10重印）

ISBN 978-7-5170-3168-0

Ⅰ.①网… Ⅱ.①冯… ②亓… ③黎… Ⅲ.①计算机网络—多媒体技术—研究 Ⅳ.①TP37

中国版本图书馆 CIP 数据核字(2015)第 101681 号

策划编辑：杨庆川　责任编辑：陈　洁　封面设计：崔　蕾

书　　名	网络多媒体中的关键技术及应用研究
作　　者	冯　明　亓　慧　黎瑞成　编著
出版发行	中国水利水电出版社 （北京市海淀区玉渊潭南路 1 号 D 座 100038） 网址：www. waterpub. com. cn E-mail：mchannel@263. net（万水） sales@mwr.gov.cn 电话：(010)68545888(营销中心)、82562819（万水）
经　　售	北京科水图书销售有限公司 电话：(010)63202643、68545874 全国各地新华书店和相关出版物销售网点
排　　版	北京鑫海胜蓝数码科技有限公司
印　　刷	三河市人民印务有限公司
规　　格	184mm×260mm　16 开本　17.25 印张　420 千字
版　　次	2015年8月第1版　2022年10月第2次印刷
印　　数	3001-4001册
定　　价	60.00 元

前　言

多媒体技术是指利用网络把文字、音频、视频、图形、图像、动画等多媒体信息通过计算机进行数字化采集、获取、压缩/解压缩、编辑、存储等加工处理，再以单独或合成形式表现出来的一体化技术。网络多媒体技术则是一门综合的、跨学科的技术，它综合了通信技术、计算机技术、多媒体技术等信息科学领域的技术成果，目前已成为发展最快且最富有活力的高新技术之一。我国网络多媒体技术出现于20世纪90年代，属于一个新生事物。近年来，随着信息技术的迅速发展，网络多媒体已逐渐被人们所关注，成为当代计算机网络发展的新成就。

网络多媒体技术的出现标志着计算机将不仅仅作为办公室和实验室的专用品，而将进入家庭、商业、旅游、娱乐、教育乃至艺术等几乎所有的社会与生活领域。由于网络多媒体技术具有很强的实用价值，因而在计算机科学及其相关学科领域得到发展和融合，并开拓了计算机在国民经济领域的广泛应用，而且渗透到生活的各个方面，对社会、经济产生了重大的影响，并已成为国际学术界的一个研究热点。本书作者始终高度关注网络多媒体技术的发展，并一直致力于该领域的教学与研究工作。

本书共分9章，从相关应用技术的角度对网络多媒体技术及应用展开讨论。第1章网络多媒体技术概论，涉及内容：媒体元素、发展历程、应用领域、社会意义；第2章多媒体数据压缩技术，涉及内容：压缩性能指标、无损压缩、有损压缩、音频压缩、图像压缩；第3章多媒体通信技术，涉及内容：多媒体通信服务质量QoS、通信网络、通信协议、无线多媒体技术；第4章数字音频处理技术，涉及内容：数字音频编码、获取与处理技术、识别与合成技术，以及常用的数字音频处理软件——GoldWave；第5章图形图像处理技术，涉及内容：图像的文件格式、数值描述、图形图像的获取与处理，以及典型的图像处理软件——Photoshop；第6章动画处理技术，涉及内容：动画的文件格式、动画的制作，以及常用动画制作软件——Flash；第7章数字视频处理技术，涉及内容：数字视频的文件格式、数字视频的获取与处理，以及常用的数字视频编辑软件——Adobe Premiere；第8章流媒体技术，涉及内容：流媒体的文件格式、系统组成、实现的关键技术、传输协议、应用领域及应用系统；第9章网络多媒体技术综合应用，涉及内容：网络多媒体应用系统的设计、创作、应用，典型应用案例包括多媒体视频会议系统、视频点播系统、交互电视系统、多媒体IP电话系统、多媒体远程教育系统、远程医疗系统、视频监控系统。

全书由冯明、亓慧、黎瑞成撰写，具体分工如下：

第3章、第4章第1节～第2节、第5章、第8章：冯明（雅安职业技术学院）；

第6章、第7章、第9章：亓慧（太原师范学院）；

第1章、第2章、第4章第3节～第5节：黎瑞成（海南软件职业技术学院）。

本书是一个完整的系统，内容上既包括原理与技术基础，又融合了网络多媒体方面的实用技术，同时对该领域的一些前沿技术、热点问题也有所涉及。可以说是作者多年来从事网络多媒体技术教学和实践的总结。本书的编撰得到了许多同行专家的支持和帮助，在此表示深深的谢意。同时，在本书的编撰过程中，参考了大量有价值的文献与资料，吸取了许多人的宝贵经验，在此向这些文献的作者表示敬意。

网络多媒体技术是一门综合性很强的技术，其发展速度也相当迅速，相关研究资料更是浩如烟海，但是由于作者视野所限，加之时间仓促，书中难免存在不足与错误之处，恳请广大读者进行批评指正，不胜感激！

作者

2015 年 3 月

目　　录

前　　言

第 1 章　网络多媒体技术概论……………………………………………… 1

1.1　网络多媒体技术概述 ……………………………………………… 1
1.2　网络多媒体技术的发展 …………………………………………… 6
1.3　网络多媒体处理技术的应用领域 ………………………………… 9

第 2 章　多媒体数据压缩技术 ……………………………………………… 13

2.1　数据压缩概述……………………………………………………… 13
2.2　无损压缩和有损压缩……………………………………………… 15
2.3　多媒体数据的压缩及其标准……………………………………… 29

第 3 章　多媒体通信技术 …………………………………………………… 54

3.1　多媒体通信概述…………………………………………………… 54
3.2　多媒体通信的服务质量 QoS …………………………………… 59
3.3　多媒体通信网络…………………………………………………… 63
3.4　多媒体通信协议…………………………………………………… 80
3.5　无线多媒体技术…………………………………………………… 88

第 4 章　数字音频处理技术 ………………………………………………… 90

4.1　数字音频的基础知识……………………………………………… 90
4.2　数字音频编码与文件格式………………………………………… 93
4.3　数字音频的获取与处理 ………………………………………… 101
4.4　数字语音的识别与合成技术 …………………………………… 107
4.5　数字音频处理常用软件 ………………………………………… 110

第 5 章　图形图像处理技术……………………………………………… 120

5.1　图形图像的基础知识 …………………………………………… 120
5.2　图像的文件格式 ………………………………………………… 126
5.3　图形图像的获取与处理 ………………………………………… 131
5.4　图形图像处理常用软件 ………………………………………… 138

第6章 动画处理技术 …… 148

6.1 动画的基础知识 …… 148
6.2 动画的文件格式 …… 155
6.3 动画的制作 …… 157
6.4 动画制作常用软件 …… 164

第7章 数字视频处理技术 …… 172

7.1 视频的基础知识 …… 172
7.2 数字视频的文件格式 …… 179
7.3 数字视频的获取与处理 …… 181
7.4 数字视频编辑常用软件 …… 189

第8章 流媒体技术 …… 198

8.1 流媒体概述 …… 198
8.2 流媒体系统的组成 …… 202
8.3 流媒体实现的关键技术 …… 204
8.4 流媒体传输协议 …… 207
8.5 流媒体技术的应用 …… 218

第9章 网络多媒体技术综合应用 …… 230

9.1 网络多媒体应用概述 …… 230
9.2 多媒体视频会议系统 …… 240
9.3 视频点播和交互电视系统 …… 243
9.4 其他多媒体应用系统 …… 249

参考文献 …… 268

第1章　网络多媒体技术概论

多媒体技术是一项新兴技术，是涉及计算机、电子、通信网络、数字压缩技术等多门学科的综合学科，也是信息领域发展极为迅速、时代特征极其鲜明的一门多学科交叉的技术，还是新世纪信息产业的一项重大工程技术。网络多媒体技术的高速发展，给人们的生活和工作方式带来了巨大的变化，在信息社会中具有十分重要的地位。多媒体技术发展前景非常广阔，从普及计算机应用、拓宽计算机处理信息的类型看，利用多媒体是计算机技术发展的必然趋势。

1.1　网络多媒体技术概述

“多媒体”(Multimedia)，从字面上理解就是“多种媒体的综合”，相关的技术也就是“怎样进行多种媒体综合的技术”。到目前为止，多媒体还没有一个统一而严格的定义。不同的研究目的从不同角度对多媒体给出了不同的解释。目前，多媒体一般被看作是人类运用先进的计算机技术交互处理多媒体信息(其中特别指传统计算机无法处理的音频、视频信息)的方法和手段，例如获取、编辑、存储、传输、展示等。从更加广义的角度看，“多媒体”指的是一个领域，一个和信息处理有关的，包括家用电器、通信、出版、娱乐等在内的所有技术与方法进一步发展的领域。

1.1.1　多媒体中的媒体元素

多媒体中的媒体元素是指多媒体应用中可显示给用户的媒体形式，主要有文本、图形、图像、声音、视频和动画等。这些媒体元素有各自的特点和性质，不同类型的媒体元素有机地结合与互补，才能充分发挥多媒体集成的优势。

(1)文本

文本是指各种文字，包括各种字体、尺寸、格式及色彩的文本。在多媒体应用系统中适当地组织使用文字可以使显示的信息更容易理解。多媒体应用中使用较多的是带有段落格式、字体格式、边框等格式信息的文字。这些文字可以先使用文本编辑软件(如 Word、WPS 等)，或使用图形图像制作软件将文字编辑处理成图片，再输入到多媒体应用程序中，也可以直接在多媒体创作软件中进行制作。

(2)图形

图形是指用计算机绘图软件绘制的从点、线、面到三维空间的各种有规则的图形，如直线、矩形、圆、多边形，以及其他可用角度、坐标和距离来表示的几何图形。

在图形文件中只记录生成图的算法和图上的某些特征点，因此也称矢量图。通过读取这些指令并将其转换为屏幕上所显示的形状和颜色而生成图形的软件通常称为绘图程序。在计算机还原输出时，相邻的特征点之间用特定的诸多段小直线连接就形成曲线。若曲线是一条封闭的图形，也可靠着色算法来填充颜色。

图形的最大优点在于可以分别控制处理图中的各个部分，如在屏幕上移动、旋转、放大、缩小、扭曲而不失真，不同的物体还可在屏幕上重叠并保持各自的特性，必要时仍可分开。因此，图形主要用于表示线框型的图画、工程制图、美术字等。绝大多数 CAD 和 3D 造型软件使用矢量图形来作为基本图形存储格式。

微机上常用的矢量图形有 .3ds(用于 3D 造型)、.dxf(用于 CAD)、.wmf(用于桌面出版)等。图形技术的关键是图形的制作和再现，图形只保存算法和特征点，所以，相对于图像的大数据量来说，它占用的存储空间也就较小，但在屏幕每次显示时，它都需要经过重新计算。另外，在打印输出和放大时，图形的质量较高。

(3)图像

图像是指由输入设备捕捉的实际场景画面，或以数字化形式存储的任意画面。静止的图像可用矩阵点阵图来描述，矩阵的每个点称为像素(pixel)，整幅图像就是由一些排成行列的像素点组成的，故图像也称为位图。

位图中的位用来定义图中每个像素点的颜色和亮度。对于灰度图常用 4 位(16 种灰度等级)或 8 位(256 种灰度等级)表示该点的亮度。若是彩色图像，R(红)、G(绿)、B(蓝)三基色每色量化 8 位，则称彩色深度为 24 位，可以组合成 2^{24} 种色彩等级，即真彩色。若只是黑白图像，每个像素点只用 1 位表示，则称为二值图。

位图图像适合于表现比较细致，层次和色彩比较丰富，包含大量细节的图像，如自然景观、人物等。由像素矩阵组成的图像可用画位图的软件(如 Photoshop)获得，也可用彩色扫描仪扫描照片或图片来获得，还可用摄像机、数字照相机拍摄或帧捕捉设备获得数字化帧画面。

图形与图像在多媒体中是两个不同的概念，其主要区别如下：

1)构造原理不同：图像的基本元素是图元，如线、点、面等元素；图像的基本元素是像素，一幅位图图像可考虑为由一个个像素点组成的矩阵。

2)数据记录方式不同：图形存储的是画图的函数；图像存储的则是像素的位置信息和颜色信息，以及灰度信息。

3)处理操作不同：矢量图形由运算关系支配，因此，可以分别控制、处理图中的各个部分，如在屏幕上移动、旋转、放大、缩小、扭曲而不失真。图像像素点之间无内在联系，所以在放大与缩小时，部分像素点会丢失或被重复添加而导致图像的失真。

4)处理显示速度不同：图形的显示过程是根据图元顺序进行的，它使用专门软件将描述图形的指令转换成屏幕上的形状和颜色，其产生需要计算时间。图像是将对象以一定的分辨率解像以后将每个点的信息以数字化方式呈现，可直接快速在屏幕上显示。

5)数据量不同：图像数据量大，不便于保存和传送，因此，要采用数据压缩算法。图像数据量则相对较小。

6)表现力不同：图形描述轮廓不很复杂，色彩不很丰富的对象，如几何图形、工程图纸、CAD、3D 造型软件等。图像能表现含有大量细节(如明暗变化、场景复杂、轮廓色彩丰富等)的对象，如照片、绘图等。通过图像软件可进行复杂图像的处理以得到更清晰的图像或产生特殊效果。

随着计算机技术的进步，图形与图像之间的界限已越来越小，这主要是由于计算机处理能力的提高。

(4)声音

声音也叫音频,是指在20 Hz～20 kHz频率范围的连续变化的声波信号。对声音可进行录制、存储、播放与合成。音频是数字化音频文件,包括波形声音、语音和音乐。

1)波形声音。波形声音即指数字化的声音,它表示了声音的瞬时幅度,存储的数据文件占有较大的空间。其存储文件格式主要有WAV文件、VOC文件等。

2)语音。人的声音不仅是一种波形,而且还有内在的语言、语音学的内涵,可以利用特殊的方法进行抽取,通常把它也作为一种媒体。

3)音乐。音乐是符号化了的声音,这种符号就是乐曲。MIDI(Musical Instrument Digital Interface)是数字音乐的国际标准。MIDI文件是其存储的文件格式。

MIDI信息实际上是一段音乐的描述,当MIDI信息通过一个音乐或声音合成器进行播放时,该合成器对一系列的MIDI信息进行解释,产生出相应的一段音乐或声音。MIDI文件紧凑,所占用空间小。通常,MIDI文件是数字化声音文件的1/1000～1/200。

(5)视频

视频是由单独的画面序列组成,这些画面以每秒超过24帧的速率连续地投射在屏幕上,使观察者产生平滑连续的视觉效果。计算机中的视频信息是数字的,可以通过视频卡将模拟视频信号转变成数字视频信号,进行压缩,存储到计算机中。播放视频时,通过硬件设备和软件将压缩的视频文件进行解压。视频标准主要有NTSC制和PAL制两种。NTSC标准为30 fps,每帧525行。PAL标准为25 fps,每帧625行。常用视频文件格式有AVI、MPG、MOV等。

(6)动画

动画是采用计算机动画设计软件创作,由若干幅图像进行连续播放而产生的具有运动感觉的连续画面。动画的连续播放既指时间上的连续,也指图像内容上的连续,即播放的相邻两幅图像之间内容相差不大。动画压缩和快速播放也是动画技术要解决的重要问题,其处理方法有多种。计算机设计动画方法有以下两种:

1)造型动画:是对每一个运动的物体分别进行设计,赋予每个对象一些特征,如大小、形状、颜色等,然后用这些对象构成完整的帧画面。造型动画每帧由图形、声音、文字、调色板等造型元素组成,控制动画中每一帧的图元表演和行为的是由制作表组成的脚本。

2)帧动画:是由一幅幅位图组成的连续的画面,就像电影胶片或视频画面一样,要分别设计每个屏幕显示的画面。

计算机制作动画时,只要做好关键帧画面,其余的中间画面都可以由计算机内插来完成,节省了人力物力,同时也提高了工作效率。在各种媒体的创作系统中,创作动画的软硬件环境都是较高的,它不仅需要高速的CPU和大容量的内存,而且制作动画的软件工具也比较复杂、庞大。

1.1.2　多媒体的主要特征

多媒体是融合两种或者两种以上媒体元素的信息交流和传播媒体,具体有如下4个主要的特点:

(1)信息量巨大

信息量巨大表现在信息的存储量以及传输量上。例如,640×480 像素、256 色彩色照片的存储量为 0.3 MB;CD 双声道的声音每秒的存储量为 1.4 MB;广播质量的数字视频码率约为 216 Mbps;高清晰电视数字视频码率在 1.2 Gbps 以上。

(2)数据类型具有多样性与复合性

多媒体数据包括文本、图形、图像、声音和动画等,而且还具有不同的格式、色彩、质量等。媒体信息具有多样化和多维化,通常不局限于单一媒体元素,而是多种媒体元素的有机组合,从而能够更好地丰富和表现信息。

(3)数据类型间的区别较大

不同媒体间的存储量差别较大;不同媒体间的内容与格式不一,相应的内容管理、处理方法和解释方法也不同。

(4)数据处理复杂

为了能够有效地对多媒体信息进行存储和在网络中进行传输,必须对多媒体信息进行有效处理。数据压缩和解压缩技术、语音识别、多媒体信息检索、虚拟现实等处理技术都是多媒体研究中的重要课题。

1.1.3 多媒体领域涉及的关键技术

多媒体技术是一种基于计算机科学的综合技术,其发展和应用需要一系列关键技术的支持。以下几方面技术是多媒体技术研究与应用领域所涉及的主要关键技术,也是多媒体领域研究的热点。

(1)多媒体数据压缩技术

由于数字化的图像、音频、视频等多媒体数据量非常大,为了能够有效地存储和传输多媒体数据,必须对其进行压缩处理。因此,多媒体数据压缩成为多媒体领域的一项关键技术。目前,几乎所有的多媒体技术的应用都是以数据压缩为基础的。例如,VCD 使用的 MPEG-1 压缩标准,DVD 和数字电视中使用的 MPE G-2l 压缩标准,可视电话和视频会议中使用的 H.261、H.263、G.721 和 G.729 等压缩标准,网络电视和 IPTV 中使用的 MPEG-4 压缩标准等。编码理论研究已有 40 多年的历史,从 PCM 编码理论开始,已经产生了各种各样的针对不同应用和媒体的压缩算法、压缩技术和实现这些算法的大规模集成电路或软件,并日趋成熟。但此方向的研究远未停止,新的多媒体应用不断出现,现有算法有时很难满足新应用的需求,所以必须探索新的压缩算法和技术。例如,随着无线传感器网络应用的普及,必须研究针对无线传感器网络的高压缩率、低复杂度的多媒体压缩技术。

(2)多媒体数据库技术

由于多媒体信息是非结构型的,致使传统的关系数据库已不适用于多媒体的信息管理,需要从多个方面研究多媒体数据库,例如,研究多媒体数据模型、多媒体数据管理及存取方法和多媒体数据库用户界面等。目前,市场上已经出现了多媒体数据库管理系统,但其研究还很不成熟,与实际多媒体数据复杂的管理和应用需求仍有较大的距离。因而,功能强大的多媒体数据库仍是多媒体领域研究的方向之一。

(3)多媒体存储技术

多媒体的音频、视频、图像等信息虽经过压缩处理，但仍需相当大的存储空间，而传统的计算机存储设备如软盘和磁带等根本无法满足这种大信息量的存储要求，需要探索新的存储介质和存储技术解决多媒体信息的存储问题，目前，光盘存储技术和大容量硬盘技术发展非常迅速。同时，为了避免磁盘损坏而造成的数据丢失，需要研究相应的磁盘管理技术，如磁盘阵列(Disk Array)就是在这种情况下诞生的一种数据存储技术。可见，研究探索存取速度快、存储容量大、价格低廉且使用方便的存储设备和存储技术也是多媒体发展和应用的关键技术之一。

(4)多媒体信息检索技术

随着计算机技术、多媒体技术、网络技术的普及和发展，如何对海量的多媒体信息进行有序化组织、整理，使得人们能够从浩如烟海的信息海洋中快速、准确地寻找到自己所需的有用信息成为当今网络时代最具挑战性的重要课题之一。

从根本上讲，多媒体信息检索就是要解决如何将网上信息进行有效存储、组织、检索以提供用户使用。多媒体信息检索研究与其他计算机研究方向一样，学科交融和交叉在多媒体检索研究也表现得十分明显，它涉及人工智能、心理学、脑科学、计算机视觉、信号处理、统计方法学、模式识别、数据库、计算机网络、视频通信和人机交互等诸多方面的理论。并且多媒体信息检索的研究目的就是帮助人们更快捷、更方便、更准确地找到需要的多媒体信息，所以多媒体信息检索本质上是理论与实践紧密结合的一项研究。

(5)多媒体信息安全技术

随着多媒体技术的发展，高质量数字录制设备数量剧增，多媒体盗版问题直接影响着多媒体技术的应用。多媒体的内容拥有者正在急切地寻找能有效保护他们权利的技术和方案。多媒体信息安全技术已经成为多媒体领域另一个研究的热点技术。

多媒体信息安全技术包括：数字水印技术、信息隐藏与信息伪装技术、数字指纹技术、多媒体版权保护技术、多媒体信息认证技术和数字权限管理技术与系统等多个研究方向和研究内容。多媒体信息安全技术的研究也得到了国内外众多研究学者重视，针对多媒体信息安全问题提出了多种解决方案。

(6)多媒体专用芯片技术

多媒体专用芯片仰仗于大规模集成电路(VLSI)技术，它是多媒体硬件系统体系结构的关键技术。因为要实现音频、视频信号的快速压缩、解压缩和播放处理，需大量的快速计算。而实现图像的特殊效果、图像生成、绘制等处理以及音频信号的处理等，也都需要较快的运算处理速度，因此，只有采用专用芯片，才能取得满意效果。多媒体计算机的专用芯片可分为两类：一类是固定功能的芯片，另一类是可编程数字信号处理器 DSP 芯片。多媒体专用芯片技术是多媒体应用产业的一个重要环节，例如，有了价格低廉的 MPEG-2 标准解码芯片就可以有力推动 DVD、数字电视等产业的迅速发展。

(7)多媒体网络与通信技术

多媒体通信是一个综合性技术，涉及多媒体、计算机和通信等多个领域，长期以来一直是多媒体应用的重要方向。随着通信网络技术的发展，出现了多种网络类型，如宽带互联网、数字电视网、3G、无线局域网、无线城域网、无线个域网和无线自组织网络等。在不同的网络系统中需采用不同的带宽分配方式、不同的压缩技术和不同的多媒体传输技术，多媒体网络和通信技术的应用研究是多媒体技术领域的热点研究方向之一。

(8)虚拟现实技术

虚拟现实(Virtual Reality)通过综合应用计算机图像、模拟与仿真、传感器、显示系统等技术和设备，以模拟仿真的方式，给用户提供一个真实反映操纵对象变化与相互作用的三维图像环境所构成的虚拟世界，并通过特殊设备(如头盔和数据手套)提供给用户一个与该虚拟世界相互作用的三维交互式用户界面。利用多媒体系统生成的逼真的视觉、听觉、触觉及嗅觉的模拟真实环境，受众可以用人的自然技能对这一虚拟的现实进行交互体验，犹如在真实现实中的体验一样。

虚拟现实技术的四个重要特征如下：

1)多感知性：指除了一般计算机具有的视觉感知外，还有听觉感知、触觉感知、运动感知，甚至可包括味觉和嗅觉感知，只是由于传感技术的限制，目前尚不能提供味觉和嗅觉感知功功能。

2)临场感：指用户感到存在于模拟环境中的真实程度。

3)交互性：指用户对模拟环境中物体的可操作程度和从环境中得到反馈的自然程度，其中也包括实时性。

4)自主性：指虚拟环境中物体依据物理规律进行动作的程度。

虚拟现实技术的实现需要相应的硬件和软件的支持，目前虚拟现实技术还不成熟，与人类现实世界中的行动还有一定的差距，还不能灵活、清晰地表达人类的活动与思维，因此，这方面还有大量的工作要做。

1.2 网络多媒体技术的发展

1.2.1 网络多媒体技术的发展历程

多媒体技术出现于20世纪80年代中期，由于数字化技术在计算机领域的广泛而卓有成效的应用，使得电视、录像以及通信技术也都开始由模拟方式转向数字化；另一方面，计算机应用开始深入到人们生活、工作的各个领域，这也要求其人机接口不断改善，即由字符方式、文本处理向图形方式、声音和图像处理发展。为此，把电视技术和计算机技术这两项对人类生活产生深刻影响的技术成果结合起来，并相互取长补短，实现信息交流的人为主动控制，以及信息交流形式的多样化，从而促使人们以一种全新的方式应用计算机。

1985年，美国Commodore公司推出世界上第一台多媒体计算机Amiga系统。Amiga机采用Motorola M68000微处理器作为CPU，为了提高多媒体处理能力，Amiga系统中采用了图形、音响和视频处理的三个专用芯片，同时还提供了一个专用的操作系统，能够处理多任务，并具有下拉菜单和多窗口等功能。

1984年，美国Apple公司在研制Macintosh计算机时，为了增加图形处理功能、改善人机交互界面，使用了位图(bitmap)的概念对图形进行处理，并使用了窗口(window)和图标(icon)作为用户接口。这一系列改进所带来的图形用户界面(GUI)深受用户的欢迎，加上引入鼠标

(mouse)作为交互设备，大大方便了用户的操作。在这个基础上，1987 年 8 月，Apple 公司又引入了“超级卡”(Hypercard)，它使 Macintosh 成为用户可以方便使用，并且能处理多种媒体信息的计算机。

1985 年，Microsoft 公司推出了 Windows 操作系统，它是一个多用户的图形操作环境。Windows 使用鼠标驱动的图形菜单，是一个具有多媒体功能、用户界面友好的多层窗口操作系统。

1986 年 3 月，Philips 和 Sony 联合推出了交互式数字光盘系统(Compact Disc Interactive，CD-I)，使得光盘成为交互式视频的存储介质。该系统把各种多媒体信息以数字化的形式存放在容量为 650 MB 的只读光盘上，用户可以通过读取光盘内容播放多媒体信息。CD-I 系统有两种工作方式：一种是与电视机、录像机和音响设备连接在一起，在系统的控制下，把来自光盘的音频、视频或图像数据传递给这些设备；另一种方式是作为多媒体控制权连接到其他计算机、工作站或小型计算机上。

1987 年 3 月，位于新泽西州普林斯顿的美国无线电公司 RC A 推出了交互式数字视频系统(Digital Video Interactive，DVI)，它以计算机技术为基础，用标准光盘存储和检索静止图像、动态图像、声音和其他数据。1989 年 3 月，Intel 公司宣布把 DVI 技术(包括 DVI 芯片)开发成一种可以普及的商品。

交互式光盘系统(CD-I)和交互式数字视频(DVI)技术都属于交互式视频领域，但是，CD-I 是由视频专业公司按照在音像产品中引入微机芯片控制的设计思想开发出来的，设计目的是用来播放记录在光盘上的按照 CD-I 压缩编码方式编码的视频信号。而 DVI 则是由计算机专业公司按照在 PC 机中采用音视频板卡，软件采用基于 Windows 的音频/视频内核(AVK)的思路设计的，这就把彩色电视技术与计算机技术融合在一起。两者从不同的角度，按照不同的设计思想，最终实现了一个共同的目标——电视与计算机的有机结合。CD-I 和 DVI 都是交互式视频领域中以光盘(CD-ROM)为存储介质的阶段性成果，其技术分别在后来的 VCD 和非线性编辑系统中有所体现。

在这段时期，“多媒体”(Multimedia)这一专业术语开始在社会上流传开来，并且取代了已经沿用多年的“交互式视频”。1985 年 10 月，IEEE 计算机杂志首次出版了完备的“多媒体通信”专集，是文献中可以找到的最早的出处。1987 年成立了交互声像工业协会，1991 年，该组织更名为交互多媒体协会(Interactive Multimedia Association，IMA)。

自 20 世纪 90 年代以来，多媒体技术逐渐成熟，多媒体技术从以研究开发为重心转移到以应用为重心。由于多媒体技术是一种综合性技术，它的实用化涉及计算机、电子、通信、影视等多个行业技术协作，其产品的应用涉及各个用户层次，因此，提出了对多媒体相关技术标准化的要求。

多媒体相关标准涉及多个技术领域，包括多媒体计算机标准、静止图像编码标准、视频编码标准、音频编码标准和多媒体通信标准等。最早出现的多媒体标准是多媒体个人计算机标准，1990 年 10 月，在微软公司会同多家厂商召开的多媒体开发工作者会议上提出了 MPC 1.0 标准。1993 年，由 IBM、Intel 等数十家软硬件公司组成的多媒体个人计算机市场协会(The Multimedia PC Marketing Council，MPMC)发布了多媒体个人机的性能标准 MPC 2.0。1995 年 6 月，MPMC 又宣布了新的多媒体个人机技术规范 MPC 3.0。在多媒体个人计算机标准制定的同时，多媒体编解码技术标准工作也迅速开展起来，多媒体编解码技术的标准主要由国际电信联盟（International Telecommunications Union，ITU）和国际标准化组织（International Organization for Standardization，ISO）两个协会制定。ITU 制定的压缩编码标准主要有静止图像编解码标准 JPEG 和 JPEG 2000，视频编码标准 H. 261、H. 263 和 H. 264，音频编码标准 G. 721、G. 727、G. 728 和 G. 729 等。ISO 制定的标准主要有 MPEG-1、MPEG-2 和 MPEG-4 等。

1.2.2 网络多媒体技术的发展趋势

目前，多媒体技术正向网络化、智能化、标准化、多领域融合和虚拟现实等几个方向发展。

（1）网络化

随着宽带网络的快速发展，网络传输速度和质量快速提高，各种基于网络的多媒体系统，例如，可视电话系统、点播系统、电子商务、远程教学和医疗等得到迅速发展。

多媒体通信网络环境的研究和建立将使多媒体从单机单点向分布、协同多媒体环境发展，在世界范围内建立一个可全球自由交互的通信网。对该网络及其设备的研究和网上分布应用与信息服务研究将是热点。

未来的多媒体通信将朝着不受时间、空间、通信对象等方面的任何约束和限制的方向发展，其目标是“任何人在任何时刻与任何地点的任何人进行任何形式的通信”。人们将通过多媒体通信迅速获得大量信息，反过来又以最有效的方式为社会创造更大的利益。

（2）智能化

未来的多媒体系统会具有越来越高的智能性，可以与人类进行自然的交互，系统本身不仅能主动感知用户的交互意图，还可以根据用户的需求做出相应的反应。目前正在研究的图像理解、语音识别、全文检索、基于内容处理的多媒体系统是使多媒体系统智能化的主要手段。

（3）标准化

多媒体标准仍是研究的重点。各类标准的研究将有利于产品规范化，应用更方便。因为以多媒体为核心的信息产业突破了单一行业的限制，涉及诸多行业，而多媒体系统集成特性对标准化提出了很高的要求，所以必须开展标准化研究，它是实现多媒体信息交换和大规模产业化的关键所在。

（4）多领域融合

多媒体技术正在向各个技术领域渗透，如自动控制系统、人机交互系统、人工智能系统、仿真系统等，几乎所有的具有人机界面的应用技术领域都离不开多媒体技术的支持。这些相关技术在发展过程中创造出许多新的概念，产生了许多新的观点，正在为人们所接受，并称为研究课题之一。

（5）虚拟现实

多媒体技术与外围技术构造的虚拟现实研究仍在继续进展。多媒体虚拟现实与可视化技术需要相互补充，并与语音、图像识别、智能接口等技术相结合，建立高层次虚拟现实系统。

多媒体技术总的发展趋势是具有更好、更自然的交互性，更大范围的信息存取服务，为未来人类生活创造出一个在功能、空间、时间及人与人交互方面更完善的崭新世界。

1.3　网络多媒体处理技术的应用领域

多媒体技术的发展使计算机的信息处理在规范化和标准化的基础上更加多样化和人性化，特别是多媒体技术与网络通信技术的结合，使得远距离多媒体应用成为可能，也加速了多媒体技术在经济、科技、教育、医疗、文化、传媒、娱乐等各个领域的广泛应用。多媒体技术已成为信息社会的主导技术之一。

1.3.1　教育、培训领域中的应用

多媒体技术对教育产生的影响比对其他领域的影响要深远得多。利用多媒体计算机的文本、图形、视频、音频及其交互式的功能，可以编制出计算机辅助教学软件，即课件。课件具有生动形象、人机交流、即时反馈等特点，能根据学生的水平采取不同的教学方案，根据反馈信息为学生提供及时的教学指导，创造出生动逼真的教学环境，改善学习效果。而且教师可以根据情况随时修改程序，不断补充新的教学内容。由于有人机对话功能，师生的关系也发生了变化，改变了以教师为中心的教学方式，学生在学习中担当更为主动的角色；学生可以参与控制以调整自己的学习进度，通过自己的思考进行学习，从而取得良好的学习效果。多媒体技术不仅改变传统的教学方式，也将使教材发生巨大的变化。将来的教材不仅有文字和静态图像，还将具有动态图像和语音等多种形式。

多媒体技术在教育与培训方面的应用可以用以下的“6C”概括。

(1)CAI——计算机辅助教学

CAI(Computer Assisted Instruction)是多媒体技术在教育领域中应用的典型范例，它是新型的教育技术和计算机应用技术相结合的产物，其核心内容是以计算机多媒体技术为教学媒介而进行的教学活动。

(2)CAL——计算机辅助学习

CAL(Computer Assisted Learning)也是多媒体技术应用的一个方面。它着重体现在学习信息的供求关系方面。CAL 向受教育者提供有关学习的帮助信息，例如，检索与某个科学领域相关的教学内容，查阅自然科学、社会科学以及其他领域中的信息，征求疑难问题的解决办法，寻求各个学科之间的关系和探讨共同关心的问题等。

(3)CBI——计算机化教学

CBI(Computer Based Instruction)计算机化教学是近年来发展起来的，它代表了多媒体技术应用的最高境界。CBI 将使计算机教学手段从“辅助”位置走到前台来，成为主角。CBI 必将成为教育方式的主流和方向。

(4)CBL——计算机化学习

CBL(Computer Based Learning)是充分利用多媒体技术提供学习机会和手段的事物。在计算机技术的支持下，受教育者可在计算机上自主学习多学科、多领域的知识。实施 CBL 的关键，是在全新的教育理念指导下，充分发挥计算机技术的作用，以多媒体的形式展现学习的内容和相关信息。

(5)CAT——计算机辅助训练

CAT(Computer Assisted Training)是一种教学的辅助手段,它通过计算机提供多种训练科目和练习,使受教育者迅速消化所学知识,充分理解和掌握重点与难点。

(6)CMI——计算机管理教学

CMI(Computer Managed Instruction)主要是利用计算机技术解决多方位、多层次教学管理的问题。教学管理的计算机化,可大幅度提高工作效率,使管理更趋科学化和严格化,对提高教学管理水平发挥重要的作用。

1.3.2 电子商务领域中的应用

网络多媒体技术已经渗透到我们生活的方方面面,网络多媒体技术还可以很好地应用于电子商务中,例如,在广告和销售服务工作中,采用多媒体技术可以高质量、实时、交互地接受和发布商业信息,进行商品展示、销售演示,并且把设备的操作和使用说明制作产品操作手册,以提高产品促销的效果,为广大商家及时地赢得商机。此外,各种基于网络多媒体技术的演示查询系统和信息管理系统,如车票销售系统、气象咨询系统、病历库等也在人们的日常生活中扮演着重要的角色,发挥着重要的作用。

1.3.3 电子出版领域中的应用

当CD-ROM、DVD-ROM光盘出现以后,由于其存储量大,能够将文字、图形、图像、声音等信息进行存储和播放,出现了多种电子出版物,如电子杂志、百科全书、地图集、信息咨询、剪报等。电子出版是多媒体技术应用的一个重要方面,我国国家新闻出版总署对电子出版物曾有过如下定义:电子出版物是指以数字代码方式将图、文、声、像等信息存储在磁、光、电介质上,通过计算机或类似设备阅读和使用,并可复制发行的大众传播媒体。

电子出版物中信息的录入、编辑、制作和复制都借助计算机完成,人们在获取信息的过程中需要对信息进行检索、选择,因此电子出版物的使用方式灵活、方便、交互性强。

电子出版物的出版形式主要有电子网络出版和电子书刊两大类。电子网络出版是以数据库和通信网络为基础的一种出版形式,通过计算机向用户提供网络联机、电子报刊、电子邮件以及影视作品等服务,信息的传播速度快、更新快。电子书刊主要以只读光盘、交互式光盘、集成卡等作为载体,容量大、成本低是其突出的特点。

1.3.4 网络通信领域中的应用

多媒体技术与网络通信技术的结合产生了可视电话、视频会议、多媒体电子邮件、信息点播和计算机协同工作(Computer Supported Cooperative Work,CSCW)等应用技术,这些技术的应用在某种程度上已经改变了人们的生活方式和习惯,并将继续对人类的生活、学习和工作产生深刻的影响。

信息点播包括桌面多媒体通信系统和交互电视。通过桌面多媒体信息系统,人们可以远距离点播所需的信息,如电子图书馆、多媒体数据的检索与查询等。点播的信息可以是各种数据类型,包括立体图像和感官信息。用户可以按信息的表现形式和信息的内容进行检索,系统根据用户的需要提供相应的服务。交互式电视和传统电视的不同之处在于用户在电视机前可对电视台节目库中的信息按需选取，即用户主动与电视进行交互获取信息。交互式电视主要由网络传输、视频服务器和机顶盒构成。用户可通过遥控器对机顶盒进行控制。交互式电视还可以提供其他信息服务，如交互式教育、交互式游戏、数字多媒体图书、杂志、电视购物、电视/电话等，从而将计算机网络与家庭生活、娱乐、商业导购等多项应用密切地结合在一起。

计算机协同工作是指在计算机支持的环境中，一个群体协同工作以共同完成一项任务。其应用相当广泛，涉及从工业产品的协同设计、制造，到医疗上的远程会诊；从科学研究应用（即不同地域位置的同行进行学术交流），到师生的协同学习。在协同学习环境中，老师和同学之间、学生与学生之间可在共享的窗口中进行同步讨论，修改同一个多媒体文档，也可以利用信箱进行异步修改、浏览等。此外，还有应用在办公自动化中的桌面电视会议，可使异地的同事一起协同讨论并进行决策。

多媒体计算机、电视及互联网络已经形成了一个巨大的多媒体通信环境，特别是 NGN（下一代网络）技术的研发与应用，在网络带宽、信息安全、地址分配、服务质量（QoS）等方面，将产生革命性的变革，使多媒体计算机的交互性、通信的分布性和多媒体的实时性得以充分表现，向社会提供全新的网络信息服务。

1.3.5　家庭娱乐领域中的应用

像电视机、录像机、音响等设备进入家庭一样，MPC、数码摄像机、数字照相机、MP3 播放器、数字录音笔等多媒体产品已经成为现代家庭的生活必需品，特别是随着信息化住宅小区的发展，宽带网的接入，拥有多功能的 MPC 和各类数码产品既可以办公、创作、学习，也可以游戏、娱乐。采用交互视听功能，用户可以根据自己的喜好联网点播或发布视听节目。

(1)交互式电视

交互式电视将来会成为电视传播的主要方式。通过增加机顶盒和铺设高速光纤电缆，可以将现在的单向有线电视改造成为双向交互电视系统。这样，用户看电视将可以使用点播、选择等方式随心所欲地找到自己想看的节目，还可以通过交互式电视实现家庭购物、多人游戏等多种娱乐活动。

(2)交互式影院

交互式影院是交互式娱乐的另一方面。通过互动的方式，观众可以以一种参与的方式去“看”电影。这种电影不仅可以通过声音、画面制造效果，也可以通过座椅产生触感和动感，而且还可以控制电影情节的进展。电影全数字化后，电影制造厂只要把电影的数字文件通过网络发往电影院或家庭就可以了，但质量和效果都比普通电影高出一大截。

(3)交互式立体网络游戏

多媒体游戏给我们的日常生活带来了更多的乐趣。从二维的平面世界到三维的立体空间，用户可以沉浸在虚拟的游戏世界中，去驾车、去旅游、去战斗、去飞行。

1.3.6　医疗领域中的应用

多媒体通信网络的建立，为远程医疗开辟了一个广阔的应用天地。处在现代医疗中心的医生可以通过多媒体通信网为远方的病人提供医疗服务。通过多媒体终端，医生不仅可以面对病人进行观察和询问，同时还可以通过远端的医疗传感器或仪表对病人进行多项病理检查，检查的结果立即传送到中心，为医生诊断提供依据。目前的远程医疗系统主要包括远程诊断、远程会诊、远程咨询、远程手术及其他远程医疗服务等。

1.3.7 军事领域中的应用

多媒体通信技术在军事方面的应用也极为广泛，较为典型的就是C4I系统。C4I是指挥(Command)、控制(Control)、通信(Communication)、计算机(Computer)和情报(Information)等内容的简称。在实际的C4I系统中，多媒体技术可用来真实地记录作战指挥的全过程、控制和分析战场的发展态势、进行数字加密以达到保密通信等。多媒体技术在军事上的应用，加速了军队信息化的进程。

综上所述，多媒体技术已经广泛应用于各行各业，而且还在拓展新的应用领域。随着技术的不断进步和完善，多媒体技术必将在全面信息化的社会生活中扮演更为重要的角色。

第 2 章　多媒体数据压缩技术

多媒体数据压缩是多媒体技术领域最为重要的技术之一，也是目前多媒体技术应用的必不可少的技术。多媒体计算机面临多种媒体承载的由模拟量转换为数字量的吞吐、存储和传输问题。数字化的视频和音频信号的数据量是非常大的。例如，一幅分辨率为 640×480 的真彩色图像，它的数据量约为 7.37 MB。若要达到每秒 25 帧的全动态显示要求，每秒所需的数据量为 184 MB，而且要求系统的数据传输率必须达到每秒 184 MB。可见，数字化信息的数据量非常大，对数据的存储、信息的传输以及计算机的运行速度都提出的很高的要求。这也是多媒体技术发展中首要解决的问题。为了较好地解决这一问题，不能单纯用扩大存储量、增加通信的传输率来解决。通过数据压缩手段把信息数据量降下来也是解决问题的重要方面，这样可以以压缩形式存储和传输，既节约了存储空间，又提高了传输效率。

2.1　数据压缩概述

多媒体数据压缩技术是计算机多媒体的关键技术。计算机多媒体系统需要具有综合处理声、文、图数据的能力。能面向三维图形、立体声、真彩色、高保真、全屏幕运动画面、应当能实时地处理大量数字化视频、音频信息。这些操作对计算机的处理、存储、传输能力都有较高的要求。

2.1.1　多媒体数据压缩及其重要性

数据压缩的目的是减少信息存储的空间，缩短信息传输的时间。当需要使用这些信息时，可以通过压缩的反过程——解压缩将信息还原回来。压缩和解压缩的过程为：

多媒体数据的原文件→采样→量化→压缩→存储→传输→解压缩→还原

压缩了的信息经解压缩后，信息的内容能否还原或基本还原，是对压缩是否有意义的衡量标准。

下面列举几个未经压缩的数字化信息的例子：

1)一页印在 B5 纸上的文件，若以中等分辨率(300 dpi)的扫描仪进行采样，其数据量约 6.61 MB/页。一片 65 MB 的 CD-ROM，可存 98 页。

2)双通道立体声激光唱盘(CD-A)，采样频率为 44.1 kHz，采样精度为 16 位/样本，其一秒钟时间内采样位数为 44.1×103×16×2=1.41 Mbps。一个 650 MB 的 CD-ROM，可存约 1 小时的音乐。

3)数字音频磁带(DAT)，采样频率 48 kHz，采样精度 16 位/样本，一秒钟时间内采样位数为 48×103×16=768 kbps，一个 650 MB 的 CD-ROM 可存储近 2 小时的节目。

从以上举的数据例子看出，数字化信息的数据量是何等庞大，这样大的数据量无疑给存储器的存储容量、通信干线的信道传输率以及计算机的速度都增加了极大的压力。这个问题是多媒体技术发展中的一个非常棘手的瓶颈问题,解决这一问题,单纯用扩大存储器容量、增加通信干线的传输率的办法是不现实的。数据压缩技术是个行之有效的方法,通过数据压缩手段把信息数据量压下来,以压缩形式存储相传输,既节约了存储空间,又提高了通信干线的传输效率,同时也使计算机能实时处理音频、视频信息,以保证播放出高质量的视频、音频节目成为可能。

随着网络时代的到来,网络已渐渐走近了人们的生活中。通过网络,人们可以接收几万公里以外的信息,包括录像、各种影片、动画、声音以及文字。网络数据的传输速率要远远低于硬盘和 CD-ROM 的数据传输速率。所以要实现网络多媒体数据的传输,实现网络多媒体化,数据不进行压缩不可能实现的。

对多媒体信息必须进行实时压缩和解压缩。如果不经过数据压缩,实时处理数字化的较长的声音和多帧图像信息所需的存储容量、传输速率和计算速度,都是目前普通计算机难以达到的。数据压缩技术的发展大大推动了多媒体技术的发展。

研究表明,选用合适的数据压缩技术,有可能将原始文字量数据压缩 1/2 左右;语音数据量压缩到原来的 1/2～1/10;图像数据量压缩到原来的 1/2～1/60。

多媒体数据压缩的理论正在不断地发展和深化。对声音数据的压缩一般要用去掉重复代码和去掉声音数据中的无声信号序列两种方法。

对静止图像信息,特别是视频图像信息数据的压缩是比较复杂的。对静止图像压缩广泛采用了 JPEG 算法标准,由于用计算机的中央处理器来完成 JPEG 算法花费的时间太长,所以都是用专用的 JPEG 算法信号处理器来完成运算。对视频图像压缩算法有 MPEG 算法,这些算法都是由相应的算法信号处理器来完成的。

2.1.2 多媒体数据压缩的性能指标

评价一种数据压缩技术的性能好坏主要有 3 个关键指标,即压缩比、重现质量、压缩/解压缩速度。此外,还要考虑压缩算法所需要的软件和硬件。

(1)压缩比

压缩性能常常用压缩比来定义,也就是压缩过程中输入数据量和输出数据量之比。压缩比越大,说明数据压缩程度越高。在实际应用中,压缩比可以定义为比特流中每个样点所需要的比特数。例如,图像分辨率为 512×480 像素,位深度为 24 位,则输入=(512×480×24)/8 B=737 280 B,若输出 15 000 B,则压缩比为 737 280/15 000=49。

(2)重现质量

重现质量是指比较重现时的图像、声音信号与原始图像、声音信号之间有多少失真,这与压缩的类型有关。无损压缩是指压缩和解压缩过程中没有损失原始图像和声音的信息,因此,对无损系统不必担心重现质量。有损压缩虽然可获得较大的压缩比,但若压缩比过高,还原后的图像、声音质量就可能降低。图像和声音质量的评估常采用主观评估和客观评估两种方法。

以图像数据压缩为例。图像的主观评价采用 5 分制,其分值在 1～5 分情况下的主观评价如表 2-1 所示。

表 2-1　图像主观评价表

主观评价分	质量尺度	妨碍观看尺度
5	非常好	丝毫看不出图像质量变坏
4	好	能看出图像质量变化，但不妨碍观看
3	一般	能清楚的看出图像质量变坏，对观看又有妨碍
2	差	对观看有妨碍
1	非常差	非常严重地妨碍观看

而客观尺度通常有均方误差、信噪比和峰值信噪比等，如下所示。

均方误差：

$$E_n = \frac{1}{n}\sum_{i=1}^{n}(x(i)-\hat{x}(i))^2 \tag{2-1}$$

信噪比：

$$\text{SNR(dB)} = 10\lg\frac{\sigma_x^2}{\sigma_r^2} \tag{2-2}$$

峰值信噪比：

$$\text{PSNR(dB)} = 10\lg\frac{x_{\max}^2}{\sigma_r^2} \tag{2-3}$$

式中，$x(i)$ 为原始图像信号，$\hat{x}(i)$ 为重建图像信号，$x_{\max}$ 为 $x(i)$ 的峰值，σ_x^2 为信号的方差，σ_r^2 为噪声方差，$\sigma_x^2 = E[x^2(i)]$，$\sigma_r^2 = E\{[\hat{x}(i)-x(i)]^2\}$。

(3)压缩/解压缩速度

多媒体数据的压缩/解压缩是在一定压缩算法的基础上，通过一系列的数学运算实现的。压缩算法的好坏直接影响压缩和解压缩的速度。因此，实现压缩的算法要简单，压缩/解压缩速度要快，尽可能做到实时压缩/解压缩。

此外，还要考虑软件和硬件的开销。有些数据的压缩和解压缩可以在标准的 PC 硬件上用软件实现，有些则因为算法太复杂或者质量要求太高而必须采用专门的硬件。这就需要在占用 PC 上的计算资源或者另外使用专门硬件的问题上做出选择。

2.2　无损压缩和有损压缩

多媒体数据压缩方法根据不同的依据可产生不同的分类：第一种，根据质量有无损失可分为有损压缩编码和无损压缩编码。第二种，按照其作用域在空间域或频域上可分为空间方法、变换方法和混合方法。第三种，根据是否自适应分为自适应性编码和非适应性编码。一般来说，每一个编码方法都有其相应的自适应方法。这里仅就有损压缩和无损压缩技术进行阐述。

2.2.1　无损压缩

无损压缩格式，即利用数据的统计冗余进行压缩，可完全回复原始数据而不引起任何失真，但压缩率是受到数据统计冗余度的理论限制，一般为 2：1 到 5：1。这类方法广泛用于文本数据，程序和特殊应用场合的图像数据（如指纹图像、医学图像等）的压缩。由于压缩比的限制，仅使用无损压缩方法是不可能解决图像和数字视频的存储和传输的所有问题。经常使用的无损压缩方法有 Shannon-Fano 编码、Huffman 编码、游程（Run-length）编码、LZW（Lempel-Ziv-Welch）编码和算术编码等。

1. 信息论基础

根据贝尔实验室的研究，一个具有符号集 $S=[s_1,s_2,s_3\cdots,s_n]$ 的信息源的熵 η 定义为：

$$\begin{aligned}\eta = H(S) &= \sum p_i \log_2(1/p_i) \\ &= -\sum p_i \log_2 p_i\end{aligned}$$

式中，p_i 是 S 中符号 S_i 出现的概率。

$\log_2(1/p_i)$ 表明了包含在 S_i 中的信息量，它与对 S_i 进行编码所需的位数相等。举例来说，如果在一份稿件中出现字符 n 的概率是 1/32，则这个字符包含的信息量是 5 位。换句话说，需要使用 15 位对字符串 nnn 编码。这就是文本压缩中可能的减少数据量的基础。

什么是熵呢？熵是用来表示任何一种能量在空间中分布的均匀程度，能量分布得越均匀，熵就越大。一个体系的能量完全均匀分布时，这个系统的熵就达到最大值。

熵定义包含了这样的思想：两次决策意味着在以 2 为底的对数中传输两次负熵。一个 2 位的向量可以有 2^2 种状态，而对数将把这个值转换成 2 位的负熵。两次决策会引起两倍的熵改变。

现在，假设我们希望通过网络来传送这些交换决策。那么我们必须发送 2 位来表示两次决策。如果我们有一个两次决策系统，那么，所有这样的传送所需的平均位数也是 2 位。如果我们愿意，我们可以把 2 位系统中可能的状态数看作 4 个输出结果。每个结果具有 1/4 的概率。所以平均来说，传送每个结果所需发送的位数为 $4\times(1/4)\times\log_2((1/(1/4)))=2$ 位，这个结果不足为奇。要传送两次决策的结果，我们需要传送 2 位。

但是如果某个结果的概率高于其他的结果，则我们发送的平均位数将会有所不同。假设我们的四个状态中某个状态的概率为 1/2，而其他三个状态发生的概率分别为 1/6。为了对平均发送位数模型进行扩展，我们不得不借助于 2 的非整数次幂来表示概率。然后我们可以使用对数来寻求到底需要多少位来传送信息内容。我们需要传送 $(1/2)\times\log_2(2)+3*(1/6)\times\log_2(6)=1.7925$ 位，比 2 位要少。这反映出如果能够对我们的四个状态进行编码，并且使出现概率最高的一个状态用较少的位数来传送，那么我们可以用更少的位来传送平均值。

熵定义旨在从数据流中识别出经常出现的符号作为压缩位流中的候选短（short）码字。正如前面所描述的，我们使用变长编码方案进行熵编码，即给频繁出现的符号分配能够快速传输的码字，而给不经常出现的符号分配较长的码字。比如，在英语中 E 频繁出现，所以我们应该给 E 赋予比其他字母（如 Q）更短的码字。

在接收数据流中出现频率低的符号时，其出现的概率就相当低，那它的对数是一个较大的负数，反映在编码中应用较长的位串表示。

2. 熵编码

由于熵可以表示一个信息源的内容，所以出现了一系列通常被称作熵编码的编码方法。

(1)香农-凡诺算法

香农-凡诺算法是由贝尔实验室的Shannon和MIT的Robert Fano独立开发的。香农-凡诺算法的编码步骤可以依照下面的自顶向下的方式描述：

1)根据每个符号出现的频率对符号进行排序。

2)递归将这些符号分类,每一类具有相近的概率,直到结束。

实际上此过程类似于建立一个二叉树的过程。按惯例,我们给二叉树左支分配编码"0",右支分配"1"。

应当指出,香农-凡诺算法的结果并不唯一。香农-凡诺算法在数据压缩时会有令人满意的编码结果,但是它很快就被Huffman编码方法超越并取代了。

(2)Huffman编码

Huffman编码是一种最佳的无损压缩编码方法,从1952年问世以来广泛应用于数据信号压缩技术中,也是许多视频压缩编码国际标准中常用的方法。

Huffman编码的理论依据是变字长VLC编码理论。在变字长编码中,编码器的编码输出码字是不等长的二进制码字,按照编码输入信息符号出现的统计概率,给输出码字分配不同的字长。对于编码输入中出现大概率的信息符号,赋予码字短的二进制码字;出现小概率的信息符号,赋予码字长的二进制码字。

Huffman编码与香农算法相反,Huffman编码的算法采用的是自底向上的描述方式,首先要创建一棵二叉编码树,所有左支依旧为0,右支依旧为1。其步骤如下：

1)初始化:根据符号出现的次数对单词符号进行排序。

2)从列表中选择两个具有出现次数最少的字符。以这两个字符为孩子节点创建一棵子树,并为其创建一个父节点。

3)以孩子节点的出现次数的综合作为父节点的出现次数,将父节点插入字符列表中,并保持列表的有序性。

4)重复以上步骤,直到剩余一个字符。

5)根据从根到叶子节点的路径为每一个叶子节点赋值。

Huffman编码方法最早出现在David A. Huffman于1952年发表的论文中,这种方法引发了许多深入的研究并且已被许多重要的和商业性的应用所采纳,比如传真机、JPEG和MPEG。与自顶向下的香农-凡诺算法相比,Huffman编码的算法采用了自底向上的描述方式。

如果可以得到准确的概率("先验统计"),则Huffman编码方法会产生很好的压缩结果。只要在数据压缩前将统计数字和/编码树(在文件头中)发送给解码器,则Huffman编码的解码将非常简单。如果数据文件足够大的话,开销是可以忽略不计的。

Huffman编码具有以下几个重要性质：

1)唯一前缀性质。任何一个Huffman编码都不能作为另一个Huffman编码的前缀。Huffman编码是一种前缀编码,前缀编码具有唯一的前缀。这种性质是必需的,也有助于生成一个高效的解码器,因为它排除了解码时的多义性。

2)最优性。Huffman编码是一种最小冗余编码(minimum-redundancy code)。Huffman编码对于任何数据模型(即一个给定的、准确的概率分布的数据模型)都是最优的。

3)两个频率最低的字符具有相同长度的 Huffman 编码,但是编码的最后一位不同。

4)出现频率较高的符号的码字比出现频率较低的符号的码字短。也就是说,对于符号 s_i 和 s_j,如果 $p_i \geqslant p_j$,则 $l_i \leqslant l_j$,其中,l_i 是 s_i 的码字长度。

5)信息源 s 的平均编码长度严格小于 $\eta+1$。

$$\eta \leqslant l < \eta+1 \text{(其中 } l \text{ 是编码器生成的码字的平均长度)}$$

(3)算术编码

算术编码产生于 20 世纪 60 年代初,是另一种变字长无损编码方法。与 Huffman 编码不同的是,它无需为每一个符号设定一个码字,可以直接对符号序列进行编码。算术编码既有固定方式的编码,也有自适应方式的编码。后者无需事先定义概率模型,可以在编码过程中对信源统计特性的变化进行匹配,因此对无法进行概率统计的信源比较合适,在这点上优于 Huffman 编码。在一定条件下,算术编码比 Huffman 编码效率要高,但算术编码的实现要比 Huffman 编码复杂。因此在一些图像压缩编码标准中,它被作为 Huffman 编码之外的另一个熵编码项;在最新的 JPEG 2000 中则主要用算术编码进行熵编码。

1)独立信源的固定方式编码。这里将以独立信源的固定方式编码为例,简要介绍算术编码的基本方法。我们知道,Huffman 编码首先对信源进行统计,然后设计一个 Huffman 码表,给每一个符号分配一个不等长码字。对一个符号序列进行编码时,它通过查表的方式依次得到每个符号的码字,它们的和就是符号序列的总码字。

算术编码对一个符号序列编码时,将整个序列用一个二进制数表示,该二进制数与符号的累积概率有关。

对于概率未知的信源,通常在编码前使用一个概率的假设初值,并且以此进行编码。同时统计符号的概率,每经过一定的时间间隔对概率估计值进行刷新,然后用新的概率进行编码,由此实现了对信源未知和信源变化的自适应。此外,实际编码时,算术编码用于图像编码时需要考虑上下文关系,即条件概率。

2)二进制编码。Elias 的编码的概率区间递归子分是二进制算术编码过程的基础。随着每个二进制判决,当前的概率区间被子分为两个子区间。于是码串被根据需要进行修改,以便它指向出现符号的概率子区间基,即区间的下界。

在把当前区间分为两个子区间时,其中那个更可能出现符号(MPS)的子区间是被放在小概率出现符号(LPS)的子区间上面。因此,当对 MPS 编码时,LPS 的子区间被加入码串。这一编码惯例要求符号被认为是 MPS 或 LPS,而不是 O 或 1。由此,LPS 区间的大小和每次作出 MPS 判决的意义必须已知,以便将该判决编码。由于码串总是指向当前区间的基,解码过程即是对每个判决决定压缩数据指向哪个子区间。这一过程使用与编码器中同样的区间子分过程递归执行。每次解码一个判决时,解码器减掉编码器加到码串的任何区间。因此,解码器中的码串即为一个指向与当前区间的基相关的当前区间的指针。

由于编码过程涉及二进制分数的加法,而非整数码字的串联,可能性大的二进制判决可以经常以远少于每个判决 1 比特的代价编码。

在区间子分过程中的近似可以在某些场合使得 LPS 的子区间大于 MPS 的子区间。为了避免这种尺寸的颠倒,一旦 LPS 区间大于 MPS 区间,就将两者进行交换。这种 MPS/LPS 的有条件交换仅出现在需要进行重新归一化时。

只要发生了重新归一化，概率估计过程被调用，以便为当前被编码的上下文决定一个新的概率估计值。在估计中无需显式地进行符号计数。在对一个 LPS 和 MPS 编码后，相关的重新归一的概率提供了一个近似符号计数的方法，它直接用于概率估计。

(4)游长编码

游程长度编码(Run Length Coding，RLC)简称游长编码，是一种特别的无损编码。在传真等二值图像中，每一个扫描行总是由若干段连着的黑像素(1)和连着的白像素(0)组成，它们分别称为“黑游程”和“白游程”。黑游程和白游程总是交替发生的。对于不同长度，按其不同发生概率，分配以不同码字。游长编码就是对这些游程长度进行 VLC 等熵编码。可以将黑游程与白游程混起来统一编码，也可以将黑游程与白游程分别编码。解码后根据游长值恢复黑、白游程，重建原黑白图像。其符号转换是把物理量“黑”、“白”电平转换为游程长度。

除了二值图像以外，游长编码目前也被用于多值对象的场合。此时，符号变换结果将得到一个符号对：其中之一是幅度相同的连续像素个数，即游长；另外一个是与幅度有关的量，在不同的应用中有所不同。然后对符号对进行 VLC 等熵编码。

游长编码对于要压缩的信息主要是利用信息中重复记忆的信息，如黑白游程，对符号片段进行压缩，然后利用子串进行对比，相同者即可进行匹配，而不是对片段中每个字符进行单独编码。例如，如果要对 100110011001100110011001 进行编码，则直接记录(1001，6)即可，因为这一串字符全是由 1001 组成的。

游长编码经常针对图像压缩过程中出现的空间冗余进行编码压缩。它的基本思路是：对于一幅栅格图像，常常有行(或列)方向上相邻的若干点具有相同的属性代码，因而可采取某种方法压缩那些重复的记录内容。其编码方案是：只在各行(或列)数据的代码发生变化时依次记录该代码以及相同代码重复的个数，从而实现数据的压缩。

游长编码在栅格加密时，数据量没有明显增加，压缩效率较高，且易于检索，叠加合并等操作，运算简单，适用于机器存贮容量小，数据需大量压缩，而又要避免复杂的编码解码运算增加处理和操作时间的情况。

3. 基于字典的编码

Lempel-Ziv-Welch(LZW)算法利用了一种自适应的、基于字典的压缩技术。和熵编码方式(其中码字的长度不同)不同，LZW 使用定长的码字来表示通常会在一起出现(如英文中的单词)的符号/字符的变长的字符串。

和其他的自适应压缩技术一样，LZW 编码器和解码器会在接收数据时动态地创建字典，编码器和解码器也会产生相同的字典。这样，由于一个编码可以为一个或多个符号/字符所使用，所以数据压缩得以实现。

LZW 在实现过程中不断将越来越长的重复条目插入字典中，然后将字符串的编码而不是字符串本身发送出去。LZW 的前身是 Jacob Ziv 在 1977 年创建的 LZ77 和 Abraham Lempel 在 1978 年创建的 LZ78。Terry Welch 在 1984 年改进了这种算法。许多应用中都采用了 LZW，如 UNIX compress，图像的 GIF 格式以及用于调制解调器的 V. 42 bis 等。

LZW 算法在压缩文本和程序数据的压缩技术中唱主角，原因之一在于它的压缩率高。存无失真压缩法中，LZW 的压缩率是出类拔萃的。另一个重要的特点是 LZW 压缩处理所花费的时间比其他方式要少。

在进行 LZW 编码时，首先将原始的数据分成多个条纹，每个条纹都单独进行压缩。条纹大小的选择依据机器的内存而定，一般大约包含 8 KB。这样压缩的和未压缩的条纹都能保留在内存中，且又能接近最优的压缩比。

LZW 算法基于一个转换表或字串表，它将输入字符映射到编码中，使用可变长代码，最大代码长度为 12 位。这个字串表对于每个条纹都不同，并且不必保留给解压缩程序，因为解压缩过程中能自动建立完全相同的字串表。实际上，它是通过查找冗余字符串并将此字符串用较短的符号标记替代的压缩技术。

编码时，首先把 256 项装入串表中，表中每项均由单字符串组成，而且它关联到代码值。在此它标识为字符本身，即表中的第 0 项由字符串＜0＞组成，对应代码值＜0＞；第 1 项由字符串＜1＞组成，对应代码值为＜1＞；……；表中第 255 项由字符串＜255＞组成，对应的代码值为＜255＞。为了确定每个条纹的开始和结束，需增加清零代码和信息结束代码，因此＜256＞专门用于清零代码，＜257＞专门用于信息结束代码。压缩过程中加到字串表的第一个多字符项从＜258＞位置开始。输出的代码应尽可能用较少的位编写。开始时，可使用 9 位的代码，这是由于新的字符串表项大于 255 但小于 512。但当表项增加到 512 项时，必须转换使用 10 位的代码。同样地，在有 1 024 项时必须转换使用 11 位代码，而在有 2 048 项时使用 12 位的代码。为了不使表变得太大，可以限制表项最多有 4 096 项，当一使用第 4 096 项，就写出一个 12 位的清零代码，然后压缩程序重新初始化字符串表并且又开始写出一个 9 位的代码。

4. 差分编码

多媒体数据压缩中广泛应用的一种压缩技术是差分编码。差分编码，又称增量编码，是以序列式资料之间的差异储存或传送资料的方式（相对于储存传送完整档案的方式）。在需要档案改变历史的情况下的差分编码有时又称为差分压缩。数据减少的是数据流中连续字符之间存在的冗余。

(1)图像的差分编码

从某种意义上说，我们对一维信号及其值域转换进行了一维(x,y)（图像的行和列）上由数字索引的信号。

由于物理世界的连续性，图像中背景和前景对象的灰度亮度（或颜色）在图像帧之间的变化是相对缓慢的。由于过去我们是在时间域上处理音频信号的，所以实践者通常会把图像称作空间域(spatial domain)上的信号。一般来说，变化缓慢的成像性质会使得图像空间上的相邻像素具有相似亮度值的几率变大。给定一幅原始图像 $I(x,y)$，使用简单的差分操作符，我们可以按照如下方式定义一个差分图像 $d(x,y)$：

$$d(x,y)=I(x,y)-I(x-1,y)$$

这是对由整数 x 和 y 定义的图像使用偏微分操作符的一个简单的近似。

另一种方法是利用离散的 2D Laplacian 操作符来定义差分图像 $d(x,y)$：

$$d(x,y)=4I(x,y)-I(x,y-1)-I(x,y+1)-I(x+1,y)-I(x-1,y)$$

(2)无损 JPEG

无损 JPEG 是 JPEG 图像压缩的一个特例。由于这种方法没有任何损失，所以它与其他 JPEG 方式有极大不同。当用户在图像工具中选择了 100%的质量因子(quality factor)时，将调用无损的 JPEG 编码。为了保证完整性，无损的 JPEG 是包含在 JPEG 压缩标准中的。

下面的预测方法应用在未处理过的原始图像中(或者原始彩色图像的每个色带中)。它主要包括两个步骤:形成差分预测和编码。

1)预测器将相邻的三个像素值组合成当前像素的预测值,如果使用预测器 P1,则相邻亮度值 A 将被用来作为当前像素的预测亮度;如果采用预测器 P4,则当前像素值就由 A+B−C 产生。

2)编码器将预测值与位置 x 上的实际像素值比较并使用我们在前面讨论的某种无损的压缩算法(如 Huffman 编码)对两者的差值进行编码。

因为预测必须以先前已编码的相邻像素为基础,所以图像的第一个像素,(0,0)只能使用其自身的值。第一行的像素总是使用预测器 P1,而第一列的像素总是使用预测器 P2。

无损的 JPEG 的压缩率较低,这使得它不大适用于大多数的多媒体应用。使用大约 20 幅图像得到的结果表明,无论使用何种预测器,无损 JPEG 的压缩率总在 1.0～3.0 之间浮动,平均值在 2.0 左右。考虑了水平和垂直维度上的邻近节点的预测器 4～7 比预测器 1～3 能够提供更好的压缩质量(大约要高 0.2～0.5)。

2.2.2　有损压缩

当图像的直方图相对平坦时,对图像采取无损压缩技术,其效果就不太明显,而且不易达到压缩的目的,而在多媒体应用中的图像都需要有很高的压缩比,因而通常采用有损压缩方法。在有损压缩中,被压缩图像和原图像一般不完全相同,而是得到感觉上的接近效果。有损压缩是针对人类视觉对色彩、声音等的不敏感因素进行的压缩,允许压缩过程中出现信息的损失。虽然不能造成信息的完整,但是所损失的数据对原来图像、视频的影响较小,却换来了空间的节约。有损压缩广泛用于图像、音频、视频的压缩。

1. 有损压缩机制

目前,有两种基本的有损压缩机制:

(1)有损变换编解码

首先对图像或者声音进行采样、切成小块、变换到一个新的空间、量化,然后对量化值进行熵编码。

(2)预测编解码

先前的数据以及随后解码数据用来预测当前的声音采样或者图像帧,预测数据与实际数据之间的误差,以及其他一些重现预测的信息进行量化与编码。

有些系统中同时使用这两种技术,变换编解码用于压缩预测步骤产生的误差信号。

2. 变换编码

变换编码通常是指将某种正交变换作为映射变换,用变换系数来表示原始图像,对变换系数进行编码。若输入是广义平稳序列,则存在一种最佳的正交变换——卡洛变换。所谓最佳:一是指变换系数互不相关;二是指数值较大的方差出现在少数系数中,即能量高度集中。这样,可在允许的总的均方误差一定的条件下,将数据减到最少。由于卡洛变换(KLT)的基向量是原始图像协方差矩阵的特征向量,因而对于不同的图像,有着不同的最佳基向量。基向量不是固定的,所以一般没有快速算法,因此只适合于做理论分析和试验用。

实际上用得较多的是离散傅里叶变换(DFT)、离散余弦变换(DCT)、离散小波变换(DWT)和沃尔什-哈达玛变换(WHT)。它们的基向量是固定的,有比较成熟的快速算法。

(1)正交变换的去相关性

为什么图像经过正交变换能够去除空间相关性达到压缩图像数据量呢?我们用最简单的连续信号 $y(t)=A\sin(2\pi ft)$ 为例,当变量 t 从 $-\infty$ 到 ∞ 变化时,$f(t)$ 的取值有无穷多个,即使按照奈奎斯特采样定理进行采样,要描述该信号也需要限制采样间距保证有足够的采样点。如果将其变换到频域表示,只需要用一个幅值参数 A 和一个频率参数 f 值就能完全描述该信号了。可见在时域上采样值之间存在非常强的相关性,数据冗余度大。而变换域上的两个参数,相互独立,没有相关性,描述信号的数据量大大减少。对于图像信号也是如此,图像信号转换到变换域后,其相关性下降,数据冗余度减少,压缩数据有显著效果。

经过变换后,坐标轴上方差不均匀分布正是正交变换编码能够实现图像数据压缩的理论根据。若按照人的视觉特性,只保留方差较大的那些变换系数分量,就可以获得更大的数据压缩比,这就是所谓视觉心理编码的方法之一。

将这种变换推广到一般的 $n\times n$ 维图像的变换,图像在 n^2 维变换域中,相关性大大下降。因此用变换后的系数进行编码,将比直接使用原图像数据编码获得更大的数据压缩。

综上所述,图像正交变换实现数据压缩的物理本质在于:把在原来坐标轴上彼此密切相关的像素所构成的矩阵经过多维坐标系适当的坐标旋转和变换,变成统计上彼此较为相互独立,甚至达到完全独立的变换系数所构成的矩阵。或者说把接近均匀散布在各个坐标轴上的原始图像数据,变换在新的坐标系中,图像数据只集中在少数坐标上,实现能量在不同坐标轴上的重新分配,从而可用较少的编码比特来表示一幅子图像,实现高效率的压缩编码。

(2)变换方法

采用变换编码时,首先将已给的 $N\times N$ 图像分为若干子图像阵列。对于一维(某行或某列)变换编码,子图像阵列的大小是 $1\times n$,其中 $n<N$,它们可用向量 $x=(x_1,x_2,\cdots,x_n)^{\mathrm{T}}$ 表示。

在二维变换编码中,子图像通常是 $n\times n$ 的方阵,其中 $n<N$。形式同一维变换编码类似。

图像正交变换可以看成是选用新坐标系的过程。如将新坐标系用一组基矢量或变换基函数来表示,那么正交变换过程便可描述为图像如何用一组所选定的基矢量进行线性组合的过程。每个基矢量对图像的贡献就是相应基矢量的变换系数。求出图像块在给定一组基矢量的变换系数的过程称为正变换,从变换系数恢复重建图像块的过程称为反变换。

设一维离散信号由 N 个采样点组成,在变换前用矢量 $X=(x_1,x_2,\cdots,x_N)^{\mathrm{T}}$ 来表示,其变换后的系数用矢量 $Y=(y_1,y_2,\cdots,y_n)^{\mathrm{T}}$ 来表示,用 V 表示正交变换核矩阵,由变换基矢量 $v_1,v_2,\cdots,v_n$ 构成,即 $V=(v_1,v_2,\cdots,v_n)$,则离散信号的正交变换式可以写成

$$Y=VX$$

当图像变换核矩阵是逆矩阵,或者说上式中的正交变换基矢量满足正交归一化时,变换核矩阵存在逆矩阵 V^{-1},而且 $V^{-1}=V^{\mathrm{T}}$,V^{T} 是变换核矩阵的转置矩阵,此时根据变换后系数利用反变换重建原来图像:

$$X=V^{-1}Y=V^{\mathrm{T}}Y$$

变换核矩阵满足:

$$VV^T = V^TV = I$$

I 表示 $N \times N$ 的单位矩阵。

对于变换编码，除了对输入信号如何变换以及如何从变换系数反变换恢复图像之外，我们还关心变换前原始信号 X 和变换后系数 Y 的统计特性，以便进一步明确变换编码性能。从上面可以看出，变换编码的性能依赖于所选定的基矢量，采用不同的基矢量，变换编码的去相关性能、计算复杂度、变换系数值以及变换系数分布也不相同。因此，一个正交变换应该关心以下几个主要内容：

1)去相关性。去相关性越强，变换之后的系数越独立，冗余数据越少。

2)变换后数据的分布性。一个好的变换编码应该使图像能尽可能地集中在少数几个位置上，也就是用幅值较大的很少几个系数便可以描述原来图像块。

3)计算复杂度。所选用的基矢量简单，能够很方便地求出变换后系数，同时也能很容易、无失真地从变换系数反变换得到原来图像值。

信息论的研究表明，图像正交变换不改变信源的熵值，变换前后图像的信息量并无损失，完全可以通过反变换得到原来的图像值。但是在实际上，不是直接对变换的系数进行发送，而是对变换系数进行标量量化，对量化后的数据进行熵编码，生成二进制码流发送。接收端对二进制码流解码后进行反量化，然后再进行反变换来恢复图像，因此，实际应用的变换编码因为量化/反量化过程引入的变换系数前后不一致而存在变换图像编码失真。

变换的好处如下：

1)变换系数方差的分布。变换压缩的基本依据是变换系数的方差 σ^2 比较集中，常将系数按方差大小的顺序排列，做出变换系数方差的分布函数，以说明方差 σ^2 的集中程度。

2)率失真函数 R(D)。采用正交变换后的 R(D)比变换前降低很多。

(3)K-L 变换和 DCT 变换

1)最佳变换(K-L 变换)。数据压缩主要是去除信源的相关性。若考虑信号存在于无限区间上，而变换区域又是有限的，那么表征相关性的统计特性就是协方差矩阵，协方差矩阵主对角线上各元素就是变量的方差，其余元素就是变量的协方差，且为一对称矩阵。

当协方差矩阵中除对角线上元素之外的各元素统统为零时，就等效于相关性为零。所以，为了有效地进行数据压缩，常常希望变换后的协方差矩阵为一对角矩阵，同时也希望主对角线上各元素随 i,j 的增加很快衰减。因此，变换编码的关键在于：在已知输入信号矩阵 X 的条件下，根据它的协方差矩阵去寻找一种正交变换 T，使变换后的协方差矩阵满足或接近为一对角矩阵。

当经过正交变换后的协方差矩阵为一对角矩阵，且具有最小均方误差时，该变换称最佳变换，也称 Karhunen-Loeve 变换。可以证明，以矢量信号的协方差矩阵的归一化正交特征向量所构成的正交矩阵，对该矢量信号所作的正交变换能使变换后的协方差矩阵达到对角矩阵。K-L 变换虽然具有均方误差意义下的最佳性能，但需要预先知道原始数据的协方差矩阵，再求出其特征值。而求特征值与特征向量并非易事，在维数较高时甚至求不出来。即使能借助于计算机求解，也很难满足实时处理的要求，而且从编码应用看还需要将这些信息传送给解码端。这是 K-L 变换不能在工程上广泛应用的原因。人们一方面继续寻求特征值与特征向量的快速算法，另一方面则寻找一些虽不是最佳，但也有较好相关性与能量集中性能，而实现起来很容易的一些变换方法，而把 K-L 变换常常作为对其他变换性能的评价标准。

2)离散余弦(DCT)变换。如果变换后的协方差矩阵接近对角矩阵，该类变换就称准最佳变换，它去除相关性不一定最佳，但它可以用固定的正交变换矩阵来对不同的信源进行数据压缩。从实用角度来说，可达到简便、易于实现的目的。典型的准最佳变换有 DCT、DFT、WHT 等。其中，最常用的变换是离散余弦变换 DCT。变换时将输入信号和 DCT 正交矩阵相乘，就可完成 DCT 变换。

DCT 是从 DFT 引出的。DFT 可以得到近似于最佳变换的性能，是用于数据压缩的一种常用而又有效的方法。但 DFT 的运算次数太多，虽然用快速傅里叶变换大大减少了运算次数，但它需要复数运算，使用起来仍不方便。因此，期望在此基础上进行改进，但又保持 FFT 的运算好处。DCT 就是实现这一目标的算法，它从 DFT 中取实部，并运用快速余弦变换算法，因此大大加快了运算。同时其压缩性能十分逼近最佳交换的压缩性能。所以，DCT 在图像压缩中得到了广泛的应用。

(4)小波变换编码

1)小波分解与合成。自从 20 世纪 90 年代以来，小波变换理论成为一个研究的热门，并且被广泛应用到多领域。小波变换所具有的多尺度、多分辨率的信号表示能力和能量会聚性能，使得小波变换也在图像处理和压缩编码中取得了成功。尤其是在 S. Mallat 提出了著名的小波变换快速算法——塔式算法后，对信号的小波变换转换为简单的两个波段的滤波，并且可以通过反复迭代实现多级小波变换，由此大大简化了运算的复杂度。

前向小波变换把信号分解为高子带和低子带两部分，因此称为小波分解。分解之后得到的那个低子带分量可以再次进行小波分解，上述过程可以通过迭代进行，直到所要求的分解级数为止。反向小波变换的过程与前向小波变换过程正好相反，它由当前级别的高、低子带合成下一个高分辨率级别的低子带部分，然后与该级别的高子带部分合成更高分辨率级别的低子带部分。因此称为小波合成或综合、重建。上述过程反复迭代，最终将得到原图像分辨率的合成图像。

对于一维信号的小波分解和合成来说，在小波分解中的 2∶1 下抽样，它保证无论经过几次分解，最终所有子带的信号样点总数保持不变，即保持为原信号的样点数。与此相对应，在小波合成的每一级就必须有一个 1∶2 的上抽样。

对于二维图像信号，可以用分别在水平和垂直方向进行滤波的方法实现二维小波多分辨率分解。

①小波基的选择。小波变换的本质是多分辨率和多尺度的信号分析，与视觉系统对频率感知的对数特性相似，所以小波变换非常适合于图像信号的处理。

1989 年，Mallat 首先将小波变换用于图像的描述，这个多分辨率的图像描述称为图像的小波分解。图像的小波分解方案实际上是子带分解的一个特例，小波变换特别要求滤波器的正则性。在空间域里，小波分解将信号分解为不同层次，每一层次的分辨率不同。由于在图像处理中需要滤波器的线性相位，Daubechies 提出用双正交小波，以减弱小波基的正交性来换取线性相位，并构造了几种双正交的小波基用于图像压缩，取得了令人满意的结果。

在图像编码中，选择双正交小波基的基本原则为：

· 从运算量角度考虑，应选择支集长度(即定义域)比较短的小波；

· 振荡程度越小的小波，其共聚集能量的能力越高，图像分解后的能量分布也越集中，越有利于压缩编码；

· 奇对称的小波 PPR 高于偶对称小波，因而在低码率编码中应优先选择奇(反)对称小波变换。

· 较小支集的小波，其正则性对图像编码的影响不太大，只需分析小波有一定的正则性。

在图像压缩编码中，常用哈尔小波和 Daubechies 的 9/3、9/7 等双正交小波。

②二维小波变换。图像信号经过小波变换以后，根据在不同的子带呈现不同的统计特性，设计不同的编码处理，可以得到性能优异的压缩效果。例如，LL 子带一般是图像的低频部分，可以采用前面所介绍的方法进行压缩，而高子带 HL、LH 和 HH 分别对应图像的水平、垂直和对角方向的结构，根据这一特点，可以设计更为有效的编码方案，例如矢量量化等，达到总体最佳的压缩效果。另一方面，小波变换在去相关性和能量集中方面性能更加突出，对于一些测试图像，实验表明，对二级分解系数进行门限处理时，只需保留约 10%的系数就能保持原图像约 99%的能量。可见，即使用简单的量化处理也能达到很好的压缩效果。

图像编码中，图像数字信号是二维的，将一维小波变换推广到二维通常有两种方式。一种是非分离二维小波分解，直接使用二维滤波器组进行小波变换，研究较多的是梅花形(quincunx)小波变换，因其运算量较大，实际中较少采用。另一种是可分离的二维小波分解，采取张量积的方法(可分离滤波器的形式)将一维小波变换扩展到二维，在压缩性能相近的前提下大大简化了运算。

可分离的二维小波分解过程可以在子系数图像中重复进行。如果每次只对 LL 子带作小波分解，称为金字塔式分解，其分解方式对应于一棵极端非平行树；每次分解均对所有的子图像进行，称为一致的分解，其分解方式对应于一棵完全树；Wickerhauser 提出小波包(wavelet packets)的概念，小波包是由正交小波推广的一种函数族，将由于分辨率升高而引起宽度逐渐增大的频率窗进行进一步的分割，消除因空间分辨率增加而导致的频域分辨率的下降，小波包分解方式是介于前二者之间的树。每个正交小波有无数不同性质的小波包基，对于特定的信号选择一个好的小波包基，对高频系数的分解到最佳一步，可以用最少的比特数表示这些信息。Wickerhauser 提出了按小波系数熵的最小值来选取小波包基的最好基选取准则。在相同的比特数下，这种方法编码的图像的复原质量最好，但在选取最佳小波包基时的运算量太大，小波包变换很少在实际中应用。小波塔式分解仍是目前最普遍采用的分解方法。

③图像边缘的对称性扩展。图像的小波变换要求得到能完全重构(perfect reconstruction，PR)的图像信号。长度为 M 的信号通过长度为 N 的滤波器，得到长度为 $N+M-1$ 的输出，导致信号长度扩展。如果截断至标准长度 M，则会引起输出失真，有限长度带来的边缘失真问题在图像压缩编码中显得尤其严重。

Woods 和 O'Neil 建议采用循环卷积代替线性卷积，即对长度为 M 的有限信号以 M 为周期进行延拓，消除信号的有限长度带来的失真或存储量的增加，但是周期延拓在边界点会引起尖锐跳变，人为引入的高频分量使得高频子带的方差增加。M. J. T. Smith 和 S. A. Marucci 提出对称滤波器的对称延拓方法，与周期延拓相比，可产生更平滑的边界，但同时也增加了周期的长度。

2)小波系数的分析和编码。小波变换本身不压缩数据，数据量的降低主要在于小波系数的量化和组织，如何有效量化和组织小波系数，以取得高压缩比和好的视觉图像质量，已成为研究的首要目标。

Shapiro 提出嵌入式零树小波算法的概念，开创了小波系数量化编码的新方法。该算法得到的比特流是按重要性排序的，即重要的小波系数排在比特流的前面。

①小波图像的频谱和方向特性。图像小波变换的二维 Mallat 算法采用了可分离滤波器的设计方法。一幅图像的高频信息主要集中在边缘、轮廓和某些纹理的法线方向上，代表了图像的细节变化，小波的各个高频带表示不同方向的边缘、轮廓等信息。小波图像的这一特性表明了其良好的空间方向选择性，非常符合人类的视觉特性。根据不同方向的信息对人视觉的不贡献来分别设计量化器，可以得到很好的压缩效果。

②小波图像的多分辨率分析特点。小波变换更为重要的优越性体现在其多分辨率的特性上。小波变换具有自然的多分辨率表示特性，并且可以简单地通过内插滤波实现渐进显示功能。

小波图像的各个频带分别对应原图像在不同尺度和不同分辨率下的细节，以及一个由小波变换分解级数决定的最小尺度、最小分辨率下，对原始图像的最佳逼近。其中，分辨率越低，其中有用信息的比例就越高。

从多分辨率分析的角度考虑小波图像的各个频带，特别是对于各个高频带，它们都是图像同一个边缘、轮廓和纹理信息在不同方向、不同尺度和不同分辨率下由细到粗的描述，它们之间必然存在着系数的相对位置相关性。低频小波子带的边缘与同尺度下高频子带中所包含的边缘信息之间也有对应的位置关系。

高分辨率(高频)子图像上的大部分点都接近于零，越是高频这种现象越明显，这些数据就更容易压缩。根据小波变换理论可知，高频带的小波系数绝对值较小，而低频小波系数的绝对值较大，因而高频带的系数就可以分配较少的比特数。

另外，随着分解级数的增加，小波系数的动态范围也越来越大，说明较低层的小波系数具有更重要的地位；其次，分辨率最低的子图 LL 的小波系数的范围最宽，而且方差和系数值也都比别的子图大，说明这些小波系数具有最重要的地位；并且第一层的小波系数比第二层的小，第二层的比第三层的小，能量依次递减。

③小波系数的压缩编码。小波系数的压缩问题一般按系数取值分布和系数的组织方式来进行。为了得到较高的压缩比，有效地组织交换系数，使零码尽可能地集中在一起是非常重要的。与 DCT 相比，小波变换没有提供一种简单方式来组织各个高频带的系数，因为在小波图像中，不为零的系数主要集中在 LL 低频带和各个高频带中对应图像边缘、轮廓的地方，对自然图像而言，这种边缘、轮廓通常是无序的，关于它们位置的编码缺乏有效的手段，很难找到一种较好的方法来组织系数。因此研究小波图像高频带系数的有效组织和编码方法，是小波图像压缩编码的关键之一。

目前常用的小波编码方法中，一般采取使零码连续出现概率最大的准则来组织系数。具体可分为两种，一种是在各个高频带内单独按方向组织系数的方法，另一种是利用各频带相关性采用四叉树结构组织系数的方法。前一种方法利用了小波图像的方向选择性特点，根据不同频带对应的边缘和轮廓的方向来组织系数。然而将小波图像的各个频带作为独立的数据分别处理显然不尽合理。后一种方法基于小波图像多分辨率的信息组织特点，用四叉树结构来刻画其各个频带内容、位置之间的相关性，但忽略了小波系数的方向选择性。这两种方法各有侧重，在低编码压缩比时得到的图像质量一般要好于传统的基于 DCT 的编码方法，而在高压缩比时质量下降较快。

3)连续小波变换和离散二进小波变换。连续小波变换就是在加窗傅立叶变换的基础上，为窗口函数加了一个允许条件，使得窗口是可调的，从而自动实现频谱精细变化。

连续小波变换具有如下性质：

①满足能量守恒方程的线性运算，它把一个信号分解成对空间和尺度(即时间和频率)的，同时又不失原始信号所包含的信息。

②相当于一个具有放大、缩小和平移等功能的数学显微镜，通过检查不同放大倍数下信号的变化，研究其动态特性。

③不一定要求是正交的，小波基不唯一。小波函数系的时宽、带宽积很小，且在时间和频率轴上都很集中，即展开系数的能量很集中。

④利用了非均匀的分辨率，较好地解决了时间和频率分辨率的矛盾；在低频段用高的频率分辨率和低的时间分辨率(宽的分析窗口)，而在高频段则用低的频率分辨率和高的时间分辨率(窄的分析窗口)，这与时变信号的特征一致。

⑤将信号分解为对数坐标中具有相同大小频带的集合，这种以非线性的对数方式处理频率的方法，对时变信号具有明显的优越性。

⑥WT 是稳定的，为一个信号的冗余表示。由于相邻分析窗的绝大部分是相互重叠的，因此相关性很强。

⑦同傅立叶变换一样，具有统一性和相似性，WT 正反变换具有很好的对称性，且 WT 具有基于卷积和正交镜像滤波器 QMF(Quadrature Mirror Filter)的塔形快速算法。

实际应用中，常常要把连续小波变换离散化。离散二进小波变换是对连续小波变换的伸缩因子和平移因子，按一定规则采样而得到的，因此，连续小波变换所具有的性质，离散二进小波变换一般也是具备的。

(5)块变换编码视觉效应

块离散傅里叶变换的本质是将图像展开为周期性的傅里叶级数。方块图像要沿水平和垂直方向依原样作周期延拓成为二维周期场，它的频谱才是块离散傅里叶变换的频谱。由于方块图像的下边与相邻方块图像上边拼接，同样，方块图像的左边与相邻方块图样的右边拼接，在边界上出现突变成分，而反映在变换域有强的高频成分。编码中省略去或压缩这种高频成分就会在复原的子图像边界上出现 Gibbs 效应，显著时候会看到出现一些波纹。

在对电视图像作主观评价时，常规定距屏幕对角线尺寸 6 倍的地点观察。这时人眼观察屏幕的张角大致为 7.6°。由于视觉对于(3～4.5)周/度空间频率的条纹最灵敏，这相当于整个屏幕上出现 23～34 周的空间条纹。电视图像数据大致为(720～576)像素，在以 8×8 方块或 16×16 方块作变换时，沿水平或垂直轴各排列着 90 个～36 个方块，各方块之间出现不连续的周期正落到上述视觉最敏感的空间频率范围，边界上 Gibbs 效应比较容易被察觉。除了上述边界上 Gibbs 效应外，还有复原方块图像边界上的亮度突变。邻近方块图像间平均亮度超过阈值而被感觉出有不连续的变化等综合在一起的、容易被察觉的缺陷叫做方块效应或方块噪声(rag noise)。此外，变换编码的量化噪声平均分摊在各个系数上。在平坦背景上有颗粒噪声是易于察觉的。在码率为 4 比特/像素左右的高质量量化编码中，预测编码的量化噪声集中在图像的边沿部分，由于掩盖效应难以被察觉，而变换编码的方块噪声和平均分摊到图像平坦部分的量化噪声易于被察觉。有时候，从信号量化噪声比来看，两种方法编码差不多，甚至变换编码还好一些，但主观评价质量上都感到预测编码方法好一些。对于低码率的编码。由于编码误差超过视觉阈值很多，编码图像的质量降低大体上可从信噪比降低反映出来，一般来说，变换编码质量要好些。

块图像的余弦变换等价于把方块图像对称加倍后作傅里叶变换。由于对称加倍后的图像是对称的，在作重复周期延拓后，边界上是连续的而没有突变成分，因此块余弦变换编码中高频成分只与方块图像有关。一般随着频率增高，能量衰减较快，比较容易进行压缩编码。它没有像块离散傅里叶变换为了照顾边界的清晰需要保留较多的高频成分。余弦变换编码在边界上不会出现 Gibbs 效应，从这一点来说在方块效应上要比傅里叶变换好一些。

3. 预测编码

预测编码是非常“经典”的基于信号内部的相关性进行数据压缩的一类基本方法。图像的预测编码是利用图像信号的相关性，用当前像素周围的像素进行预测，从而得到预测值与真实值的差值——预测误差，然后对预测误差进行熵编码，或者先根据压缩的要求对预测误差进行均匀量化后再进行熵编码。预测器预测得越准确，去相关性能越好，压缩效果就越好。在这里，符号变换的过程即是将原来的图像灰度值变为预测误差，或者量化的预测误差。目前使用的是线性预测，即预测系数是固定的常数；而且使用因果性预测，即用前面的像素对当前的像素进行预测。

视频编码是通过去除图像的空间、时间和符号统计相关性来达到压缩的目的。空间相关性可以通过变换编码和预测编码来去除。在一个编码帧内，空间域和变换域中的系数都存在很强的相关性，这就为空间域或变换域中进行帧内预测处理提供了基础。

事实上，人们很早就提出了帧内预测编码技术，但在现代编码奠基性的 H.261 编码标准中，没有采用帧内预测技术，而是采用了帧间运动补偿的预测编码技术。在后来的 H.263＋与 MPEG-4 中，引入了变换域中简单的帧内预测技术，在变换域中根据相邻块对当前块的某些系数进行预测。而 H.264 则采用了空间域中复杂的、多模式的帧内预测技术，在空域中直接对当前块中的每个系数进行预测。

帧间预测技术是提高视频压缩比的关键，但帧内预测也有重要的作用。一方面，可以提高帧的压缩效果，有利于视频码流速率的控制，这在实际的网络传输中具有重要的意义。另一方面，当帧间预测找不到匹配块的时候，用帧内预测可达到好的压缩效果。

图像和视频编码技术中有一种非常重要的编码方式，那就是预测编码。预测编码可以在一幅图像内进行（帧内预测编码），也可以在多幅图像之间进行（帧间预测编码）。预测编码实际上是基于图像数据的空间和时间相关特性，用相邻像素或相邻图像块来预测当前要编码的像素或图像块的值，然后再对预测误差进行传输（或存储），或者经 DCT、量化和熵编码后进行传输（或存储）。

预测编码方法分线性预测和非线性预测编码。其中非线性预测编码是由相邻预测像素值非线性构成预测值，预测算法比较复杂，也难于用硬件方法来实现。而线性预测编码方法，则是由预测像素值线性构成预测值，目前应用最多的线性预测编码方法是差值脉冲编码调制 DPCM，其优点是算法简单，易于硬件实现，在图像数据和语音信号的数据压缩中是一种最为常见的编码方法。

在预测编码中，不是直接对图像的像素值编码，而是对当前要编码的像素值与相同帧或先前帧邻近像素的预测值的差值编码。该差值称为预测差值或预测误差。由于邻近像素之间通常有非常接近的像素值(灰度值或颜色值)，直接编码每一个像素值的数据量较大。而如果采用预测差值编码，因预测值与要编码的像素值接近，相应的预测误差值很小，因而需要分配给这些预测误差值的比特数较少，达到压缩编码的目的。

4. 分形编码

分形编码是一种模型编码，利用模型的方法，对需要传输的图像进行参数估测。分形方法是把一幅数字图像，通过一些图像处理技术，如颜色分割、边缘检测、频谱分析、纹理分析等，将原始图像分割成一系列子图像。子图像可以是简单的物体，也可以是一些复杂的景物。然后在分形集中查找这样的子图像。分形集实际上并不是存储所有可能的子图像，而是存储了许多迭代函数，通过迭代函数的反复迭代，恢复出原来的子图像。表示这样的迭代函数一般只需几个数据，从而达到很高的压缩比。

分形图像压缩编码方法可分为两类：

(1)自适应块状分形编码方法

先将图像分割成若干不重叠的值域块 R_i 和可以重叠的定义域块 D_j，接着对每个 R_i 寻找某个 D_j，使 D_j 经过某个指定的变换映射到 R_i 达到规定的最小误差，记录下确定 R_i 和 D_j 的参数及变换形 W_i，得到一个迭代函数系统。最后对这些参数进行编码。编码过程包括对图像的分割、搜索最佳匹配、最后记录相关的系数三个步骤。

(2)交互式分形图像编码方法

针对给定图像的形状，采用边缘检测、频谱分析、纹理分析等传统的图像处理技术进行图像分割，要求被分开的每部分都有比较直观的自相似特征。然后寻找迭代函数系统，确定各个变换系统，再由图像中灰度分布求得各个变换的伴随概率。解码过程是采用随机迭代法来生成近似图像。

5. 子带编码

子带编码 SBC(Sub Band Coding)利用带通滤波器组把信号频带分割成若干子频带，然后对每个子带分别进行编码，并根据每个子带的重要性分配不同的位数来表示数据。语言和图像信息都有较宽的频带，信息的能量集中于低频区域，细节和边缘信息则集中于高频区域。子带编码采取保留低频系数舍去高频系数的方法进行编码，操作时对低频区域取较多的比特数来编码，以牺牲边缘细节为代价来换取比特数的下降，恢复后的图像比原图模糊。

子带编码把原始图像分割成不同频段的频段子带，对不同的频段子带设计独立的预测编码器，分别进行编码和解码。

2.3　多媒体数据的压缩及其标准

2.3.1　音频压缩及其标准

1. 声音数据的压缩

声音是由不同频率的声波组合而成的。组合的波形需要通道模—数转换变成用采样频率和样本量化值加以描述。这通常需要很大的数据量，而且，数据量的大小与声音所包含的频率大小关系不大。

数学中有一种称为傅里叶变换的方法，它可以将一个复杂的波形进行频谱分析，将振幅随时间的变换转换为振幅与频率的关系。

举个极端的例子。假定一个由两个频率的声波组成的声音波形，采取傅里叶变换。这个声音的波形可以表述为两个波形的频率值及其相应的振幅值，再加上两个声波的相位差，总共只需要几组数字就可以描述整个波形了，这是利用正交交换进行数据压缩的典型例子。利用傅里叶逆变换就可以将其不失真地还原回来。

数字编码的声音进行压缩的另一种基本方法是基于对数据的观察。例如，对于波形较为平滑的部分，我们可以观察到这样的数据序列：1200、1202、1203、1202、1200。如果换一种描述方法，可记录成 1200、2、3、2、0。后面的几个数只给出与第一个数的差。由于小的数所占据的位数要少些，因此也可以达到节约数据量的目的。

上述两种方法部属于无损压缩。两种压缩方法的思想在后面所讲的图像压缩中同样被广泛应用。声音在数据压缩的过程中，事实上应该包括语音和音乐的数据压缩。语音和音乐是多媒体数据中非常重要的两个部分。二者有很大的差别，主要表现在两种声音覆盖的频率范围不同：一般来说，语音的频率带宽只有 3.2kHz，而音乐的带宽却能达到 20 kHz。语音频率的范围比较集中，音乐的频率范围比较宽。语音和音乐在音频数据压缩的过程小的实现方法各有不同。

语音的压缩技术通常采用波形编码技术，或是基于语音生成模型的压缩技术。下面介绍基于语音生成模型的压缩编码方式。经过统计分析表明，语音过程可以近似成一个平稳的随机过程。正因为语音的这个性质，使得我们可以把话音信号划分为一帧一帧的方式进行处理，而每一帧的信号近似满足同一模型。语音的基本参数有周期、共振峰、声强及语音谱。此模型相对应的是语音的每一个基本参数，用语音的基本参数来描述模型的每一部分。

音乐信号虽然可以用语音压缩技术求实现，但当压缩比较高时，重构音乐信号的质量通常不能令人满意。波形预测技术是实时语音数据压缩技术的主要方法。虽然该方法的压缩能力比较差，但是它的算法却比较简单，而且易于实现实时操作。另外它的一个突出的优点是能够较好地保持原有声有的特点，因而在语音数据压缩的标准化推荐方案中被优先考虑。

2. MPEG-1 音频

MPEG-1 主要用于“最高码率到 1.5 Mbps 的活动图像和音频的编码”。标准的音频部分定义了以 32、44.1 和 48 KHz 取样的 PCM 信号进行编码的三种层。

MPEG 音频分为 3 个层次。第 1 层把数字音频分为 32 个子带的基本映像，将数据格式化成块的固定分段，决定自适应位分配的心理学模型，使用会压扩和格式化的量化器。第 2 层提供了位分配、缩放因子和抽样的附加编码，使用了不同的帧格式。第 3 层采用混合带通滤波器来提高频率分辨率，它增加了差值非均匀量化、自适应分段和量化值的熵编码。

编码器处理数字音频信号，并生成存储所需要的数据流。但编码器的算法并没有标准化，可以使用多种算法，例如音频掩蔽阈值估计的编码、量化和缩放，只要编码器输出的数据能符合标准即可。编码器的原理框图如图 2-1 所示。

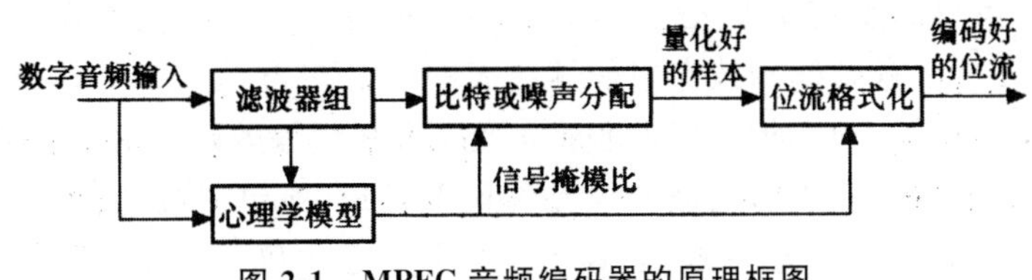

图 2-1　MPEG 音频编码器的原理框图

编码的过程如下：输入的音频采样值读入编码器，映像器首先对音频数据流进行滤波，然后建立输入音频数据流的子带采样表示。在第 1 层、第 2 层是子带采样，在第 3 层是经变换的子带采样。心理学模型建立控制量化和编码的一组数据，这些数据随实际编码器而变。一种可能的办法是利用音频掩蔽阀值来控制量化器，量化和编码部分是从已映像输入采样数据中生成的一组编码符号，这部分也与编码系统有关。编码的结果将封装成帧，如果需要的话，再加上其他信息，例如校正信息等。

滤波器组实现时域到频域的转换。MPEG 音频算法中使用了两个滤波器组，一个是多滤波器组，另一个是混合多相 MDCT 滤波器组。滤波器输出的是量化了的值。第 1 层和第 2 层使用了一个有 32 个子带的滤波器组，第 3 层的滤波器组的分辨率与信号有关。比特或噪声分配器既要考虑滤波器组的输出样本，又要考虑由心理声学模型输出的信号掩蔽比，并调整位分配或噪声分配，以满足位速率要求和掩蔽的需求。位流格式化器取得量化的滤波器输出，与位分配和噪声分配及其他所需的辅助信息一起，用有效的方式进行编码和格式化。

MPEG 音频有两个心理学模型。声音心理学模型的计算要适用于相应的层次，而且算法有一定的灵活性。这两个模型即声音心理学模型 1 和声音心理学模型 2。其中声音心理学模型 1 主要应用于第 1 层和第 2 层。声音心理学模型 2 是一个独立的模型，主要应用于第 3 层，也可以经过适当的调整来适应 MPEG 的任何层次。声音心理学模型主要用于编码，人们利用模型来判断哪些频率中的音在整个音中对人们的影响最大。据此，在编码时，对这些音适当增加量化的级数，可获得更好的效果。因此，两个声音心理学模型都通过计算信号的掩蔽比来为编码服务。声音心理学模型 1 通过对频率的分析，得到音调和非音调的成分，并求得掩蔽阀值，最后得到子带的信息掩蔽比。声音心理学模型 2 从能量入手，运用卷积等工具，也可得到信号的掩蔽比。

MPEG 音频的解码首先要做的事情是使解码器与位流同步，通过搜索同步字，便可获得同步。识别和处理编码数据的公共数据之后，开始对各层进行编码。首先读取位分配信息以及第一个子带的缩放因子，进行位分配解码。缩放因子选择信息解码，对子带样点进行逆量化，通过合成子带滤波器后，输出 PCM 采样值。这是第 1 层和第 2 层的解码过程。第 3 层的解码最复杂，主要包括找同步、附加信息、主数据开始、缩放因子、霍夫曼编码、逆量化器、逆量化和全缩放公式、重排序、立体声处理、合成滤波器组等。

3. AVS 标准

20 世纪 80 年代出现的 CD 技术，全面体现出数字音频的高保真、大动态范围、稳健性等优点，并在实际应用中取得了巨大的成功。普通 CD 系统，其采样率为 44.1 kHz，量化精度为 16 比特，传输立体声音频信号需要 1.41 Mbps 的码率。在音频编码标准领域取得巨大成功的是 MPEG 系列音频标准，即 MPEG-1/-2/-4 等。随着技术的不断进步，原有的立体声形式已不能满足观众对声音节目的欣赏要求，这使得具有更强定位能力和空间效果的三维音频编码技术得到蓬勃发展，在三维音频编码技术中最具代表的就是多声道环绕立体声编码技术。国家信息产业部科学技术司于1002年6月批准成立数字音视频编解码技术标准工作组（简称AVS工作组）。AVS标准是“信息技术先进音视频编码”（Audio and coding Standard Workgroup of China）系列标准的简称，包括系统、视频、音频等三个主要标准和一致性测试等支撑标准。

（1）AVS标准技术

AVS系统层设计是基于MPEG-2系统，对系统的具体要求如下：

1）音频的声道数量：单声道，双声道，5.1声道，7.1声道。

2）采样率：44.1 kHz，48 kHz，96 kHz。

3）音频编码器要求系统的缓存区大小：4 096字节。

（2）AVS音频编码

AVS音频编码器支持8～96 kHz采样的单/双声道的音频信号作为输入信号，编码器编码后输出码率为16～96 Kbps/channel，在64 Kbps/channel编码时可以实现接近透明音质，编码后文件可以压缩为原来的1/10～1/16。

AVS标准音频技术输入的PCM数据经过长/短窗判决、IntMDCT、SPSC立体声编码、量化、CBC熵编码模块后打包成符合AVS音频标准的比特流。

1）长/短窗判决。长/短窗判决在音频标准在编码端推荐一种基于能量与不可预测度的两极窗判决法，其主要原理为：把输入的一帧音频信号划分为若干个子块，首先在时域内进行第一级判决，简单分析子块能量的变换情况，满足特定条件后才进行第二步的不可预测度判决，具有基于能量判决简单和基于不可预测度判决准确的优点，同时该方法克服了基于能量判决不准确和基于不可预测性计算复杂的缺点，从而在迅速确定瞬变信号的同时减少了误判。

2）IntMDCT（整数点改进离散余弦变换）。AVS音频专家组在制订标准时考虑到和MPEG音频保持同步以及以后的无损压缩扩展，选定整数MDCT作为分析滤波器的整数。EBU变换可用来实现无损音频编码或混合感知和无损音频编码，它继承了MDCT变换的所有重要特性：临界采样、数据块叠加、优良的频域表示音频信号，对整数点的输入信号经过正向IntMDCT和反向IntMDCT后可以没有误差地完全重构。

3）SPSC立体声编码。SPSC（Square Polar Coding）是一种比较高效的立体声编码方法，当左/右两个声道有比较强的相关性时，采用SPSC能够带来比较大的编码增益。其主要原理为当左/右两个声道有比较强的相关性时，一个声道传大值信号，而另一个声道传两个声道的差值信号，编码端的SPSC模块和解码端相对应的重建模块构成无损变换对。

4）量化。AVS音频标准采用和MPEG AAC相同的量化方法。

5）CBC熵编码。CBC（Context-depending Bitplane Coding）是一种高效的量化熵编码方法，具有精细颗粒可调特征，可调步长为1 Kbps，编码速率可以从16～96 Kbps连续可调。音频解码器可以根据解码端解码能力，在低于编码比特率下解AVS编码码流。当解码速率从编码速率到较低比特速率时，解码音乐信号的音质从高到低逐级衰减。CBC编码效率要优于MPEG AAC中的哈夫曼编码，在64 Kbps/channel编码时，CBC平均编码比特数较MPEG AAC中的哈夫曼编码节省约6%。

4. 语音编码标准

ITU-T(原 CCITT)等国际相关组织对入网设备的语音编码方案进行了规范，提出了一系列标准。

(1)G. 711 标准

CCITT 于 1972 年对话音频率的模拟信号用脉冲编码调制(PCM)编码时的特性进行了规范，其主要内容有：

1)模拟信号的取样率标称值为每秒 8000 个样值，容差为 $\pm 50\times10^{-6}$。

2)推荐 A 律和 μ 律两种编码率，每个样值编 8 位二进制数码。

3)A 律(或 μ 律)的每一个“判决值”和“量化值”应当与一个“均匀的 PCM 值”相关联。即要求对应 13 bit(或 14 bit)的均匀 PCM 码。

4)串行传输时在一个样值编码码字中首先传送极性比特，最后传送最低有效位比特。

(2)G. 721 标准

G. 721 标准是 CCITT 1988 年为实现 64 Kbit/s A 律或 μ 律 PCM 与 32 Kbit/s 数字信道之间相互转换而制定的。在该协议中提出了一种 PCM→ADPCM 转换编码的算法，分别叙述了发端编码和收端解码算法的原理和功能，并对各种计算方法进行了详细规定，对该转换设备进网概貌和数字测试序列作出了说明。

G. 721 建议规定 32 Kbit/s ADPCM 算法的目的是传输，请求在国际网中使用 32 Kbit/s ADPCM 时，将需要双边和(或)多边协议。G. 721 未对信令转换和复用作出规定。

(3)G. 722 标准

G. 722 标准是 CCITT 1988 年制定的，它规范了一种音频(50～7000 Hz)编码系统的特性，该系统可用于各种质量比较高的语声应用，例如视听多媒体、会议电视等具有调幅广播质量的音频。该编码系统使用比特率在 64 Kbit/s 以内的子带自适应差分脉冲编码调制(SC-ADPCM)，在此技术中将音频频带分裂成高低两个子带，在每个子带中信号用 ADPCM 编码。按照 7 kHz 音频编码所用的比特率，系统有三种基本的工作模式：64 Kbit/s、56 Kbit/s 和 48 Kbit/s。后两种模式借助于利用低子带的比特，在 64 Kbit/s 内分别可以提供 8 Kbit/s 和 16 Kbit/s 的辅助数据信道。

(4)G. 728 标准

为了进一步降低语音的速率，1992 年 CCITT 制定了 G. 728 标准，它使用基于短时延码本激励线性预测编码(LD-CELP)算法，速率为 16 Kbit/s，质量与 32 Kbit/s 的 G. 721 标准相当，编码时延仅 2 ms，同时做到了高质量、低码率和低时延是该方案的突出特点。

(5)G. 729 标准

G. 729 标准是 ITU-T 于 1995 年制定的，它提出了一种采用共轭结构代数码激励线性预测(CS-ACELP)方法，以 8 Kbit/s 速率对语音信号编码的算法。该算法在多媒体通信和 IP 电话等领域有较广泛的应用。

G. 729 语音压缩编码过程如下：

1)预处理(高通滤波，定标)。

2)对 10 ms 帧长语音段采用 Levinson-DurLin 法进行 LPC 分析(阶数 10)，并将 LP 系数转换成线谱对 LSP 参数；用 VQ 技术量化编码。

3)将 10 ms 分成两个 5 ms 的子帧,分别求子帧语音模型对应的激励信号。

4)第二子帧的信号的合成滤波器系数取自第 2)步运算的结果,而第一子帧合成滤波器系数,通过第二子帧系数与前一帧系数内插得到。

5)开环基音估计。即根据短项预测产生的预测误差,直接进行估计。

6)进行自适应码书搜索,得到语音中具有准周期特性的激励。根据第 5)步的结果范围可以很小。

7)具有代数结构的固定码书搜索,得到语音模型的随机激励信号。

8)两个码书的增益 G_c 和 G_P 采用具有共扼结构的两极码书进行矢量量化。

其中的代数结构码书采用的是一种称为交织单脉冲置换 ISPP 的技术,码书中每一个码字仅仅只有少数几个位置的脉冲不为零值,G. 729 标准不为零的脉冲幅度要么为 1,要么为 −1,且各码字中不为零的脉冲位置是有规律排列的。一个码字通过位置的置换可以变成另一个码字。具有代数结构的码书,在码字的搜索过程中,可以大大节省计算量。为了增强合成语音中的谐波成分,G. 729 算法对搜索得到的固定码书中的码字用自适应预滤波器进成为了滤波。至于增益量化时采用的共扼结构码书,在量化编码时,可以通过预先选择,帮助缩小搜索范围,同样节省计算量。

2.3.2 静态图像压缩及其标准

1. 静态图像的压缩

(1)无损压缩

图像在计算机中是以数据的形式表现出来的,这些数据具有相关性,因而可以使用大幅压缩的方法进行压缩,其压缩的效率取决于图像数据的相关性。图像数据的相关性首先表现在相邻平面区域的像素点有相近的亮度及颜色值。假如一幅照片是蓝天、白云、海滩与站立的人,那么照片上天空部分是蓝色和白色,海滩部分也大都是黄色的。当然这里会有很多细微的亮度和色调的变化,但总的来说是比较“有序”的,或者说具有比较高的相关性。照片个人的部分相对来说可能复杂一点,但还是具有相关性的。例如,人脸和人的衣服总是各自表现为比较相近的色调,正是这些相关性使图像的压缩成为了可能。又如,某些花布的图案是由一些简单的图案重复组成的,这些重复的图案是图像数据的相关性的又一个实例。

(2)静态图像的 JPEG 国际标准

按照压缩技术原理、应用背景、功能以及用户的要求方向,图像数据压缩的方法大致可以分为可逆编码和不可逆编码。可逆编码一般是基于信息熵原理的,例如游程编码、算术编码、霍夫曼编码等编码方法,其压缩能力是与所处理图像的信息熵有关的,因而一般很难使这种方法达到比较大的数据压缩比。它们主要用于要求信息不丢失的环境中。例如,在传真机、网络通信、某些医疗图像及卫星图像通信系统中。

不可逆编码的技术原理是多样的,如基于线性预测原理的预测编码、基于正交变换原理的离散余弦编码。不可逆编码还包括基于向量量化原理的向量量化编码、分频带编码等压缩的方法很多,不同的压缩方法需要用相应的解压缩软件才能正确还原,因此应当有一个通用的压缩标准,JPEG 就是一个图像压缩的国际通用标准。这个标准是由 JPEG 即联合图像图形专家组在 1991 年 3 月制定出来的,它提出了全称为“多灰度静止图像数字压缩编码”的标准。该标准包括无损压缩标准和有损压缩标准两部分。它适用于彩色和单色多灰度或连续静止数字图像的压缩。它包括空间方式的无损压缩和基于离散余弦变换(DCT)和霍夫曼(Huffman)编码的有损压缩两部分。空间方式是以二维空间差分脉冲编码调制(DPCM)为基础的空间预测法,它的压缩率低,但可以处理较大范围的像素,解压缩后可以完全复原。

JPEG 在审议图像压缩的标准化方案时,委员会接纳了更多的具有不同要求的应用,从而拓宽了标准的应用范围,使得 JPEG 标准能支持多种色彩空间和大范围空间分辨率的各类图像。JPEG 标准是从 12 个方案中,经过几轮测试和评价,最后选定了 ADCT 作为静态图像压缩的标准化算法。

2. JPEG 压缩标准

静止图像压缩编码标准 JPEG(ISO/IEC 1918)是由 ISO 和 ITU-T 组织的联合摄影专家组为单帧彩色图像的压缩编码而制定的,图像尺寸可以在 1～655 行/帧、1～65 535 像素/行的范围之内。采用这一标准可以将每像素 24 比特的彩色图像压缩至每像素 1～2 比特仍具有很好的质量。

(1)JPEG 模式

1)顺序模式。其基本算法是将图像分成 8×8 的块,然后进行 DCT、量化和熵编码(霍夫曼编码或算术编码)。

2)渐进模式。所采用的算法与顺序方式相类似,不同的是,先传送部分 DCT 系数信息,使收端尽快获得一个“粗略”的图像,然后再将剩余频带的系数渐次传送,最终形成清晰的图像。

3)无损模式。采用一维或二维的空间域 DPCM 和熵编码,由于输入图像已经是数字化的,经空间域的 DPCM 之后,预测误差也是一个离散量,因此可以不再量化而实现无损编码。

4)分层模式。在此方式中,首先将输入图像的分辨率逐层降低,形成一系列分辨率递减的图像。现对分辨率最低的底层图像进行编码,然后,将经过内插的低底层图像作为上一层图像的预测值,在对预测误差进行编码,以此类推,直至顶层。

(2)JPEG 标准

1)JPEG 的基本要素。JPEG 中共定义了三个基本要素:

①编码器。编码器是编码处理的实体。输入是数字原图像,以及各种定义的表格,输出是根据一组指定过程产生的压缩图像数据。

JPEG 要求一个编码器必须至少满足以下两个要求之一:

· 以合适的精度将输入图像数据转换为符合交换格式的压缩图像数据。

· 以合适的精度将输入图像数据转换为符合简约格式的压缩图像数据。

②解码器。解码器是解码处理的实体。输入是压缩图像数据,以及各种定义的表格,输出是根据一组指定过程产生的重建图像数据。

JPEG 要求一个解码器必须满足所有以下三个要求:

· 以合适的精度在应用支持的范围内将压缩的图像数据和参数转换成重建图像。

· 接受和准确地存贮符合简约格式的表格数据。

· 在解码器已经得到解码所需的表格数据的情况下,以合适的精度由简约的压缩图像格式的数据重建图像。

此外，任何基于 DCT 的解码器，如果它支持任何基本的顺序解码模式以外的处理，则也必须支持基本的顺序解码模式。也就是说，任何基于 DCT 的解码系统，必须支持 JPEG 的基本系统功能。

③交换格式。交换格式是压缩图像数据的表示，包括了编码中使用的所有表格。交换格式用于不同应用环境之间。

2）JPEG 主要内容。ISO/IEC 10918 号标准“多灰度连续色调静态图像压缩编码”即 JPEG 标准选定 ADCT 作为静态图像压缩的标准化算法。

本标准有两大分类：第一类方式以 DCT 为基础；第二类方式以二维空间 DPCM 为基础。虽然 DCT 和 FFT 变换类似，是一种包含有量化过程的不能完全复原的非可逆编码，但它可以用较少的变换系数来表示，逆变换还原之后恢复的图像数据与变换前的数据更接近，故作为本标准的基础。另一方面，空间方式虽然压缩率低，但却是一种可完全复原的可逆编码，为了实现此特性，故追加到标准中。

在 DCT 方式中，又分为基本系统和扩展系统两类。基本系统是实现 DCT 编码与解码所需的最小功能集，是必须保证的功能，大多数的应用系统只要用此标准，就能基本上满足要求。扩展系统是为了满足更为广阔领域的应用要求而设置的。另一方面，空间方式对于基本系统和扩展系统来说，被称为独立功能。它们的详细功能如下：

·基本系统。输入图像精度 8 位/像素/色，顺序模式，Huffman 编码（编码表 DC/AC 分别有两个）。

·扩展系统。输入图像精度 12 位/像素/色，累进模式，Huffman 编码（编码表 DC/AC 分别有 4 个），算术编码。

·独立功能。输入图像精度 2～16 位/像素/色，序列模式，Huffman 编码（编码表 4 个），算术编码。

3）JPEG 图像压缩的主要步骤。我们已经知道，数字图像 $f(i,j)$ 并不像一维音频信号一样定义在时间域上，它定义在空间（spatial domain）上。图像是两维变量 i 和 j 的函数（或者表示为 x,y）。2D DCT 作为 JPEG 中的一步得到空间频率域的频率响应，用函数 $F(u,v)$ 表示。

JPEG 是有损的图像压缩方法。在 JPEG 中，DCT 变换的编码效率基于下述 3 个特性：

特性 1——在图像区域内，有用的图像内容变化相对缓慢，也就是说，在一个小区域内（例如，在一个 8×8 的图像块内）亮度值的变换不会太频繁。空间频率表示在一个图像块内像素值的变化次数。DCT 形式化地表明了这一变化，它把对图像内容的变化度量和每一个块的余弦波周期数对应起来。

特性 2——心理学实验表明，在空间域内，人类对高频分量损失的感知能力远远低于对低频分量损失的感知能力。

在 JPEG 中应用 DCT 主要是为了在减少高频内容，同时更有效地将结果编码为位串。我们用空间冗余来说明在一张图像里很多信息是重复的。例如，如果一个像素是红色，那么与它临近的像素也很有可能是红色。正如特性 2 所表明的，DCT 的低频分量系数非常重要。因此，随着频率的增加，准确表示 DCT 系数的重要性随之降低。我们甚至可以把它置零，也不会感知到很多信息的丢失。

显然，一个零串可以表示为零的长度数，用这种方式，比特的压缩成为可能。我们可以用很少的数来表示一个块中的像素，摒弃一些和位置相关的信息，达到摒弃空间冗余的目的。

JPEG 可用于彩色和灰度图像。在彩色图像的情况下(如在 YIQ 或 YUV 中)，编码器在各自的分量上工作，但使用相同的例程。如果源图像是其他的格式，编码器会执行颜色空间转换，将其转换为 YIQ 或 YUV 空间。

特性 3——人类对灰度(黑和白)的视觉敏感度(区分相近空间线的准确度)要远远高于对彩色的敏感度。如果彩色发生很接近的变化，那么我们很难区分出来(设想在漫画中使用的斑点状的墨水)。这是因为我们的眼睛对黑色的线最敏感，并且我们的大脑总是把这种颜色推广开来。实际上，普通的电视就是利用这个原理，总是传播较多的灰度信息，较少的颜色信息。

(3)JPEG 标准的算法

JPEG 静态图像编码建议线性预测编码(DPCM)作为无损编码算法，自适应块离散余弦变换编码作为有损编码算法，并且推荐编码方法，下面分别介绍。

1)无损的预测编码。JPEG 建议的无损的预测编码采用最近邻三个像素(图 2-2)中的一个或几个作一维或二维预测，得到的预测误差作赫夫曼编码或算术编码的熵编码，中等复杂度的彩色图像约可得到 2 倍的压缩。预测公式可用一个选择码选择，如图 2-3 表示。

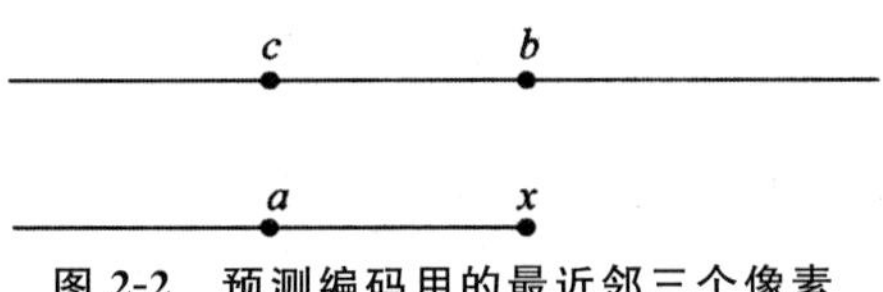

图 2-2　预测编码用的最近邻三个像素

选择码	0	1	2	3	4	5	6	7
预测公式	不用	a	b	c	$a+b-c$	$a+((b-c)/2)$	$b+((a-c)/2)$	$(a+b)/2$

图 2-3　预测公式

2)自适应块离散余弦变换编码。编码基本参数为每幅图像 828 Kb。亮度信号 720×575 像素，8 b；色度信号水平方向分辨率减半。在 ISDN 64 Kb/s 信道中传输时间小于 10 s，要求编码率为 1 比特/像素，即压缩比包括彩色部分分量在内为 16∶1。

JPEG 建议的以 ADCT 为基础的算法共分四步：变换、信息有损的量化以及两种信息无损的熵编码(见图 2-4)。在基本系统和扩展系统中都采用这个算法结构，而在扩展系统中才能提供附加的性能，如逐渐浮现和算术编码。基本系统中，每个标准解码器都能够解释用基本系统编码的数据。扩展系统中，只有当编码器和解码器都配置相应的选择项时才具有所选的附加性能。

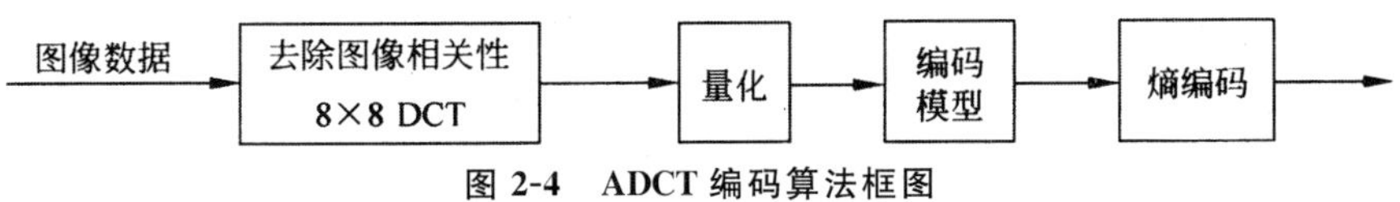

图 2-4　ADCT 编码算法框图

基本系统提供顺序建立方式的高效率信息有损压缩，输入图像每个像素的精度为 8 b。

首先将整个图像分成若干(8×8)像素的方块，接着对各方块进行 DCT 变换，二维的方块 DCT 变换分解成为行和列的一维余弦变换，变换后每个方块得到一个 DC 系数和 63 个 AC 系数。然后对所有 DCT 系数分别线性量化，量化步距 $F_Q(u,v)$ 取决于一个视觉阈值矩阵，其元

素为 $Q(u,v)$。DCT 系数为 $F(u,v)$，量化后成为

$$FQ(u,v)=\mathrm{Int}[F(u,v)/Q(u,v)]$$

此步距随系数的位置而改变。还能对每种彩色分量作调整，以保证这种量化对人类视觉是最佳的。

其次，将当前方块的直流 DC 系数与上一方块的 DC 系数之差值，利用特殊的一维 VLC 赫夫曼编码以降低其余度。

量化后，量化的方块是稀疏的，仅少数 AC 系数为非零值。AC 系数的编码模型为：将原 AC 系数方阵排列，按图 2-5 折线(Zig-Zag)图案重新排列，并在编码之前检测零系数的游程(或称为行程)，把零系数的游程和紧跟的非零系数组成为一个字。如果非零系数前没有零系数作为零游程非零系数组合的一个字，根据许多图像对于各种游程系数值字出现概率做成赫夫曼码表。基本系统有规定的两组赫夫曼码表，一个用于亮度分量，一个用于色度分量。每组码表中又分成两个码表，一个用于 DC 系数，一个用于 AC 系数。基本系统的编码有两种工作模式：单次通过编码方式，即采用约定的赫夫曼码表，或事先计算好的赫夫曼码表；双次通过编码方式，即在第一次通过时，编码器对图像确定其最佳的赫夫曼码表。

1	2	6	7	15	16	28	29
3	5	8	14	17	27	30	43
4	9	13	18	26	31	42	44
10	12	19	25	32	41	45	54
11	20	24	33	40	46	53	55
21	23	34	39	47	52	56	61
22	35	38	48	51	57	60	62
36	37	49	50	58	59	63	64

图 2-5　对方块中系数的之字形扫描

3)扩展功能系统。附加功能包括算术编码和逐渐浮现。

算术编码可用以代替赫夫曼编码，使压缩比增加 5%～10%。

逐渐浮现的图像显示方式在静止图像通信中应用较多。这是由于静止图像以低码率传送时需要一定的传输时间(例如每帧几十秒)，需要等待较长时间才能看到发送过来的图像。逐渐浮现方式是先以较少比特数较快地传送粗略图像，然后分阶段一步一步根据传送到的数据使图像清晰起来，到最后阶段达到所要求清晰度的图像。这种分阶段显示可以在接收时首先看到粗略图像，然后图像逐渐清晰，易为人们所接受。逐渐浮现有两种模形式：第一种是将逐步近似法和频谱选择法结合，有选择地传输量化后的 DCT 系数的数据；第二种是基于空间或间隔抽取的分层次方法模式。

逐渐浮现的第一阶段，压缩到 0.25 比特/像素，压缩比 64∶1，传输时间小于 2 s。第二阶段，压缩到 0.75 比特/像素，压缩比 21∶1，传输时间小于 10 s。第三阶段，压缩到 4 比特/像素，压缩比 4∶1，传输时间小于 10 s，图像质量应与原始图像难以区分。

3. JPEG 2000 标准

JPEG 2000 是 JPEG 工作组制定的一个新的静止图像压缩编码的国际标准，标准号为 ISO/IEC15444|ITU-T T.800，该标准和以往的其他标准一样，由多个部分组成。其中，第一部分在 2000 年 12 月正式公布，而其他部分则在之后被陆续公布。

在 JPEG 2000 工作之前，前面一个（连续色调）静止图像的压缩编码标准 JPEG 已经颁布了多年。特别是它的基本系统，已经被广泛应用，并且取得了巨大的成功。其主要原因包括技术上和实现上的优点，标准的开放性（无需付版税），以及独立 JPEG 小组 IJG 提供的免费软件等因素。然而，随着它在医学图像、数字图书馆、多媒体应用、Internet 和移动网络的推广，它的一些缺点也日益明显。虽然 JPEG 的扩展系统解决了某些缺陷，但也仅仅是在非常有限的范围内，而且有时还受到专利等知识产权 IPR 的限制。为了能够用单一的压缩码流提供多种性能、满足更为广泛的应用需要，JPEG 工作组于 1996 年开始探索一种新的静止图像压缩编码标准，计划在 2000 年正式颁布，并且将它称为 JPEG 2000。

（1）JPEG 2000 的组成

JPEG 2000 主要由 6 个部分组成。其中，第一部分为编码的核心部分，具有相对而言最小的复杂性，可以满足约 80%的应用需要，其地位相当于 JPEG 标准的基本系统，也是公开并可免费使用的（无需付版税）。它对于连续色调、二值的、灰度或彩色静止图像的编码定义了一组无损和有损的方法。具体地说，它有以下规定：

1）规定了解码过程，以便于将压缩的图像数据转换成重建图像数据。

2）规定了码流的语法，由此包含了对压缩图像数据的解释信息。

3）规定了 JP2 文件格式。

4）提供了编码过程的指导，由此可以将原图像数据转变为压缩图像数据。

5）提供了在实际进行编码处理的实现的指导。

第二至第六部分则定义了压缩技术和文件格式的扩展部分，以便满足一些特殊的应用，或者提供一些复杂的功能，但计算的复杂度大大增加。其中包括：编码扩展（第二部分）；Motion JPEG 2000（MJP2，第三部分）；一致性测试（第四部分）；参考软件（第五部分）；混合图像文件格式（第六部分）。

（2）JPEG 2000 的优点

需要强调的是，JPEG 2000 不仅提供了比 JPEG 基本系统更高的压缩效率，而且提供了一种对图像的新的描述方法，可以用单一码流提供适应多种应用的性能。特别是第一部分，它与 JPEG 的基本系统相比具有以下的优点：

1）更高的压缩比。

2）同时支持有损和无损压缩。

3）支持多分辨率表示。

4）嵌入式码流（逐渐显示解码和 SNR 可分级）。

5）叠置。

6）感兴趣区域编码。

7）抗误码。

8）码流的随机存取和处理。

9）对多重压缩/解压缩循环的性能改进。

10）更灵活的文件格式。

为了达到以上性能，JPEG 2000 采用了许多新的压缩编码技术。首先，JPEG 基本系统中的基于子块的 DCT 被全帧离散小波变换（DWT）取代。由于 DWT 自身具有多分辨率图像表示性能，而且它可以在大范围内去除图像的相关性、将图像能量分布更好地集中，因此压缩效率得到提高。其次，由于使用整数 DWT 滤波器，在单一码流中可以同时实现有损和无损压缩。第三，通过使用一种带中央"死区"的均匀量化器实现嵌入式编码。对于量化系数各比特面进行基于上下文的自适应算术编码，这些由比特面提供的嵌入式码流同时又提供了 SNR 的可分级性。进一步，每个子带的比特面被限制在独立的矩形块中通过三次扫描完成编码，由此得到最佳的嵌入式码流、改进的抗误码能力、部分空间随机存取能力，简化了某些几何操作，得到了非常灵活的码流语法。

(3)JPEG 2000 的工作原理

图 2-6 是 JPEG 2000 的基本模块组成，其中包括预处理、DWT、量化、自适应算术编码以及码流组织等五个模块，下面将对此分别进行简要介绍。

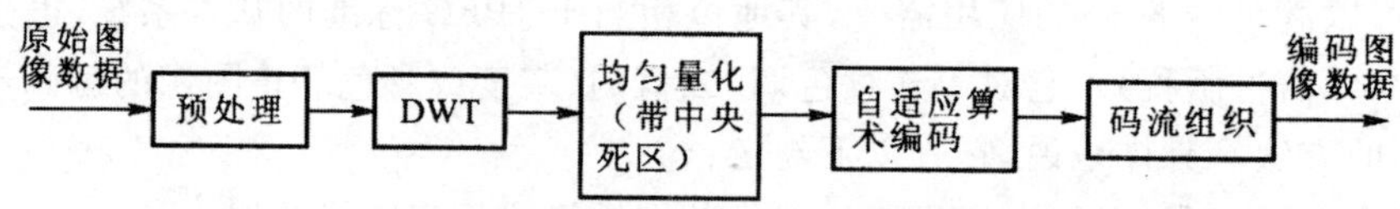

图 2-6 JPEG 2000 基本编码模块组成

1)输入。输入图像可以包含多个分量。通常的彩色图像包含三个分量(RGB 或 Y、Cb、Cr)，但为了适应多频段图像的压缩，JPEG 2000 允许一个输入图像最高有 16384(2^{14})个分量。每个分量的采样值可以是无符号数或有符号数，比特深度为 1～38。每个分量的分辨率、采样值符号以及比特深度可以不同。

2)处理。在预处理中，首先是把图像分成大小相同、互不重叠的矩形叠块。叠块的尺寸是任意的，它们可以大到整幅图像、小到单个像素。每个叠块使用自己的参数单独进行编码。

第二步是对每个分量进行采样值的电平位移，使值的范围关于 0 电平对称。设比特深度为 B，当采样值为无符号数时，则每个采样值减去 2^{B-1}，当采样值是有符号数时则无需处理。

第三步是进行采样点分量间的变换，以便除去彩色分量之间的相关性，要求是分量的尺寸、比特深度相同。JPEG 2000 的第一部分中有两种变换可供选择，它们假设图像的前面三个分量为 RGB，并且只对这三个分量进行变换。一种是不可逆彩色变换 ICT，它即为 RGB 到 YCbCr 的变换：

$$\begin{bmatrix} Y \\ Cb \\ Cr \end{bmatrix} = \begin{bmatrix} 0.299 & 0.587 & 0.114 \\ -0.16875 & -0.33126 & 0.500 \\ 0.500 & -0.41869 & -0.08131 \end{bmatrix} \cdot \begin{bmatrix} R \\ G \\ B \end{bmatrix}$$

反变换为：

$$\begin{bmatrix} R \\ G \\ B \end{bmatrix} = \begin{bmatrix} 1.0 & 0 & 1.402 \\ 1.0 & -0.34413 & 0.71414 \\ 1.0 & 1.772 & 0 \end{bmatrix} \cdot \begin{bmatrix} Y \\ Cb \\ Cr \end{bmatrix}$$

另一种是可逆彩色变换 RCT，它是对 ICT 的整数近似，既可用于有损编码也可用于无损编码。前向 RCT 为：

$$Y = \left\lfloor \frac{R+2G+B}{4} \right\rfloor, U = R-G, V = B-G$$

式中，$\lfloor w \rfloor$ 表示取小于等于 w 的最大整数，即 floor 运算。反变换为：

$$G=Y-\left[\frac{U+V}{4}\right], R=U+G, B=V+G$$

在解码端需要根据情况进行相应的反变换。

3)离散小波变换 DWT。在 JPEG 基本系统中，使用的基于子块的 DCT 被全帧 DWT 取代。如果图像被分为小的叠块，则对各叠块分别进行 DWT。

图 2-7 为一维双子带 DWT 分析综合滤波器组框图。分析滤波器组(h_0，h_1)中的 h_0 是一个低通滤波器，它的输出保留了信号的低频成分而去除或降低了高频成分；h_1 是一个高通滤波器，它的输出保留了信号中边缘、纹理、细节等高频成分而去除或降低了低频成分。在 JPEG 2000 的第一部分，分析滤波器的阶数为奇数。与之相对应，综合滤波器组(g_0，g_1)的 g_0 和 g_1 分别为低通和高通滤波器。为了实现信号的完全重建，即 $x_0(n)=x(n)$，要求分析综合滤波器组满足一定的关系：

$$H_0(z)G_0(z)+H_1(z)G_1(z)=2$$

$$H_0(-z)G_0(z)+H_1(-z)G_1(z)=0$$

式中，$H_0(z)$、$G_0(z)$、$H_1(z)$、$G_1(z)$分别是 h_0、g_0、h_1、g_1 的 Z 变换。

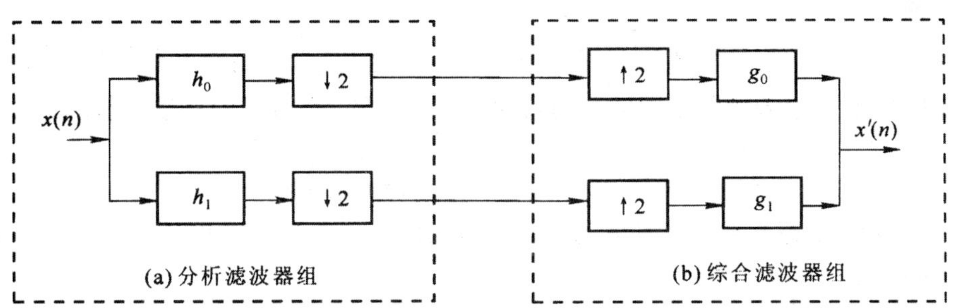

图 2-7　一维双子带小波分析和综合滤波器组

当一维信号被分解为两个子带后，低子带信号仍然有很高的相关性，可以对它再进行双子带分解，降低其相关性；与之相反，高子带信号的相关性较弱，因此不再进行分解。在 JPEG 2000 的第一部分只支持所谓二元(二频带)分解，每次只对前一次分解得到的低子带作进一步分解。

对图像进行二维 DWT 是用一维 DWT 以可分离的方式进行的，每一次分解中先用一维分析滤波器组(h_0，h_1)对图像进行水平(行)方向的滤波，然后对得到的每个输出再用同样的滤波器组进行垂直(列)方向的滤波，所得到的子图像被称为一次分解的四个子带。由于滤波是线性的，由此采用先行后列与先列后行的次序所得到的结果是相同的。在二维二元小波分解中，对每次分解得到的最低子 3LL 可以继续分解，直到分解不再能得到显著的编码增益。图 2-8 是三次小波分解后的子带标记。按惯例，0LL 表示原始图像。

DWT 分解的图像提供了 JPEG 2000 的多分辨率解决方案。可以重建的最低分辨率被称为零分辨率。对于 N_L 次 DWT 分解，它可以提供 N_L+1 个分辨率等级。零分辨率仅包含 N_LLL 子带，分辨率 r 图像由分辨率 $r-1$ 图像和三个第 N_L-r+1 次高子带组成。在 JPEG 2000 第一部分中仅使用两种滤波器组，第一种是 Daubecies 9-7 阶浮点滤波器组，它在有损的压缩中性能优越；第二种是整数提升(Lifting)的 5-3 阶滤波器组，亦称为整数可逆 5-3 阶滤波器组，它具有低的实现复杂性和满足无损压缩的要求。

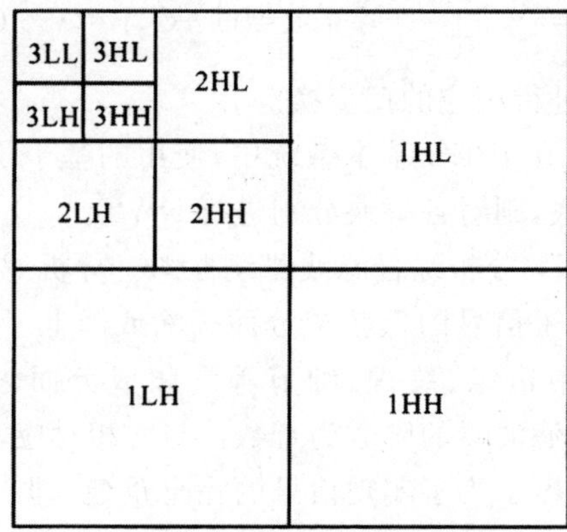

图 2-8 二维三次小波分解

4)量化。JPEG 2000 第一部分采用中央有“死区”的均匀量化器,其区间宽度是量化步长的两倍。对于每个子带 b,首先由用户选择一个基本量化步长 Δ_b,它可以根据子带的视觉特性或者码率控制的要求决定。量化将子带 b 的小波系数 $y_b(u,v)$ 量化为量化系数 $q_b(u,v)$:

$$q_b(u,v)=\text{sign}(y_b(u,v)),\left\{\frac{|y_b(u,v|}{\Delta_b}\right]$$

量化步长 Δ_b 被表示为一个 2 字节的数,其中 11 比特为尾数 μ_b,5 比特为指数 ε_b:

$$\Delta_b=2^{R_b-\varepsilon_b}\left(1+\frac{\mu_b}{2^{11}}\right)$$

其中,R_b 为子带 b 的标称动态范围的比特数。由此保证最大可能的量化步长被限制在输入样值动态范围的两倍左右。

5)熵编码。为了达到抗干扰和任意水平的逐渐显示,JPEG 2000 对小波变换系数的量化值按不同的子带分别进行编码。它把子带分成小的矩形块——编码子块,每个编码子块单独进行编码。编码子块的大小由编码器设定,它必须是 2 的整数幂,高不小于 4,系数的总数不大于 4 096。对于每个编码子块的各比特面分别进行三次扫描通过:重要性传播、细化以及清除。对于每次扫描输出,使用 MQ 算法进行基于上下文的自适应算术编码。最后将压缩的各子比特面组织成数据包的形式输出。

2.3.3 动态图像压缩及其标准

1. 动态图像的压缩

全屏幕活动视频图像是多媒体技术最终要达到的目标之一。要实现这一目标的关键是对动态图像进行有效的压缩,制定统一的视频压缩技术标准变得十分重要,标准化才能使各生产厂家产品相互兼容,超大规模集成电路才能批量生产,编码解码器的价格也才能降下来。

(1)动态图像

动态图像是由一系列静态图像构成的,所以对静态图像的压缩同样适用于对动态图像的压缩。静态图像的压缩方法只考虑二维空间信息的相关性,没有考虑动态图像存在的帧与帧之间的时间相关性。相邻帧之间的相关性表现在以下几个方面:

1)动态图像以每秒 24 或 25 帧播放,在如此短的时间内,画面通常不会有大的变化。

2)在画面中变化的只是运动的部分,静止的部分往往占有较大的面积。

3)即使是运动的部分,也多为简单的平移。

动态图像的帧与帧之间存在时间相关性,这为进一步的压缩提供了可能。

(2)动态图像压缩的基本思路

考虑到帧与帧之间存在相关性,一个很自然的想法是,将相邻的画面相减。例如,将第 1 帧记作 A,第 2 帧记作 B,定义 B′=B−A。这里两帧相减是将后一帧画面 B 中的每一个点的像素值减去前一帧画面 A 中相应点的像素值,称为差异帧。同样,可将第 3 帧记作 C,C′=C−B,依此类推。B′和 C′可看作是一帧图像,压缩后的动态图像文件用 A、B′、C′等来描述。

由于相邻帧大多是点的像素值可能相同,再用静态图像的压缩方法压缩,可以用相当大的压缩比。用差异帧代替原来的帧,以揭示帧间的相关性。这是动态图像压缩的基本出发点。但这样做也会带来新问题:

1)如果只保留第 1 帧、其他帧采用差异帧,那么后面的每一帧都需要从前一帧计算出来,恢复时也必须一帧帧顺序进行。这样就无法从想跳到的某一点进行播放,很不方便。一旦某一帧的数据出了问题,后面的帧更无法恢复。

2)由于差异帧的压缩是有损的,因此上述方式在压缩和解压缩时将发生误差的积累,积累到一定程度,就会造成很大的失真。

3)图像整体运动也是动态图像经常采用的表现手法。经若干次简单的相减。差异帧就不能很好地揭示相邻帧之间的相关性,也不可能得到高的压缩比。差异帧只能揭示活动图像中静止部分的相关性。对差异帧比对原来的帧更难压缩。

关于上述的后两点,可以采取运动矢量的办法加以补偿,即计算出两个画面中运动对象的运动矢量、这种跟踪画面中的运动部分进行预测,并通过画面移动去“迎合”后续帧的方式来产生差异帧的方法,叫做“运动补偿”。运动补偿法可以有效地描述相邻帧之间的差异,如果将差异帧舍弃,对帧的压缩只简单地保留运动矢量帧而其余的用差异帧,这样就可以将压缩中产生的误差限制在一个小的范围里,把一个周期作为随机播放的最小单位。当然,这是以牺牲一些压缩比为代价的。

(3)动态图像的 MPEG 标准

最初的动态图像的标准化工作是由中国国际电话电报咨询委员会(CCITT)开始的,对象是可视电话和电视会议。国际标准化组织 ISO 建立了专门制定动态图像编码压缩标准的国际组织 MPEG(Moving Picture Expert Group),美国的 AT&T、IBM 和日本的 Sony、NEC、JVC 等公司都是该组织成员,经过两年的工作,比较了 14 个不同的方案,兼顾了 JPEG 静态图像压缩标准和 CCITT 专家组的 H.261 标准,于 1990 年 9 月通过了 MPEG-Ⅰ标准,1993 年 11 月通过了 MPEG-Ⅱ标准。

MPEG-Ⅰ的数据传输速率为 1～1.5 Mbit/s。实现普通电视质量(VHS)的全动态图像及 CD 质量立体声伴音的压缩。MPEG-Ⅱ数据传输速率为 10 Mbit/s,实现对每秒 30 帧的 720×572 分辨率的视频信号进行压缩或更高清晰度的视频摄像标准。

MPEG 对视频和音频压缩的方法,压缩后数据的存储和传输的格式等方面均作了详细的规定,其基本思想不外乎前面所介绍的那些方法,例如,在视频压缩方面,采用运动补偿来减少帧序列间的时间冗余信息;用 DCT 技术来减少帧序列间的空间冗余信息。为解决高压缩比和随机播放的要求，还采用了预测和插补等帧间技术。

2. MPEG-1 标准

1991 年 11 月底由活动图像专家小组提出了用于数字存储媒介的活动图像及伴音约 1.5 Mbps 的编码方案，作为 ISO 11172 号建议于 1992 年通过，习惯上简称 MPEC-1 标准。

MPEG-l 是 MPEG 的小画面模式，具有 352×240 的分辨率，每秒可达 30 帧图像，在 6∶1 的压缩比时具有高质量的压缩效果。MPEG-1 音频数据压缩以 MUSICAM 为基础，可获得 CD 质量的声音。MPEG-1 对于较低传输速率、窄带宽的应用（如单速 CD-ROM、Video-CD、商业销售演示、远程教育和培训、远程医疗服务、可视会议系统等方面）还是较满意的。它可针对 SIF 标准分辨率（对于 NTSC 制为 352×240；对于 PAL 制为 352×288）的图像进行压缩，传输速率为 1.5 Mbps，每秒播放 30 帧，具有 CD（激光唱盘）音质，质量级别基本与 VIIS 相当。MPEG 的编码速率最高可达 4～5 Mbps。

MPEG-1 也被用于数字电话网络上的视频传输，如非对称数字用户线（ADSL）、视频点播（VOD）以及教育网络等，同时，MPEG-l 也可被用做记录媒体或是在 Internet 上传输音频。

由 MPEG-1 开发出来的视频压缩技术的应用范围很广，包括从 CD-ROM 上的交互系统，到电信网络上的视频传送，MPEG-1 视频编码标准被认为是一个通用标准。为了支持多种应用，可由用户来规定多种多样的输入参数，包括灵活的图像尺寸和帧频。MPEG 推荐了一组系统规定的参数：每一个 MPEG-1 兼容解码器至少必须能够支持视频源参数，最佳可达电视标准，包括每行最小应用 720 个像素，每幅图像起码应用 576 行，每秒最少不低于 30 帧，及最低比特率为 1.86 Mbps，标准视频输入应包括非隔行扫描视频图像格式。应该指出，并不是说 MPEG-1 的应用就限制于这一个系统规定的参数组。根据 JPEG 和 H.261 标准，已开发出 MPEG-1 视频算法。当时的想法是，尽量保持与 ITU-T H.261 标准的共同性，这样，支持两个标准的做法就似乎可能。当然，MPEG-1 的主要目标在于多媒体 CD-ROM 的应用，这里需要由编码器和解码器支持的附加函数。由 MPEG-1 提供的重要特性包括：基于帧的视频随机存取，通过压缩比特流的快进/快退搜索，视频的反向重放及压缩比特流的编码能力。

（1）MPEG-1 视频压缩的原理

MPEG-1 视频标准使用了四种关键技术：运动估计与补偿、离散余弦变换、量化和熵编码。运动估计工作对于 16×16 像素大小的宏块层，可使用前向预测、后向预测或双向预测。由于运动表示是基于像素宏块，因而运动预测常使用块匹配技术。将 8×8 大小的源像块或预测误差块进行离散余弦变换，得到的频域系数被进一步量化和熵编码（即 RLC 和 VLC）。为了给运动估计提供参考帧，在编码方案中包含一个由逆量化（Q^{-1}）、逆离散余弦变换（DCT^{-1}）、运动补偿和参考帧缓冲器所组成的解码通道。图 2-9 给出了 MPEG-1 视频编码的原理框图。

（2）MPEG-1 标准采用的技术

MPEG-1 编码的视频由连续的单个图像来表示，每幅图像可作为一个二维的像素矩阵处理，每一个彩色像素表示成三个颜色分量，即 Y（亮度）和两个色度分量 Cb 和 Cr。数字化视频的压缩来源于几项技术，如与人类视觉系统灵敏度相匹配的色度亚取样、量化、减少时间冗余的运动补偿（MC）、通过离散余弦变换（DCT）来减少空间冗余的频率变换、变长编码（VLC）以及图像插值。

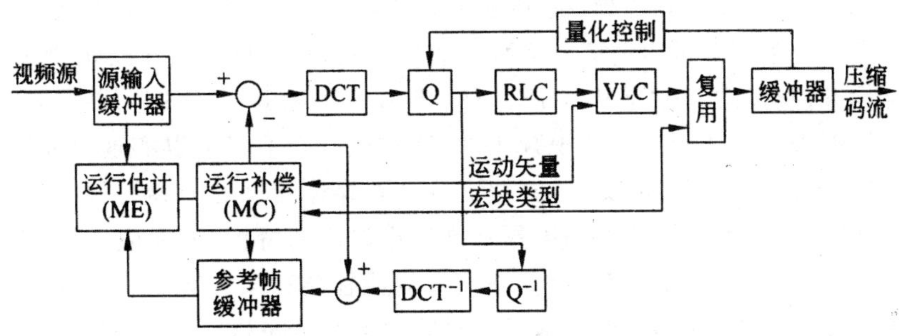

图 2-9　MPEG-1 视频编码原理框图

1)色度信息的亚取样。人类视觉系统对图像亮度成分的分辨率非常敏感,对色度信息不敏感性稍差,因此,对亮度做全分辨率编码,对色度做亚取样后编码。标准中每 2×2 的相邻亮度块保留一个色度信号。

2)量化。量化是对一个范围内的值用一个值来表示,如 3 到 5 的所有值都用 4 来表示。实际值和量化之间的差叫做量化噪声。在有些情况下,人类视觉系统对量化噪声不太敏感,由于允许这种量化噪声的存在,因而可以提高编码效率。

3)预测编码。用过去已编码的值来预测当前的值,可以降低相邻值之间的冗度,对预测的误差进行编码,可以校正预测值。由于图像空间上相邻像素值变化不大,其预测误差非常小,并集中在 0 的附近,概率分布相对集中,这样可以进行更有效的压缩。MPEG-1 标准中,预测编码用于相邻亮度或色度经 DCT 编码后的直流系数(DC)以及运动矢量的编码。

4)运动补偿和帧间编码。运动估计是为了降低时间域的冗余度,把当前帧要编码的块用已编码帧的某一块来代替,两个块空间的位置关系用运动矢量表示,实际编码的是运动矢量和块之间的误差值。运动补偿是运动估计的逆过程,它从解码的角度出发。解码当前帧的某一块图像时,根据运动矢量找到前面已解码帧的对应块,再加上误差值即恢复出当前块的图像。由于编码运动矢量和误差值需要的比特数较少,从而进一步压缩帧间图像的冗余。

5)DCT 变换。把一个 8×8 的像素块变换成一个水平和垂直空间频率系数为 8×8 的矩阵,这些系数通过反变换可以重构 8×8 的像素值。由于通过变换后,能量主要集中在低频分量的系数上,而高频分量的系数值很小,丢掉这些高频分量对视觉影响不大,因此通过对 DCT 系数的量化,去掉对人眼不敏感的一些频率成分,从而降低编码需要的比特数,提高编码效率。经过变换后的 8×8 的系数块中,(0,0)位置的系数表示水平和垂直零频率,称为直流(DC)系数。由于相邻 8×8 块的 DC 系数变化较小,用预测编码可以进一步降低编码比特数,标准中对 DC 系数的编码就采用这种方法。其他代表一个或多个非零水平或垂直的频率系数称交流(AC)系数。交流系数经过量化之后,用 Zig-Zag 的方式排成一维的矢量,用游程的方式表示并被编码。

6)变长编码。变长编码是一种统计编码技术,它将每个不同的值用另一个码字代替,对出现概率高的值编码一个短的码字,出现概率低的值编一个长的码字,平均起来码率得到降低。这是熵保持编码,压缩比不高。

3. MPEG-4 标准

为了适应多媒体通信尤其是视频会议、视频电话应用需求,在 1994 年 MPEG 开始制定

MPEG-4 标准,其最初目标是对音频、视频对象进行高效压缩编码以适应极低比特率的应用,后来经过不断发展成为一个可以适应于多种多媒体应用、具有良好交互性能的、提供多种编码比特率的国际标准,其正式名称为 ISO/IEC 14496,基于音视频对象的编码。

MPEG-4 标准采用了基于对象的视频压缩编码方法,它不仅可以实现对视频图像数据的高效压缩,还可以提供基于内容的交互功能,支持对多媒体信息的内容访问,提供灵活的时域和空域扩展。除此之外,为了使压缩码流具有抗信道误码的特性,方便应用于带宽受限、误码易发的无线网络和 Internet,MPEG-4 还提供用于误码检测和误码恢复的一系列工具。

为了支持高效视频数据压缩、支持基于多媒体内容的访问和操作、支持基于内容的分级扩展,在 MPEG-4 标准中引入视频对象(Video Object,VO)的概念来实现基于内容的表示。所谓视频对象就是在一个场景中能够被访问和操作的实体,例如场景中的某一物体或某一层面,由计算机生成的二维图形或三维图形等。每个 VO 用三类信息描述,分别为运动信息、形状信息和纹理信息。VO 的生存期是一个会话(Session),MPEG-4 首先对视频序列进行 Session 切分,对 Session 中的每一帧进行分割,得出各个 VO。VO 是 MPEG-4 中视频编码的基本单元。

以下是 MPEG-4 标准的几个主要部分。

第一部分:系统,正式名称为 ISO/IEC DIS 14496-1。MPEG-4 系统能够对音视频对象、音视频对象在场景中的时空位置,以及与码流数据操作有关的信息进行编码表示,并通过系统流传输。

第二部分:视觉信息,正式名称为 ISO/IEC DIS 14496-2。它描述基于对象的视频编码方法,支持对自然和合成视频对象的编码。

第三部分:音频,正式名称为 ISO/IEC DIS 14496-3。它描述对自然声音和合成声音的编码。

第四部分:一致性测试标准,正式名称为 ISO/IEC DIS 14496-4。

第五部分:参考软件,标准名为 ISO/IEC DIS 14496-5。

第六部分:多媒体传送集成框架(Delivery Multimedia Integration Framework,DMIF)。标准名为 ISO/IECDIS 14496-6。主要解决在交互网络、广播环境下以及磁盘应用中多媒体应用的操作问题,通过传输多路合成比特信息建立客户端和服务器端的交互和传输。通过 DMIF,MPEG-4 可以建立起具有特殊服务质量的信道和面向每个基本流分配带宽。

第七部分:MPEG-4 工具优化软件,正式名称为 ISO/IEC DIS 14496-7。MPEG-4 提供一系列工具描述组成场景的一组对象,这些场景描述可以以二进制格式表示,与音视频对象一同传输、编码。

(1)系统层模型

MPEG-4 系统的通信和交互过程是:首先由发送端根据音视频对象、对象时空位置以及场景描述压缩成基本的码流信息,并增加一些用于识别、同步、描述逻辑相关性的信息;然后将这些信息传递给一个传输层;再由传输层通过多路复用技术将其打包成一个或多个用于传输或存储用的二进制码流。在接收端将这些码流进行解复用和解压缩,音视频对象将根据场景描述信息和同步信息复合起来呈现给最终用户,最终用户可以有选择性地与呈现的结果进行交互,这些交互信息可以在本地处理或发回到发送端。

如图 2-10 所示是 MPEG-4 系统层模型，它是对 MPEG-4 终端行为的一个抽象描述。由压缩层、同步层、传输层组成。

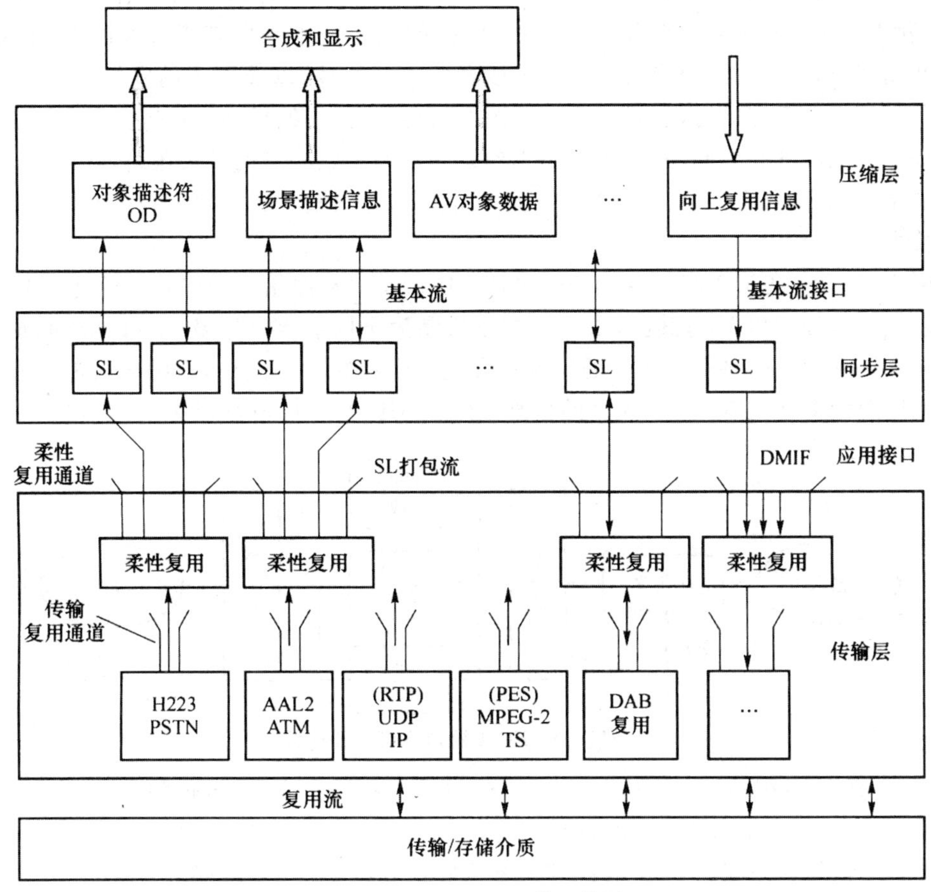

图 2-10　MPEG-4 系统层模型

1)压缩层。压缩层功能主要是对来自同步层的基本码流进行解码，这些解码后的信息用于终端的音视频对象的合成以及显示等。在这一层解码出的媒体类型可以包括场景信息描述的二进制格式(Binary Format for Scenes，BIFS)，对象描述符(Object Descriptor，OD)，音视频对象数据(AV Object Data)等。另外，还包括来自于从接收端发往发送端的上载码流信息。

2)同步层。同步层信息主要负责各种媒体压缩后数据的同步，将同步信息和压缩后的数据封装成一个同步数据包流，再将它们传送到传输层。这些数据包中不仅含有定时和同步数据，而且还有随机访问信息。另一方面，同步层从传输层接收同步数据包流，从流中提取同步信息，为基本码流解码和同步解码的合成做准备。

3)传输层。传输层是对已经存在的各种传输协议的一般描述，这些协议指明如何传输和存储符合 MPEG-4 标准的码流信息。在 MPEG-4 系统中没有定义传输层的功能，只考虑了和传输层有关的接口要求。这个接口是 DMIF 应用接口，由标准的 DMIF 定义。DMIF 应用接口不仅定义流数据的传输接口，而且定义信道建立和断开的信号。

(2)视频对象编码

MPEG-4 标准的编码是基于对象的,它不同于以往的 MPEG-1、MPEG-2 和 H.261、H.263 这些基于图像像素的编码方法。基于像素的图像编码方法,把图像信号看成是一个随机过程,利用其统计特征来达到压缩的目的,编码的核心技术采用基于分块的 DCT 变换、预测编码和熵编码,这类方法没有考虑信息获取者的主观特性,以及图像的具体结构和内容,也没有充分利用视觉系统的特性,难以实现对图像内容的访问、编辑和操作等。

在基于对象的视频编码中,编码的基本单元是视频对象。MPEG-4 在编码 VO 时,充分利用人眼视觉特性,对每个 VO 进行纹理、形状和运动信息的编码。这类编码技术称为第二代视频编码技术。

如图 2-11 所示是 MPEG-4 视频编码原理框图。首先从原始视频序列中通过人工、半自动或全自动等方式分割出 VO;其次,由编码控制机制为不同的 VO 以及 VO 的纹理、形状和运动信息分配码率;第三,将每个 VO 的码流复合成一个比特流。其中,在编码控制和复合阶段可以加入用户的交互控制方法。VO 的分割方法在 MPEG-4 中没有定义。

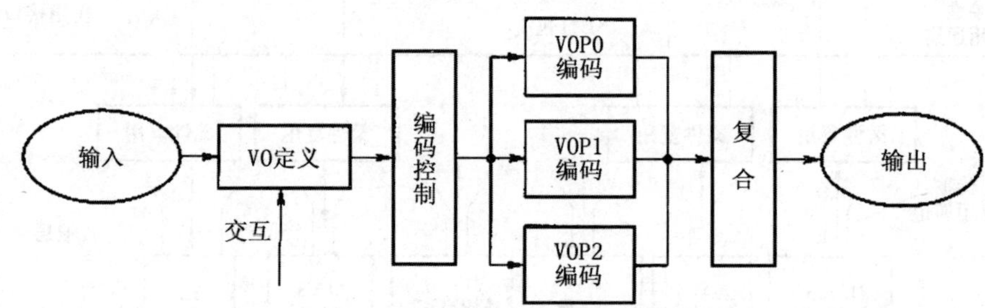

图 2-11 MPEG-4 视频编码原理框图

图 2-12 中的 VOP(Video Object Plane)称为视频对象平面,它是视频对象层(Video Object Layer,VOL)的一个实例,一个 VOP 是一个矩形或其他形状的视频帧,完全可以通过纹理变化和形状等信息来描述。VOP 有四种类型编码模式,分别称为内部 VOP(I-VOP)、单向预测 VOP(P-VOP)、双向预测 VOP(B-VOP)和全景 VOP(S-VOP)。这四种 VOP 的编码类似于 MPEG-2 的 I、P 和 B 帧编码。S-VOP 用来编码 Sprite 对象。因此,VO 对象组合的表示如图 2-12 示。

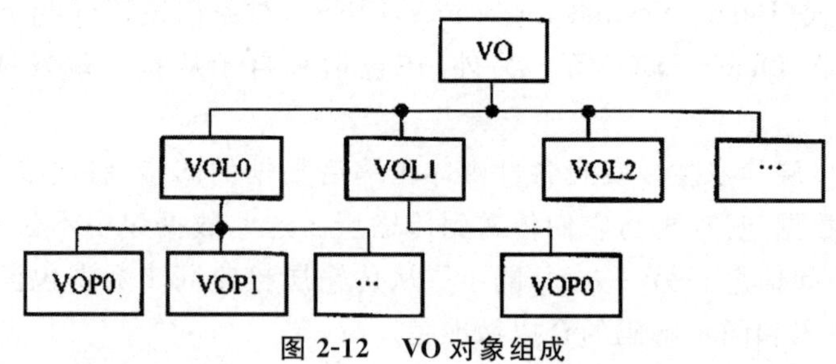

图 2-12 VO 对象组成

从图 2-11 视频编码原理框图可知,MPEG-4 中基于对象的视频编码实际上就是对每一个 VOP 进行编码。我们知道,一个 VOP 可以完全由纹理、运动、形状信息来描述,因此 MPEG-4 的视频编码技术就是针对 VOP 纹理信息、运动信息和形状信息进行的编码。其编码过程如

图 2-13(a)所示。

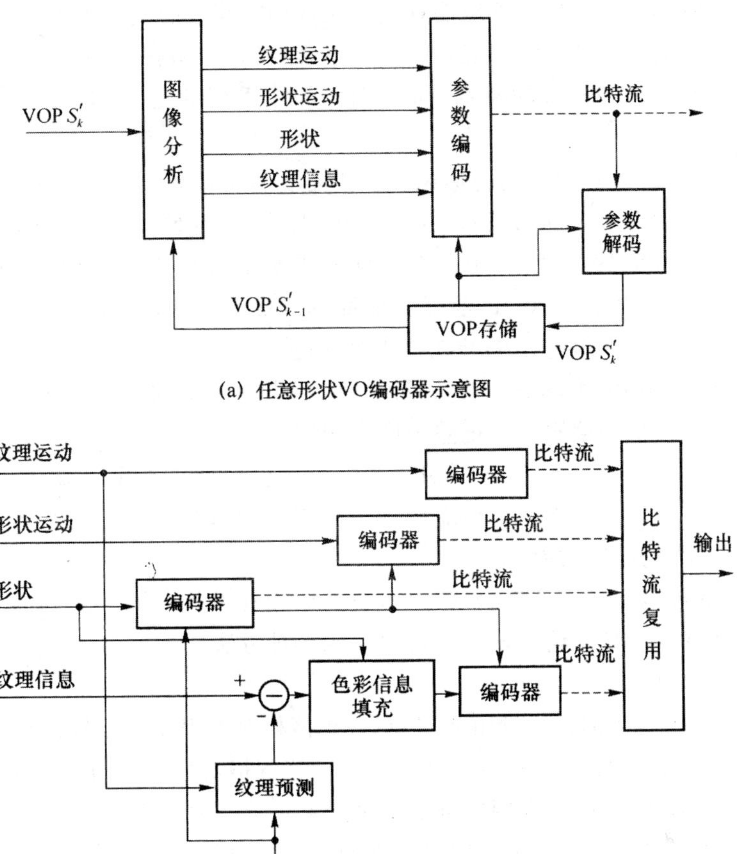

(a) 任意形状VO编码器示意图

(b) 参数编码器框图

图 2-13　MPEG-4 VOP 编码示意图

从图 2-13(a)中可以看出，基于 VOP 的 MPEG-4 视频编码器首先与存储在缓冲区的前一个解码重建的 VOP 进行图像分析，把 VOP 分解成两种类型的运动信息(纹理运动矢量、形状运动矢量)、形状信息和纹理信息。其中纹理运动矢量用传统意义上的运动矢量来代替，用来补偿 VOP 纹理的运动；而形状运动矢量用来描述对象形状的平移。然后用参数编码器编码各自的参数信息。最后复用传输，同时进行参数解码存储在缓冲区里作为新的参考 VOP。图 2-13(b)是上述 VOP 信息的参数编码器框图，由于信息参数的极大不同，因此不同的参数采用不同的编码方法。在 MPEG-4 主要涉及以下几类编码方法：

1)形状编码。相对于以前的压缩标准来说，MPEG-4 标准第一次引入了形状编码算法。一个场景中截取的 VOP 是一个不规则的形状，MPEG-4 标准的形状编码方法是用位图法，VOP 被一个边框框住，边框长、宽均为 16 的整数倍同时保证边框最小。位图表示法实际上是一个边框矩阵。如果用 8 位表示灰度，有 256 级灰度分层，如果用阵的编码，矩阵被分成 16×16 的“形状块”，边界信息包含在块中。

2)纹理编码。纹理编码有两种，可能是内部编码的 I-VOP 的像素值，也可能是帧间编码的 P-VOP、B-VOP 的运动估计残差值，仍采用基于分块的纹理编码。VOP 的纹理信息包含在视频信号的亮度 y 和两个色度分量 U/V 中。对于 I-VOP，纹理信息直接包含在亮度和色度分量中；而对于运动补偿后的 VOP，纹理信息包含在运动补偿后的残差中。

3）运动信息编码。MPEG-4 利用运动估计和运动补偿去除帧间的时间冗余度。主要区别在于：其他标准中采用了基于块的技术，而 MPEG-4 中采用的是 VOP 结构。VOP 编码有四种编码模式。

I-VOP 是对序列进行随机访问的标识。一些需要随机访问的操作（例如快进和快退），常常要频繁地访问 I-VOP。I-VOP 还被用在场景剪切和运动补偿失效时。VOP 组则是由一个 I-VOP 开始的若干 VOP 的组合，并用一个头标志来指示解码器。VOP 组中包含 P-VOP 和 B-VOP，也可以只有 P-VOP，P-VOP 根据它前面的 VOP 利用运动补偿技术来编码，B-VOP 根据它前面和后面的 VOP 利用运动补偿技术来编码。

4）Sprite 编码。Sprite 编码是针对背景对象的特点提出来的。通常情况下背景对象本身没有任何运动，通过图像的镶嵌技术把整个序列的背景图像拼接成一个大的完整的背景图像，这个图像叫做 Sprite 图像，是一种 S-VOP。Sprite 图像只需要编码传输一次并存储在解码端，随后的图像可以从 Sprite 上恢复所有图像的背景。MPEG-4 中包括 Sprite 是因为这种编码方式可以提供很高的压缩效率。

基于 Sprite 的编码非常适合于合成对象，也可以用在发生了剧烈运动的自然场景中。为了支持低处理延时的应用，传输 Sprite 时可以采用多种方法。

（3）网格对象编码

网格对象是 MPEG-4 的另一种编码对象，一个网格对象表现为二维网格的几何形状和运动。网格对象由一个或多个网格对象平面组成。一个网格对象平面的序列表现了由小片三角形组成的物体变形情况，它可以利用视频对象平面和静态纹理产生合成动画对象。视频对象平面的三角形小片可以用符合三角形网格元素的方式扭曲。网格元素的运动可以用网格节点在时间上的移动来说明。

网格对象的语法和语义只适合网格的几何形状和运动，如果视频对象要用作动画而需要单独编码，那么使网格对象变成视频对象平面的扭曲或纹理映射由场景合成的上下文控制。

网格对象平面的编码方式有以下两种类型：

1）内部编码类型的网格对象平面编码单一的二维网格的几何形状。当编码统一型拓扑结构的二维网格时，用小参数集编码网格的几何形状。当编码 Delaunay 型拓扑结构的二维网格时，用网格节点和边的位置编码网格的几何形状。

2）预测编码类型的网格对象平面编码利用过去的参考网格对象平面进行预测编码。预测编码网格的三角形结构和参考网格是相同的，只是节点位置发生变化。位置的移动表明了网格的运动。

（4）人脸对象编码

人脸对象是一个由场景图的节点集合组成的，描述 MPEG-4 标准中的场景图的一个节点。一个人脸对象由一组人脸对象平面的时间序列组成，每个人脸对象平面用人脸定义参数集（Facial Definition Parameter Set，FDP）和人脸活动参数集（Facial Animation Parameter Set，FAP）来描述。也就是说 FDP 和 FAP 定义了人脸形状和纹理信息，可以用 FDP 和 FAP 来重建人脸，以及人脸表情和语言的活动。其中，FAP 描述基本人脸活动的一个完全集，适用于绝大部分自然人脸的模型。而 FDP 则是私有化的人脸模型，针对特殊的人脸结构以及人脸活动。

(5)视频比特流语法

与其他视频编码标准类似，MPEG-4 定义了视频比特流的生成语法和语义。在语法中必须指出如何从比特流中分解并解码生成解压缩的视频信号。为了支持不同的应用，比特流必须具有灵活的语法结构，这便是具有不同层次的分层结构，每个层次有一个头信息，指示这层数据的某些特征和所采用的参数。MPEC-4 比特流语法结构分层与 MPEG-1/2 以及 H. 261/H. 263 比较如下：

在第一至第四的每个层次都带有开始码的头信息。这些开始码是这一层的标志信息，在视频编码数据中不允许出现这些码字。开始码之后紧跟着指示这一层编码的其他参数信息。

MPEG-4 是一个支持灵活交互性的视听对象编码标准，除了上述介绍的对象编码之外，其视觉信息编码工具集还包括许多内容，如自然和合成图像的混合编码、空间/时间/信噪比可分级性编码、精细可分级性编码、误码多发环境下的误码健壮性和恢复能力等；与 MPEG-1/2 类似，还定义 MPEG-4 的多个档次和层次，构成了适合各种不同应用的编码子集。

4. H. 264 标准

H. 264 是 ITU 的 VCEG(视频编码专家组)和 ISO/IEC 的 MPEG(活动图像编码专家组)的联合视频组(Joint Video Team，JVT)开发的一个新的数字视频编码标准，它既是 ITU 的 H. 264，又是 ISO/IEC 的 MPEG-4 的第 10 部分。1998 年 1 月份开始草案征集，1999 年 9 月完成第一个草案，2001 年 5 月制定了其测试模式 TML-8，2002 年 6 月的 JVT 第 5 次会议通过了 H. 264 的 FCD 版。2003 年 3 月正式发布。

H. 264 和以前的标准一样，也是 DPCM 加变换编码的混合编码模式。但它采用“回归基本”的简洁设计，不用众多的选项，获得比 H. 263++好得多的压缩性能；加强了对各种信道的适应能力，采用“网络友好”的结构和语法，有利于对误码和丢包的处理；应用目标范围较宽，以满足不同速率、不同解析度以及不同传输(存储)场合的需求；它的基本系统是开放的，使用无需版权。

(1)H. 264 基本概念

H. 264 规定了三种档次，每个档次支持一组特定的编码功能，并支持一类特定的应用。

1)基本档次。基本档次包含除了下述两部分之外的所有 H. 264 标准所规定的内容。这两部分是：

- B 帧、加权预测、自适应算术编码、场编码及其视频图像宏块自适应切换场和帧编码。
- SP/SI 片和片的数据分割。

即利用 I 片和 P 片支持帧内和帧间编码，支持利用基于上下文的自适应的变长编码进行的熵编码(CAVLC)。主要用于可视电话、会议电视、无线通信等实时视频通信。

2)主要档次。首先主档次包含了基本档次中不包括的上述第一个部分，同时主档次不包含基本档次中所包括的灵活宏块顺序、任意片顺序和可冗余的图片数据这些内容。

即支持隔行视频，采用 B 片的帧间编码和采用加权预测的帧内编码；支持利用基于上下文的自适应的算术编码(CABAC)。主要用于数字广播电视与数字视频存储。

3)扩展档次。扩展档次包含了除自适应算术编码之外的所有 H. 264 标准所规定的内容。

支持码流之间有效的切换(SP 和 SI 片)、改进误码性能(数据分割),但不支持隔行视频和 CABAC,主要应用于流媒体中。

(2)H. 264 标准的特点

H. 264 与以前国际标准相比,保留了以往压缩标准的长处又具有新的特点。

1)低码流。与 MPEG-2 和 MPEG-4 ASP 等压缩技术相比,在同等图像质量下,采用 H. 264 技术压缩后的数据量只有 MPEG-2 的 1/8,MPEG-4 的 1/3。显然,H. 264 压缩技术的采用将大大节省用户的下载时间和数据流量费用。

2)高质量的图像。H. 264 能提供连续、流畅的高质量图像。

3)容错能力强。H. 264 提供了解决在不稳定网络环境下容易发生的丢包等错误的必要工具。

4)网络适应性强。H. 264 提供了网络抽象层,使得 H. 264 编码的数据能容易地在不同网络(如互联网、CDMA、GPRS、WCDMA、CDMA 2000 等网络)上传输。

(3)H. 264 标准的主要技术

1)将每个视频图像分成 16×16 的像素宏块,使得视频图像能以像素宏块为单位进行处理。

2)利用时域相关性。时域上的相关性存在于那些连续图像的块之间,这就使得在编码的时候只需要编码那些差值即可。一般我们是通过运动估值和运动补偿来利用时域相关性的。对于一个像素块来说,在已经编好码的前一帧或前几帧图像中搜索其相关像素块,从而获得其运动矢量,而该运动矢量就在编码端和解码端被用来预测当前像素块。

3)利用残差的空域冗余度。在运动估值后,编码端只需要编码残差即可,也就是对当前块与其相应的预测块的差进行编码。编码过程还是采用变换、量化、扫描输出和熵编码等步骤。

4)其他技术。还包括传统的 4:2:0 的色度数据与亮度数据的采样关系;块运动矢量;超越图像边界的运动矢量;变换块大小的划分;可分级的量化;I、P 和 B 图像类型等。

(4)H. 264 编码的主要特征

1)参考图像的管理。H. 264 中,已编码图像存储在编码器和解码器的参考缓冲区(即解码图像缓冲区,DPB)中,并有相应的参考图像列表 list0,以供帧间宏块的运动补偿预测使用。对 B 片预测而言,list0 包含当前图像的前面和后面两个方向的图像,并以显示次序排列;也可同时包含短期和长期参考图像。这里,已编码图像为编码器重建的标为短期图像或刚刚编码的图像,并由其帧号标定;长期参考图像是较早的图像,由 LongTermPicNum 标定,保存在 DPB 中,直到被 1 代替或删除。

当一幅图像在编码器被编码重建或在解码器被解码时,它存放在 DPB 中并标定为以下各种图像中的一种:①"非参考",不用于进一步的预测;②短期参考图像;③长期参考图像;④直接输出显示。list0 中的短期参考图像是按 PicNum(由帧号推出的变量)从高到低的顺序排列,长期参考图像按 LongTermPicNum 从低到高的顺序排列。当新的图像加在短期列表的位置 0 时,剩余的短期图像索引号依次增加。当短期和长期图像号达到参考帧的最大数时,最高索引号的图像被移出缓冲区,即实行滑动窗内存控制。该操作使得编码器和解码器保持 N 幅短期参考图像,其中包括一幅当前图像和,(N-1)幅已编码图像。

由编码器发送的自适应内存控制命令用来管理短期和长期参考图像索引。这样,短期图像才可能被指定长期帧索引，短期或长期图像才可能标定为“非参考”。编码器从 list0 中选择参考图像，进行帧间宏块编码。而该参考图像的选择由索引号标志，索引 0 对应于短期部分的第一帧，长期帧索引开始于最后一个短期帧。

参考图像缓冲区通常由编码器发送的 IDR（瞬时解码器刷新）编码图像刷新，IDR 图像一般为 I 片或 SI 片。当接收到 IDR 图像时，解码器立即将缓冲区中的图像标为“非参考”。后继的片进行无图像参考编码。通常，编码视频序列的第一幅图像都是 IDR 图像。

2）隔行视频。效率高的隔行视频编码工具应该能优化场宏块的压缩。如果支持场编码图像的类型（场或帧）应在片头中表示。H. 264 采用宏块自适应帧场编码（MB-AFF）模式，帧场编码的选择在宏块级中指定，且当前片通常由 16 亮度像素宽和 32 亮度像素高的单元组成，并以宏块对的形式编码。编码器可按两个帧宏块或者两个场宏块来对每个宏块对进行编码，也可根据图像的每个区域选择最佳的编码模式。

显然，以场模式对片或宏块对进行编码需对编解码的一些步骤进行调整。比如，P 片和 B 片预测中，每个编码场作为一个独立的参考图像；帧内宏块编码模式和帧间宏块 MV 的预测需根据宏块类型（帧还是场）进行调整。

3）数据分割片。组成片的编码数据存放在 3 个独立的 DP（数据分割，A、B、C）中，各自包含一个编码片的子集。分割 A 包含片头和片中每个宏块头的数据。分割 B 包含帧内和 SI 片宏块的编码残差数据。分割 C 包含帧间宏块的编码残差数据。每个分割可放在独立的 NAL 单元并独立传输。

如果分割 A 数据丢失，便很难或者不能重建片，因此分割 A 对传输误差很敏感。解码器可根据要求只解 A 和 B 或者 A 和 C，以降低在一定传输条件下的复杂度。

4）H. 264 传输。H. 264 的编码视频序列包括一系列的 NAL 单元，每个 NAL 单元包含一个 RBSP。编码片（包括数据分割片和 IDR 片）和序列 RBSP 结束符被定义为 VCL NAL 单元，其余的为 NAL 单元。每个单元都按独立的 NAL 单元传送。NAL 单元的头信息（一个字节）定义了 RBSP 单元的类型，NAL 单元的其余部分则为 RBSP 数据。

第3章 多媒体通信技术

现在的社会已进入信息时代,各种信息以极快的速度出现,人们对信息的需求日趋增加,这个增加不仅表现为数量的剧增,同时还表现在信息种类的不断增加上。一方面,这个巨大的社会需求(或者说是市场需求)就是多媒体通信技术发展的内在动力;另一方面,电子技术、计算机技术、电视技术及半导体集成技术的飞速发展为多媒体通信技术的发展提供了切实的外部保证。由于这两个方面的因素,多媒体通信技术在短短的时间里得到了迅速的发展。多媒体网络通信与计算机网络通信是类似的,主要都是解决数据通信问题。然而,多媒体网络通信与传统的计算机通信相比还是存在差异的。

3.1 多媒体通信概述

3.1.1 多媒体通信的体系结构

图3-1为国际电联ITU-TI.211建议为B-ISDN提出的一种适用于多媒体通信的体系结构模式。

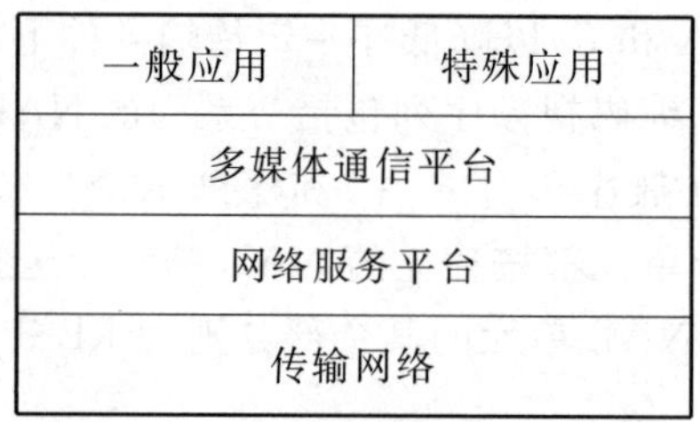

图3-1 多媒体通信的体系结构

多媒体通信体系结构模式主要包括下列5个方面的内容。

(1)传输网络

它是体系结构的最底层,包括LAN(局域网)、WAN(广域网)、MAN(城域网)、ISDN、B-ISDN(ATM)、FDDI(光纤分布数据接口)等高速数据网络。该层为多媒体通信的实现提供了最基本的物理环境。在选用多媒体通信网络时应视具体应用环境或系统开发目标而定,可选择该层中的某一种网络,也可组合使用不同的网络。

(2)网络服务平台

该层主要提供各类网络服务,使用户能直接使用这些服务内容,而无须知道底层传输网络是怎样提供这些服务的,即网络服务平台的创建使传输网络对用户来说是透明的。

(3)多媒体通信平台

该层主要以不同媒体(正文、图形、图像、语音等)的信息结构为基础,提供其通信支援(如多媒体文本信息处理),并支持各类多媒体应用。

(4)一般应用

该应用层指人们常见的一些多媒体应用，如多媒体文本检索、宽带单向传输、联合编辑以及各种形式的远程协同工作等。

(5)特殊应用

该应用层所支持的应用是指业务性较强的某些多媒体应用，如电子邮购、远程培训、远程维护、远程医疗等。

3.1.2　多媒体通信的关键技术

多媒体通信技术是一门跨学科的交叉技术，它涉及的关键技术有多种，下面分别对这些技术作简单介绍，其中某些内容也是本书部分章节讨论的主题。

1. 多媒体数据压缩技术

多媒体信息数字化后的数据量非常巨大，尤其是视频信号，数据量更大。例如，一路以分量编码的数字电视信号，数据率可达 216 Mbit/s，存储 1 小时这样的电视节目需要近 80 GB 的存储空间，而要实现远距离传送，则需要占用 108～216 MHz 的信道带宽。显然，对于现有的传输信道和存储媒体来说，其成本十分昂贵。为节省存储空间，充分利用有限的信道容量传输更多的多媒体信息，必须对多媒体数据进行压缩。

目前，在视频图像信息的压缩方面已经取得了很大的进展，这主要归功于计算机处理能力的增强和图像压缩算法的改善。有关图像压缩编码的国际标准主要有 JPEG、H. 261、H. 263、MPEG-1、MPEG-2、MPEG-4 等。JPEG 标准是由 ISO 联合图像专家组(Joint Picture Expert Group)于 1991 年提出的用于压缩单帧彩色图像的静止图像压缩编码标准。H. 261 是由 ITU-T 第 15 研究组为在窄带综合业务数字网(N-ISDN)上开展速率为 $p\times64$ kbit/s 的双向声像业务(如可视电话、视频会议)而制定的全彩色实时视频图像压缩标准。H. 263 是由 ITU-T 制定的低比特率视频图像编码标准，用于提供在 30 kbit/s 左右速率下的可接受质量的视频信号。MPEG 标准是由 ISO 活动图像专家组(MPEG)制定的一系列运动图像压缩标准。有关音频信号的压缩编码技术基本上与图像压缩编码技术相同，不同之处在于图像信号是二维信号，而音频信号是一维信号。相比较而言，其数据压缩难度较低。在多媒体技术中涉及的声音压缩编码的国际标准主要有 ITU-T 的 G. 711、G. 721、G. 722、G. 728、G. 729、G. 723. 1 以及 MPEG-1 音频编码标准(ISO 11172-3)、MPEG-2 音频编码标准(ISO 13818-3)和 AC3 音频编码等。

2. 多媒体通信终端技术

多媒体通信终端是能够集成多种媒体数据，通过同步机制将多媒体数据呈现给用户，具有交互功能的新型通信终端，是多媒体通信系统的重要组成部分。随着多媒体通信技术的发展，已经开发出一系列多媒体通信终端的相关标准和设备，它们又反过来促进多媒体通信的发展。目前多媒体终端有 H. 320 终端、H. 323 终端、SIP 终端以及基于 PC 的软终端等。

3. 多媒体通信网络技术

能够满足多媒体应用需要的通信网络必须具有高带宽、可提供服务质量的保证、实现媒体同步等特点。首先，网络必须有足够高的带宽以满足多媒体通信中的海量数据，并确保用户与网络之间交互的实时性；其次，网络应提供服务质量的保证，从而能够满足多媒体通信的实时性和可靠性的要求；最后，网络必须满足媒体同步的要求，包括媒体间同步和媒体内同步。由于多媒体信息具有时空上的约束关系，例如图像及其伴音的同步，因此要求多媒体通信网络应能正确反映媒体之间的这种约束关系。

在多媒体通信发展初期，人们尝试着用已有的各种通信网络（包括 PSTN、ISDN、B-IS-DN、有线电视网、Internet）作为多媒体通信的支撑网络。每一种网络均是为传送特定的媒体而建设的，在提供多媒体通信业务上各具特点，同时也存在一些问题。随着大量的多媒体业务的涌现，已有的各种网络显然无法满足人们的需求。为了满足人们对多媒体通信业务不断发展的要求，世界各国均在研究如何建立一个适合多媒体通信的综合网络以及如何从现有的网络演进，实现多业务网络，为人们提供服务。

以软交换为核心的 NGN 网络为多媒体通信开辟了更广阔的天地。NGN 网络所涉及的内容十分广泛，几乎涵盖了所有新一代的网络技术，形成了基于统一协议的由业务驱动的分组网络。它采用开放式体系结构来实现分布式的通信和管理。电信网络向 NGN 过渡将成为必然趋势，这是众多标准化组织研究的重点，也是各大运营商和设备厂商讨论的热点。

4. 多媒体信息存储技术

多媒体信息对存储设备提出了很高的要求，既要保证存储设备的存储容量足够大，还要保证存储设备的速度要足够快，带宽要足够宽。通常使用的存储设备包括磁带、光盘、硬盘等。

磁带是以磁记录方式来存储数据的，它适用于需要大容量的数据存储，但对数据读取速度要求不是很高的某些应用，主要用于对重要数据的备份。光盘则是以光学介质来存储信息，光盘的种类有很多，例如 CD-ROM、CD-R、CD-WR、DVD、DVD-RAM 等。硬盘及磁盘阵列则具有更快速的数据读取速度。虽然硬盘的存取速度已经得到了很大提高，但仍然满足不了处理器的要求。为了解决这个问题，人们采取了多种措施，其中一种就是由美国加州大学伯克利分校的 D. A. Patterson 教授于 1988 年提出的廉价冗余磁盘阵列（Redundant Array of Inexpensive Disks，RAD）有效地解决了这个问题。

5. 多媒体数据库及其检索技术

随着多媒体数据在 Internet、计算机辅助设计（Computer Aided Design，CAD）系统和各种企事业信息系统中被越来越多地使用，用户不仅要存取常规的数字、文本数据，还包括声音、图形、图像等多媒体数据。传统的常规关系型数据库管理系统可以管理多媒体数据。但从 20 世纪 70 年代开始，人们将目光集中在基于图像内容的查询上，即通过人工输入图像的各种属性建立图像的元数据库来支持查询，由此开展图像数据库的研究。但是随着多媒体技术的发展，由于图像和其他多媒体数据越来越多，对数据库容量要求也越来越大，此时以传统的数据库管理系统管理多媒体数据的方法逐渐暴露出了它的局限性，基于内容的多媒体信息检索研究方案也应运而生。

目前，基于内容的多媒体检索在国内外尚处于研究、探索阶段，诸如算法处理速度慢、漏检误检率高、检索效果无评价标准等都是未来需要研究的问题。毫无疑问，随着多媒体内容的增多和存储技术的提高，对基于内容的多媒体检索的需求将更加迫切。

6. 多媒体数据的分布式处理技术

随着多媒体应用在 Internet 上的广泛开展，其应用环境由原来的单机系统转变为地理上和功能上分散的系统，需要由网络将它们互联起来共同完成对数据的一系列处理过程，从而构成了分布式多媒体系统。分布式多媒体系统涉及了计算机领域和通信领域的多种技术，包括数据压缩技术、通信网络技术、多媒体同步技术等，并需考虑如何实现分布式多媒体系统的 QoS 保证，在分布式环境下的操作系统如何处理多媒体数据，媒体服务器如何存储、捕获并发布多媒体信息等问题，与这些问题相关的技术复杂而多样，目前仍存在大量技术问题亟待解决。

流媒体技术也是一种分布式多媒体技术，它主要解决了在多媒体数据流传输过程中所 Array of Inexpensive Disks，RAID）。RAID 将普通 SCSI 硬盘组成一个磁盘阵列，采用并行读写操作来提高存储系统的存取速度，并且通过镜像、奇偶校验等措施提高系统的可靠性。为了进一步提高数据的读取速度，同时获得大容量的存储，存储区域网络（Storage Area Network，SAN）技术应运而生。SAN 是一种新型网络，由磁盘阵列连接光纤通道组成，以数据存储为中心，采用可伸缩的网络拓扑结构，利用光纤通道有效地传送数据，将数据存储管理集中在相对独立的存储区域网内。SAN 极大地扩展了服务器和存储设备之间的距离，拥有几乎无限的存储容量以及高速的存储，真正实现了高速共享存储的目标，满足了多媒体应用的需求。占带宽较宽，用户下载数据等待时间长的问题。为了提高流媒体系统的效率，提出了流媒体的调度技术、流媒体的拥塞控制技术、代理服务器及缓存技术等。在互联网迅速发展的时代，流媒体技术也日新月异，它的发展必然将给人们的生活带来深远影响。

3.1.3　多媒体网络的传输介质

网络中的传输介质，就是指网络中传送信息的载体，即通信线路。传输介质的物理特性、传输特性、地理范围和抗干扰性等将影响其传输性能，具体有以下几种。

1. 网络传输介质

（1）双绞线

将两根相互绝缘的铜线绞合成有规则的螺旋形成为一对双绞线，多对双绞线外加保护套则构成多对双绞线（Twisted Pair Cable）。双绞线电缆在电话系统中应用较为普遍，也是计算机局域网中最为廉价的传输介质。双绞线电缆结构简单、成本低，可以支持星形、环形和总线形拓扑结构。在局域网中，如采用 10 BaseT，0.4～0.6 mm 无屏蔽组合电缆，数据传输速率可达 10 Mb/s。最新的双绞线技术其数据传输速率达到 1000 Mb/s，实现了千兆以太网。双绞线电缆现在已经成为局域网中应用最普遍且技术成熟的传输介质。

（2）同轴电缆

同轴电缆是网络中应用十分广泛的传输介质之一。同轴电缆抗干扰能力较强，传输距离较远，价格比较便宜。

同轴电缆由同心的导线、绝缘体、屏蔽层和保护套构成。其中，导线为单股或多股的铜芯，起传输信号的作用。屏蔽层为铜或铝制成的金属丝网或金属管，可以提高电缆的抗干扰能力。保护套由塑料、橡胶等材料制成，是同轴电缆的外壳。在远距离电话、电报传输和有线电视信号传输中常采用同轴电缆作传输介质。

同轴电缆根据内外导体的直径不同，可以分为中同轴、细同轴和微同轴。

按照传输信号的形式，同轴电缆又可以分为基带同轴电缆和宽带同轴电缆两种。

基带同轴电缆一般采用铜丝网作为屏蔽层，只能传送一路数字信号，网上信号可以双向传输，可连接的设备比较多，每段可接几百个设备，加中继器后可达上千个。能支持各种拓扑结构，价格也相对便宜。其在传输距离、安全性等方面的指标高于双绞线电缆，但仍嫌不够。

宽带同轴电缆多用挤压成的铝带为屏蔽层，能够传送模拟信号，也能传送数字信号，信号传输为单向。宽带同轴电缆的带宽可达300～400 MHz以上，可以使用频分多路复用技术将一条宽带电缆分为几十个数据通信信道，因而可以在一条电缆上实现数据、语音、图形、图像等多媒体信息的同时传输。在可连接设备数、传输距离、安全性、抗干扰能力等方面较基带同轴电缆更为优越，但其安装维护较为复杂，造价偏高。

基带同轴电缆的最大传输距离在几千米范围内，而宽带同轴电缆的最大传输距离可达几十千米。宽带同轴电缆性能优于基带同轴电缆，但是宽带同轴电缆需要附加信号处理设备，安装比较困难，适用于有线电视网络和宽带计算机网络。基带同轴电缆主要应用于计算机局域网。

(3)光缆

光缆(Light Wave Cable)以光导纤维为纤芯，纤芯外包有固体包层。若干根光纤组合在一起成为光缆，其组合方式或者是多根光纤再加一个保护层，或者是将光纤放在一个空腔体中。

光纤与其他导体的显著不同在于光纤传导的是光能，而其他导体多传导电能。光纤工作是基于光在两介质交界面上的全反射原理。纤芯的折射率高于包层的折射(约1%左右)，这就将以光的形式出现的电磁能量约束在两介质界面以内，并使光沿着与轴线平行的方向传播。光缆作为传输介质的主要优势在于其物理尺寸小(一根光纤的直径仅10～20 mm左右)、带宽大(可达数千MHz)、信息容量大(一根光纤能传输500个电视频道的图像信号、50万路电话的语音信号，而外径为1 cm的光缆通常组合了32根光纤)、抗干扰能力强、安全性好、传递衰减小(几个dB/km)、拉伸强度高(约相当于钢材料)、传输速率高、无须中继，传输距离远。需要说明的是，传输速率与传输距离是两个相互制约的指标。对廉价光纤通信系统，一般采用传输速率与传输距离的乘积作为其传输能力的指标。随着光纤技术的发展，光纤通信系统的传输能力大约每4～5年提高10倍。现在，传输能力为1000 Gb/s·km的系统已进入实用。

光纤应用也有一定的局限性，如很难在不断开光缆的情况下读出光信号，而光能在分岔与接头处损耗很大，这是目前光纤的分岔与接头技术未能解决的，这也使得光缆还不适宜应用于总线形一类的拓扑结构。另外，光纤技术复杂、敷设要求高、造价高。

(4)无线通信

无线通信是一种无需架设或铺埋通信介质的通信技术。无线通信技术的实现方式主要有：微波通信和红外通信。常用的是微波通信。

微波通信的频率很高，其载波频率可为2～40 GHz范围，可同时传输大量信息。如两个带宽为2 MHz的频率可容纳500条话音线路，用来传输数字信号，其传输速率可达几Mb/s。

由于微波沿直线传播，而地球表面是曲面，因此微波在地面上的传播距离有限，一般在 40～60 km 范围内。当传输距离超出上述范围内时，要设置中继站，以便转接信息继续发送。微波通信也可与有线通信结合使用。

(5)卫星通信

卫星通信是一种较新的通信技术。它利用人造卫星作中间站转发微波信号，实现各地之间的通信。一般来说，地面通信线路的成本随距离的增加而增加；卫星通信成本则与距离无关。所以，远距离、通信面大的领域多采用卫星通信。此外，卫星通信还具有通信容量大、可靠性高等优点。

2. 传输介质的选择

传输介质的选择取决于多种因素，包括：网络结构、实际需要的通信容量、可靠性要求和可接受的价格等。

双绞线的显著特点是价格便宜，但带宽受限制，对于低通信量要求的局域网，双绞线是最好的选择。

同轴电缆的价格较双绞线高，对大多数局域网来说，通常不再选用同轴电缆。

光纤有宽频带、高速度、小体积、重量轻、衰减小、误码率低和能隔离电磁干扰等优点。因此，光纤已经应用于高速数字通信网中，使用也日趋普遍，光纤分布数据接口 FDDI 就是其中之一。

21 世纪由于 Internet 的发展，可移动式无线网的需求量日益增加。人们可随时通过无线网将计算机或者手机等产品接入 Internet。WAP 手机就是基于无线通信的应用型设备。

3.2　多媒体通信的服务质量 QoS

服务质量(Quality of Service，QoS)是一种抽象概念，用于说明网络服务的“好坏”程度。在开放系统互连 OSI 参考模型中，有一组 QoS 参数，描述传送速率和可靠性等特性。但这些参数大多作用于较低协议层，某些 QoS 参数是为传送时间无关的数据而设置的，因此，多媒体通信网络需要定义合适的 QoS。

3.2.1　QoS 参数

QoS 是分布式多媒体信息系统为了达到应用要求的能力所需要的一组定量的和定性的特性，它用一组参数表示，典型的有吞吐量、延迟、延迟抖动和可靠性等。QoS 参数由参数本身和参数值组成，参数作为类型变量，可以在一个给定范围内取值。例如，可以使用上述的网络性能参数来定义 QoS，即

QoS＝{吞吐量，差错率，端到端延迟，延迟抖动}

由于不同的应用对网络性能的要求不同，因此，对网络所提供的服务质量期望值也不同。用户的这种期望值可以用一种统一的 QoS 概念来描述。在不同的多媒体应用系统中，QoS 参数集的定义方法可能是不同的，某些参数相互之间可能又有关系。表 3-1 给出了 5 种类型的 QoS 参数。

表 3-1　5 种类型的 QoS 参数

分类方法	列举参数
按性能分	端到端延迟、比特率等
按格式分	视频分辨率、帧率、存储格式、压缩方法等
按同步分	音频和视频序列起始点之间的时滞
从费用角度分	连接和数据传输的费用和版权费
从用户可接受性分	主观视觉和听觉质量

对连续媒体传输而言，端到端延迟和延迟抖动是两个关键的参数。多媒体应用，特别是交互式多媒体应用对延迟有严格限制，不能超过人所能容忍的限度；否则，将会严重地影响服务质量。同样，延迟抖动也必须维持在严格的界限内，否则将会严重地影响人对语音和图像信息的识别。表 3-2 给出了几种多媒体对象所需的 QoS。

表 3-2　QoS 参数举例

多媒体对象	最大延迟/ms	最大延迟抖动/ms	平均吞吐量/(Mb/s)	可接受的比特差错率
语音	0.25	10	0.064	$<10^{-1}$
视频(TV 质量)	0.25	10	100	$<10^{-2}$
压缩视频	0.25	1	2～10	$<10^{-6}$
数据(文件传送)	1	—	1～100	0
实时数据	0.001～1	—	<10	0
图像	1	—	2～10	$<10^{-9}$

从支持 QoS 的角度，多媒体网络系统必须提供 QoS 参数定义方法和相应的 QoS 管理机制。用户根据应用需要使用 QoS 参数定义其 QoS 需求，系统要根据可用资源容量来确定是否能满足应用的 QoS 需求。经过双方协商最终达成一致的 QoS 参数值应该在数据传输过程中得到基本保证，或者在不能履行所承诺 QoS 时应能提供必要的指示信息。因此，QoS 参数与其他系统参数的区别就在于它需要在分布系统各部件之间协商，以达成一致的 QoS 级别，而一般的系统参数则不需要这样做。

3.2.2　QoS 参数体系结构

在一个分布式多媒体信息系统中，通常采用层次化的 QoS 参数体系结构来定义 QoS 参数，如图 3-2 所示。

层次	
应用层	QoS
传输层	
网络层	
数据链路层	

图 3-2　QoS 参数体系结构

(1)应用层

应用层 QoS 参数是面向端用户的，应当采用直观、形象的表达方式来描述不同的 QoS，供端用户选择。例如，通过播放不同演示质量的音频或视频片断作为可选择的 QoS 参数，或者将音频或视频的传输速率分成若干等级，每个等级代表不同的 QoS 参数，并通过可视化方式提供给用户选择。表 3-3 给出了一个应用层 QoS 分级的示例。

表 3-3　一个视频分级的示例

QoS 级	视频帧传输速率/帧·秒$^{-1}$	分辨率(%)	主观评价	损害程度
5	25～30	65～100	很好	细微
4	15～24	50～64	好	可察觉
3	6～14	35～49	一般	可忍受
2	3～5	20～34	较差	很难忍受
1	1～2	1～9	差	不可忍受

(2)传输层

传输层协议主要提供端到端的、面向连接的数据传输服务。通常，这种面向连接的服务能够保证数据传输的正确性和顺序性，但以较大的网络带宽和延迟开销为代价。

传输层 QoS 必须由支持 QoS 的传输层协议提供可选择和定义的 QoS 参数。传输层 QoS 参数主要包括：吞吐量、端到端延迟、端到端延迟抖动、分组差错率和传输优先级等。

(3)网络层

网络层协议主要提供路由选择和数据报转发服务。通常，这种服务是无连接的，通过中间点(路由器)的“存储-转发”机制来实现。在数据报转发过程中，路由器将会产生延迟、延迟抖动、分组丢失及差错等。

网络层 QoS 同样也要由支持 QoS 的网络层协议提供可选择和定义的 QoS 参数。网络层 QoS 参数主要包括：吞吐量、延迟、延迟抖动、分组丢失率和差错率等。

(4)数据链路层

数据链路层协议主要实现对物理介质的访问控制功能，与网络类型密切相关，并不是所有网络都支持 QoS，即使支持 QoS 的网络其支持程度也不尽相同。例如：

1)各种以太网都不支持 QoS，Token-Ring、FDDI 和 100VG-AnyLAN 等是通过介质访问优先级定义 QoS 参数的。

2)ATM 网络能够较充分地支持 QoS，它是一种面向连接的网络，在建立虚连接时可以使用一组 QoS 参数来定义 QoS。

主要的 QoS 参数有峰值信元速率、最小信元速率、信元丢失率、信元传输延迟和信元延迟变化范围等。

在 QoS 参数体系结构中，通信双方的对等层之间表现为一种对等协商关系，双方按所承诺的 QoS 参数提供相应的服务。同一端的不同层之间表现为一种映射关系，应用的 QoS 需求自顶向下地映射到各层相对应的 QoS 参数集，各层协议按其 QoS 参数提供相对应的服务，共同完成对应用的 QoS 承诺。

3.2.3 QoS 管理

QoS 管理分为静态和动态两大类。静态资源管理负责处理流建立和端到端 QoS 再协商过程，即 QoS 提供机制。动态资源管理处理媒体传递过程，即 QoS 控制和管理机制。

(1)QoS 提供机制

QoS 提供机制包括以下内容。

1)QoS 映射。QoS 映射完成不同级(如操作系统、传输层和网络)的 QoS 表示之间的自动转换，即通过映射，各层都将获得适合于本层使用的 QoS 参数，如将应用层的帧率映射成网络层的比特率等，供协商和再协商之用，以便各层次进行相应的配置和管理。

2)QoS 协商。用户在使用服务之前应该将其特定的 QoS 要求通知系统，进行必要的协商，以便就用户可接受、系统可支持的 QoS 参数值达成一致，使这些达成一致的 QoS 参数值成为用户和系统共同遵守的“合同”。

3)接纳控制。接纳控制首先判断能否获得所需的资源，这些资源主要包括端系统以及沿途各节点上的处理机时间、缓冲时间和链路的带宽等。若判断成功，则为用户请求预约所需的资源。若系统不能按用户所申请的 QoS 接纳用户请求，则用户可以选择“再协商”较低的 QoS。

4)资源预留与分配。按照用户 QoS 规范安排合适的端系统、预留和分配网络资源，然后根据 QoS 映射，在每一个经过的资源模块(如存储器和交换机等)进行控制，分配端到端的资源。

(2)QoS 控制机制

QoS 控制是指在业务流传送过程中的实时控制机制，主要包括以下内容。

1)流调度。调度机制是向用户提供并维持所需 QoS 水平的一种基本手段，流调度是在终端以及网络节点上传送数据的策略。

2)流成型。流成型基于用户提供的流成型规范来调整流，可以给予确定的吞吐量或与吞吐量有关的统计数值。流成型的好处是允许 QoS 框架提交足够的端到端资源，并配置流安排以及网络管理业务。

3)流监管。流监管是指监视观察是否正在维护提供者同意的 QoS，同时观察是否坚持用户同意的 QoS。

4)流控制。多媒体数据，特别是连续媒体数据的生成、传送与播放具有比较严格的连续性、实时性和等时性，因此，信源应以目的地播放媒体量的速率发送。即使发收双方的速率不能完全吻合，也应该相差甚微。

为了提供 QoS 保证，有效的克服抖动现象的发生，维持播放的连续性、实时性和等时性，通常采用流控制机制，这样做不仅可以建立连续媒体数据流与速率受控传送之间的自然对应关系，使发送方的通信量平稳地进入网络，以便与接收方的处理能力相匹配，而且可以将流控和差错控制机制解耦。

5)流同步。在多媒体数据传输过程中，QoS 控制机制需要保证媒体流之间、媒体流内部的同步。

(3)QoS 管理机制

QoS 管理机制应当提供如下的 QoS 管理特性。

1)可配置性。分布式多媒体应用是多样化的，不同应用的 QoS 要求是不同的，QoS 参数及其定义方法也不同。因此，应允许用户对系统的 QoS 管理功能进行适当剪裁，以便建立与应用相适应的 QoS 级。

2)可协商性。一个应用在初始启动时，首先以适当的方式提出 QoS 请求。系统根据其可用资源容量计算和分配应用所需的资源。在该应用运行时，系统动态监测应用的资源需求和实际的 QoS。当网络负载发生变化而导致 QoS 改变时，用户与系统需要重新协商，使之在可用资源约束内自适应于该应用的 QoS 需求。

3)动态性。一个分布式多媒体应用在运行过程中，应用的资源需求和系统的可用资源都是动态变化的，只是在初始时说明 QoS 参数并要求它们在整个会话期间都保持不变是不现实的。因此，系统应具有自适应管理能力，在可用资源约束内进行动态调节，以满足该应用的 QoS 需求，或者提供一种可视化界面，允许用户在会话期间根据应用实际情况动态地改变 QoS 参数值，提供动态 QoS 控制能力

4)端到端性。分布式多媒体应用是一种端到端的活动，源端获取多媒体数据并经过压缩后通过网络传输系统传送到目的端，目的端进行解压并播放多媒体数据。在端到端的传输路径上，任何一个中间节点未履行其 QoS 承诺都会影响多媒体播放的一致性。因此，允许用户对各个环节所支持的 QoS 进行抽象，在会话的两端来配置和控制 QoS。

5)层次化性。一个端系统的 QoS 管理任务应按 QoS 参数体系结构分解在系统的各个层次上，每个层次都承担各自的管理任务，并且应充分考虑网络链路层对 QoS 支持能力的影响。对于 QoS 主动链路层(如 ATM 或某些 LAN)，高层负责与链路层协商，使链路层能够设置合适的 QoS，以充分发挥这种链路层对 QoS 的支持能力。

总之，一个良好的多媒体通信系统必须具有 QoS 支持能力，能够按照所承诺的 QoS 提供网络资源保证。最大限度地满足用户的 QoS 需求。

3.3　多媒体通信网络

网络环境是指网络的硬件环境，也称网络基础结构，从网络体系结构的角度来看，它对应于 ISO 的 OSI 参考模型的物理层和数据链路层，也是 IEEE 802 标准定义的网络层。为了更好地支持多媒体通信，无论是局域网还是广域网都呈现出高速化的发展态势。目前，网络的传输速率已经超过 10 Gb/s，为多媒体通信提供了高带宽的保证。

3.3.1　音频和视频信息处理的网络需求

1. 音频和视频的实时传送

音频和视频是对多媒体系统特别重要的两种媒体类型。对音频和视频信息的处理能力也是多媒体系统区别于一般计算机系统的主要方面。音频和视频信息对网络通信有其特殊需求，本节将对此进行一般性讨论。

所有媒体类型，包括音频和视频，都可以用两种方式传送——下载方式和实时传送方式。下载方式是一个异步过程，在下载方式下对待多媒体数据和对待其他数据几乎没有什么不同。与其他数据相比，多媒体数据只不过数据量大，需要传送的数据量大，在接收端存储量大而已。

但在实时传送方式下,音频和视频作为连续媒体,在速率、同步等方面对网络有特殊的要求。这里我们主要讨论音频、视频信息的实时传送。

对于音频和视频的实时传送应注意以下几点。

1)与一般数据信息和控制信息相比实时音频和视频系统对网络传输在速率、延迟、延迟变化、同步等方面要求更高,而在差错率方面要求较低。

2)音频和视频信息均可在非压缩方式下和压缩方式下传送。在压缩方式下,对差错率要求应高一些。这是因为考虑到有些数据被作为参考值而多次使用,它们的差错会造成较大的影响。

3)对于音频和视频信息差错的容忍度还有人听觉和视觉的生理和心理的因素。人耳的听觉可以被建模为一个“微分器”,它对微小的变化十分敏感。而人的视觉机构可以被建模为一个“积分器”,它对短暂的变化不敏感,因此,音频信息对网络的抖动、差错率的要求要比视频信息更高。

2. 音频信息的网络需求

计算机系统产生的声音质量差别很大,它可以是PC上低档扬声器产生的声音,也可以是广播质量的三维立体声。从音频质量分类,可以从电话音频质量到CD音频质量。音频数据可以是压缩的也可以是不压缩的。不同质量、不同类型的音频信息对网络的要求也不同。我们将之概括如下。

(1)音频流需要的比特率

1)非压缩音频流所需要的比特率。

·电话质量:64 Kb/s。G. 711规定在非压缩的情况下,模拟信号每秒采样8000次,并且每个样本用8位编码。因而电话质量音频流的最终比特率是64 Kb/s。

·CD质量(立体声):1.4 Mb/s。CD音频标准是基于模拟信息以44.1kHz的频率采样,每一个样本使用16位编码,对单声道的结果是705.6 Kb/s。由于CD是立体声的,因此以CD质量从网络传送完整的立体声所要求的比特率是1 411.2 Kb/s。

2)压缩音频流所需要的比特率。

·电话质量:32 Kb/s、16 Kb/s和4 Kb/s。在20世纪80年代发展了许多编码和压缩技术,采用这些技术,电话音频质量可用32 Kb/s,稍低一些的质量能以16 Kb/s的速率提供,最近的算法产生了低到4 Kb/s的比特率。

·CD质量(立体声):192 Kb/s。CD质量的声音处理有许多压缩技术。MPEG采用MUSICAM方法压缩的立体声,CD质量的声音需要192 Kb/s。注意,在这个数据流中两个立体声通道都被编码。MPEG更高的层次对单声道,在64 Kb/s时可达到近似CD质量。

不同质量的音频流需要的比特率表示如表3-4所示。

(2)音频流对传送延迟的要求

音频流的实时传送对传送延迟的要求取决于具体的应用。交互式的应用对传送延迟有较高的要求。音频流的交互方式可能包括两种。

1)人们之间的交谈:对于人们之间的交谈,过长的延迟时间会使人感觉到应答的滞后。而且,如果端到端的回程延迟时间超过某一特定的值,且没有采用特别的措施来限制回声,则可能会听得见回声。ITU-TS已将24 ms定义为单向传输延迟的上限,超过它就要使用回声消除技术。

表 3-4　音频流需要的比特率

质量		技术或标准	比特率(Kb/s)
电话质量	标准	G.711 PCM	64
	标准	G.721 ADCMP	32
	高级的	G.722 SB-ADCMP	48、56、64
	较差的	G.728 LD-CELP	16
CD 质量(立体声)	CD 音频	CD-DA	1411
	CD 音频	MPEG 音频 FFT	192
	演播室质量	MPEG 音频 FFT	384

2)声控:对于声音输入后需要系统响应的应用,为了有实时的效果,单向传输延迟应低于 100～500 ms,往返延迟一般应为 200～1000 ms。在实际应用中,希望在输入后小于 100 ms 的时间内得到反馈,这要求网络传输延迟在 40 ms 的数量级。

(3)音频流对延迟抖动的要求

延迟抖动指标是支持实时声音的一个重要性能参数。实际上,在所有信息类型中,实时音频对抖动最敏感。所以,网络上的音频实时传送对延迟变化要求很高。为了克服延时变化,需要在终端上使用一个缓冲环节来进行延迟均衡。这个技术自然有两个结果:首先,在终端引入了一个附加延迟;其次,必须有足够的缓冲存储区。

在以典型的 PC 或工作站作为端系统的情况下,网络传送延迟变化对电话质量音频不应超过 400 ms,而对压缩的 CD 质量的音频则一般不应超过 100 ms,对传送延迟严格有限制的多媒体应用,如虚拟现实,抖动不应超过 20～30 ms。

(4)音频流对差错率的要求

在仅需对用户播放(不需要为下一步处理而作记录)的情况下,电话质量音频流的残余误码率应低于 10^{-2},CD 质量音频流的残余误码率在不压缩格式下应低于 10^{-3},而在压缩格式下应低于 10^{-4}。

(5)媒体间的同步

多媒体信息在传输之后,不仅在单个数据流如音频流中的时间关系必须恢复,有时在不同的流或各部分间的时间关系也必须恢复,这称为恢复同步,是媒体间同步的问题。

媒体间同步的一个典型情况是音频流和视频流之间的同步。一个严格的同步要求发生在播放语言的同时显示说话者的图像,这个特殊同步要求被称为唇同步。在这种情况下,声音的播放和图像的显示之间的时间差不应超过 100 ms。

3. 视频信息的网络需求

计算机系统产生的运动视频的质量差别也很大。我们考虑了 5 类视频质量:HDTV(高清晰度电视)、演播室质量的数字电视、广播质量的电视、VCR(录像机)质量以及低速视频会议质量。对于 HDTV,建议使用某些分辨率等级、帧率方式。我们提出这些组合中的 3 种:高分辨率/高帧率(1920×1080/60 fps)、高分辨率/常规帧率(1920×1080/30 或 24 fps)和增强分辨率/常规帧率(1280×720/30 或 24 fps)。一般情况下,所指的都是第一种。

常规广播电视使用隔行扫描,每帧都被分为两个场,每一个场只处理奇数行或偶数行。计算机显示器常常使用逐行扫描,在相当的比特率下,逐行扫描能给出更好的感觉质量。

在 ITU-R 推荐的 601 标准中定义了演播室质量的数字电视。帧的格式是每行 720 个像素,并且根据 NTSC 或 PAL/SECAM 制式,每一帧为 525 或 625 行。每个像素用 24 位编码。NTSC 的帧速为 30 fps,而 PAL/SECAM 为 25 fps。VCR 比广播电视的分辨率更低。

电视会议质量指的是 CIF 格式(352×288)以及在 5～10 fps 数量级的帧速率。

不同类型视频的实时传送对网络的要求也不同。我们将之概括如下。

(1)实时非压缩视频需要的比特率

由于视频会议质量实际上只运行于压缩情况下,故只提供 HDTV 和演播室质量电视的比特率。

1)非压缩 HDTV,2 Gb/s。非压缩 HDTV 采用高清晰度格式。因为高分辨率/高帧率(1920×1080/60 fps)和每个像素 24 位的分辨率,HDTV 的数据流需要的非压缩比特率是2 Gb/s。

2)非压缩演播室质量电视,166 Mb/s。非压缩演播室质量电视的帧为 720×570 个像素,标准帧速率 25 fps(对 PAL/SECAM),每个像素 24 位,其数据流需要的非压缩比特率是 166 Mb/s。

(2)实时压缩视频所需的比特率

1)采用 MPEG-2 压缩。高分辨率/高帧速率的 HDTV 所需的比特率:20～34 Mb/s;高分辨/常规帧速率 HDTV 所需的比特率:15～25 Mb/s。

2)广播质量的电视:3～6 Mb/s。执行现有的 MPEG-2 压缩标准,大约为 6 Mb/s,人们期望对于 NTSC 广播质量能达到 2～3 Mb/s,而对于 PAL/SECAM 广播质量可为 4 Mb/s。

3)VCD 质量:1.2 Mb/s。采用 MPEG-1 或 DVI 压缩方法,可达 1.2 Mb/s。可另用 200 Kb/s 于声音,形成总计 1.4 Mb/s 的数据流。

4)视频会议质量:典型为 112 Kb/s。H.261 视频会议标准产生的视频数据流的比特率为 98 Kb/s 或 112 Kb/s(被定义为视频会议的质量)。在这种方式下,一般另分配 16 Kb/s 给音频流。H.263 标准产生的视频数据流的比特率可为 64 Kb/s 或小于 64 Kb/s(也可大于 64 Kb/s)。

MPEG-4 定义的方案能够压缩电视会议质量至 64 Kb/s 甚至到 32 Kb/s。

(3)实时视频对延迟和延迟抖动的要求

实时运动视频流与音频流一般同时传送以便同步显示。在这种情况下,传送延时和延迟抖动上的要求常常是由音频流决定的。

网络传送延迟的变化对 HDTV 质量来说不应超过 50 ms,对广播质量来说不超过 100 ms,对视频会议质量来说不超过 400 ms。

(4)实时视频对差错率的要求

特别是压缩数据流比非压缩数据流对错误更敏感。现在简单阐述运动视频帧受错误传送影响的频率,假设错误在时间上是统计分布的。受影响的帧之间的间隔如下。

1)在视频会议质量下(100 Kb/s),误码率(BER)是 10^{-5} 时,两个相邻受影响帧之间的平均时间间隔为 1 s。误码率是 10^{-9} 时,时间间隔为 3 h。

2)在广播质量电视的压缩方式下,如果误码率是 10^{-5},连续错误间的平均间隔则为 20 ms。这就是说每帧平均有两个错误,或每秒有 50 个错误比特。如果 BER 为 10^{-9},则差错率也会减少至平均每 4 d 一个错误。

3)在 HDTV 质量下的压缩方式是,10^{-5} 的 BER 将产生大约每帧 4 个错误比特,也就是每秒 240 个错误比特。而 10^{-9} 的 BER 将导致在两个连续出错的帧之间大约有 1 d 平均时间间隔。

我们再给出一些数据。考虑到可能使用 FEC(正向纠错)技术,可形成下列网络差错率要求:在作错误恢复之前,端对端网络误码率对 HDTV 质量不应超过 10^{-6},对广播电视不应超过 10^{-5},对电视会议质量不应超过 10^{-4}。这些数字都是针对压缩数据流而言。

如果不使用 FEC 技术,上面给出的误码率必须除以 10 000。

这些数据是基于下述假设:首先,压缩率是上面所描述过的。其次,在广播质量电视下,被观察者判断为"好"的质量要求每 4 d 受影响不超过 1 帧,而对 HDTV 则为每 10 d。

实际上,这些要求并不高,这是由于光纤电缆一般每千米的 BER 低于 10^{-12},并且数字线路可望提供端到端网络的 BER 在 10^{-9}～10^{-10} 之间。

3.3.2　局域网络

对于局域网(LAN),可以提供 100 Mb/s 以上(包括 100 Mb/s)传输速率的高速网络技术有快速以太网(100BASE-T)、千兆位以太网、光纤环网(FDDI)、100VG-AnyLAN 以及 ATM 网络等,这些网络都是标准化的,在实际中已得到广泛的应用。从支持 QoS 的角度来看,100VG-AnyLAN、FDDI 以及 ATM 等网络都具有一定的支持能力,只是程度不同而已。其中,ATM 对 QoS 的支持最为充分,是高带宽、交换式以及支持 QoS 网络环境的典型代表,也是人们推崇 ATM 的原因所在,因此,将在后续小节中专门进行讨论。

1. 100BASE-T 网络

100BASE-T 是由快速以太网(Fast Ethernrt)联盟开发的 100 Mb/s 以太网,又称快速以太网。IEEE 已将 100BASE-T 确定为 IEEE 802.3u 标准。其介质为在 100 m 内传输速率为 100 Mb/s 的 100BASE-T 规范双绞线(通称五类线),快速以太网常用的连接方式如图 3-3 所示。

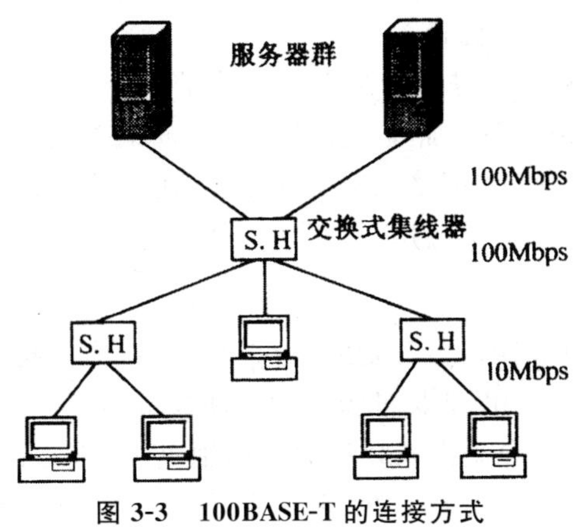

图 3-3　100BASE-T 的连接方式

100BASE-T 标准主要定义了物理层规范，它的介质访问控制（MAC）层仍沿用原有的 IEEE 802.3 MAC 协议，即 CSMA/CD 协议。从支持多媒体通信的角度，CSMA/CD 协议不能提供有效的网络带宽保证。

100BASE-T 技术规范主要是物理层规范，定义了新的信号收发标准，将传输速率提高到 100 Mb/s。100BASE-T 定义了三种物理层规范：100BASE-T4、100BASE-TX 和 100BASE-FX，分别支持不同的传输介质。

1）100BASE-T4：是 4 对无屏蔽双绞线（UTP）电缆系统，在 4 对线中，3 对用于数据传输，1 对用于冲突检测。支持 3、4 和 5 类 UTP 电缆，使用 RJ45 连接器，传输距离为 100 m。它是一种新的信号收发技术，采用 886T 编码方法，链路操作模式为半双工操作。

2）100BASE-TX：是一个 2 对 UTP 电缆系统，支持 5 类 UTP 或 1 类屏蔽双绞线（STP）电缆，5 类 UTP 电缆使用 RJ45 连接器，1 类 STP 电缆则使用 9 芯 D 型（DB-9）连接器，传输距离为 100 m。采用的是 FDDI 物理层标准，使用相同的 485 B 编码器和收发器，链路操作模式为全双工操作，即 100BASE-TX 将已标准化的 802.3 MAC 子层和 FDDI 的物理介质（PMD）子层结合起来，形成其信号收发标准。

3）100Base-FX：是多模光纤系统，使用 2 芯 62.5 m 或 125 m 光纤，传输距离为 400 m。它也采用 FDDI 的物理层标准，使用相同的 485B 编码器、收发器以及光纤连接器（如 MIC、ST 或 SC），链路操作模式为全双工操作，比较适合于超长距离或易受电磁干扰的环境。

100BASE-T 标准定义了两级中继器，即一级中继器和二级中继器，一个网段中最多允许有一个一级中继器和两个二级中继器。另外，100BASE-T 技术的另一个重要特点是保留了 10BASE-T 的网络拓扑结构，但对网络拓扑规则进行了适当地调整和重定义。其主要拓扑规则为：

1）集线器与站点之间的最大 UIP 电缆长度仍为 100 m。

2）采用半双工 100BASE-FX 进行 MAC 到 MAC 连接时，光纤长度可达 400 m。

3）采用两个 2 级中继器时，中继器之间的最大电缆长度为 5 m。

4）采用双中继器结构时，两个站点之间（端点到端点）的最大网络电缆长度为 205 m（100＋5＋100＝205 m UTP）。

5）采用单中继器结构时，可连接 185 m 的光纤。这种情况下的最大网络线缆长度为 285 m（100 m UTP＋185 m 光纤下行链路）。

6）采用全双工 100BASE-FX 进行远距离连接时，两台设备之间的连接距离可达 2000 m。

可见，快速以太网 100BASE-T 加强了服务访问方面的功能，解决了网络通信的“瓶颈”问题和与低速以太网匹配的问题，使网络无论从性能上，还是从其他方面均有很大提高，使网络应用发展到适应多媒体信息的通信应用。

2. 千兆位以太网

千兆以太网是由千兆以太网联盟开发的 1000 Mb/s 以太网技术，IEEE 已将它作为 IEEE 802.3z 和 802.3ab 标准，成为 802.3 标准家族中的新成员。

IEEE 802.3z 定义的传输介质为光纤和宽带同轴电缆，链路操作模式为全双工操作。其中光纤系统支持多模光纤和单模光纤系统，多模光纤的传输距离为 500 m 单模光纤的传输距离为 2000 m。宽带同轴电缆系统的传输距离为 25 m。

IEEE 802.3ab定义的传输介质为5类UTP电缆，传输距离100 m，链路操作模式为半双工。

千兆以太网标准主要定义了物理层规范，而MAC层仍采用CSMA/CD协议，但对其规范进行了重定义，以维持适当的网络传输距离。

千兆以太网技术将显著地提高网络的可用带宽，可应用于任何规模的局域网中。目前这种技术主要用于交换机与交换机之间或者交换机与企业超级服务器之间的网络连接，将网络核心部件挂到千兆以太网交换机上，而将100BASE-T系统迁移到网络的边缘，如图3-4所示。这样，可为用户提供更大的网络带宽。但千兆以太网和其他以太网一样，没有提供对QoS的支持，这对于多媒体通信来说，仍然是一种缺陷。

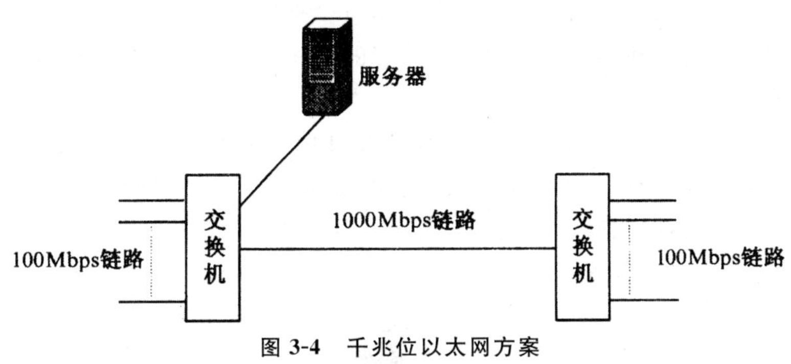

图3-4　千兆位以太网方案

3. FDDI网络

光纤分布式数据接口(Fiber Distributed Data Interface，FDDI)是由美国国家标准化协会(ANSI)的X3T9.5委员会制定的一种以光纤为传输介质、传输速率为100 Mb/s的网络标准，IEEE已将FDDI确定为IEEE 802.8标准。

FDDI采用双环结构，主环进行正常的数据传输，次环为冗余的备用环，一旦主环链路发生故障，则备用环的相应链路就代行其工作，使FDDI具备较强的容错能力。FDDI网络的覆盖区域比较大，可达100 km，可连接500多个站点，站点间的最大距离为2 km。

FDDI标准由物理层、MAC层以及站点管理等协议组成。其中，物理层分成物理媒体相关(PMD)和物理协议(PHY)两个子层。

(1)PMD——物理媒体相关子层

PMD子层定义了光纤介质以及光纤连接器、光纤收发器等连接设备的技术特性。定义了两种光纤：一种是多模光纤；另一种是单模光纤。对于多模光纤，链路长度可达4 km；对于单模光纤，Ⅰ型收发器所允许的链路长度可达10～15 km，Ⅱ型收发器所允许的链路长度可达40～60 km，并允许单模光纤和多模光纤混合使用。

(2)PHY——物理协议子层

PHY子层规定了信号的编码、解码以及定时同步等方面的技术特性。采用4B5B编码方式，即每次对4 bit数据进行编码，每4 bit数据编成5 bit符号码组，用光的存在与否来表示5 bit符号码组中的每一位是1还是0。这种编码方法的效率是80%，编码后的信号速率为125 Mb/s。

PHY子层还定义了一种分布式时钟同步机制，每个站点都设有独立的时钟和弹性缓冲器。接收数据时，是从进入站点缓冲器的数据信号中提取时钟并恢复数据；而发送数据时，则按站点的时钟对数据重新编码后再输出。这样就有效地克服了因长距离传输而产生的信号时钟偏移问题，并且可使环网中站点数量不受时钟偏移因素的限制。

(3)MAC层——媒体访问控制

MAC主要定义了一种称为定时令牌循环协议的MAC协议。它是IEEE 802.5 MAC协议的改进型。它决定哪一站点可以访问环路，提供地址识别、帧对网络的复制、插入或删除等功能。帧的长度是可变的，最长不超过4500 B。除控制点对点的通信外，它还可提供多点发送和广播发送通信。

(4)SMT——站点管理

站点管理协议主要定义了若干管理服务功能，用于管理和协调FDDI中各个子层的操作，以保证网上的所有站点都能协调一致的工作。站点管理服务功能主要有连接管理(站的插入和删除)、站点的初始化管理、内部配置管理、故障的隔离与恢复、外部控制接口协议、统计信息的收集以及地址管理等。

FDDI作为100 Mb/s的光纤主干网，而FDDI-Ⅱ使用了不同的MAC层协议，期望提供定期服务以便支持多媒体信息特别是音视频信息的传输。FFOL(FDDI Follow-on LAN)目前正处在研发和初期阶段，期望能够提高传输率达150 Mb/s～2.4 Gb/s的速率下运行。一个典型的FDDI网络如图3-5所示。

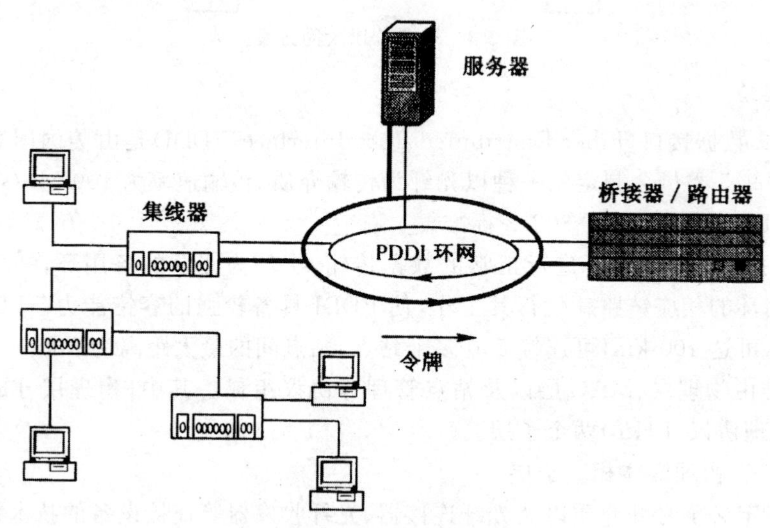

图3-5 典型的FDDI网络

4. 100VG-AnyLAN网络

100VG-AnyLAN是由100VG-AnyLAN论坛开发的一种100 Mb/s高速网络。IEEE已将100VG-AnyLAN确定为IEEE 802.12标准。100VG-AnyLAN的含义是指在语音级(Voice Grade)的UIP电缆上进行100 Mb/s速率传输且支持IEEE 802.3和802.5两种帧格式(不是同时支持)。

100VG-AnyLAN技术规范主要定义了物理层和MAC层两层。其中，物理层由物理媒体相关(PMD)子层和物理媒体独立(PMI)子层组成。

(1)PMD——物理媒体相关子层

PMD 子层的主要功能是信道复用(仅用于 2 对电缆或光纤系统)、NRZ 编码、链路操作模式和连接状态控制等。100VG 标准支持 4 种介质类型:4 对 UIP、2 对 UIP、2 对 SIP 和光纤。

对于 2 对电缆或光纤系统,由 PMD 子层通过多路转换的方法将 4 个通道分别转换成 2 个或 1 个通道,实现信道复用。

对于 4 对电缆系统,每对线都构成 1 个传送通道,并以 25 MHz 的信号速率工作,那么 4 个传送通道的数据速率之和可达到 100 Mb/s。

根据传送的数据类型,链路操作可采用全双工或半双工方式。全双工操作用于在集线器与站点之间传输链路状态控制信息。半双工操作用于在集线器与站点之间传输数据。

(2)PMI——物理媒体独立子层

PMI 子层的主要功能包括传输通道选择、586 B 编码和数据帧封装等,为 PMD 子层传输帧做好准备。

1)通道选择是把 MAC 帧 8 bit 组分成 5 bit 组,并顺序地分配给 4 个通道的过程。其中分成 5 bit 组是为了 586B 编码的需要。

2)586B 编码是将 5 bit 组数据编码成 6 bit 符号,通过这一编码过程将产生一个平衡的数据模式,以便于接收端的时钟同步。

3)每个通道都要进行数据帧的封装,为数据帧添加帧前导码、帧起始定界符和帧结束定界符,形成最终在网络上传输的帧格式。

(3)MAC 层——媒体访问控制

MAC 层没有沿用原有的 IEEE 802.3 协议(即 CSMA/CD 协议)或 IEEE 802.5 协议(即 Token-Ring 协议),而是定义了一种称为需求优先访问(DPA)的媒体访问控制协议。

DPA 协议是一种集中式确定型协议,由集线器对站点的网络访问实行集中控制。当一个站点需要传送数据时,首先要向集线器发出传输请求,只有当集线器认可请求并指示传送时,该站点才能开始传送数据。

DPA 协议定义了两种传输请求,即正常优先权请求(Normal Priority Request,NPR)和高优先级请求(High Priority Request,HPR)。通常,传输请求优先权是由站点上高层软件设定的。高层软件将根据应用对实时性的需求,选择适当的服务类别和相应的优先级,然后提交给 MAC 层。MAC 层将根据其优先级,向集线器发出 NPR 或 HPR。每个集线器为 NPR 和 HPR 分别建立和维护一个独立的请求队列。NPR 是按端口号顺序排队等待处理,而 HPR 则按先来先服务的规则进行处理。

从理论上讲,这种 MAC 协议能够减少或消除因冲突而产生的重复传送现象,可提供优先级控制和带宽保证,有利于提高网络有效带宽,减少网络延时,这些对多媒体通信来说是很重要的。

3.3.3　广域网络

由于广域网(WAN)通过高速交换式网络技术能够较容易地解决网络带宽和延迟问题。对多媒体通信的支持比较充分,因此,多媒体通信技术的重点是解决广域网支持多媒体流的综合传输和 QoS 问题。近几年,相继推出了一些以光纤为传输介质的广域网,如同步光纤网(SONET)、同步数字序列(SDH)和密集波分复用(DWDM)等,其传输速率已达 10 Gb/s,大大改善了广域网的拥挤状况。

随着 Internet 的发展，大量的话音和视频信息需要在基于分组交换的数据网上传输，这就需要在网络基础结构上解决数据、话音和视频流的综合传输和资源协调问题，实现各种应用的有机集成，使整个广域网具有高度的适应性、开放性和可伸缩性。

1. X. 25 网络

分组交换网是一种采用分组交换方式的数据通信网，它所提供的网络功能相当于 ISO/OSI 参考模型的低 3 层，即物理层、数据链路层和网络层功能。ITU 的 X. 25 建议就是针对分组交换网而制定的国际标准。因此，分组交换网有时也称为 X. 25 网。

分组交换网主要由分组交换机、传输线路和用户接入设备组成。

1)分组交换机：是分组交换网的核心，分组交换机之间以全互联方式连接。根据它在网中所处的地位，可分为中转交换机和本地交换机。其主要功能是为网络的基本业务和可选业务提供支持；提供路由选择和流量控制；实现 X. 25、X. 75 等多种协议的互联；完成局部的维护、运行管理、故障报告和诊断、计费及网络统计等功能。

2)传输线路：可以说是整个分组交换网的神经系统。目前分组交换网的中继传输线路主要有模拟和数字两种形式。模拟信道利用调制解调器可转换成数字信道，速率为 9 600 b/s、48 Kb/s 和 64 Kb/s，而 PCM 数字信道的速率为 64 Kb/s、128 Kb/s 和 2 Mb/s。用户线路也有两种形式，即利用数字电路或利用电话线路加装调制解调器上实现，速率为 64～1200 b/s。

3)用户接入设备：主要是用户终端。用户终端分为分组型终端和非分组型终端两种。非分组型终端要使用分组装拆(PAD)设备接入网络，有些网络还支持非标准的同步终端，如 SDLC 终端等。局域网要使用路由器接入网络。

X. 25 的全称是：在公用数据网上，以分组方式进行操作的 DTE 和 DCE 之间的接口。它定义了 3 级通信协议：物理级、链路级和分组级。

1)物理级：对应于 ISO/OSI 模型的物理层，X. 25 建议对物理级的功能做如下定义：利用物理的、电气的、功能的和规程的特性在 DTE 和 DCE 之间实现物理链路的建立、保持和拆除功能。

DTE(Data terminal Equipment)为数据终端设备或计算机等终端装置；DCE(Data Circuit terminal Equipment)为数据电路端接设备，即自动呼叫应答设备、调制解调器以及其他一些中间装置的集合。

物理层接口协议是用于定义 DTE 与 DCE 之间的物理接口，并为物理接口规定了机械连接特性、电气信号特性、信号的功能特性以及交换电路的规程特性。

2)链路级：对应于 ISO/OSI 模型的链路层。在链路层最常用的通信规程是 ISO 所制定的高级数据链路控制 HDLC(High Level Data Link Control)规程，其功能是将不可靠的物理链路提升为可靠的、无差错的逻辑链路。IEEE 802. 2 的 LLC 规范是 HDLC 规程的子集。

3)分组级：对应于 ISO/OSI 模型的网络层，它规定了 DTE 和 DCE 之间进行信息交换的分组格式，并规定了采用分组交换的方法，在一条逻辑信道上对分组流量、分组传送差错执行独立的控制。该协议主要内容有：分组级 DTE/DCE 接口的描述、虚电路规程、数据报规程、分组的格式、用户自选业务的规程与格式以及分组级 DTE/DCE 接口状态变化等。

传统的 X. 25 分组交换网存在着传输速率低，网络延时大，吞吐量小以及通信费用高等缺陷，已难以满足今后通信业务质量的要求。这促使人们研究新的分组交换技术，于是，帧中继、

ATM 等快速分组交换技术便应运而生。

2. 帧中继网络

近年来，光纤数字传输系统逐渐取代传统的电缆传输系统，明显改善了传输系统的可用带宽和误码率。光纤数字传输系统的误码率实质上已低于 10^{-9}。为了给用户提供高质量、低成本的数据传输业务，在 20 世纪 90 年代初推出了一种新型的 WAN 技术：帧中继（Frame Relay）。帧中继是一种支持 HDLC 规程的宽带数据业务标准，并已获得 ANSI 和 ITU 的批准。

帧中继实质上是由 X.25 分组交换技术演变而来的，它一方面继承了 X.25 的优点，如提供统计复用功能、永久虚电路、交换虚电路等；另一方面又改进了 X.25 的性能。其改进主要表现在以下两个方面：

1）提高了网络传输速率，用户接入速率可在 56 kb/s～1.54 Mb/s 及 64 kb/s～2.048 Mb/s 的范围内，而上限速率实际可达到 50 Mb/s。

2）简化了大量的网络功能，网络不再提供流量控制、纠错和确认等功能，由用户终端根据需要自行解决。这样，就可以减少网络时延，降低通信费用。

帧中继网由 3 个部分组成：帧中继接入设备、帧中继交换设备和帧中继服务。

1）帧中继接入设备：可以是具有帧中继接口的任何类型的接入设备，如主机、桥接器或路由器、分组交换机以及特殊的帧中继“PAD”等，通常采用 56 kb/s、64 kb/s 链路入网。两端的传输设备速率可能不同。

2）帧中继交换设备：有 T1/E1 一次群复用器、分组交换机、专门设计的帧中继交换设备等几种类型。这些设备的共同点是为用户提供标准的帧中继接口。帧中继网络是以可变长的信息帧或固定长度的信元为基础实现网内传输的。

3）帧中继服务：是由帧中继服务提供者通过帧中继网提供的。帧中继接入设备与专用帧中继设备可通过标准的帧中继接口（UNI）与帧中继网相连，UNI 的用户一侧是帧中继接入设备，用于将本地用户设备接入帧中继网络；UNI 的网络一侧是帧中继交换设备，用于帧中继接口与骨干网之间的连接。

用户在接入帧中继网时，通常采用以下 3 种主要方式：LAN 接入方式、计算机接入方式和用户帧中继交换机接入公用帧中继网方式。目前，用户接入速率大都在 56 kb/s～2 Mb/s 范围内。随着帧中继业务的发展，帧中继作为广域 ATM 网络的接入网将会为用户提供更高的接入速率。

3. ISDN 网络

综合业务数字网（Integrated Service Digital Network，ISDN）是一种由数字交换机和数字信道构成的，以传输数字信号为目的的综合数字网，并利用这个网提供话音、数据等各种业务。

ISDN 主要是依靠数字电话网的交换和接续功能提供话音和各种非语音业务的，是一种电路交换网络，传输速率一般为 64 kb/s，这种通信速率很难满足不断增长的多媒体业务对带宽的要求。但随着 Internet 的发展，ISDN 作为一种用户接入技术有了新的应用领域。

用户是通过 ISDN 所提供的 UNI 接入 ISDN 的。在 ISDN 的 UNI 中提供了两种类型的信道：一种是信息信道，用于传送各种信息流；另一种是信令信道，用于传送对用户和网络实施控制的信令信息。

对于电路交换来说，ISDN 信道的信息信道分为 B 信道和 H 信道。B 信道是速率为 64 kb/s

的信道。几个B信道合成H信道，H信道分为384 kb/s和1920 kb/s两种信道。ISDN的信令信道为D信道。D信道的速率根据不同的接口结构分为16 kb/s和64 kb/s两种。在某种情况下，D信道也能用于传送分组交换数据。

ITU规定了两种UNI，即基本速率接口(BRI)和基群速率接口(PRI)。

(1)基本速率接口

基本速率接口是把现有电话网的普通用户线作为ISDN用户线而规定的接口，它是ISDN最常用、最基本的用户-网络接口。它由两个B通路和一个D通路(2B+D)构成。B通路的速率为64 kb/s，D通路的速率为16 kb/s，所以，用户可以利用的最高信息传递速率是64×2+16=144 kb/s。

这种接口是为广大用户使用ISDN而设计的。它与用户线的二线双向传输系统相配合，可以满足千家万户对ISDN业务的需求。使用这种接口，用户可以获得各种ISDN的基本业务和补充业务。

(2)基群速率接口

基群速率接入方式主要提供给有大容量通信要求的用户，例如，数字化PBX和局域网的出口等。基群速率接口的传输速率与PCM的基群相同。由于国际上有两种规格的PCM制式，即1.544 Mb/s的T1和2.048 Mb/s的E1，因此，ISDN基群速率接口也有两种速率。

基群速率的用户-网络接口的结构根据用户对通信的不同要求可以有多种安排。一种典型的结构是nB+D。n的数值对应于2.048 Mb/s和1.544 Mb/s的基群，分别为30或23。在此，B通路和D通路的速率都是64 kb/s。

这种接口结构，对于NT2为综合业务用户交换机的用户而言，是一种常用的选择。当用户需求的通信容量较大时，一个基群速率的接口可能不够使用，这时可以多装备几个基群速率的用户-网络接口，以增加通路数量。当存在多个基群速率接口时，不必要在每个基群接口上都分别设置D通路，可以让n个接口合用一个D通路。

4. IP宽带网络

随着Internet的迅猛发展，大量的话音和视频信息需要在基于分组交换的数据网上传输，对广域网的网络带宽和QoS支持能力提出了更高的要求。近几年，相继推出了一些以光纤为传输介质的宽带广域网，如同步光纤网(SONET)、同步数字序列(SDH)、密集波分复用(DWDM)和10 Gb/s以太网等，其传输速率已达10 Gb/s，从而大大提高了广域网的网络带宽，明显改善了广域网的拥挤状况。

宽带Internet骨干网是以宽带IP网络为基础，其物理网络采用ATM、SONET、SDH和DWDM等高速网络，通过IP Over ATM、IP Over SONET、IP Over SDH以及IP Over DWDM等技术构成基于IP的集成平台，在网络基础结构上解决数据、话音和视频流的综合传输和网络带宽问题，实现各种应用的有机集成。再通过IPv6、RSVP和区分服务等协议协调网络资源，提供QoS保证和特性化服务，以满足应用对网络服务质量的需求。这种宽带IP网络也是下一代Internet的核心技术。

IP宽带网络的主要特点如下所示。

(1)无连接

打破电路交换面向连接，静态预留全部网络资源的通信模式，IP技术首次采用无连接、统计复用方式实现同远程数据通信，这十分适合数据业务突发性的特点。

(2)自适应选路

为适应互联网开放、独立自治的要求，IP 网络提供标准的路由协议，每个路由器可以动态发现并更新路由表，与无连接方式相配合，使得每个分组在网上都独立选路转发，因而具有天然的绕开网络拥塞、故障的能力。

(3)尽力而为(Best Effort)的服务

网络内部不提供差错控制和流量控制，如果出现问题，数据将被网络简单丢弃。相应的功能原则上由终端完成。

IP 宽带网络的主要缺点是：核心网不保证稳定可靠的服务质量，难以支持实时和多媒体应用。然而对于简单的数据通信而言，IP 网络技术足以满足要求。

3.3.4　ATM 网络

为了改善电路交换和分组交换技术的缺点和不足，需要一种新型的交换技术来满足宽带网络的传输要求，使宽带网络应能适应各种信道速率，并具有低延迟和与业务种类无关的特性。这种宽带交换技术就是异步传输模式(Asynchronous Transfer Mode，ATM)。

根据 CCITT 1988 年发表的蓝皮书 I. 121 建议，ATM 是建立一个统一通信网的最终解决方案。ATM 技术于 20 世纪 60 年代起源于贝尔实验室。进入 20 世纪 80 年代后，B-ISND 的研究与开发有力地推动了 ATM 技术的发展。ITU 已将 ATM 作为 B-ISND 的核心技术，并于 1990 年公布了面向 B-ISND 的 ATM 技术详细规范建议书。

1. ATM 的结构与特点

ATM 网络的允许范围很大，小到几米大到数千公里以上，能够传输各种类型的数据。ATM 可用于局域网、广域网和城域网。典型的 ATM 网络的结构如图 3-6 所示。

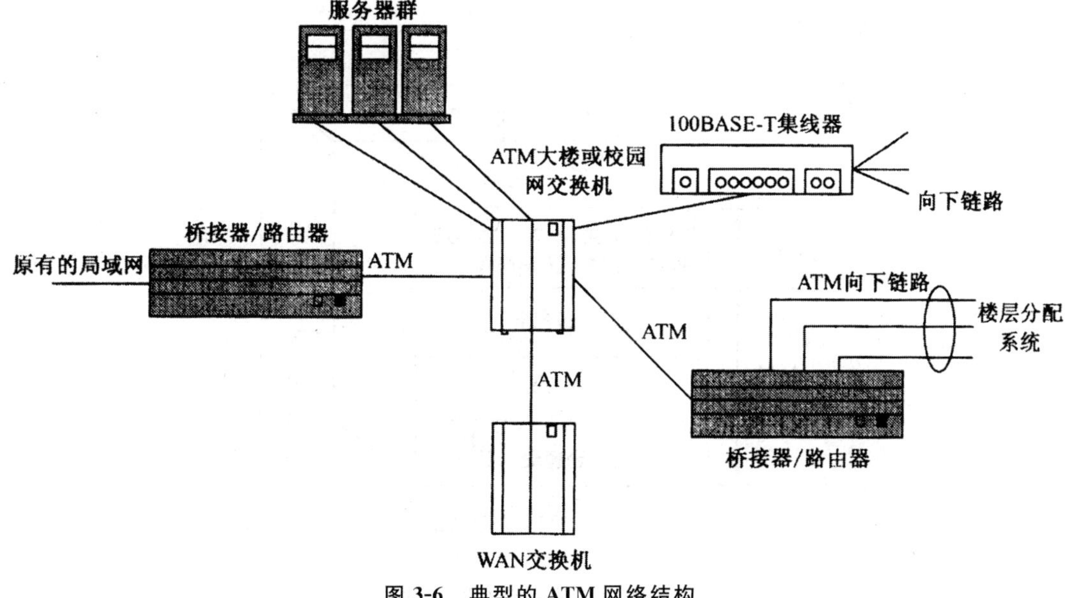

图 3-6　典型的 ATM 网络结构

ATM 网络采用先进的网络传输机制，从根本上克服了传统网络技术的缺陷，提供了很高的网络性能，其主要特点如下：

1)面向连接的传输机制。ATM 在低层是以面向连接的方式传送数据，以获得电路交换的实时性优点。

2)以信元(Cell)为信息传输单位。每个信元固定为 53 Byte，其中信元头为 5 Byte，主要是与虚连接有关的信息，而不包含地址信息。信元载体为 48 Byte，在信元载体内可以携带任何类型的信息。这种短小而固定的信元有利于在传输过程中减小信息传输延迟。长度固定的信元头可以使网络节点的处理尽量减小，只用硬件电路就可以对信元进行处理，缩短了每个信元在节点处理的时间。

3)基于 ATM 交换机的交换式网络。通过 ATM 交换机提供点到点的链路，取代了共享的传输介质，并允许在同一网络中以不同的链路速度同时进行通信，使每个站点都能独享自己的专用带宽，大大提高了网络的吞吐量和实时性。

4)多种速率接口。ATM 定义了多种不同速率的物理接口，将 LAN 和 WAN 综合起来考虑，提供一个公共的、统一的网络基础设施。

5)多种服务类型。ATM 提供了多种传输服务类型，分别代表不同的 QoS，并且提供了 QoS 协商和保证机制。

6)高层进行差错控制和流量控制。由于光纤信道的误码率非常低，信道容量大，因此，ATM 网可以不在数据链路层进行差错控制和流量控制，而放在高层处理。这种方式明显地提高了信元的传输速率。

2. ATM 协议参考模型

ATM 协议参考模型也是 B-ISDN 的协议参考模型。它是一个立体模型，由 ITU-T 标准定义。如图 3-7 所示，从整体上分为层和面。按水平分为层，按垂直分为面。从面看(垂直方向)，模型分为三个平面：用户平面、控制平面和管理平面。

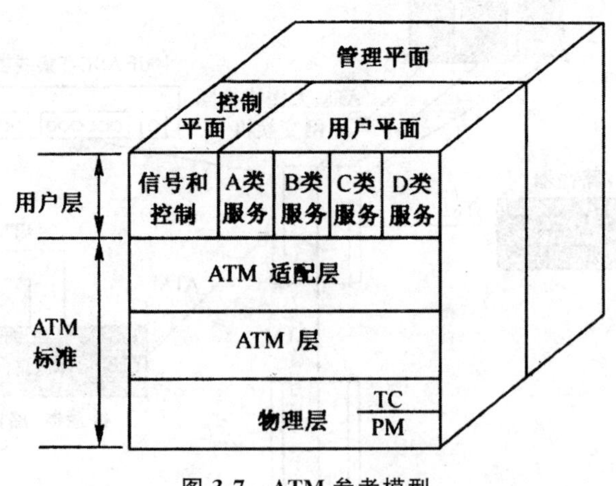

图 3-7 ATM 参考模型

1)用户平面:具有分层结构,提供用户所要求的应用、协议和服务。

2)控制平面:也具有分层结构,包括呼叫建立、维护以及撤销连接等有关的功能。

3)管理平面:提供层管理和平面管理两部分功能。层管理执行各层实体间的控制交互管理。

平面管理执行与系统整体有关的管理功能,协调各平面之间的关系。管理平面实现本地管理功能,不必分层。用户和控制平面可分为物理层、ATM层、ATM适配层和用户层(高层)。ITU-T主要定义了以下3个层次。

(1)物理层

物理层由两个子层组成,即物理介质(Physical Medium,PM)子层和传输汇聚(Transmission Convergence,TC)子层。

1)PM子层:负责在物理介质上正确传输和接收位流,它要完成与介质相关的功能,如线路编解码、位定时,以及光电转换等。

2)TC子层:实现信元流和位流的转换,包括速率适配(空闲信元的插入)、信元定界与同步、帧的产生等以实现标准的ATM物理层。

(2)ATM层

ATM层主要定义面向连接的信元传输服务机制和通信规程,对网络中的用户和用户应用提供一套公共的传输服务。用户应用也可以是高层协议功能,如数据协议、视频或音频应用。ATM层提供的基本服务完成ATM网上的用户与设备间的信息传输(交换、复用等)。信息传输通过在这些用户和设备间建立的连接进行。

ATM的连接是基于虚电路概念的,并分为永久虚电路(PVC)和交换虚电路(SVC)两种。PVC是通过人工方式在ATM网络端点之间进行网络路径映射而建立的连接,这种虚电路是事先设置好的,不随业务和网络状态改变,必须由人工干预才能撤销;SVC是通过ATM信令协议动态地在ATM网络端点之间建立的连接或撤销,无需人工干预,这种连接可根据业务要求和设备状态动态地建立和撤销。无论是PVC还是SVC,它们都是建立在虚路径(VP)和虚通道(VC)概念基础上的。

在建立连接时,每个连接都被分配一个唯一的虚路径标识符(VPI)和虚通道标识符(VCI)。VPI和VCI的组合则可唯一地标识ATM网络内部的一个连接,也可以在ATM网络上实现多个端点间的相互映射。

ATM网络定义了两种网络节点:端点和中间节点。端点是用户节点,如工作站、服务器或其他设备;中间节点是ATM交换结点,如ATM交换机。端到端的连接要通过中间节点才能连接起来,中间节点一般不关心信息的内容,只提供信息转发服务。在转发过程中,中间节点要保证在建立连接时所承诺的服务质量。

(3)ATM适配层

ATM适配层(ATM Adaptation Layer,AAL)的作用是增强ATM层所提供的服务,负责适配从用户层来的信息,以形成ATM网可以利用的格式。AAL将用户的协议数据单元PDU装入ATM信元的信息字段中,或进行相反的操作。ATM适配层对用户屏蔽了ATM

层的具体操作。当用户层把一个长的数据包提交给 ATM 适配层后，ATM 适配层按规定长度将数据包分割成若干信元体，再传送给 ATM 层。

ATM 适配层由汇聚子层(Convergence Sublayer)和分割组装子层(Segmentation and Reassembly Sublayer)组成。

1)汇聚子层:为分割用户信息做准备，并能够将这些包再组装成原来的信息包。为了使目的端点的 ATM 适配层能够重新装配数据包，汇聚子层需要将一些控制信息附加在用户信息上。也就是说，48Byte 的信元体将包含控制信息和用户信息两部分内容。

2)分割组装子层:在发送数据时负责将汇聚子层传来的信息单元(称为汇聚子层协议数据单元 CS-PDU)精确地分割成 8Byte 的信元体，然后提交给 ATM 层；接收数据时负责将 ATM 层传来的信元体重新组装成原始数据包，然后再传送给用户层。

由于送给 ATM 的信息可有多种格式，如数据、语音以及视频。每一种都要求对 ATM 网络有不同的适配。因此，ATM 定义了不同类型的 5 种传输服务。

1)A 类(Class A)服务:其特点是端点间保持定时同步、数据率固定、面向连接。这种服务也称恒定比特率(CBR)业务，主要用于 64 kb/s PCM 语音以及静止图像的传输服务。

2)B 类(Class B)服务:其特点是端点间保持定时同步、数据率可变、面向连接。这种服务也称可变比特率(VBR)业务，可用于支持变速率的语音和压缩视频信息的传输服务。

3)C(Class C)类服务:其特点是端点间不要求定时同步、数据率可变、面向连接。这种服务也称可用比特率(ABR)业务，可用于支持面向数据的传输服务。

4)D 类(Class D)服务:其特点是端点间不要求定时同步、数据率可变、非连接。这种服务也称未确定比特率(UBR)业务，主要用于 QoS 要求较低或不要求的场合。

5)X 类(Class X)服务:由用户或厂家自定义的服务。

ATM 适配层提供了 5 个 AAL 子层，即 AAL1、AAL2、AAL3、AAL4 及 AAL5 与上述服务类型相适配。

3. ATM 定义的信令协议

在 ATM 网络中，连接的建立、维护和拆除以及其他的网络控制和管理操作是由信令协议实现的。ATM 定义两类信令，即 UNI(User to Network Interface)信令和 NNI(Network to Network Interface)信令。UNI 用于端点与交换机之间的连接，形成用户网络接口；NNI 用于交换机与交换机之间的连接，形成网络间的接口。

信令协议由一系列用服务原语描述的过程组成，定义了建立、维护和拆除连接所需要的操作。在建立连接时，端点所使用的相应的 UNI 信令原语向中间点发出建立连接请求，该连接请求包含有特性参数信息。交换机将为该连接分配 VPI 和 VCI 标识符，并按特性参数预留网络资源。

(1)用户网络接口 UNI

UNI 用于端点与交换机之间的连接。ATM 网络的端点设备通过用户网络接口 UNI 连接到 ATM 交换机上。UNI 可以是工作站、PC 或主机到交换机的接口、路由器到交换机的接口、PBX 到交换机的接口、“黑箱子”到交换机的接口。根据 ATM 交换机的责任，UNI 分为两种：专用 UNI 和公共 UNI。专业 UNI 是用户端点到专用 ATM 交换机之间的接口；公共 UNI 是用户端点设备与公用交换机之间的接口。专用网交换机与公用网之间的接口也用 UNI。

(2)网络间的接口 NNI

NNI 用于 ATM 交换机之间的接口。一个网络可以有多个 ATM 交换机，这些交换机连接在一起形成更大的网络。同样，NNI 也分为两种：专用 NNI 和公共 NNI。专用 NNI 是两个专业网络交换节点之间的接口；公用 NNI 是公用网络交换节点之间的接口。

4. ATM 用于 LAN 和 WAN 的网络结构

利用 ATM 技术可以构成局域网或广域网的主要网络结构。

(1)局域网 LAN 的主干网

ATM 技术可以用于构造宽带和大型的校园(或企业)主干网，如图 3-8 所示。在这种 ATM 主干网中，交换机连接路由器和服务器提供可伸缩和高带宽的交换能力。高性能服务器可以直接与 ATM 交换机连接。

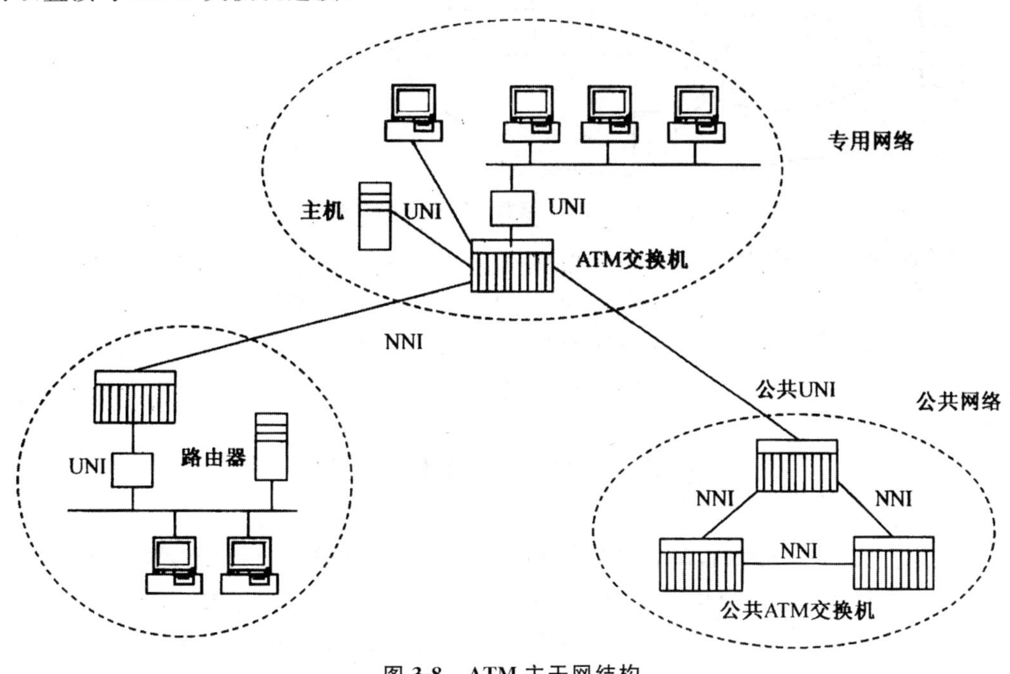

图 3-8　ATM 主干网结构

(2)ATM 群局域网

高速以太网或 FDDI 网可能不能满足高性能工作站和分布式网络工程应用对带宽的要求，这时可以用 ATM 网作为高速用户群的局域网。通过路由器把 ATM 与传统的主干网相连接，如图 3-9 所示。

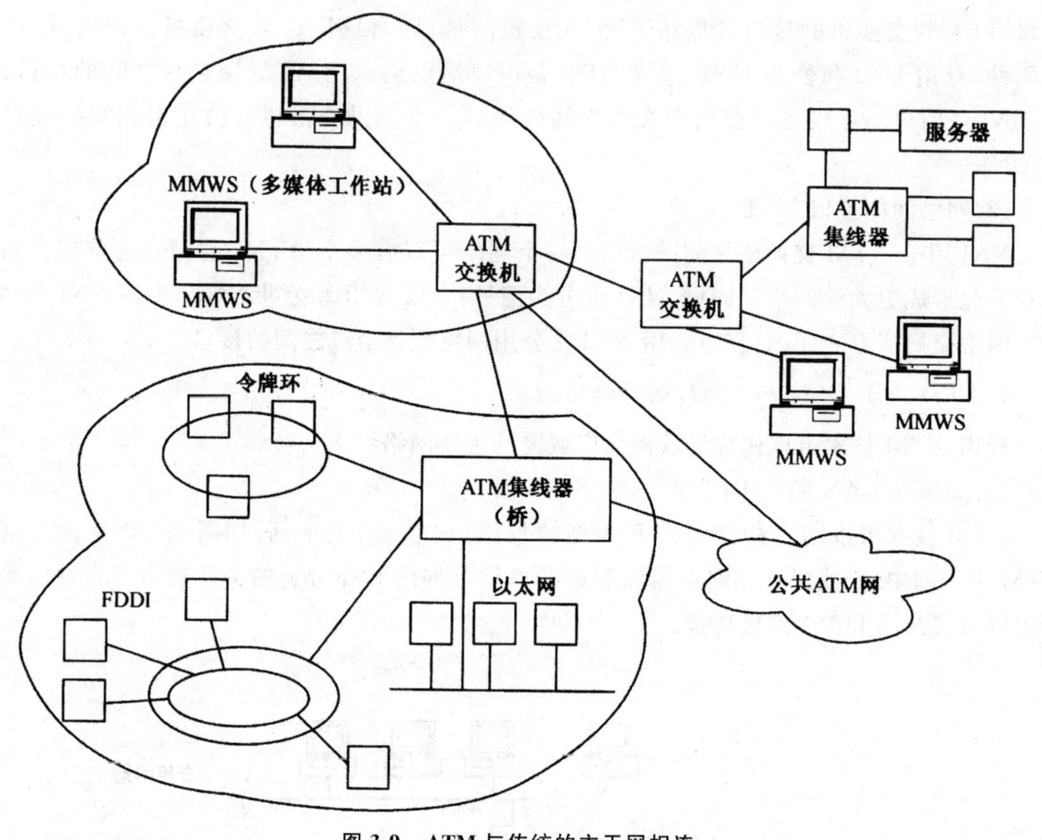

图 3-9　ATM 与传统的主干网相连

(3)LAN/WAN 服务体系

ATM 作为宽带综合业务数字网 B-ISDN 的交换技术，提供基于 ATM 的广域网的体系结构。利用 ATM 网络技术，最终将为所有网络互联环境提供综合的解决方案，为 LAN 和 WAN 上的数据和多媒体信息提供无缝的传输服务。

3.4　多媒体通信协议

网络传输协议是在网络基础结构上提供面向连接或无连接的数据传输服务，以支持各种网络应用。目前，在实际系统中经常使用的网络传输协议有 TCP/IP、SPX/IPX 和 AppleTalk 等。其中，TCP/IP 应用最为广泛。由于这些传输协议是在 20 世纪 70 年代到 80 年代间开发的，当时还没有多媒体的概念，也就没有考虑支持多媒体通信的问题。随着多媒体技术的发展，对网络支持多媒体通信的能力提出越来越高的要求，这些传输协议便显露出明显的不足，越来越难以满足多媒体通信对服务质量的需求。于是，人们提出一些支持多媒体通信的新协议。对于新协议的研究，有两种观点：一是采用全新的网络协议，以充分支持多媒体通信，但存在着和大量已有的网络应用程序相兼容的问题，在实际中很难推广和应用；二是在原有传输协议的基础上增加新的协议，以弥补原有网络协议的缺陷。尽管这种方法在某些方面也存在一定的局限性，但可以保护用户大量已有的投资，容易得到广泛的支持。这也是目前增强网络对多媒体通信支持能力的主要方法。

由于 Internet 的核心协议是 TCP/IP，为了推动 Internet 上多媒体的应用，近几年 IETF 提出了一些基于 TCP/IP 的多媒体通信协议，对多媒体通信技术的发展产生了重要的影响。

3.4.1　IPv6 协议

IPv6 是下一代 Internet 的核心协议，是 IETF 为解决现有 IPv4 协议在地址空间、信息安全和区分服务等方面所显露出的缺陷以及未来可预测的问题而提出的。IPv6 在 IP 地址空间、路由协议、安全性、移动性及 QoS 支持等方面做了较大的改进，增强了 IPv4 协议的功能。

（1）IPv6 的数据报格式

IPv6 数据报的逻辑结构如图 3-10 所示，它由基本报头（Header，首部）和扩展报头两部分构成。基本报头包括版本号、优先级、流标识、负荷长度、后续报头、步跳限制、源 IP 地址和目标 IP 地址等内容。

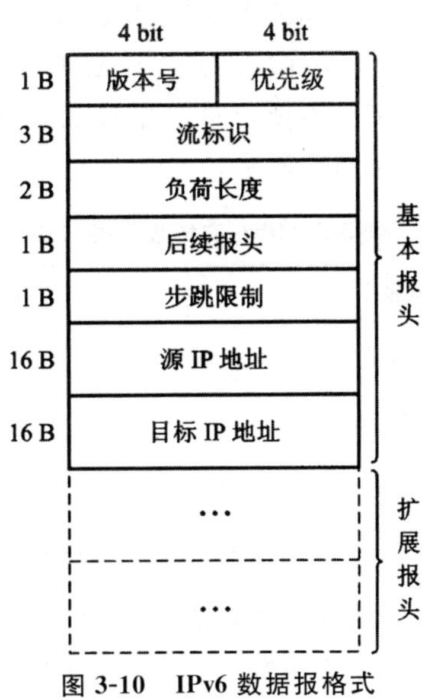

图 3-10　IPv6 数据报格式

1）版本号（Version）：4 bit，Internet 协议版本号。

2）优先级：4 bit，指明其分组所希望的发送优先级，这里的优先级是相对于发自同一源结点的其他分组而言的。优先级的取值可分为两个范围：0～7 用于源结点对其提供拥塞控制的信息传输，像 TCP 这样在发生拥塞时做出退让的通信业务；而 8～15 用于在发生拥塞时不做退让的信息传输，如以固定传输率发送的“实时”分组。

3）流标识（Flow Label）：24 bit，如果一台主机要求网络中的路由器对某些报文进行特殊处理，若非缺省服务质量通信业务或实时服务，则可用这一字段对相关的报文分组加标识。

4）负荷长度（Payload Length）：16 bits，IPv6 首部之后，报文分组其余部分的长度以字节为单位。为了允许大于 64 KB 的负荷，若本字段的值为 0，则实际的报文分组长度将存放在逐个路段（Hop-by-Hop）选项中。

5)后续报头(Next Header):8 bits,标识紧接在 IPv6 报头之后的下一个报头的类型。下一个报头字段使用与 IPv4 协议相同的值。

6)步跳限制(Hop Limit):8 bits,转发报文分组的每个结点将路径段限制字节值减一,如果该字段的值减小为零,则将此报文分组丢弃。

7)源 IP 地址:128 bits,报文分组起始发送者的地址。

8)目标 IP 地址:128 bits,报文分组预期接收者的地址。

扩展报头(可选)用来增强协议的功能,如果选择了扩展报头,则位于 IPv6 报头之后。IPv6 扩展报头可有多种定义,如路由、分段、封装、安全认证及目的端选项等。一个数据报中可以包含多个扩展报头,由扩展报头的后续报头字段指出下一个扩展报头的类型。

(2)IPv6 的地址格式

IPv6 中的 IP 地址用 128 bits 来定义,用":"分成 8 段,标准地址格式为 X:X:X:X:X:X:X:X,每个 X 为 16 bits,用 4 位十六进制数表示。RFC 2373 中详细定义了 IPv6 地址,按照定义,一个完整的 IPv6 地址应表示为:

XXXX:XXXX:XXXX:XXXX:XXXX:XXXX:XXXX:XXXX

例如:2031:0000:1F1F:0000:0000:0100:11A0:ADDF 就是一个符合格式要求的 IP 地址。为了简化其表示方法,RFC2373 还规定每段中前面的 0 可以省略,连续的 0 可省略为"::"但只能出现一次,具体示例如表 3-5 所示。

表 3-5　IPv6 的地址省略形式

标准格式的 IP 地址(V6 版)	省略格式的 IP 地址(V6 版)
1080:0:0:0:8:800:200C:417A	1080::8:800:200C:417A
FF01:0:0:0:0:0:0:101	FF01::101
0:0:0:0:0:0:0:1	::1
0:0:0:0:0:0:0:0	::

在 IPv6 的地址中,仍然包含网络地址和主机地址两部分,并通过所谓的地址前缀来表示网络地址部分,具体格式为 X/Y。其中 X 为一个合法的 IPv6 地址,Y 为地址前缀的二进制位数。例如,2001:250:6000::/48 表示前缀为 48 位的地址空间,其后的 80 位可分配给网络中的主机,共有 280 个主机地址。一些常见的 IPv6 地址或者前缀如表 3-6 所示。

表 3-6　常见的 IPv6 地址或前缀

IPv6 地址或前缀	使用说明
::/128	即 0:0:0:0:0:0:0:0,只能作为尚未获得正式地址的主机的源地址,不能作为目的地址,不能分配给真实的网络接口
::1/128	即 0:0:0:0:0:0:0:1,回环地址,相当于 IPv4 中的 localhost(1 27.0.0.1),ping localhost 可得到此地址
2001::/16	全球可聚合地址,由 IANA 按地域和 ISP 进行分配,是最常用的 IPv6 地址

续表

IPv6 地址或前缀	使用说明
2002::/16	6to4 地址，用于 6to4 自动构造隧道技术的地址
3ffe::/16	早期开始的 IPv6 6bone 试验网地址
fe80::/10	本地链路地址，用于单一链路，适于自动配置、邻机发现等，路由器不转发
ff00::/8	组播地址
::A. B. C. D	其中<A. B. C. D>代表 IPv4 地址，兼容 IPv4 的 IPv6 地址。自动将 IPv6 包以隧道方式在 IPv4 网络中传送的 IPv4/IPv6 结点将使用这些地址
::FFFF:A. B. C. D	其中<A. B. C. D>代表 IPv4 地址，例如::ffff:202.1 20.2.30 是 IPv4 映射过来的 IPv6 地址，它是用于在不支持 IPv6 的网上表示 IPv4 结点

(3)IPv6 的新特点

IPv6 是对 IPv4 的改进，在 IPv4 中运行良好的功能在 IPv6 中都给予保留，而在 IPv4 中不能工作或很少使用的功能则被去掉或作为选项。为适应实际应用的要求，在 IPv6 中增加了一些必要的新功能，使得 IPv6 呈现出以下主要特点：

1)扩展了地址和路由选择功能。IP 地址长度由 32 位增加到 128 位，可支持数量大得多的可寻址结点、更多级的地址层次和较为简单的地址自动配置，改进了多播(Multicast)路由选择的规模可调性。

2)定义了任一成员(Anycast)地址，用来标识一组接口，在不会引起混淆的情况下将简称“任一地址”，发往这种地址的分组将只发给由该地址所标识的一组接口中的一个成员。

3)简化的数据报格。IPv4 数据报的某些字段被取消或改为选项，以减少报文分组处理过程中常用情况的处理费用，并使得 IPv6 数据报的带宽开销尽可能低。尽管地址长度增加了(IPv6 地址长度是 IPv4 地址的 4 倍)，但 IPv6 数据报的长度只有 IPv4 的 2 倍。

4)支持扩展报头和选项。IPv6 的选项放在单独的数据报中，位于报文分组中 IPv6 首都和传送层首部之间。因为大多数 IPv6 选项首部不会被报文分组投递路径上的任何路由器检查和处理，直至其到达最终目的地，这种组织方式有利于改进路由器在处理包含选项的报文分组时的性能。IPv6 的另一改进是其选项与 IPv4 不同，可具有任意长度，不限于 40 B。

5)支持验证和隐私权。IPv6 定义了一种扩展，可支持权限验证和数据完整性。这一扩展是 IPv6 的基本内容，要求所有的实现必须支持这一扩展。IPv6 还定义了一种扩展，借助于加密支持保密性要求。

6)支持自动配置。从孤立网络结点地址的“即插即用”自动配置，到 DHCP 提供的全功能的设施，IPv6 支持多种形式的自动配置。

7)QoS 能力。IPv6 增加了一种新的能力，如果某些报文分组属于特定的工作流，发送者要求对其给予特殊处理，则可对这些报文分组加标号，如非缺省服务质量通信业务或“实时”服务。

(4)IPv6 的路由支持

路由器的基本功能是存储转发数据报。在转发数据报时，路由选择算法将根据数据报的地址信息查找路由选择表,选择一条可以到达目的站点的路径。路由选择表的维护和更新由路由协议完成,IPv6 的路由选择是基于地址前缀概念实现的。这样,服务提供者就可以很方便地建立层次化的路由选择关系,并根据网络规模汇聚 IP 地址,充分利用 IP 地址空间。IPv6 的路由协议尽量保持了与 IPv4 相一致,当前 Internet 的路由协议稍加修改后便可用于 IPv6 路由。此外,IETF 正在研究一些新的路由协议,如策略路由协议、多点路由协议等,研究的重点集中在支持 QoS 和优化路由等方面,这些研究成果将应用于 IPv6。

(5)IPv6 的 QoS 支持

IPv6 报头中的优先级和流标识字段提供了 QoS 支持机制。IPv6 报头的优先级字段允许发送端根据通信业务的需要设置数据报的优先级别。通常,通信业务被分为可流控业务和不可流控业务两类。前者大多数是对时间不敏感的业务,一般使用 TCP 协议作为传输协议;当网络发生拥挤时,可通过调节流量来疏导网络交通,其优先级值为 1～7。后者大多数是对时间敏感的业务,如多媒体实时通信;当网络发生拥挤时,则按照数据报优先级对数据报进行丢弃处理,疏导网络交通,其优先级值为 8～15。

数据流是指一组由源端发往目的端的数据报序列。源结点使用 IPv6 报头的流标识符,标识一个特定数据流。当数据流途经各个路由器时,如果路由器具备流标识处理能力,则为该数据流预留资源,提供 QoS 保证;如果路由器不具备这种能力,则忽略流标识,不提供任何 QoS 保证。可见,在数据流传输路径上,各个路由器都应当具备 QoS 支持能力,网络才能提供端到端的 QoS 保证。通常,IPv6 应当和 RSVP 之类的资源保留协议一起使用,才能充分发挥应有的作用。

3.4.2 RTP 协议

RTP(Real-time Transport Protocol)是 Internet 上针对多媒体数据流的一种传输协议,工作在一对一或一对多的传输模式下;RTCP(Real-time Transport Control Protocol)是与 RTP 对应的实时传输控制协议,提供媒体同步控制、流量控制和拥塞控制等功能。RTP 通常使用 UDP(User Datagram Protocol)来传送数据,但 RTP 也可以在 TCP 或 ATM 等其他协议之上工作。当应用程序开始一个 RTP 会话时将使用两个端口:一个给 RTP,一个给 RTCP。通常 RTP 算法并不作为一个独立的网络层来实现,而是作为应用程序代码的一部分。在 RTP 会话期间,各参与者周期性地传送 RTCP 包。RTCP 包中含有已发送的数据包的数量、丢失的数据包的数量等统计资料,因此服务器可以利用这些信息动态地改变传输速率,甚至改变有效载荷类型。RTP 和 RTCP 配合使用,能以有效的反馈和最小的开销使传输效率最佳化,因而特别适合传送网上的实时数据。

3.4.3 RTSP 协议

RTSP(Real Time Streaming Protocol,实时流协议)是由 Real Networks 和 Netscape 共同提出的,该协议定义了应用程序如何有效地通过 IP 网络在一对多模式下传送多媒体数据的方法。因此,RTSP 是一个应用级协议,在体系结构上位于 RTP 和 RTCP 之上,通过使用 TCP 或 RTP 完成数据传输。RTSP 提供了一个可扩展框架,可控制实时数据的发送,使实时数据(如音频、视频)的受控、点播成为可能。

RTSP建立并控制一个或几个时间同步的连续流媒体，充当多媒体服务器的网络远程控制功能，所建立的RTSP连接并没有绑定到传输层连接（如TCP），因此在RTSP连接期间，RTSP用户可打开或关闭多个对服务器的可靠传输连接以发出RTSP请求。此外，还可使用像UDP这样的无连接传输协议进行传输。所以，RTSP操作并不依赖用于携带连续媒体的传输机制。

与HTTP相比，RTSP传送的是多媒体数据，而HTTP用于传送HTML信息；HTTP请求由客户机发出，服务器作出响应；而使用RTSP时，客户机和服务器都可以发出请求，即RTSP可以是双向的。类似的，应用层传输协议还有微软的MMS，这里不再赘述。

3.4.4　RSVP协议

RSVP(Resource ReserVe Protocol)资源预留协议是一种支持多媒体通信的传输协议，在无连接协议上提供端到端的实时传输服务，为特定的多媒体流提供端到端的QoS协商和控制功能，以减小网络传输延迟。RSVP通过目的地址、传输层协议类型和目的端口的组合来标识一个会话。RSVP消息可以使用原始IP数据报发送，也可使用UDP数据报发送。

1. RSVP数据流

RSVP中的数据流是一系列信息，有着相同的源、目的（可有多个）和服务质量，QoS要求通过网络以流说明的形式通信。流说明是互联网主机用来请求特殊服务的数据结构，保证互联网处理主机传输。RSVP支持三种传输类型，即最好性能、速率敏感与延迟敏感，用来支持这些传输类型的数据流服务依赖于QoS的实施。

最好性能传输为传统IP传输。主要包括文件传输（如邮件传输）、磁盘映像、交互登录和事务传输。支持最好性能传输的服务称为最好性能服务。速率敏感传输放弃及时性而确保速率。其目的是不再通过电路交换网络传输，但一般与电路交换网络(ISDN)应用有联系，运行于数据报网络(IP)。这类应用如H.323视频会议，设计运行基于ISDN(H.320)或ATM(H.310)，但发现在Internet上也有应用。H.323编码是常数速率或准常数速率，但需要常数传输速率。

RSVP服务支持速率敏感传输，称为位速率保证服务。延迟敏感传输要求传输及时，并因此改变其速率。RSVP服务支持延迟敏感传输，是作为控制延迟服务（非实时服务）与预报服务（实时服务）。

为了适应不断增长的Internet综合服务的需求，IETF设立了综合服务工作组，专门负责制定有关综合服务的服务质量(QoS)类。现在已完成了两个QoS类，即保证服务(Guaranteed Service，GS)和被控负载服务(Controlled-Load Service，CLS)，并指定和RSVP一起使用。

GS为合法的数据分组提供一种保证的带宽级、恒定的端到端延迟范围和无排队丢失的服务。这种服务的质量很高，主要用于有严格实时传输需求的场合，如多媒体会议，远程医疗诊断等。这类应用通常使用“回放”缓冲器，不允许声音或图像信息延迟到回放时间之后到达。在数据流传输路径上的每个路由器，通过分配一个带宽和数据流可能占用的缓冲区空间为特定的数据流提供保证服务。

CLS提供的是有一定延迟量和数据丢失的服务，但延迟和丢失被限制在一个合理范围内，并且数据流的传输特性并不随着网络负载的增加而明显降低，而保持在一个稳定的级别上。CLS主要用于允许有一定延迟和丢失的实时传输场合，如远程多媒体点播。CLS通过参数控制网络延迟和数据丢失，提供一种相当于轻负载的传输特性。

当发送者和接收者之间协商好QoS(GS或CLS)级后，就可以进行数据流传输了。在数据流传输过程中，每个数据分组都必须符合已定义的参数，否则，路由器将按非法分组处理。对于非法的数据分组，路由器可以有选择地降低QoS级，以最佳效果方式传输，并且采取适当的服务策略和更新动作来保证非法数据流不会影响正在传输数据流的QoS。

2. RSVP数据流处理

RSVP数据流的基本特征是连接，数据包在其上流通。连接是具有相同单播或多播目的的数据流，RSVP分别处理每个连接，RSVP支持单播和多播连接，连接是一些发送者与另一些接收者的会话，而流总是从发送者开始的。特定连接的数据包被导向同一个IP目的地址或公开的目的端口。IP目的地址可能是多播发送的组地址，也可能是单个接收者的单播地址。公开目的端口可使用UDP/TCP目的端口段、其他传输协议等阶段或某些应用的特定信息定义。

RSVP数据发布通过多播或单播实现。多播传输将某个发送者的每个数据包拷贝转发给多个目的地址。单播传输特征是只有一个接收者，即使目的地址是单播，也可能有多个接收者，以公开端口区分。对于多个发送者也可能存在单播地址的情况，RSVP可建立多对一传输的资源预订，每个RSVP发送者和接收者对应唯一的Internet主机。然而，单个主机可包括多个发送者和接收者，所以公开端口区分。

RSVP服务质量。RSVP中的服务质量是流规范指定的属性，流规范用于决定参加实体(路由器、接收者和发送者)进行数据交换的方式。主机和路由器使用RSVP指定QoS，主机代表应用数据流使用RSVP从网络申请QoS级别，路由器使用RSVP发送QoS请求给数据流路径上的其他路由器。因而，RSVP可维持路由器和主机状态，提供所请求的服务。

RSVP连接启动。为了初始化RSVP多播连接，接收者首先使用Internet组成员协议(IGMP)加入IP目的地址指定的多播组。对单播连接，单播路由就像IGMP结合协议无关多播(PIM)在多播时的作用。接收者加入多播组后，潜在的发送者开始发送RSVP路径信息给IP目的地址；接收者应用收到路径信息，开始发送相应资源预订请求信息，使用RSVP指定欲点播的流描述；发送者应用接收到资源预订请求信息后，发送者开始发送数据包。

3. RSVP操作

RSVP资源预定类型是指一套支持参数的控制选项。RSVP支持独占资源预定和共享资源预定。前者是指为每个连接中每个相关的发送者安装一个流，后者有互不相关的发送者使用。

RSVP资源为简单数据流(单向数据流)预订。每个发送者在逻辑上与接收者不同，但任何应用都可充当发送者和接收者，接收者负责请求资源预订。具体的资源预订过程如图3-11所示。

(1)基本RSVP操作

RSVP资源预订处理初始化，从RSVP后台服务查询本地路由协议，以获得所需路由。主机发送IGMP消息加入多播组，发送RSVP消息预订是沿组路径发送。每个能加入资源预订的路由器，将收到的数据包传递给包分类器，然后将它们在包调度器中排队。RSVP 包分类器决定每个包的路由和 QoS 类；RSVP 调度器就会给使用特殊数据链路层媒介传输的每个接口分配资源。例如，数据链路层媒介有自身的 QoS 管理能力，包调度器负责协调数据链路层，获得 RSVP 所请求的 QoS。调度器本身有分配无源 QoS 媒介上包传输能力，例如，双铰线，也可分配其他系统资源，例如 CPU 时间与缓存。QoS 请求一般来源于接收者的主机的应用，由传递到本地的 RSVP 应用，例如 RSVP 后台服务。接着 RSVP 协议对所有节点（路由器与主机）的请求，沿逆向数据路径传到数据源。在每个节点处，RSVP 程序应用进入允许控制的本地决定程序，决定是否能提供请求的 QoS。如果进入允许控制成功，RSVP 程序设置包分类和调度器的参数，以获得所申请的 QoS。若失败，RSVP 程序则给产生此种请求的应用，并返回一个错误指示。

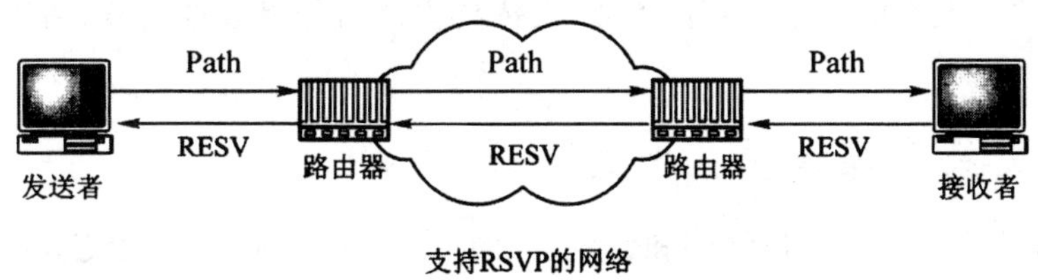

支持RSVP的网络

图 3-11　资源预订过程示意图

(2)RSVP 隧道技术

在 Internet 上同时配置 RSVP 或任何其他协议都是不可能的。事实上，RSVP 也不可能在每个地方都配置 RSVP。RSVP 必须提供正确协议操作，即使只有两个支持 RSVP 的路由器与一些不支持 RSVP 的路由器相连。一个中等规模不支持 RSVP 的网络不能执行资源预订，因而服务保证也就不可能实现。然而，如果该网络有充足额外容量，也可以提供可接受的实时服务。

为了使支持 RSVP 网络连接通过不支持 RSVP 的网络，RSVP 支持隧道技术。隧道技术要求 RSVP 和非 RSVP 路由器，用本地路由表转发到目的地址的路径信息。当路径信息通过非 RSVP 网络时，路径信息拷贝携带最后一个支持 RSVP 路由器的 IP 地址，同时预订请求信息转发给下一个上游支持 RSVP 的路由器。

4. RSVP 软状态实现

对于 RSVP 来说，软状态是指可被某些 RSVP 信息更新的路由器和终端节点的状态。软状态特征允许 RSVP 网络支持动态组成员变化，并适应路由变化。软状态是基于 RSVP 网络维护，使网络可以在没有查询终端节点的情况下改变状态，相对于电路交换结构，终端节点进行依次呼叫，若失败，就会进行依次新呼叫。

RSVP 协议，为创建和维护多播和单播混合发送路径的分布式资源预订状态，提供了一个通用功能。为维护资源预订状态，RSVP 跟踪路由器和主机节点的软状态。路径与资源预订请求信息创建，并周期更新 RSVP 软状态。例如，在清除时间间隔到期前，没有收到相应的更新信息，就删除该状态，显式 teardown 信息也可删除软状态。RSVP 周期扫描欲建立的软状态，并转发路径与预订请求更新信息给下一跳。

当路由改变，下一个路径信息初始化新路由的路径状态，将资源预订请求信息建立资源预订状态。现在没有使用的网段状态标记为超时,因为 RSVP 规范要求在拓扑改变后两秒内通过网络初始化新资源预订。当发生状态变化,RSVP 无延迟的变化将从 RSVP 网络的一个终端传到另一个终端。如果接收到的状态与存储状态不同,就更新存储状态;如果结果改变了欲产生的更新信息,那么更新信息就会立即生成并转发出去。

3.5 无线多媒体技术

在任何时候、任何地方可以和任何人(anytime、anywhere、anybody)进行通信,这自古以来就是人类美好的梦想,无线通信就是实现这个梦想的基础。近年来,无线通信技术的发展进入了空前活跃的历史时期,第三代(3G)、第 4 代(4G)移动通信不仅能提供现有的各种移动通信业务,还能提供高速率的宽带多媒体业务,支持高质量的分组数据业务、话音以及实时的视频传输。

3.5.1 无线多媒体通信网的系统结构

无线多媒体终端具有多媒体终端和无线通信的功能,一个典型的无线多媒体终端包括信源编码器、信道编码器、RF 调制器和功率放大器。

在无线多媒体通信系统中,基站和常规的移动通信基站一样,实现与终端的双向通信和同基站控制器的连接。

基站控制器是实现接入不同固定通信网络的重要设备,通过协议转换等方式完成介入功能。由于 ATM 交换机和 IP 路由器的通信协议和通信规程不同,基站控制器除了完成对基站的控制管理、数据业务通信外,还要有接入网络适配器、ATM 网络接口、ATM 网络接口和相应的软件系统。

3.5.2 无线多媒体通信的关键技术

1. 无线多媒体信源编码技术

多媒体信息中大部分是音频和视频数据,它们数字化的数据量相当庞大,H. 263、H. 26L、MPEG-4、G. 729 和 G. 723. 1 等国际标准提供了很好的压缩方法。

2. 无线多媒体信道编码和差错恢复技术

陆地移动无线信道的传播环境是十分恶劣的,由于多经引起的多经衰落、电波传播扩散损耗和阴影效应引起的阴影衰落等,均会对信号的传输质量产生严重的影响,为了支持多媒体通信,应该采用有效的纠错技术。

信道编码一般有自动重传(ARQ)和前向纠错(FEC)两种方式,信道编码能有效降低系统的误差比特率,但是会减小带宽利用率,增加比特率。现有的无线系统中不存在专门的 ARQ 信道。

Turbo 码,又称并行级联卷积码(PCCC),是由 C. Berrou 等在 ICC'93 会议上提出的,它巧妙地将卷积码和随机交织器结合在一起,实现了随机编码的思想;同时,采用软输出迭代译码来逼近最大似然译码。Turbo 码有着接近信道极限的性能,因此特别适合对功率要求严格的情形；另外由于 Turbo 码接近随机码，有很好的距离特性，因此有很强的抗干扰能力，但是它有计算量大、译码延时长的缺点。随着快速译码算法和更快速的硬件技术的出现，Turbo 码的应用会越来越广泛。Turbo 码已被美国空间数据系统顾问委员会（CCSDS）作为深空通信的标准，同时它也被确定为第三代移动通信系统 IMT-2000 的信道编码方案之一。

现有的视频压缩标准，如 H. 263＋、H. 263＋＋和 MPEG-4 等，为了提高差错复原能力，以满足已经发生差错环境下视频传输业务的要求，均采用了若干差错复原技术，并成为标准中的重要内容。在 MPEG-4 中定义了多种差错复原的工具，主要有重同步（Resynchronization）、数据分割（Data Partitioning）和可逆变长编码（Reversible VLC，RVLC）等。在 H. 263＋中用于差错复原的编码选项有前向纠错编码（FEC）模式、条带（Slice）模式、独立分段解码（Independent Segment Decoding）和参考图像选择（Reference Picture Selection）等。H. 263＋＋则在 H. 263＋ 的基础上又增加了数据分割的条带模式，并对参考图像选择进行了修改。

3. 无线多媒体信息传输技术

从视频技术的角度来看，无线多媒体信息传输技术并没有多大的发展，但新频段的开发和应用却从来没有停止。第三代移动通信系统规定使用 2 GHz 频段，而其他的一些宽带技术使用各种各样的频段。

从技术层面来看，3G 主要以 CDMA 为核心技术，4G 则以正交频分复用（OFDM）技术最为瞩目。研究者们针对 OFDM 技术在移动通信技术上的应用，提出了相关的基础理论。例如，无线区域环路（WLL）、数字音讯广播（DAB）等，都将在未来采用 OFDM 技术，而第四代移动通信系统则计划以 OFDM 为核心技术，提供增值服务。

从应用的角度来看，无线多媒体信息传输中一个重要的方面就是同步，例如视频与音频的同步。由于无线信道的特性非常恶劣，容易造成信息的拥塞、丢失与延时，这对于视频传输来说是非常不利的，终端接收到的视频质量很容易遭受损害，同步技术对于无线多媒体通信的最终商用非常重要。

第4章　数字音频处理技术

在多媒体信息处理领域，人类能够听到的所有声音都称之为音频。音频信息是由于物体振动而产生的一种波动现象的具体表现，人类依靠自身的听觉器官来感知这些音频信息。音频信息是表达思想和情感必不可少的信息表现形式之一，是多媒体信息的重要组成部分。音频信息的种类很多，譬如人类语言、音乐、风声、雨声等。多媒体应用中涉及的音频信息主要有：背景音乐、解说词、电影或动画配音、按钮交互反馈声以及其他特殊效果等。

4.1　数字音频的基础知识

自然界中声音信号是典型的连续信号，它不仅在时间上是连续的，而且在幅度上也是连续的。在时间上连续是指在一个指定的时间范围内声音信号的幅值有无穷多个，在幅度上连续是指幅度的数值有无穷多个。一般来说，人们将在时间和幅度上都是连续的信号称为模拟信号，也称为模拟音频。模拟音频技术中以模拟电压的幅度表示声音强弱。模拟声音在时间上是连续的，而数字音频是一个数据序列，在时间上是断续的。数字音频是通过采样和量化，把模拟量表示的音频信号转换成由许多二进制数 1 和 0 组成的数字音频信号。如图 4-1 所示。

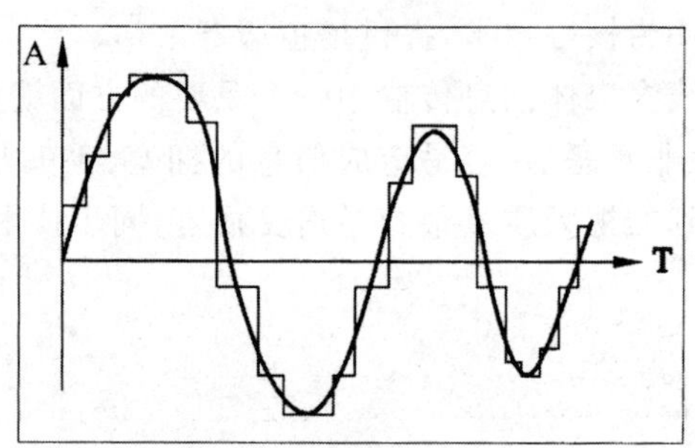

图 4-1　模拟音频和数字音频

4.1.1　音频信息的特点及优势

音频信息是多媒体信息表现形式中非常重要的类型之一，其应用非常广泛。一般而言，根据音频信息应用的场合和功能，可以将音频信息分为语言、音乐和声响三种类型。语言是指人类的口头语言。音乐是指人类创作的歌声、乐曲声。声响是指自然界中存在的各种声音，如风吹、雨打、雷鸣、虎啸、虫吟等，还指人类社会中存在的吼叫声、哭声、喧闹声等自然声音。上述三种类型的音频信息在多媒体作品中发挥的作用有所不同，但应用都十分广泛。相比其他的媒体表现形式，音频信息具有以下特点和优势：

1. 实时性

音频信息具有实时性的特点。从某种意义上说，音频信息是瞬间即逝的信息表现形式。

它不像文本、图像信息那样可以供人们长时间地仔细观察对象的各种细节。因此，音频信息是一种基于时间的信息表现形式，它只有在时间的不断展开中才能逐步展现其形式和内涵。

2. 生动性

心理学家认为：人们对听到的信息内容，要比看到的、触摸到的事物记得更快更牢。同时，声音是最富有感情色彩的信息表现形式。“感人心者，莫先乎情”，以声音作为主要信息表现形式，结合其他媒体表现形式可以创造出巨大的表现力。

运用音响效果能够使多媒体作品形象化、生动化，使用户产生联想和想象，并加深印象。运用音乐既可以烘托、渲染特定的环境气氛，也可以为表达相关信息提供一个背景，并且传达出一定的情感色彩。

3. 空间性

伊朗著名导演阿巴斯·基亚罗斯塔米曾经明确指出：“对我来说声音非常重要，比画面更重要。我们通过拍摄获得的东西充其量是平面摄影，声音产生了画面的纵深向度，也就是画面的第三维。”画面作为二维空间所能表现的空间范围是有限的，因而声音在电影中对于时空表现力的扩展有着举足轻重的作用。单声道的录音系统可以忠实地体现声音的距离、纵深运动等空间特征。立体声系统还可以体现横向运动。因此它大大增强了银幕上二维影像的立体幻觉。例如，杯盘的碰撞声不仅是简单的音响效果，它还描绘了声源所处的空间，并且传达了使用者的情绪状态。声音的全方向性传播的特点及人耳全方向性的接收形成一个无限连续的声音空间，因此在事件或叙事空间以及超事件或超叙事空间中，声音没有画内画外空间之分，只是声源有画内画外之分。在事件或叙事空间中，看不见的声源的声音可形成极其丰富多变的空间变化，并创造出各种情绪气氛。

上述音频信息在电影艺术中的应用和作用，充分体现出了声音的空间特性。

4. 艺术性

音频信息具有艺术性的特点，有的音频信息除了传递一些基本信息之外，其本身就是一件艺术作品。譬如，音频信息中的朗诵和音乐。

朗诵，是一种技巧，是一种技术，更是一种艺术。中国自古就有“三分诗、七分读”之说，而这里的“读”，就是古人所倡导的“诵读”，实质上就是今天我们所说的“朗诵”。朗诵常用的基本表达手段有：顿连、重音、语速、语调等。优美动听的朗诵，不仅可以将文字作品的内在含义准确地传递给听众，同时还可以使听众得到美的享受和艺术的熏陶。

音乐是用有组织的乐音来表达人们的思想感情、反映现实生活的一种艺术。音乐的最基本要素是节奏和旋律。音乐的节奏是指音乐运动中音的长短和强弱。音乐的节奏常被比喻为音乐的骨架。音乐的曲调也称旋律。高低起伏的乐音按一定的节奏有秩序地横向组织起来，就形成了曲调。曲调是完整的音乐形式中最重要的表现手段之一。一首好的乐曲可以使人浮想联翩，回味无穷，引起人们感情的变化，产生心灵的震颤。

4.1.2　影响数字音频质量的主要因素

影响数字音频质量的因素主要有三个，即采样频率、采样精度和通道个数。

1. 采样频率

采样频率，也称为采样速率，即指每秒钟采样的次数，单位为 Hz(赫兹)。奈奎斯特采样定理指出采样频率高于信号最高频率的两倍，就可以从采样中完全恢复原始信号的波形。对于以 11 kHz 作为采样频率的采样系统，只能恢复的最高音频是 5.5 kHz。如果要把 20～20 kHz 范围的模拟音频信号变换为二进制数字信号，那么脉冲采样频率至少应为 40 kHz，其周期为25 μs。目前流行的采样频率主要为 22.05 kHz、44.1 kHz、48 kHz。采样速率越高，采样周期越短，单位时间内得到的数据越多，对声音的表示越精确，音质越真实。所以采样频率决定音质清晰、悦耳、噪音的程度，但高采样率的数据要占用很大空间。

2. 采样精度

采样精度，也称为采样位数，即采样位数或采样分辨率，指表示声波采样点幅度值的二进制数的位数。换句话说，采样位数可表示采样点的等级数，若用 8 b 二进制描述采样点的幅值，则可以将幅值等量分割为 256 个区，若用 16 b 二进制分割，则分为 65 536 个区。可见，采样位数越多，可分出的幅度级别越多，则分辨率越高，失真度越小，录制和回放的声音就越真实。但是位数越多，声音质量越高，所占的空间就越大。常用的采样精度分别是 8 位、16 位和 32 位。国际标准的语音采用 8 位二进制位编码。根据抽样理论可知，一个数字信源的信噪比大约等于采样精度乘以 6 分贝。8 位的数字系统其信噪比只有 48 分贝，16 位的数字系统的信噪比可达 96 分贝，信噪比低会出现背景噪声以及失真。因此采样位数越多，保真度越好。

3. 通道个数

声音的采样数据还与声道数有关。单声道只有一个数据流，立体声的数据流至少在两个以上。由于立体声声音具有多声道、多方向的特征，因此，声音的播放在时间和空间性能方面都能显示更好的效果，但相应数据量将成倍增加。

要从模拟声音中获得高质量的数字音频，必须提高采样的分辨率和频率，以采集更多的信号样本。而能够进一步进行处理的首要问题，那就是大量采样数据文件的存储。采样数据的存储容量计算公式如下：

$$存储容量(字节)=采样频率\times采样精度/8\times声道数\times时间$$

例如，采用 44.1 kHz 采样频率和 16 位采样精度时，将 1 分钟的双声道声音数字化后需要的存储容量为：44.1×16/8×2×60=10 584 B。

4.1.3 音频信息应用的原则及注意事项

音频信息在应用时应注意以下原则和事项。

1. 音频信息的技术性

音频信息是依靠传播技术手段来传输和再现的。信息内容要实现完整、准确的传达，需要考虑的因素比较多。其中，音质是最重要的因素之一。这里的音质是指音频信息是否清晰，是否失真，是否有噪声干扰。在技术上，声音清晰的程度称为清晰度。清晰度越高，音质越好。声音的音调高低、频率范围和声源发声的差异称为保真度，差异越小，保真度越高，音质越好。声音中有用的声音信号电压大小与无用的噪音信息电压大小之比称为信噪比。信噪比越大，音质越好。除此之外，在应用音频信息时还要考虑音频文件格式、所占存储空间大小等因素。

2. 音频信息的可控性

应用音频信息时要考虑音频信息的可控性，特别是音频信息作为背景音乐使用时。众所周知，不同的用户，甚至是同一用户在不同的时间和不同的情境对音乐的感知都是不同的。因此，在多媒体作品中应用的背景音乐应供使用者方便地选择和控制。按照现有的软硬件水平，使用者应便于控制背景音乐的有无，音量的大小，音乐的种类、长度，演奏的速度，演奏的调式等。只有音频信息具有良好的可控性，才能有利于充分发挥背景音乐的作用。

3. 音频信息与其他信息表现形式的合理搭配

在多媒体作品设计制作和信息传播过程中，各种不同的信息表现形式之间不是决然割裂的。要根据实际需要，合理地选择、搭配不同的信息表现形式。发挥每种信息表现形式的长处和整体功能，才能取得最佳的效果。

另外，对于主体与背景音乐之间的情感联系较强的多媒体作品，要充分发挥音乐自身所具有的表情功能，选择音乐的主题与多媒体作品主题相一致，与用户的情感水平、认识能力相适应。只有这样，才能发挥音频信息应有的作用，达到预期的效果。

4.2　数字音频编码与文件格式

4.2.1　数字音频编码技术

1. 线性预测编码

语音的产生依赖于人类的发声器官，发声器官主要由喉、声道和嘴等组成，声道起始于声带的开口（即声门处）而终止于嘴。完整的发声器官还应包括由肺、支气管、气管组成的次声门系统，次声门系统是产生语音能量的源泉。当空气从肺里呼出来时，呼出来的气流由于声道的某一地方的收缩而受到扰动，语音就是这一系统在这时候辐射出来的声波。

当肺部中的受压空气沿着声道通过声门发出时就产生了语音。普通男人的声道从声门到嘴的平均长度约为 17 cm，这个事实反映在声音信号中就相当于在 1 ms 数量级内的数据具有相关性，这种相关称为短时相关（Short-term Correlation）。声道也被认为是一个滤波器，许多语音编码器用一个短时滤波器（Short-term Filter）来模拟声道。由于声道形状的变化比较慢，模拟滤波器的传递函数的修改不需要那么频繁，典型值在 20 ms 左右。

压缩空气通过声门激励声道滤波器，根据激励方式不同，发出的语音主要分成清音、浊音和爆破音三种类型。

虽然各种各样的语音都有可能产生，但声道的形状和激励方式的变化相对比较慢，因此语音在短时间周期（20 ms 的数量级）里可以被认为是准定态（Quasi-stationary）的，也就是说基本不变的。语音信号显示出高度周期性，这是由于声门的准周期性的振动和声道的谐振所引起的。语音编码器企图揭示这种周期性，目的是为了减少数据率而又尽可能不牺牲声音的质量。

线性预测分析是进行语音信号分析最有效、最流行的分析技术之一。线性预测（Linear Prediction，LP）的基本原理是：假设当前的语音信号样值可以用它过去的 p 个样值的加权和

(线性组合)来预测,如式(4-1)所示。因为语音信号具有周期性,所以误差是无法避免的,预测误差如式(4-2)所示。式中,$\hat{s}(n)$为线性预测值;a_l 为线性预测系数,共有 p 个;$s(n)$为实际样值;$e(n)$为线性预测误差值。

$$\hat{s}(n) = \sum_{l=1}^{p} a_l s(n-l) \tag{4-1}$$

$$e(n) = s(n) - \hat{s}(n) = s(n) - \sum_{l=1}^{p} a_l s(n-l) \tag{4-2}$$

现在用预测分析方法来进行语音信号的分析。由语音学的知识可知,用准周期脉冲(在浊音语音期间)或白噪声(在清音语音期间)激励一个线性不变系统(声道)所产生的输出作为语音模型,如图 4-2 所示。

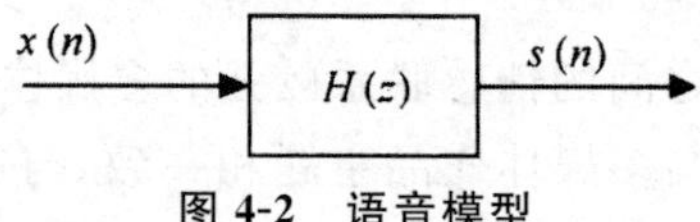

图 4-2　语音模型

图 4-2 中 $x(n)$是语音激励,$s(n)$是输出语音,模型的系统函数 $H(z)$可以写成有理分式的形式,如式(4-3)所示。式中系数 a_l、b_i 及增益 G 是模型的参数,p、q 是选定的模型的阶数,因而信号可以用有限数目构成的模型参数来表示。

$$H(z) = G \cdot \frac{1 + \sum_{i=1}^{q} b_i z^{-i}}{1 - \sum_{l=1}^{q} a_l z^{-l}} \tag{4-3}$$

根据 H(z)的形式不同,有 3 种不同的信号模型。

1)当式(4-3)中的分子多项式为常数,即 $b_i=0$ 时,$H(z)$是只含递归结构的全极点模型,称为自回归信号模型(Auto-regressive Model,AR)。AR 模型的输出是由过去的信号值所决定的,由它产生的序列称为 AR 过程序列。

2)当式(4-3)中的分母多项式为 1,即 $a_l=0$ 时,$H(z)$是只有非递归结构的全零点模型,称为滑动平均模型(Moving Average Model,MA)。MA 模型的输出由模型的输入来决定,由它产生的序列称为 MA 过程序列。

3)当式(4-3)中 $H(z)$同时含有极点和零点时,称为自回归滑动平均模型(Auto-regressive Moving Average Model,ARMA),它是上述两种模型的混合结构,相应产生的序列称为 ARMA 过程序列。

理论上讲,ARMA 模型和 MA 模型可以用无限高阶的 AR 模型来表达。对 AR 模型作参数估计时遇到的是线性方程组的求解问题,相对来说处理起来比较容易,而且实际语音信号中,全极点模型又占了多数,因此本节将主要讨论 AR 模型。

当采用 AR 模型时,将辐射、声道以及声门激励进行组合,用一个时变数字滤波器来表示,其传递函数如式(4-4)所示。

$$H(z) = \frac{G}{1 - \sum_{l=1}^{p} a_l z^{-l}} = \frac{G}{A(z)} \tag{4-4}$$

式中，p 是预测器阶数，G 是声道滤波器增益。由此，语音抽样值 $s(n)$ 和激励信号 $x(n)$ 之间的关系可以用式(4-5)的差分方程表示。即语音样点间有相关性，可以用前面的样点值来预测后面的样点值。

$$s(n) = G \cdot x(n) + \sum_{l=1}^{p} a_l s(n-l) \tag{4-5}$$

语音信号分析中，模型的建立实际上是由语音信号来估计模型参数的过程。由于语音信号客观存在的误差，极点阶数 p 又无法事先确定，以及信号是时变的特点等，因此求解模型参数的过程是一个逼近过程。在模型参数估计过程中，把式(4-2)改写为式(4-6)。

$$e(n) = s(n) - \sum_{l=1}^{p} a_l s(n-l) = G \cdot x(n) \tag{4-6}$$

线性预测分析要解决的问题是：给定语音序列，使预测误差在某个准则下最小，求预测系数的最佳估计值 a_l，这个准则通常采用最小均方误差准则。线性预测方程的推导和方程组的求解方法和求解过程，可参阅相关文献。

2. 矢量量化

矢量量化(VQ)技术是 20 世纪 70 年代后期发展起来的一种数据压缩和编码技术，也可以说是香农信息论在信源编码理论方面的新发展。矢量量化编码是在图像、语音信号编码技术中研究得较多的新型量化编码方法，它的出现并不仅仅是作为量化器设计提出的，更多的是将它作为压缩编码方法来研究的。在传统的预测和变换编码中，首先将信号经某种映射变换成一个数的序列，然后对其一个一个地进行标量量化编码。而在矢量量化编码中，则是把输入数据几个一组地分成许多组，成组地量化编码，即将这些数看成一个七维矢量，然后以矢量为单位逐个矢量进行量化。矢量量化是一种限失真编码，其原理仍可用信息论中的率失真函数理论来分析。而率失真理论指出，即使对无记忆信源，矢量量化编码也总是比标量量化要显得优秀些。

设有 N 个 k 维矢量 $X=\{X_1,X_2,\cdots,X_N\}$(X 在 k 维欧几里德空间 R^k 中)，其中第 i 个矢量可记为 $X_i=\{x_1,x_2,\cdots,x_k\}$，$i=1,2,\cdots,N$，它可以被看作是语音信号中某帧参数组成的矢量。把 k 维欧几里德空间 R^k 无遗漏地划分成 M 个互不相交的子空间 $R_1,R_2,\cdots,R_M$，即满足

$$\begin{cases} \bigcup_{j=1}^{M} R_j = R^k \\ R_i \cap R_j = \phi, i \neq j \end{cases}$$

在每一个子空间 R_j 中找一个代表矢量 Y_j，则 M 个代表矢量可以组成矢量集 $Y=\{Y_1,Y_2,\cdots,Y_M\}$。这样就组成了一个矢量量化器，在矢量量化里 Y 叫做码本(Codebook)；Y_j 称为码字(Codeword)；Y 内矢量的个数 M，则叫做码本长度。不同的划分或不同的代表矢量选取方法就可以构成不同的矢量量化器。

当给矢量量化器输入一个任意矢量 $X_i \in R^k$ 进行矢量量化时，矢量量化器首先对它是属于哪个子空间 R_j 进行判断，然后输出该子空间 R_j 的代表矢量 Y_j。也就是说，矢量量化过程就是用 Y_j 代表 X_i 的过程，或者说把 X_i 量化成了 Y_j，即

$$Y_j=Q(X_i), 1\leqslant j\leqslant M, 1\leqslant i\leqslant N$$

式中，$Q(X_i)$ 为量化器函数。即矢量量化的过程完成一个从 k 维欧几里德空间 R^k 中的矢量

X_i 到 k 维空间 R^k 有限子集 Y 的映射。

矢量量化编/解码器的原理框图如图 4-3 所示。

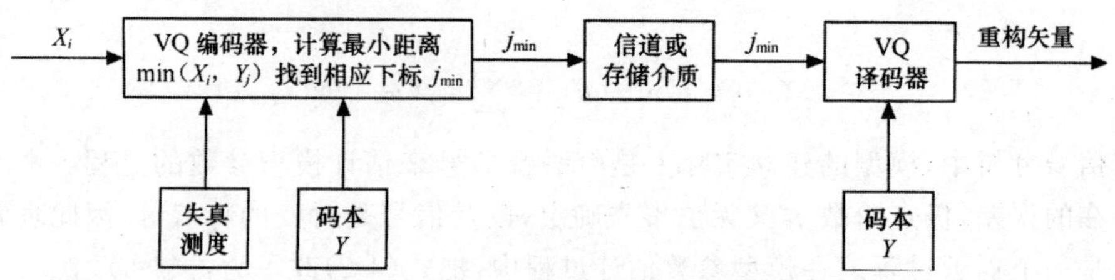

图 4-3 矢量量化编/解码器的原理框图

系统中有两个完全相同的码本，一个在编码器(发送端)，另一个在解码器(接收端)。每个码本包含 M 个码字，每一个码字是一个 k 维矢量(维数与 X_i 相同)。VQ 编码器的运行原理是根据输入矢量 X_i 从编码器码本中选择一个与之失真误差最小的码矢量 Y_j，其输出的 $j_{\min}$ 即为该码矢量的下标，一般称为标号。输出的 $j_{\min}$ 是一个数字，因而可以通过任何数字信道传输或任何数字存储介质来存储。如果此过程不引入误差，那么从信道接收端或从存储介质中取出的信号仍是 $j_{\min}$。VQ 译码器的原理是按照 $j_{\min}$ 从译码器码本中选出一个具有相应下标的码字作为 X_i 的重构矢量或恢复矢量。

3. CELP 编码

CELP 编码基于合成分析(A-B-S)搜索、知觉加权、矢量量化(VQ)和线性预测(LP)等技术。CELP 的编码器框图、解码器框图分别如图 4-4 和图 4-5 所示。

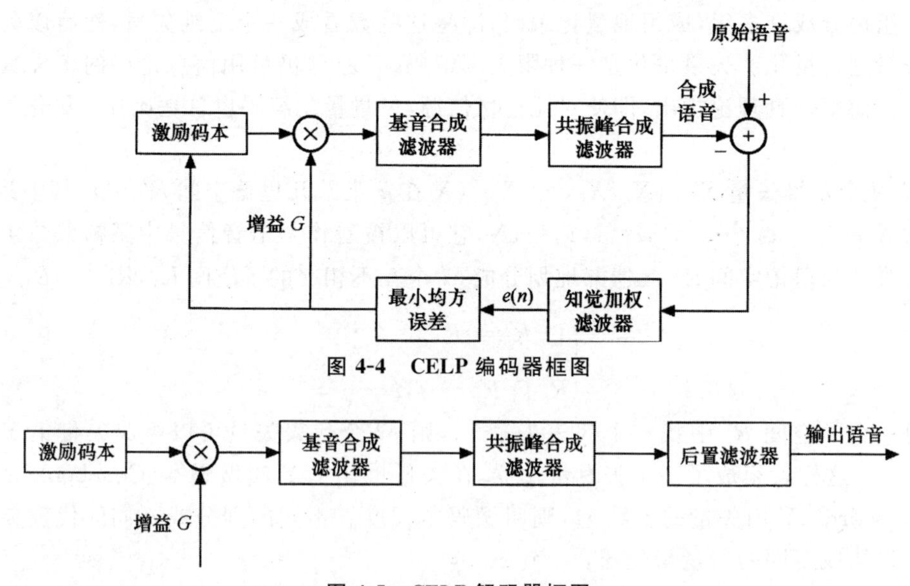

图 4-4 CELP 编码器框图

图 4-5 CELP 解码器框图

CELP 采用分帧技术进行编码，按帧作线性预测分析，每帧帧长一般为 20～30 ms(这是由语音信号的短时平稳性特性决定的)。短时预测器(Short-term Predictor，STP)，即常用的共振峰合成滤波器，用来表征语音信号谱的包络信息。共振峰合成滤波器传递函数为

$$\frac{1}{A(z)}=\frac{1}{1-\sum_{l=1}^{p}a_l z^{-l}}$$

式中，$A(z)$为短时预测误差滤波器；p 为预测阶数，它的取值范围一般为 8～16，基于 CELP 的编码器中 p 通常取 10；$a_l(l=1,2,\cdots,10)$为线性预测(LP)系数，由线性预测分析得到。

长时预测器(Long-term Predictor，LTP)，即基音合成滤波器，用于描述语音信号谱的精细结构。其传递函数为

$$\frac{1}{P(z)}=\frac{1}{1-\beta z^{-L}}$$

式中，β 为基音预测增益，L 为基音延迟。β 和 L 通过自适应码本搜索得到。

CELP 用码本(Codebook)作为激励源。它建立了自适应码本和固定码本这两个码本。自适应码本中的码字(码矢量)用来逼近语音的长时周期性(基音)结构，固定码本中的码字(码矢量)用来逼近语音经过短时、长时预测后的残差信号。从两个码本中搜索出最佳码矢量，乘以各自的最佳增益后相加，其和为 CELP 激励信号源。CELP 一般将每一语音帧分成 2～5 个子帧，在每个子帧内搜索最佳的码矢量作为激励信号。将激励信号输入 p 阶共振峰合成滤波器，得到合成语音信号 $\hat{s}(n)$，$\hat{s}(n)$与原始语音 $s(n)$之间的差经过知觉加权滤波器 $W(z)$，得到知觉加权误差 $e(n)$，根据最小均方预测误差(Minimum Squared Prediction Error，MSPE)准则作为搜索最佳码矢量及其幅度增益的度量，使 MSPE 最小的码矢量即为最佳。

一般，码矢量的长短与子帧的长短有关，码本的大小与占用存储空间大小及搜索时间长短有关。固定码本是原来设计好，在机器里固有的。自适应码本最初是一片空白，在 A-B-S 分析过程中，用知觉加权误差减去固定码矢量后，使自适应码本得到不断地填充或更新。一般都采用二码书激励 CELP 方案。

CELP 码本搜索包括固定码本搜索和自适应码本搜索，二者搜索过程在本质上是一致的，不同之处在于码本结构和目标矢量的区别。为了减少计算量，一般采用两级码本顺序搜索的办法。第一级自适应码本搜索的目标矢量是加权预测残差信号，第二级固定码本搜索的目标矢量是第一级搜索的目标矢量减去自适应码本搜索得到的最佳码矢量激励综合加权滤波器的结果。

(1)固定码本搜索

确定了线性预测(LP)参数和基音参数之后要进行固定码本搜索，找到最佳的固定码本索引(Fixed Codebook Index，FCI)及固定码本增益(Fixed Codebook Gain，FCG)。固定码本搜索也采用 A-B-S 技术。

当声码器的数码率降到 16 kbit/s 或更低时，信噪比降低，噪声明显增大。此时，声码器通常利用人类听觉系统的掩蔽效应来减少主观噪声，常用的方法有编码器中的知觉加权滤波器(Perceptual Weighting Filter，PWF)技术和解码器中的后置滤波技术。

1)知觉加权滤波器就是利用人类听觉系统的频域掩蔽效应进行噪声谱形变(Noise Spectral Shaping，NSS)，使共振峰频域内和谐波成分处的噪声电平低于掩蔽听阈。但是，这样做的同时也使其他频域内和谐波之间的噪声电平大于掩蔽听阈，引入后置滤波的目的就是为了减少这些区域内的噪声。噪声减弱的同时，这些区域内的语音信号也会被减弱。但由于这些

频域内的恰好可察觉差(Just Noticeable Difference,JND)可以达到 10 dB,也就是说,信号强度变化在 10 dB 以上时才能被人耳所察觉。

2)后置滤波可以显著减少主观噪声,而仅带来很小的语音信号失真。

CELP 语音编码技术有 3 个明显特征。

1)解码参数是一个合成滤波器的参数和用于激励这个合成滤波器的激励矢量,合成语音是激励矢量通过合成滤波器后得到的。

2)合成滤波器是一个以线性预测分析为基础的时变滤波器,其参数周期性地更新,时变滤波器参数由当前帧语音波形的线性预测分析所决定。

3)激励信号的编码采用合成分析法(A-B-S),将码本中的码本矢量一一通过本地合成滤波器将其输出与原始语音比较,再根据知觉加权失真量度最小的原则,确定一个最佳的码本矢量以及相应的码本增益。在对码本和码本增益的编码中采用了矢量量化的技术。

(2)自适应码本搜索

自适应码本搜索又称为基音搜索,目的是确定基音合成滤波器中的 β 和 L,即最佳基音增益(Pitch Gain)和基音延迟(Pitch Delay)。精确确定语音信号的基音周期难度比较大,计算量比较大。为了降低计算复杂度,自适应码本搜索一般采用闭环搜索和开环搜索相结合的方法。首先进行开环搜索,在基音周期所有可能的取值范围内找到它的一个粗略估计值,然后通过闭环搜索最终确定基音周期。

4. 子带编码

子带编码是利用频域分析,但是却对时间采样值进行编码,它是时域、频域技术的结合,基于时间采样的宽带输入信号通过带通滤波器组分成若干个子频带,然后通过分析每个子频带采样值的能量,依据心理声学模型来进行编码,其原理如图 4-6 所示。

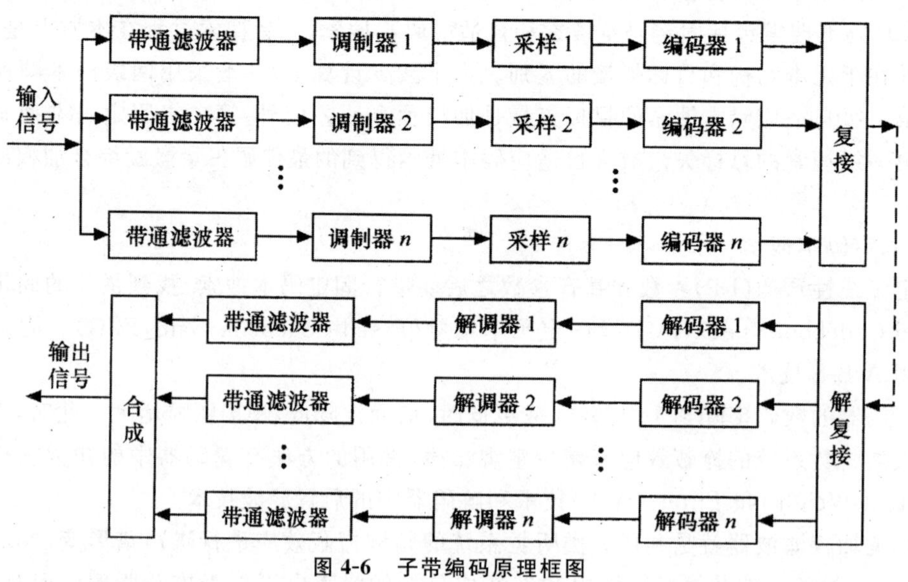

图 4-6　子带编码原理框图

图 4-6 中发送端的 n 个带通滤波器将输入信号分为 n 个子频带,对各个对应的子带带通信号进行调制,将 n 个带通信号经过频谱搬移变为低通信号;对低通信号进行采样、量化和编

码，对应各个子带的码流即可获得；再经复接器合成为完整的码流。经过信道传输到达接收端。在接收端，由解复接器将各个子带的码流分开，由解码器完成各个子带码流的解码；由解调器完成信号的频移，将各子带搬移到原始频率的位置上。各子带相加就可以恢复出原来的音频信号。

在子带编码中，若各个子带的带宽是相同的，则称为等带宽子带编码；否则，称为变带宽子带编码。

对每个子带单独分别进行编码的好处分析如下。

1）可根据每个子带信号在感知上的重要性，即利用人对声音信号的感知模型（心理声学模型），对各个子带内的采样值分配不同的比特数。例如，在低频子带中，为了保护基音和共振峰的结构，就要求用较小的量化间隔、较多的量化级数，即分配较多的比特数来表示采样值。而通常发生在高频子带中的摩擦音以及类似噪声的声音，可以分配较少的比特数。

2）通过频带分割，各个子带的采样频率可以成倍下降。例如，若分成等带宽的 n 个子带，则每个子带的采样频率可以降为原始信号采样频率的 $1/n$，因而硬件实现的难度可有效减小，并便于并行处理。

3）由于分割为子带后，减少了各子带内信号能量分布不均匀的程度，减少了动态范围，从而可以按照每个子带内信号能量来分配量化比特数，对每个子带信号分别进行自适应控制。对具有较高能量的子带用较大的量化间隔来量化，即进行粗量化；反之，则进行细量化。使得各个子带的量化噪声都束缚在本子带内，这样的话，能量较小的子带信号被其他频带中的量化噪声所掩盖就可有效避免。

由于在子带压缩编码中主要应用了心理声学中的声音掩蔽模型，因而在对信号进行压缩时引入了大量的量化噪声。然而，根据人类的听觉掩蔽曲线，在解码后，这些噪声被有用的声音信号掩蔽掉了，人耳无法察觉；同时由于子带分析的运用，各频带内的噪声将被限制在频带内，其他频带的信号不会受到任何影响。因而在编码时各子带的量化级数不同，采用了动态比特分配技术，这也正是此类技术压缩效率高的主要原因。在一定的数码率条件下，此类技术可以达到 EBU（欧洲广播联盟）音质标准。

子带压缩编码目前广泛应用于数字音频节目的存储与制作中。典型的代表有掩蔽型通用子带综合编码和复用（Masking pattern adapted Universal Subband Integrated Coding And Multiplexing，MUSICAM）编码方案，已被 MPEG 采纳作为宽带、高质量的音频压缩编码标准，并在数字音频广播（DAB）系统中得到应用。

4.2.2　数字音频的文件格式

在多媒体计算机系统中，音频文件通常分声音文件和 MIDI 文件两大类。声音文件是通过录音设备录制的原始声音，直接记录了真实声音的二进制采样数据，通常文件较大；而 MIDI 文件是一种音乐演奏指令序列，类似于乐谱，可以利用声音输出设备或与计算机相连的电子乐器进行演奏，它不包含声音数据，其文件较小。下面简单介绍几种常用的音频文件格式。

1. Wave 文件——.WAV

Wave 格式是微软公司开发的一种声音文件格式，符合 RIFF（Resource Interchange File Format）文件规范，用于保存 Windows 平台的音频信息，被 Windows 平台及其应用程序所广泛支持。Wave 格式支持各种音质等级所用的数据压缩算法，如 MS ADPCM、CCITT A Law、CCITT A Law、PCM、G. 723. 1、MPEG Layer3 等，支持多种量化位数、采样频率和声道数，是 MPC 上最为流行的声音文件格式。但 WAV 文件所占用的磁盘空间太大，因此短时间的录音是会用到该文件。

2. AIFF 文件——. AIF/. AIFF

AIFF(Audio Interchange File Format)，音频交换文件格式是苹果计算机公司开发的一种声音文件格式。AIFF 支持 ACE2、ACE8、MAC3 和 MAC6 压缩，支持 16 位 44. 1 kHz 立体声；被 Macintosh 平台及其应用程序所支持。Netscape Navigator 浏览器中的 LiveAudio 也支持 AIFF 格式，SGI 及其他专业音频软件包也同样支持这种格式。

3. Audio 文件——. AU

Audio 文件是 Sun Microsystems 公司推出的一种经过压缩的数字声音格式，主要用于 UNIX 系统，也是 Internet 上常用的声音文件格式。Netscape Navigator 浏览器中的 LiveAudio 也支持 Audio 格式的声音文件。

4. Sound 文件——. SND

Sound 文件是 Next Computer 公司推出的数字声音文件格式，可支持压缩。

5. Voice 文件——. VOC

Voice 文件是 Creative Labs(创新公司)开发的声音文件格式，多用于保存 Creative Sound Blaster(创新声霸)系列声卡所采集的声音数据，被 Windows 平台和 DOS 平台所支持，它支持 CCITT A Law 和 CCITT u-Law 等压缩算法，在 DOS 游戏中使用的比较多。

6. MPEG 音频文件——. MP1/. MP2/. MP3

MPEG(Moving Picture Expels Group)是运动图像专家组，代表 MPEG 运动图像压缩标准。这里的音频文件格式指的是 MPEG 标准中的音频部分，即 MPEG 音频层(MPEG Audio Layer)。MPEG 音频文件的压缩是一种有损压缩，根据压缩质量和编码复杂程度的不同可分为 3 层(MPEG Audio Layer 1/2/3)，分别对应 MP1、MP2 和 MP3 这 3 种声音文件。MPEG 音频编码具有很高的压缩率，MP1 和 MP2 的压缩率分别为 4 : 1 和 6 : 1～8 : 1，而 MP3 的压缩率则高达 10 : 1～12 : 1，即一分钟 CD 音质的音乐，未经压缩需要 10 MB 存储空间，而经过 MP3 压缩编码后只有 1MB 左右，同时其音质基本保持不失真，因此目前使用最多的是 MP3 文件格式。

7. RealAudio 文件——. RA/. RM/. RAM

RealAudio 文件是 RealNetworks 公司开发的一种新型流式音频(Streaming Audio)文件格式，它包含在 RealNetworks 公司所制定的音频、视频压缩规范 RealMedia 中，主要用于在低速率的广域网上实时传输音频信息。网络的连接速率不同，导致了客户端所获得的声音质量也不尽相同：对于 28. 8 kb/s 的连接，可以达到广播级的声音质量；如果拥有 ISDN 或更快的线路连接，则可获得 CD 音质的声音。

8. Windows Media Audio 文件——. WMA/. ASF/. ASX/. WAX

Windows Media Audio 文件是微软公司推出的一种音频格式，采用流式压缩技术，其特点是同时兼顾了保真度和网络传输需求，压缩比可达到 1∶18，生成的文件大小只有相应 MP3 文件的一半。由于微软的影响力，这种音频格式已经获得的支持范围越来越广，成为 Internet 上的主要流格式之一。

9. MIDI 文件——. MID/. RMI/. CMI/. CMF

MIDI 文件是国际 MIDI 协会开发的乐器数字接口文件，采用数字方式对乐器所演奏出来的声音进行记录(每个音符记录为一个数字)。在 MIDI 文件中，只包含产生某种声音的指令，这些指令包括使用 MIDI 设备的音色、声音的强弱、声音持续多长时间等，计算机将这些指令发送给声卡，声卡按照指令将声音合成出来。MIDI 声音在重放时可以有不同的效果，这是由音乐合成器的质量所决定的。MIDI 文件只适合于记录乐曲，而不适合对歌曲进行处理。相对于保存真实采样数据的声音文件，MIDI 文件显得更加紧凑，其文件通常比声音文件小得多。

10. Module 文件——. MOD/. S3M/. XM/. MTM/. FAR/. KAR/

Module(模块)格式是一种已经存在了很长时间的声音记录方式，它同时具有 MIDI 与数字音频的共同特性，文件中既包括如何演奏乐器的指令，又保存了数字声音信号的采样数据，为此，其声音回放质量对音频硬件的依赖性较小，即在不同的机器上可以获得基本相似的声音回放质量。在 MP3 格式推出之前，模块文件广泛应用于网络，现在使用的比较少。模块文件根据不同的编码方法有 MOD、S3M、XM、MTM、FAR、KAR、IT 等多种不同格式。

4.3　数字音频的获取与处理

4.3.1　数字音频的获取

数字音频系统是通过将声波波形转换成数字信号来传送、存储和再现原始声音的。由于初始的音频信号是模拟的，数字系统先要使用取样、量化和编码来对音频信号进行模-数转换(A/D)，经过数字系统的处理、存储和传送之后，又必须把这些数据通过再生电路进行数-模转换(D/A)，输出模拟音频。以两声道音频为例，音频数字化过程包括两部分，前一部分统称 A/D 转换，具体过程解释如下：模拟音频输入是小信号，在采样之前，首先需通过放大器放大电压信号。抖动电路可十分有效地减少幅度变化小的信号(其误差的分布与信号相关)量化所产生的人耳可听成分的误差。通过低通滤波器(也叫抗混叠滤波器)，把那些不需要(声音可听范围 20 Hz～20 kHz，20 kHz 以上都是无用信号)也不适合取样的高频成分去掉，使它的频率响应限制在 1/2 取样频率内。由于 A/D 变换需一定时间，取样保持电路可使电压在此时间内保持不变。经过 A/D 变换器出来的就是一连串的数字序列了，串并转换可使原本一位位的数字序列转换成一组组的数字帧。数据压缩模块不是音频数字化过程中所必需的，但是由于数字化音频的数据量庞大，不经过压缩的数字音频实用性不佳，存储和传送过程中会产生误码，为了使信号不失真，必须对其进行纠错处理。数字信号便于对音频进行存储、处理和传输。然而，通过扬声器放出为人耳所听到的声音，仍为模拟信号。这就要求重放时，必须先把这些数字信号转换为模拟的形式，后一部分统称 D/A 转换，过程基本为 A/D 反过程，但输出端的取样保持电路与输入端的有所不同,主要是用来去除开关切换时产生的毛刺。最后一个电路称为抗镜像滤波器,它把含有不同电平间切换而产生高频成分的模拟 PAM 脉冲阶梯转变为平滑的连续波形,使其还原成取样前的音频信号。

1. 取样

取样是每间隔一段时间读一次声音信号的幅度值,即在时间上对模拟信号进行离散。取样频率是每秒钟所抽取声波幅度值样本的次数,单位为 kHz。取样频率的倒数是两相邻取样点之间的时间间隔,称之为取样周期。一般而言,取样频率越高声音失真越小,但用于存储音频的数据量越大。取样后获取的信号是时间上离散的模拟信号。

取样频率的高低是根据奈奎斯特取样定理和声音信号本身的最高频率决定的。即当以信号最高频率的两倍频率对该信号进行取样时,就不会造成信号的信息丢失。正常人耳听觉的可听频率范围约为 20 Hz～20 kHz,因此,理论上为了保证声音不失真,取样频率应在 40 kHz 左右。在实际应用中,考虑到滤波器件非理想化的滤波性能需要引入几千赫兹的保护带宽作为过渡。

2. 量化

量化就是把时间上离散的模拟信号无限多的幅度值用有限多的量化电平来表示,使其变为幅度也是离散的信号,即数字信号。量化过程就是先将整个幅度划分为有限个小幅度(量化间隔)的集合,把落入某个量化间隔内的样值,都只表示成一个对应的电平值。所以量化值与实际值是有误差的。显然,电平间隔越多,误差相应就越小,但生成的数字信号的数据量也越大。

量化有很多方法,但可以归纳为两类:一类是称为线性量化,另一类为非线性量化。采用量化方法不同,量化后的数据量也不同,因此,可以说量化也是一种压缩数据的方法。

线性量化是采用相等的量化间隔对取样得到的信号进行均匀量化,为减小输入信号的量化误差,只有缩小量化间隔,即增加量化间隔数。非线性量化是采用非均匀的量化间隔,对大的输入信号采用大的量化间隔,小的输入信号采用小的量化间隔,这样就可以在满足精度要求的情况下减少量化间隔数。在非线性量化中,取样输入信号幅度和量化输出数据之间定义了两种对应关系,一种称为 μ 律压扩算法,另一种称为 A 律压扩算法。

3. 编码

把量化后的信号变换成代码的过程称为编码,其反过程称为解码。在二进制系统中,字长决定了量化间隔数的多少。量化间隔数通常称为量化级,量化级可以通过计算 2 的 n(字长)次幂来得到。例如,8 比特的字长能提供 256 个量化级,16 比特的字长能提供 65 536 个量化级。比特数越多,电平间隔就越多,误差相应就越小。字长决定了数字系统的分辨率,是衡量系统性能的重要指标。

脉冲编码调制(PCM)是使用最为广泛的音频数字化方法。PCM 调制过程就是取样、量化和编码的过程,是模数转换最简单最基本的编码方法。PCM 通过脉冲信号的有无来表示二进制数据的值,需要同时使用几个脉冲才能表示一个取样。它直接赋予取样点一个代码,没有进行压缩,因而所需要的数据量较大。虽然 PCM 系统要占用的带宽比较大,但是 PCM 信号却可以对在传输过程中信号所产生的损失,以无损的方式再生。因此,PCM 信号的质量只取决于取样和量化，而不受信道质量的影响。

在音频数字化过程中，除采用非线性量化方法之外，还可以采用抖动、过取样和噪声整形技术等来提高量化比特的有效性和误差的相对可听性。

4. 矢量量化(VQ)

在 PCM 等波形编码中，是对单个样值逐一进行量化，称为标量量化(SQ)或无记忆量化。标量量化将信号的各样值看作是彼此独立的，而实际上音频信号各样值之间存在着较强的相关性。利用这些相关性，就能在知道一个样值参数的情况下，推算出其邻近值，从而进一步提高编码效率。

矢量量化(VQ)又称记忆量化，是指先将信号的样值进行分组，每组由 K 个样值构成一个 K 维矢量，然后以矢量为单元，逐个矢量进行量化。在编码和解码原理图中，假设输入量是一个待编码的 K 维矢量，码本 C 是一个具有 N 个 K 维值的集合，即长度为 N 的表，这个表的每一个分量是一个 K 维矢量 y_i，称为码字。在接收端有一个与发送端完全相同的码本 C。矢量量化编码过程就是从码本 C 中搜索一个与输入矢量最接近的码字 y_i 的过程，在码本中寻找到与输入矢量完全一致的码字的概率很小，但只要两者之间误差最小时，便可用该码字代替矢量输入矢量。传输时并不传送码字 y_i 本身，只传送其下标 i。矢量量化可有效地提高压缩比，但一般存在失真。

VQ 因为可大大压缩，在中低速语音编码领域得到了广泛应用，如 ITU 的 G.723.1、G.728、G.729 标准中都采用了矢量量化技术。VQ 的主要缺陷是在编码的过程中，准确地说是在最优码字的搜索中，需要很大的计算量。

4.3.2　数字音频的处理

数字音频的处理实际上是对采集到的数据进行计算、变换等加工的过程。

1. 基本编辑

最基本的编辑是删除声音文件中不需要的声音片段，比如噪声、杂音、口误、重复、过长的停顿等。一般的方法是确定片段的起点和终点，把它删掉。在编辑软件中可以将声音分成一个个片段，删除其中一个片段，改变片段的顺序，也可以用一个片段替换另一个片段，这样就可以改变声音的内容和语序。

2. 声道编辑

可以将单声道的声音变成双声道的声音。在其中一个声道上放置音乐，或将双声道的声音变成单声道声音以节省存储空间。甚至可以让声音交替地从左右声道上发出，产生声的立体效果，称为摇动。

3. 淡入淡出

淡入指声音从无到有，逐渐增强，直到正常，有逐渐走近的效果。淡出指声音慢慢变小，直到完全无声，有渐渐远去的效果。淡入淡出常用于节目的开始、结尾和两段声音之间的过渡，使声音的出现和消失不太突然。

4. 均衡混响

均衡控制指对不同频段的声音音量的调整，可以使声音产生清脆、低沉、柔和等效果。混响是乐器或话音及从物体表面反射回来的声音的混合，用软件模拟混响的原理是将滞后一段的声音提前加到原声音上播放。混响时间的长短可以改变音色，混响时间短，声音干涩；混响时间长，声音圆润，具有空旷感。

4.3.3 音质标准与评价

无论是模拟音频还是数字音频，均需要制定明确的音质标准等级，以满足不同用途的音频信号处理要求，经编码压缩和传输后的声音质量，更需要进行科学的评价，以评判编码系统或传输系统对声音信号的保真度(或失真度)。音质评价就是通过对音频信号相应技术指标的测量以及人对再现声音的主观感觉，给出声音质量优劣的认定。目前，声音质量的评价方法有客观评价和主观评价两种。由于声音特征和音质要求的不同，具体评价时，把声音分成语音和乐音两类来分别评价，适用的主、客观指标也有差异。

1. 音质等级标准

音质是指音频信号经传输、处理后所再现的声音质量(保真度)。目前，业界公认的声音质量标准分为电话、AM 广播、FM 广播、CD-DA、标准 DVD 和高端 DVD 等 6 个音质等级，具体参数见表 4-1。很明显，高端 DVD 等级的声音质量最高，电话音质等级的声音质量最低。

表 4-1　业界公认的音质等级标准

等级	频率范围	音质
高端 DVD	0～48 KHz	顶级
标准 DVD	0～24 KHz	
CD-DA 音质	10～20 KHz	高
FM 广播音质	15～20 KHz	较高
AM 广播音质	7～50 KHz	中
电话音质	3.4～200 KHz	低

除了频率范围外，人们还用其他方法和指标来进一步描述不同用途的音质标准。对于模拟音频来说，经过放大处理或传输，会影响到声音信号的频率成分和信噪比，再现声音的频率成分越多，失真与干扰就越小，声音保真度就越高，音质也越好。对于数字音频来说，单个声道音频信号的保真度与采样频率和量化位数密切相关，若采样频率高，相应的量化比特位数多，音频信号的保真度就高。如果是多个声道，再现出来的声音效果会更好，当然，随之而来的是数据量的成倍增加。

事实上，数字音频再现出来的声音质量还与所采用的数据压缩算法有关，由于用途不同，人们对声音质量的要求也不同，不同音质要求的音频信号可采用不同的数据压缩算法，从而获得音质与处理、传输开销之间的平衡。

2. 音质客观评价

客观评价是指通过检测仪器测量音频信号的技术指标来进行声音质量评价，主要技术指标有频带宽度、动态范围和信噪比等。

理论上，声音信号是由许多频率不同的分量信号组合而成的复合信号，因此，声音的频带宽度特指复合声音信号的频率范围，范围越大，频带越宽，可包含的音频信号（谐波）越丰富，因而声音质量就越高；音频信号的最大音强与最小音强之比称为声音的动态范围。动态范围越大，说明音频信号振幅的相对变化范围越大，则音响效果越好；音频信号中有用声音信号 S 与噪声信号 N 之比称为信噪比，用 S/N 或 SNR(dB)来表示，信噪比越大，说明有用声音信号越强，因而声音质量也就越好。事实上，噪声频率的高低和信号的强弱对人耳的影响是不一样的，通常，人耳对 4～8 KHz 的噪声最灵敏，弱信号比强信号受噪声影响更明显。

实际上，再现声音（特别是乐音）的质量与所用的播放设备和场地条件有关。高质量的音频信号要通过高品质的音响设备在较好的音响环境中，才能再现出高质量的音响效果。对于音响设备而言，主要关注失真度、频响、瞬态响应、信噪比、声道分离度、声道平衡度等指标。失真度包括谐波失真和相位失真两个方面，如果谐波失真，会引起声音发硬、发炸、毛糙、浑浊等，如果相位失真，会使 1 KHz 以下的低频声音模糊，同时影响中频声音层次和声像定位，通常音响系统的音箱失真度最大，一般最小的失真度也要超过 1%，若失真度超过 3%，则音质明显劣化。频响是指音响设备的增益或灵敏度随信号频率变化的情况，反映出设备对音频信号频带宽度和带内不均匀度的支持能力，设备的带宽越宽，高、低频响应越好，不均匀度越小，频率均衡性能越好，优质音响功放设备的频响一般在 1～200 KHz±1 dB 之间，并且具有较细致的频段均衡调节能力，具体应用中，可根据听感，定量调节音响系统的频响效果。瞬态响应是指音响系统对突变信号的跟随能力，它反映了脉冲信号的高次谐波失真大小，严重时影响音质的透明度和层次感。瞬态响应常用转换速率 V/μs 表示，指标越高，谐波失真越小，一般音响设备的转换速率大于 10 V/μs。不同类型的设备，其信噪比指标也不同，如 Hi-Fi 音响要求 SNR＞70 dB，CD 播放机则要求 SNR＞90 dB。音响设备的声道分离度，是指不同声道间立体声的隔离程度，用一个声道的信号电平与串入另一声道的信号电平差来表示，差值越大说明隔离越好，一般要求 Hi-Fi 音响声道分离度大于 50 dB。音响设备的声道平衡度是指两个声道的增益、频响等特性的一致性，一致性好，则相应各声道声像位置协调；反之，将造成声道声像的偏移。

3. 音质主观评价

主观评价是指通过人聆听各种声音而产生的好恶感觉来进行声音质量评价。

(1)语音质量评价方法

常用的主观评价方法有平均主观分法（Mean Opinion Score，MOS）、失真平均主观分法（Degradation Mean Opinion Score，DMOS）、判断满意度测量法（Diagnostic Acceptability Measure，DAM）等。这些方法规定了相应的语音质量等级标准与主观感觉，比如，ITU-TP800 标准中定义的 MOS，它将语音质量分为 5 级，如表 4-2 所示，评价者根据自己对被评语音的感觉分级打分。正常情况下，被评语音频率大于 7 kHz 以上，主观评价可得 5 分。这种评价标准广泛应用于多媒体技术和通信技术中的语音编码质量评价，如可视电话、电视会议、语音电子邮件、语音信箱等。

表 4-2　语音质量主观评价等级

等级	音质	主观感觉
5	优	未察觉失真
4	良	刚察觉失真,但不讨厌
3	中	察觉失真,稍微讨厌
2	差	讨厌,但不令人反感
1	劣	极其讨厌,令人反感

(2)乐音质量评价

乐音音质的优劣取决于多种因素,如声源特性(声压、频率、频谱等)、音响器材的信号特性(如失真度、频响、动态范围、信噪比、瞬态特性、立体声分离度等)、声场特性(如直达声、前期反射声、混响声、两耳间互相关系数、基准振动、吸声率等)、听觉特性(如响度曲线、可听范围、各种听感)等。因此,对音响设备再现的乐音音质的准确评价难度较大。

主观评价乐音音质,一般是通过再现乐音的响度、音调和音色的变化及其组合来评价音质的,如低频响亮为声音丰满,高频响亮为声音明亮,低频微弱为声音平滑,高频微弱为声音清澈等。下面结合声源、声场及信号特性介绍几种典型的听感。

1)定位感。若声源是以左右、上下、前后不同方位录音后发送,则接收重放的声音应能将原声场中声源的方位重现出来,这就是定位感。根据人耳的生理特点,由同一声源首先到达两耳的直达声的最大时间差为 0.44～0.5 ms,同时还有一定的声压差、相位差。生理心理学证明:20～200 Hz 低音主要靠人两耳的相位差定位,4～300 kHz 中音主要靠声压差定位,更高的高音主要靠时间差定位。可见,定位感主要由首先到达两耳的直达声决定,而滞后到达两耳的一次反射声和经四面八方多次反射的混响声主要模拟声像的空间环绕感。

2)空间感。一次反射声和多次反射混响声虽然滞后直达声,对声音方向感影响不大,但反射声总是从四面八方到达两耳,对听觉判断周围空间大小有重要影响,使人耳有被环绕包围的感觉,这就是空间感。空间感比定位感更重要。

3)层次感。声音高、中、低频频响均衡,高音谐音丰富,清澈纤细而不刺耳,中音明亮突出,丰满充实而不生硬,低音厚实而无鼻音。

4)厚度感。低音沉稳有力,重厚而不浑浊,高音不缺,音量适中,有一定亮度,混响合适,失真小。

5)立体感。主要指声音的空间感(环绕感)、定位感(方向感)、层次感(厚度感)等构成的综合听感。根据人耳的生理特点,只要通过对乐音的强度、延时、混响、空间效应等进行适当控制和处理,在两耳人为的制造具有一定的时间差、相位差、声压差的声波状态,并使这种状态和原声源在双耳处产生的声波状态完全相同,人就能真实、完整地感受到重现乐音的立体感。

除此之外,还有力度感、亮度感、临场感、软硬感、松紧感、宽窄感等许多评价音质的听感。

4.4　数字语音的识别与合成技术

4.4.1　数字语音识别的基本原理及过程

语音识别是模式识别的一个分支，又从属于信号处理学科领域，同时与语音学、语言学、数理统计及神经生物学等学科有非常密切的关系。语音识别的目的就是让机器“听懂”人类口述的语言，包括两个方面的含义：其一是逐字逐句听懂并转化成书面语言文字；其二是对口述语言中所包含的要求或询问加以理解，做出正确响应，而不拘泥于所有词的正确转换。

语音识别系统可以分为：特定人与非特定人的识别、独立词与连续词的识别、小词汇量与大词汇量以及无限词汇量的识别。无论采用哪种语音识别系统，其基本原理和处理方法都大体类似，都是使用特定的语音合成库合成自然语音，把用户要求的文本转换成语音，然后进行朗读。

自动语音识别技术有3个基本条件：首先，语音信号中的语言信息是按照短时幅度谱的时间变化模式来编码；其次，语音是可以阅读的，即它的声学信号可以在不考虑说话人试图传达的信息内容的情况下用数十个具有区别性的、离散的符号来表示；第三，语音交互是一个认知过程，因而不能与语言的语法、语义和语用结构割裂开来。

语音识别过程主要包括语音信号的预处理、特征提取、模式匹配等部分。预处理包括预滤波、采样和量化、加窗、端点检测、预加重等过程。语音信号识别最重要的一环就是特征提取，所提取的参数必须满足：

1）能有效地代表语音特征，具有很好的区分性。

2）各阶参数之间有良好的独立性。

3）特征参数要计算方便，最好有高效的算法，以保证语音识别的实时实现。

具体识别过程如下：

（1）预处理

预处理包括语音信号采样、反混迭代通滤波、去除个体发音差异和设备或环境引起的噪声影响等，预处理涉及语音识别基元的选取和端点检测问题。

（2）特征提取

特征提取是指提取语音中反映本质特征的声学参数，如平均能量、平均跨零率、共振峰等。如有必要，可先行训练。训练是在识别之前通过让讲话者多次重复语音，从原始语音样本中去除冗余信息，保留关键数据，再按照一定规则对数据加以聚类，形成模式库的过程。

（3）模式匹配

模式匹配是根据一定的规则（如某种距离测度）以及专家知识（如构词规则、语法规则、语义规则等）计算输入特征与库存模式之间的相似度（如匹配距离、似然概率），进而判断出输入语音的语义信息。它是整个语音识别系统的核心。

在以上3个步骤中，在训练阶段，将特征参数进行一定的处理后，为每个词条建立一个模型，并保存为模板库。在识别阶段，语音信号经过相同的通道得到语音特征参数，生成测试模板，与参考模板进行匹配，将匹配分数最高的参考模板作为识别结果。同时，还可以在很多先验知识的帮助下,提高识别的准确率。

4.4.2 数字语音增强技术

语音传播过程中不可避免地会受到来自周围环境、传输媒介等引入的噪声和干扰,这些干扰最终使得信宿接收到的语音已非纯净的原始语音信号,而是受噪声污染的带噪声语音信号。语音增强的目的就是从带噪声信号中提取尽可能纯净的原始语音。然而,由于干扰通常是随机的,从带噪声语音中提取完全纯净的语音几乎是不可能的。因此,语音增强主要有两方面的目的:一是改进语音质量,消除背景噪声,使听者乐于接收不觉疲劳,这是一种主观度量;二是提高语音可懂度,这是一种客观度量。这两方面目的往往不可兼得。语音增强不但与语音信号数字处理有关,且涉及人的听觉感知和语音学。

语音增强的基础是对语音和噪声特性的了解与分析,由于噪声特性各异,利用语音信号增强的方法也各不相同。对于加性宽带噪声,语音增强方法大体可分为四大类,即噪声对消法、谐波增强法、基于参数估计的语音再合成法和基于语音短时谱估计的增强算法。

(1)噪声对消法

噪声对消法的原理很简单,就是从带噪声语音中减去噪声。问题的关键是如何获得噪声的复制品,其中一种方法是采用双话筒采集法。它是用两个(或多个)话筒进行语音采集,一个采集带噪声语音,另一个(或多个)采集噪声,从而获得带噪声语音和噪声,分别经傅立叶变换后提到它们的频域分量,噪声分量幅度谱经数字滤波后与带语音相减,然后加上带噪声语音分量的相位,再经傅立叶反变换恢复为时域信号。在强背景噪声时,这种方法能较好地消除噪声。

(2)谐波增强法

语音信号的浊音段有明显的周期性,利用这一特点,可采用自适应梳状滤波器来提取语音分量,抑制噪声。

(3)基于参数估计的语音再合成法

语音的发生过程可以模型化为激励源作用于一个线性时变滤波器,激励源可以分为浊音和清音两类,浊音由气流通过声带产生。时变滤波器则是声道的模型。通常认为声道是一个全极点滤波器,滤波器参数可以通过线性预测分析得到,但若考虑到鼻腔的共鸣作用采用零极极点模型更为合适。显然,若能知道激励参数和声道滤波器的参数,就能利用语音生成模型合成得到纯净的语音,这种增强方法称为分析合成法,关键在于准确估计语音模型的激励参数和声道参数。另一种方法则是鉴于激励参数难以准确估计,而只利用声道参数构造滤波器进行滤波处理。

(4)基于语音短时谱估计的增强算法

语音是非平衡随机过程,但在10~30 ms的分析帧内可以近似看成是平稳的,若能从带噪声语音的短时谱中估计出纯净语音的短时谱,则可达到增强的目的。

4.4.3 数字语音合成技术

语音合成最基本的目的是让机器模仿人类的语言发音来传送信息。数字语音合成方法主要有波形编码语音合成、参数式分析语音合成和规则语音合成技术。文字-语音转换系统是语音合成技术的典型应用。

1. 波形编码语音合成

语音的波形编码合成也称录音编辑合成，其基本思路是：以语句、短语、词和音节为合成单元，这些单元被分别录音后，直接进行数字编码，经适当的数据压缩，组成一个合成语音库；重放时，根据待输出的信息，在语音库中取出相应单元的波形数据，串接或编辑在一起，经解码还原出语音。这类系统的特点是结构简单、价格低廉，但其合成音质的自然度取决于单元的大小，因而需要很大的存储空间，码率也大。

基音同步叠加法技术使波形编码语音合成得到了广泛的应用。PSOLA 技术的主要特点是，在拼接语音波形片断之前，首先根据上下文的要求，用 PSOLA 算法对拼接单元的韵律特征进行调整，使合成波形既保持了原始发音的主要音段特征，又能使拼接单元的韵律特征符合上下文的要求，从而获得很高的清晰度和自然度。国内对 PSOLA 技术应用于汉语的文-语转换系统进行了大量广泛深入的研究，也开发出了基于波形拼接的汉语文字-语音转换系统，比如清华大学的 Sonic 系统。

2. 参数式分析语音合成

语音的参数式分析合成是以音节、半音节或音素为合成单元，其基本思路是：首先，按照语音理论，对所有合成单元的语音进行分析，一帧一帧地提取有关语音参数，这些参数经编码后组成一个合成语音库；输出时，根据待合成的语音信息，从语音库中取出相应的合成参数，经编辑和连接，顺序送入语音合成器。在合成器中，在合成参数的控制下，再一帧一帧重新还原语音波形。主要的合成参数有控制音强的幅度、控制音高的基频和控制音色的共振峰参数。这类系统的码率较波形编辑式低得多，但系统结构复杂些，合成音质也差些。目前，已做到芯片级系统。

3. 规则语音合成

语音的规则合成是通过语音学规则来产生任何语音为目标的。规则合成系统存储的是诸如音素、双音素、半音节或音节等较小的语音单位的声学参数，以及由音素组成音节，再由音节组成词或句子的各种规则。当输入字母符号时，合成系统利用规则自动地将它们转换成连续的语音声波。

由于语音中存在协同发音效应，与单独存在的元音和辅音不同，所以合成规则是在分析每一语音单元出现在不同环境中的协同发音效应后，归纳其规律而制定的，如共振峰频率规则、时长规则、声调的语调规则等。由于语句中的轻重音，还要归纳出语音减缩规则。

与参数式分析合成方式相比，规则合成方法的语音库的存储量更小，但音质也次之，且涉及许多语音学和语音学模型，结构复杂。

4. 文字-语音转换系统

文字-语音转换系统是一种以文字串输入的规则合成系统。其输入的文字串是通常的文本字串，系统中文本分析器首先根据发音字典，将输入的文字串分解为带有属性标记的词及其读音符号，再根据语义规则为每一个词、每一个音节确定重音等级和语句结构及语调，以及各种停顿等，这样，文字串就转换为代码串。规则合成系统可以据此合成抑扬顿挫和不同语气的语句。文-语转换系统除了各种规则（包括语义学规则、词规则、语音学规则）外，还必须对文字的内容有正确的理解，也就是自然语义的理解问题，所以真正的文-语转换系统实际上是一个人工智能系统。

4.5 数字音频处理常用软件

数字音频处理软件是对音频信号进行录音、编辑、缩混等操作的软件，是数字音频工作站的重要组成部分，是数字音频处理的核心工具。

在 Windows 自带的录音机中可以进行一些简单的录音、剪切、混合等操作，但其编辑功能有限，远不能满足多媒体信息处理的需要。由专业公司开发的、功能强大的商业化音频编辑处理软件，可以实现音频信息的多种处理，进而可以制作出美妙的音频作品。

4.5.1 常用音频处理软件概述

目前，常用的音频处理软件有 Sound Forge、Cool Edit Pro、GoldWave 和 Adobe Audition，可以进行 MIDI 制作的有 Sonar(原 Cake-Walk)、Cubase SX 和 Nuendo 等。

(1)Sound Forge

Sound Forge 是一个非常专业的音频处理软件，功能强大而复杂，可以处理大量的音效转换的工作，并且包括全套的音频处理工具和效果制作等功能，需要一定的专业知识才能使用。

(2)Cool Edit Pro

Cool Edit Pro 音频文件处理软件主要用于对 MIDI 信号的加工和处理，它具有声音录制、混音合成、编辑特效等功能，该软件支持多音轨录音，操作简单，使用方便。

(3)GoldWave

GoldWave 是运行在 Windows 环境下的典型的音频处理软件，功能非常强大，所支持的音频文件有 WAV、OGG、VOC、AIFF、AIF、AFC、AU、SND、MP3、MAT、SMP、VOX、SDS、AVI 等多种格式，可以从 CD、VCD、DVD 或其他视频文件中提取声音。GoldWave 内含丰富的音频处理特效，从一般特效(如多普勒、回声、混响、降噪)到高级的公式计算，而利用公式在理论上可以产生想要的任何声音。

(4)Adobe Audition

Adobe Audition 是一个专业音频编辑和混合环境软件，提供专业化音频编辑环境。它专门为音频和视频专业人员设计，可提供先进的音频混音、编辑和效果处理功能。Adobe Audition 具有灵活的工作流程，使用起来非常简单，并配有绝佳的工具，使用它可以制作出音质饱满、细致入微的最高品质音效。

(5)Sonar

Sonar 是在计算机上创作声音和音乐的专业工具软件，专为音乐家、作曲家、编曲者、音频和制作工程师、多媒体和游戏开发者以及录音工程师而设计。Sonar 支持 WAV、MP3、ACID 音频、WMA、AIFF 和其他流行的音频格式，并提供所需的所有处理工具，可以高效地完成专业质量的工作。

(6)Cubase SX

Cubase SX 是集音乐创作、音乐制作、音频录音、音频混音于一身的工作站软件系统。使用 Cubase SX,用户不再需要其他昂贵的音频硬件设备,不再需要频繁更新音频硬件设备就能获得非常强大的音频工作站。Cubase SX 不仅是一种系统,它远比单一的系统更全面且更灵活,比如由 Cubase SX 所支持的 VST System Link 技术,能够使得用户通过多台计算机相互连接而形成庞大的系统工程,从而完成海量数据的项目任务。

(7)Nuendo

Nuendo 是音乐创作和制作软件工具的最新产品,它将音乐家的所有需要和最新技术都浓缩在其中。有了 Nuendo,用户不再需要其他昂贵的音频硬件设备就能获得非常强大的音频工作站。

4.5.2　GoldWave 软件的使用

GoldWave 软件诞生于 1997 年,是一个功能强大的数字音乐编辑器,可以对音乐进行播放、录制、编辑以及转换格式等处理。GoldWave 具有以下优点。

1)具有直观、可定制的用户界面,这使操作变得更简便。

2)具有多文档界面,使用户可以同时打开多个文件,简化了文件之间的操作。

3)缓存空间可以自动扩展。当编辑较短的音乐时,GoldWave 会使用读取速度较快的内存资源,而在编辑较长的音乐时,GoldWave 会自动使用硬盘空间来应对存储的需要。

4)可以编辑多种声音效果。例如,倒转、回音、摇动、镶边、动态和时间限制、增强、扭曲等。

5)具有精密的过滤器,可以帮助修复声音文件。

6)批量转换命令可以把一组声音文件转换为不同的格式和类型。该功能可以转换立体声为单声道,将 8 位声音转换为 16 位声音,或者是文件类型支持的任意属性的组合,例如转换成 MP3 音频格式。

7)CD 音轨提取工具可以将 CD 音轨转换为其他音频格式的文件。

8)表达式求值程序在理论上可以制作任何声音,支持从简单的声调调整到复杂的过滤器。内置的表达式具有电话拨号音的声调、波形和效果等。

GoldWave 是标准的绿色软件,不需要安装且体积小巧,对于中文版操作系统环境下的用户,只需将软件包解压到某一个目录下,直接双击 GoldWave.exe 文件的图标,即可启动,并进入主界面,如图 4-7 所示。这时,窗口上的大多数按钮、菜单均不能使用,需要先建立一个新的声音文件或者打开一个声音文件才能使用。

GoldWave 窗口右下方的小窗口是控制器窗口,控制器窗口的作用是播放声音以及录制声音。

1. GoldWave 基本操作

GoldWave 的基本操作包括打开、播放、保存文件等。

(1)打开文件

执行“文件”→“打开”命令,打开一个声音文件,并在 GoldWave 主界面中显示它的波形状态,如图 4-8 所示。整个主界面从上到下分为 3 个部分,最上面是菜单栏和工具栏,中间是波形显示,下面是文件属性。

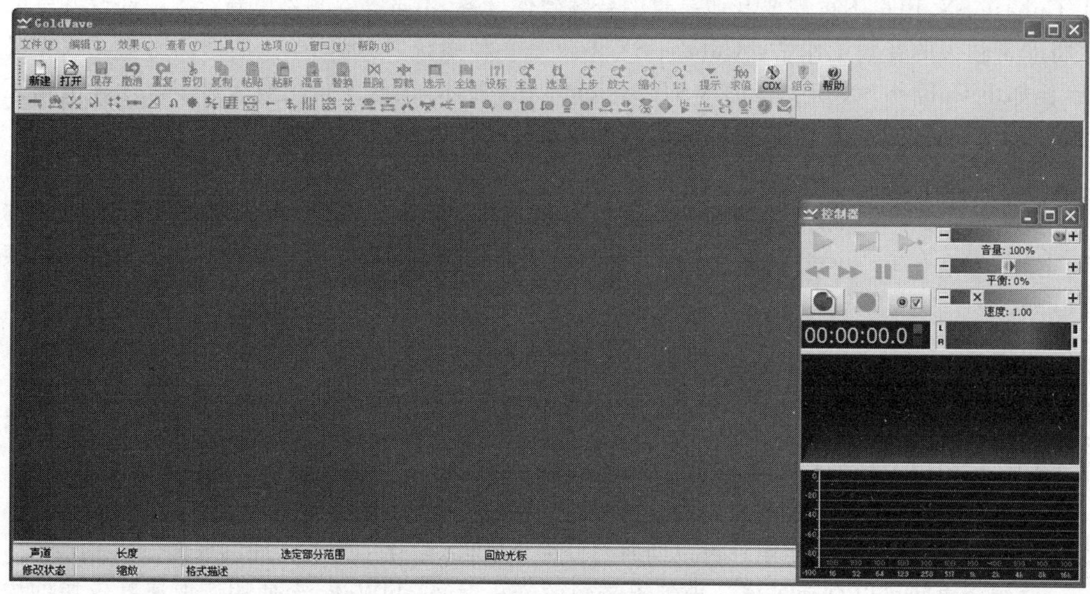

图 4-7　GoldWave 主界面

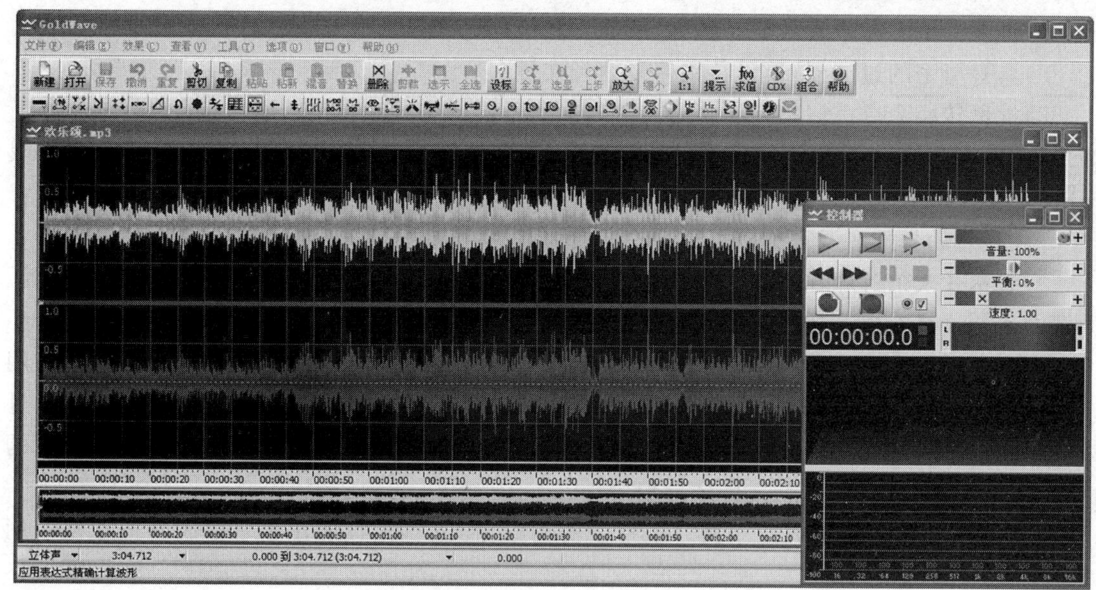

图 4-8　GoldWave 打开声音文件后的主界面

(2)播放文件

在控制器面板(图 4-9)上有两个播放按钮,即"播放"和"自定义播放"按钮。使用"播放"按钮时,总是播放选中的波形;如果使用"自定义播放"按钮,就可以自己决定播放哪一段波形。

在播放波形文件的过程中,可以随时暂停、停止、倒放、快放播放进度,使用方法与普通的录音机一样。单击"属性"按钮,GoldWave 就会弹出"控制属性"对话框,如图 4-10 所示。

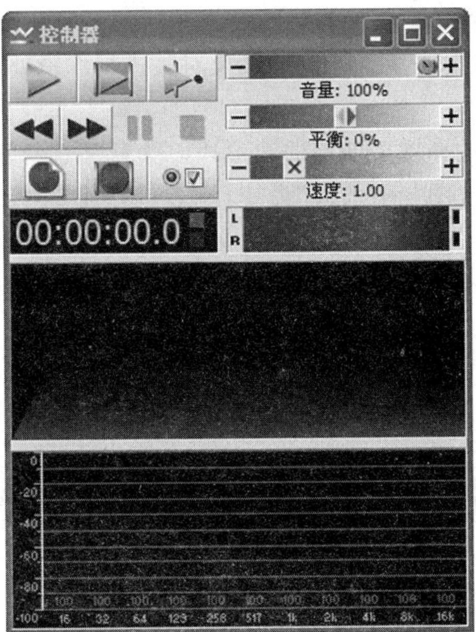

图 4-9　GoldWave“控制器”面板

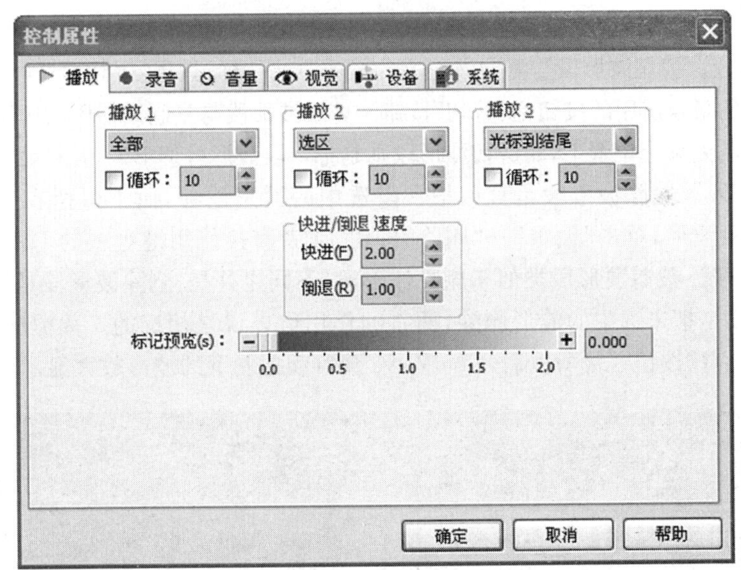

图 4-10　GoldWave“控制属性”对话框

在图 4-10 中可以看到，在这里可以定义控制器面板中的“自定义播放”按钮的功能，包括播放整个波形、选中的波形、未选中的波形、在窗口中显示出来的波形等。另外，还可以调整快进和倒带的速度。

(3)保存文件

保存文件最简单的方法是使用工具栏上的“保存”按钮。如果要把声音文件保存为其他的格式，就要执行“文件”→“另存为”命令，然后在“另存为”对话框中选择要保存的文件格式。

2. 对波形文件进行简单操作

波形文件的简单操作主要是指选择波形段及对其进行编辑处理操作。

(1)选择波形段

在处理波形之前,要先选择需要处理的波形段。为便于选择波形,建议改变显示比例,可以执行“视图”→“缩小”或“视图”→“放大”命令(用 1∶10 或 1∶100 较为合适)。选择波形段的顺序是:

1)在波形图上,用鼠标左键确定所选波形的开始。

2)在波形图上,用鼠标右键确定波形的结尾。

这样,就选择了一段波形,选中的波形以较亮的颜色并配以蓝色底色显示,未选中的波形则以较淡的颜色并配以黑色底色显示,如图 4-11 所示。

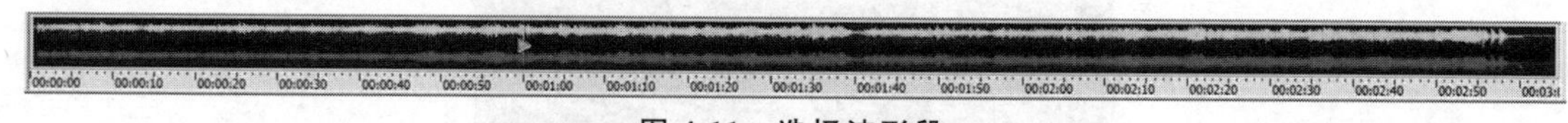

图 4-11　选择波形段

(2)复制、剪切、删除、裁剪波形段

1)复制波形段。选择波形段后,首先,单击工具栏上的“复制”按钮,选中的波形即被复制;然后,用鼠标选择需要粘贴波形的位置;最后,用鼠标单击工具栏上的“粘贴”按钮,即可完成波形段的复制。

2)剪切波形段。剪切波形段与复制波形段的操作方法一样,只是复制的时候所用的按钮是“复制”按钮,而剪切的时候所用的按钮是“剪切”按钮。剪切波形段与复制波形段的区别是:复制波形段是把一段波形复制到某个位置上,而剪切波形段则是把一段波形剪切下来,并粘贴到某个位置。

3)删除波形段。删除波形段是直接把一段选中的波形删除,而不保留在剪贴板中。操作方法是:选中一段波形,单击“编辑”→“删除”按钮,或者直接使用键盘上的 Delete 键。

4)裁剪波形段。裁剪波形段类似于删除波形段,不同之处是,删除波形段是把选中的波形删除,而裁剪波形段是把未选中的波形删除,两者的作用可以说是相反的。裁剪波形段的方法是:单击“编辑”→“裁剪”按钮。裁剪以后,GoldWave 会自动把剩下的波形放大显示,如图 4-12 所示。

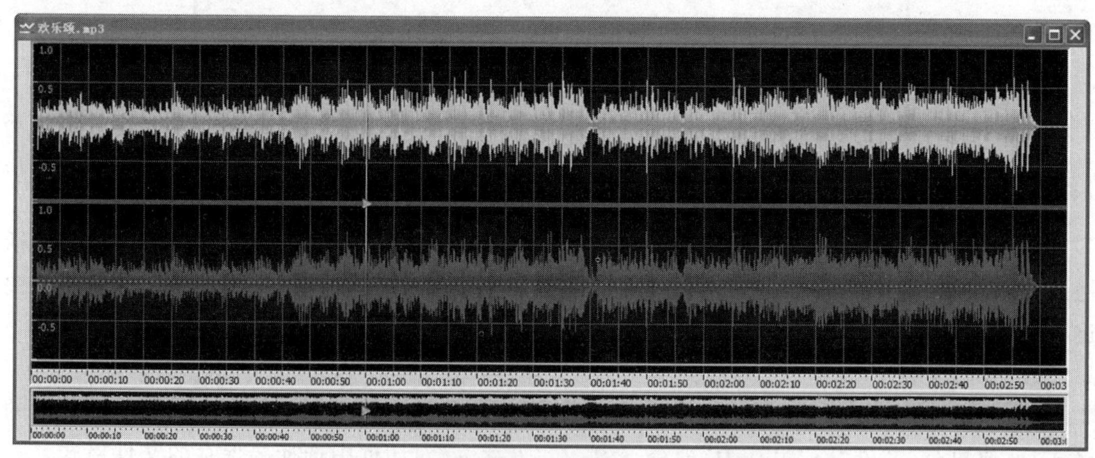

图 4-12　波形被裁剪后剩余部分放大的效果

5)粘贴的几种形式。除普通的“粘贴”命令外，在 GoldWave 工具栏的第一行中还有“粘新”以及“混合”这两种特殊的粘贴命令。这 3 种粘贴命令的区别如表 4-3 所示。

表 4-3　3 种粘贴命令的区别

图标名称	作用
粘贴	把复制的波形简单地粘贴到插入点上
粘新	把复制的波形粘贴到一个新文件中
混合	把复制的波形与原有的波形相混合

3. 对波形文件进行音频特效制作

在 GoldWave 的“效果”菜单中提供了十多种常用的音频特效命令，从压缩到延迟再到回声等，每一种特效都是日常音频应用领域使用最为广泛的效果。掌握它们的使用方法，能够更方便地在多媒体制作、音效合成等方面进行操作，得到令人满意的效果。

1)回声效果。回声是指声音发出后经过一定的时间再返回被听到，就像在旷野上面对高山呼喊一样，在很多影视剪辑、配音中被广泛采用。

GoldWave 的回声效果的制作方法十分简单，执行“效果”→“回声”命令，弹出“回声”对话框，如图 4-13 所示。在“回声”对话框中输入延迟时间、音量大小和打开“立体声”复选框就行了。

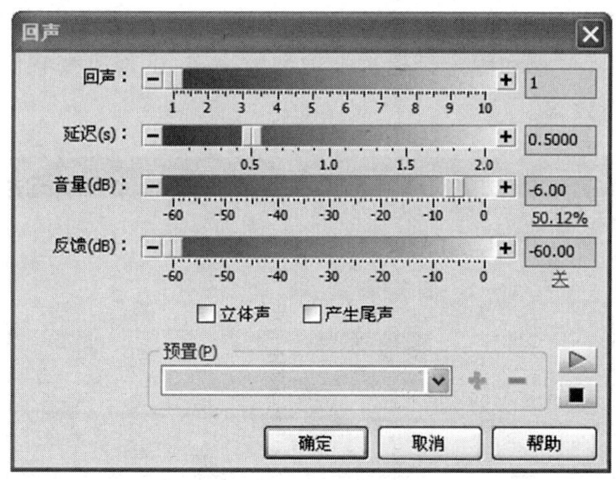

图 4-13　“回声”对话框

延迟时间值越大，声音持续时间越长，回声反复的次数越多，效果就越明显。而音量所控制的是返回声音的音量大小，这个值不宜过大，否则回声效果就显得不真实了。打开立体声效果之后，能够使声音听上去更润泽、更具空间感，所以建议一般都将它选中。

2)压缩效果。在唱歌的录音中，录制出来的效果往往不那么令人满意。有的语句发音过强、用力过大，几乎造成过载失真了；有的语句却“轻言细语”，造成信号微弱。如果对这些录音后的音频数据使用压缩效果器，就会在很大程度上减少这种情况的发生。压缩效果器利用“高的压下来，低的提上去”的原理，对声音的力度起到均衡的作用。

在 GoldWave 中，执行“效果”→“压缩器/扩展器”命令，弹出如图 4-14 所示的“压缩器/扩展器”对话框。在它的 3 项参数中，最重要的是阈值的确定，它的取值就是压缩开始的临界点，高于这个值的部分就会以比值(%)的比率进行压缩。

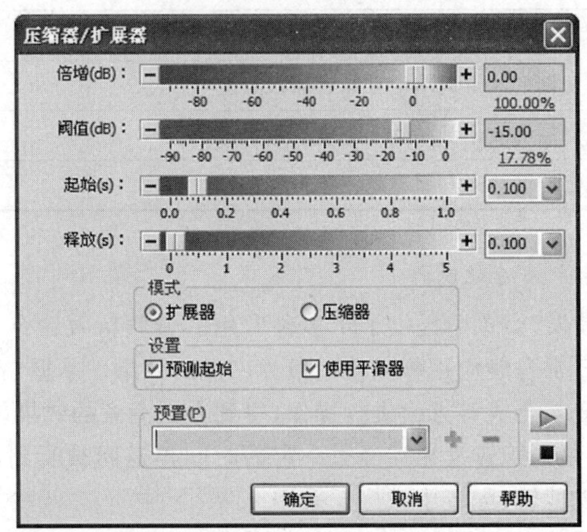

图 4-14 “压缩器/扩展器”对话框

3)镶边效果。使用镶边效果能在原来音色的基础上给声音再加上一道独特的“边缘”，使其听上去更有趣、更富有变化性。

执行 GoldWave“效果”→“镶边器”命令，弹出如图 4-15 所示的“镶边器”对话框。镶边的效果主要依靠可变延迟、频率和固定延迟这 3 项参数决定，试着改变它们各自的取值就可以得到很多意想不到的奇特效果。

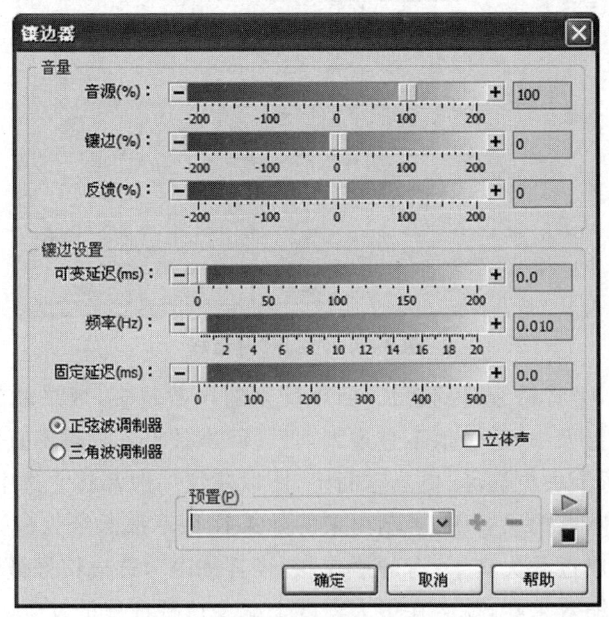

图 4-15 “镶边器”对话框

4)改变音调。由于音频文件属于模拟信号,要想改变它的音高将是一件十分费劲的事情,而且改变后的效果不一定理想。GoldWave 的“音调变化”命令能够轻松实现这一功能。执行“效果”→“音调”命令,弹出如图 4-16 所示的“音调”对话框。其中“比例”表示音高变化到现在的 0.5～2.0 倍,是一种倍数的设置方式。“半音”表示音高变化的半音数,12 个半音就是一个八度,所以可用＋12 或－12 来升高或降低一个八度。它下方的“微调”是半音的微调方式,以 100 个单位表示一个半音。

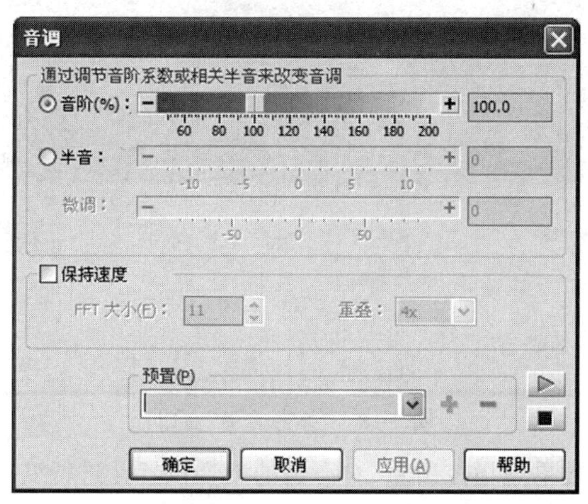

图 4-16　“音调”对话框

5)均衡器。均衡调节也是音频编辑中一项十分重要的处理方法,它能够合理改善音频文件的频率结构,达到理想的声音效果。

执行“效果”→“滤波器”→“均衡器”命令,打开 GoldWave 的“均衡器”对话框,如图 4-17 所示。最简单的调节方法就是直接拖动代表不同频段的数字标识到一个指定的位置上,注意声音每一段的增益不能过大,以免造成过载失真。

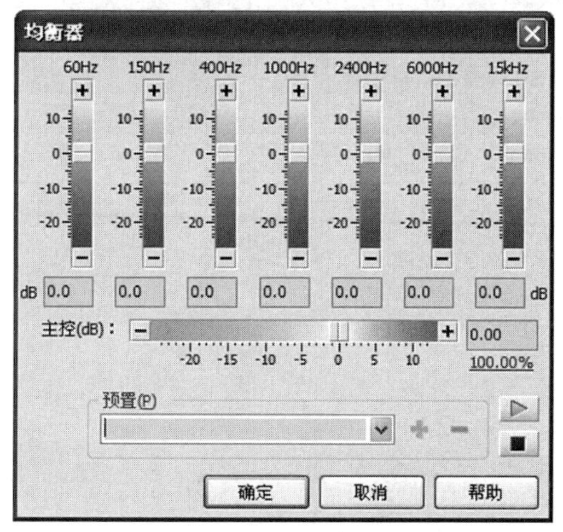

图 4-17　“均衡器”对话框

6)音量效果。GoldWave 的“音量”效果子菜单中包含了改变选择部分的音量大小、淡出淡入效果、音量最大化、匹配音量、定型音量等命令,可以满足各种音量变化的需求。例如,执行"效果"→"音量"→"外形音量"命令，弹出"外形音量"窗口，如图 4-18 所示。

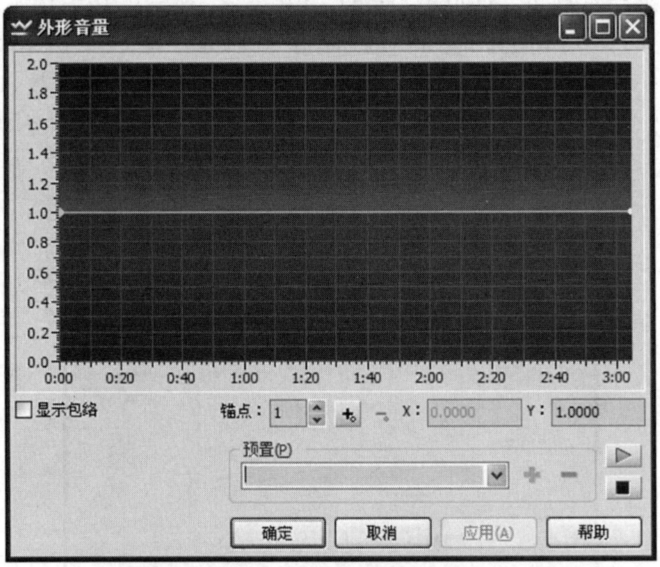

图 4-18 "外形音量"窗口

7)声相效果。声相效果是指控制左、右声道的声音位置并进行变化，以达到声相编辑的目的。GoldWave 提供了反相、偏移、混响、机械化等效果。

8)其他实用功能。GoldWave 除了提供丰富的音频效果制作命令外，还准备了 CD 抓音轨、批量格式转换、多种媒体格式支持等非常实用的功能。

· CD 抓音轨：如果要编辑的音频素材在一张 CD 中的话，直接选择 GoldWave"工具"菜单中的"CD 读取器"命令，就能够一步完成抓音。相应的窗口如图 4-19 所示。

图 4-19 "CD 读取器"窗口

· 批量格式转换：GoldWave 中的批量格式转换是一项十分有用的功能，它能够同时打开多个它所支持的格式的文件，并转换为其他音频格式。

执行"文件"→"批处理"命令，弹出"批处理"窗口，如图 4-20 所示。添加要转换的多个文件，并选择转换后的格式和路径，然后单击"开始"按钮，即可完成批量格式转换。

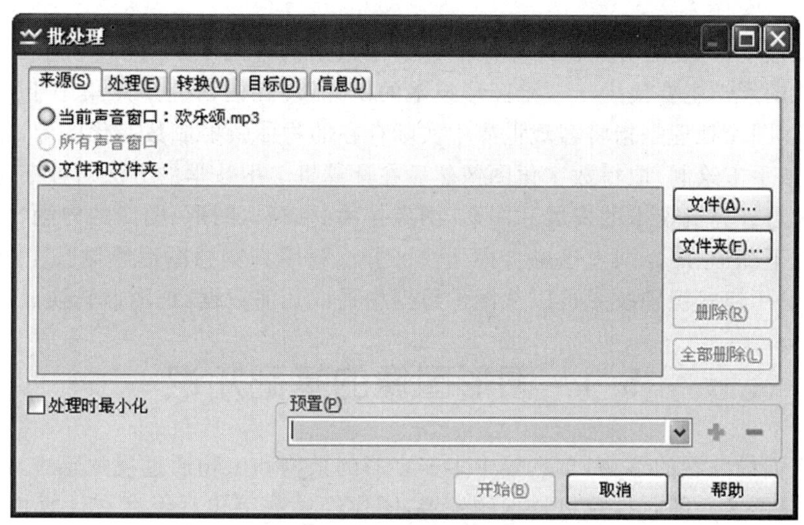

图 4-20　"批处理"窗口

4. 使用表达式计算器

GoldWave 不但有完善的声音编辑功能，还有强大的声音生成功能，可以使用一些数学公式来生成各种各样的声音。

选定插入点后，单击工具栏上的表达式计算器"f(x)"按钮，即可弹出"表达式计算器"对话框，如图 4-21 所示。既可以在"表达式计算器"对话框中修改声音，也可以直接在"表达式"编辑框中直接输入表达式来产生声音。

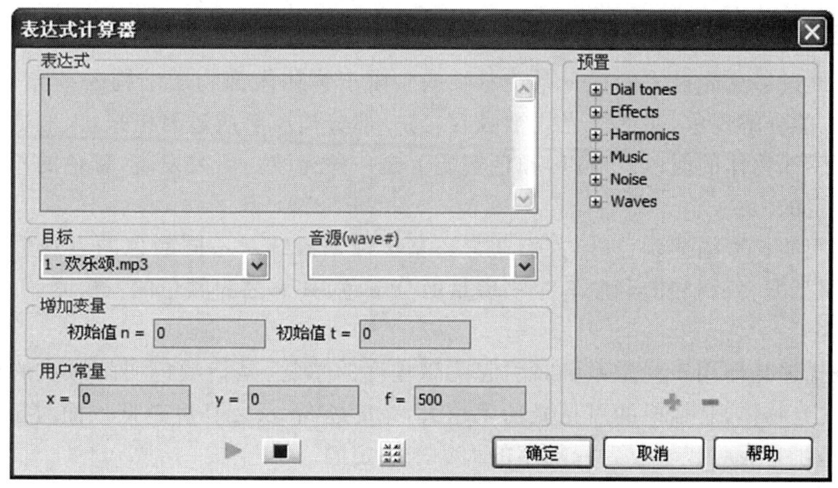

图 4-21　"表达式计算器"对话框

第 5 章　图形图像处理技术

计算机图形学(CG)是研究在计算机上借助于数学的方法生成、处理和显示图形的科学。早期的计算机图形学主要集中于二维图形技术的研究,现在的研究重点集中于三维真实感图形技术的研究,图像处理是指将客观世界中实际存在的物体映射成数字化图像,也有采用特殊方法和手段(如手工绘制)取得数字化图像然后在计算机上用数学的方法对数字化图像进行处理的科学。随着计算机技术的发展和图形、图像技术的成熟,图形、图像的内涵日益接近,以至于在某些情况下图形、图像两者已融合得无法区分。利用真实感图形绘制技术可以将图形数据变成图像;利用模式识别技术可以从图像数据中提取几何数据,把图像转换成图形。

5.1　图形图像的基础知识

图像是人们最熟悉的事物,自然界中多姿多彩的景物和生物通过视觉感官,在大脑中留下了印象,这就是图像。随着计算机技术的发展,图像经过数字化后保存在计算机中,并被计算机处理。通常也将计算机处理的数字化图像简称为图像。图像是对客观存在物的一种相似性的生动模仿与描述,是物体的一种不完全的、不精确的描述,但是在某种意义下是适当的表示。

图像由像素点构成。每个像素点的颜色信息采用一组二进制数描述,因此图像又称为位图。图像的数据量较大,适合表现自然景观、人物、动植物等引起人类视觉感受的事物。

5.1.1　图像的颜色

颜色通常可以分为非彩色和彩色两种类型。非彩色包括黑色、白色和介于两色之间深浅不一的灰色,其他的颜色均属于彩色。

1. 颜色的三要素

颜色是通过可见光被人的视觉系统感知的。由于物体内部物质结构的差异,受光线照射后,产生光线的分解现象,一部分光线被吸收,另一部分被反射或透射出来,人们通过反射或透射的光线而感知物体的颜色。所以,颜色实质上是一种光波。研究发现,颜色的不同是由光波的波长来决定的。

除了利用波长来描述颜色外,人们通常还基于视觉系统对不同颜色的直观感觉来描述颜色,规定利用亮度、色调和饱和度 3 个物理量区分颜色,并称之为颜色的三要素。

(1)亮度

亮度是描述光作用于视觉系统时引起明暗程度的感觉,是指颜色明暗深浅的程度。一般来说,对于发光物体,它辐射的可见光功率越大,亮度越高,反之亮度越低。而对于不发光的物体,其亮度是由它吸收或者反射光功率的大小来决定的。

(2)色调

色调是指颜色的类别,如所谓的红色、绿色、蓝色等就是指色调。由光谱分析可知,不同波长的光呈现不同的颜色。人眼是通过看到一种波长或由多种波长混合的光所产生的感知来分辨颜色的类别。某一物体的色调取决于它本身辐射的光谱成分或在光的照射下所反射的光谱成分对人眼刺激的视觉反应。

(3)饱和度

饱和度是指颜色的深浅程度。对于同一种色调的颜色，其饱和度越高，颜色越深，如深红、深绿、深蓝等；其饱和度越低，则颜色越淡，如淡红、淡绿、淡黄等。高饱和度的深色光可混合白色光而减淡，成为低饱和度的淡色光。因此，饱和度可认为是色调的纯色混合白色光的比例。例如，一束高饱和度的蓝色光投射到屏幕上会被看成深蓝色光，若再将一束白色光也投射到屏幕上并与深蓝色重叠，则深蓝色变成淡蓝色，而且投射的白色光越强，颜色越淡，则饱和度越低。黑色、白色和灰色的饱和度最低，而 7 种光谱色(红、橙、黄、绿、青、蓝、紫)的饱和度最高。

2. 三基色原理

实践证明，任何一种颜色都可以用红、绿、蓝这 3 种基本颜色按不同比例混合得到，此过程可逆推既有，任何色光都可以分解成这 3 种颜色光，这就是所谓的三基色原理。实际上，基本颜色的选择并不是唯一的，只要颜色相互独立，任何一种颜色都不能由另外 2 种颜色合成，就可以选择这 3 种颜色为三基色。然而由于人眼对红、绿、蓝 3 种颜色光最为敏感，所以通常都选择它们作为基色。

由于各种颜色都可以用三种基色混合而成，基于三基色原理，人们还提出了相加混色和相减混色的理论。

(1)相加混色

把 3 种基色光按不同比例相加称为相加混色。三基色混合的比例决定混合色的色调，当三基色的比例相同时得到的是白色。三基色进行等量相加混合得到颜色的关系为：红色＋绿色＝黄色、红色＋蓝色＝品红、绿色＋蓝色＝青色、红色＋绿色＋蓝色＝白色、红色＋青色＝绿色＋品红＝蓝色＋黄色＝白色等。

(2)相减混色

相减混色利用了滤光特性，即在白光中减去一种或几种颜色而得到另外的颜色。比如黄色＝白色－蓝色，红色＝白色－绿色－蓝色等。用油墨或颜料进行混合得到颜色采用的就是相减混色。不难理解，若我们看到的物体呈黄色，那是因为光线照射到物体上时，物体吸收了白色光中的蓝色光而反射黄色光的缘故。

5.1.2　图像的基本属性

1. 分辨率

分辨率分为显示分辨率、图像分辨率和设备分辨率。显示分辨率和图像分辨率是我们经常遇到的分辨率。

(1)显示分辨率

显示分辨率是指显示屏上能够显示出的像素数目。一般屏幕分辨率是由计算机的显示卡所决定的。例如，显示分辨率为 640×480 像素表示显示屏分成 480 行，每行显示 640 个像素，整个显示屏就含有 307 200 个显像点。屏幕能够显示的像素越多，说明显示设备的分辨率越高，显示的图像质量也就越高。

(2)图像分辨率

图像分辨率是指组成一幅图像的像素密度的度量方法。对同样大小的一幅图，如果组成该图的图像像素数目越多，则说明图像的分辨率越高，看起来逼真程度就越高。相反，图像显得越粗糙。这种分辨率又有多种衡量法，典型的是以每英寸的像素数(Pixel Per Inch，PPI)来衡量。图像分辨率和图像尺寸一起决定文件的大小及输出质量。该值越大，图像文件所占用的磁盘空间也越大，进行打印或修改图像等操作所花时间也就越多。图像分辨率与显示分辨率是两个不同的概念。图像分辨率和图像的尺寸确定了组成一幅图像的像素数目，而显示分辨率是确定显示图像的区域大小。如果显示屏的分辨率为 640×480 像素，那么一幅 320×240 像素的图像只占显示屏的 1/4；相反，2 400×3 000 像素的图像在这个显示屏上就不能显示一个完整的画面。

(3)设备分辨率

设备分辨率(Device Resolution)又称输出分辨率，是指各类输出设备每英寸上可产生的点数，如显示器、喷墨打印机、激光打印机、热式打印机、绘图仪分辨率。这种分辨率的单位是 dot/in。一般来讲，PC 显示器的设备分辨率在 60～120 dot/in 之间，而打印机的设备分辨率则在 180～720 dot/in 之间，数值越高，效果越好。区别于显示分辨率和显示器分辨率，显示分辨率是由显卡决定的，指的是在整个计算机荧屏上显示的像素数；而显示器分辨率是由显示器的硬件决定的，指的是显示器能够在每英寸上显示的点数。

2. 像素深度

像素深度是指存储每个像素所用的位数。像素深度决定彩色图像的每个像素可能有的颜色数，或者确定灰度图像的每个像素可能有的灰度级数。例如，一幅彩色图像的每个像素用 R、G、B 三个分量表示，若每个分量用 8 位，那么一个像素共用 24 位表示，就说像素的深度为 24，每个像素可以是 2^{24}＝16 777 216 种颜色中的一种。在这个意义上，往往把像素深度说成是图像深度。表示一个像素的位数越多，它能表达的颜色数目就越多，它的深度就越深。

3. 真彩色、伪彩色与直接色

(1)真彩色

真彩色(True Color)是指在组成一幅彩色图像的每个像素值中，有 R、G、B 三个基色分量，每个基色分量直接决定显示设备的基色强度，这样产生的彩色称为真彩色。例如，用 RGB 5∶5∶5 表示的彩色图像，R、G、B 各用 5 位，用 R、G、B 分量大小的值直接确定三个基色的强度，这样得到的彩色是真实的原图彩色。

在许多场合，真彩色图通常是指 RGB 8∶8∶8，即图像的颜色数等于 2^{24}，也常称为全彩色(Full Color)图像。但在显示器上显示的颜色就未必是真彩色，要得到真彩色图像，需要有真彩色显示适配器。

(2)伪彩色

伪彩色(Pseudo Color)图像的含义是，每个像素的颜色不是由每个基色分量的数值直接决定，而是把像素值当作彩色查找表(Color Look-Up Table，CLUT)的表项入口地址，去查找一个显示图像时使用的 R、G、B 强度值，用查找出的 R、G、B 强度值产生的彩色称为伪彩色。

(3)直接色

直接色(Direct Color)是指每个像素值分成 R、G、B 分量,每个分量作为单独的索引值对它做变换,也就是通过相应的彩色变换表找出基色强度,用变换后得到的 R、G、B 强度值产生的彩色称为直接色。它的特点是对每个基色进行变换。

用这种系统产生的颜色与真彩色系统相比,共同点是都采用 R、G、B 分量决定基色强度,区别是前者的基色强度直接由 R、G、B 决定,而后者的基色强度由 R、G、B 经变换后决定。因而,这两种系统产生的颜色就有差别。

这种系统与伪彩色系统相比,相同之处是都采用查找表,不同之处是前者对 R、G、B 分量分别进行变换,后者是把整个像素当作查找表的索引值进行彩色变换。

5.1.3　图像色彩模型

自然界中的色彩绚烂多彩,要准确地表示某一种颜色就要使用色彩模型。常用的色彩模型有 HSB、RGB、CMYK 以及 CIE Lab 等。针对不同的应用可以选择不同的色彩模型,例如,RGB 色彩模型用于数码设计,CMYK 色彩模型用于出版印刷。

1. HSB 颜色模型

HSB 颜色模型是以人眼对色彩的感觉为基础的,它描述了颜色的 3 种基本特性:H,S,B,分别指色相(Hue)、饱和度(Saturation)、亮度(Brightness),也就是说 HSB 颜色模型是用色彩的三要素来描述颜色的。由于 HSB 颜色模型能直接体现色彩之间的关系,所以非常适合于色彩设计,绝大部分的图像处理软件都提供基于 HSB 颜色模型的颜色处理,如图 5-1 所示。同时,HSB 色彩空间源自 RGB 色彩空间,并且是和设备相关的色彩空间。

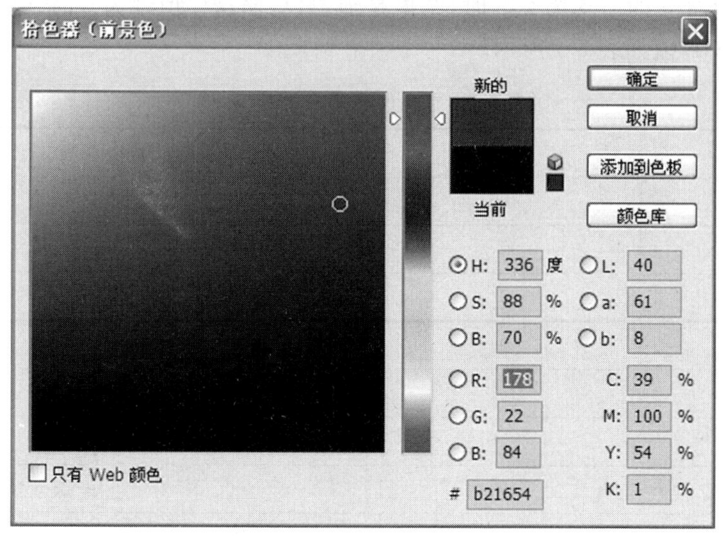

图 5-1　Adobe Photoshop 中的拾色器

2. RGB 颜色模型

RGB 是指红(Red)、绿(Green)、蓝(Blue)三种颜色。根据色彩的三刺激理论,人眼的视网膜中假设存在三种锥体视觉细胞,它们分别对红、绿、蓝三种色光最敏感。因此,绝大多数可见光谱可用红色、绿色和蓝色三色光的不同比例和强度的混合来表示。

RGB颜色模型是从物体发光的原理来设定的，简单而言，说它的颜色混合方式就好像有红、绿、蓝三盏灯，当它们的光相互叠加的时候，色彩相混，而亮度却等于两者亮度之和。因此，RGB颜色模型也称为加色模型。也就是说，RGB颜色模型的混色方式是加色方式，所以RGB颜色模型的混色方式也称为加色法，如图5-2所示。在这三种颜色的两两重叠处分别产生红、绿、蓝三基色的互补色——青、品红、黄等三种合成色，将所有颜色加在一起可产生白色，即所有可见光波长都传播回眼睛。加色被用于光照、视频和显示器。例如，显示器通过红色、绿色和蓝色荧光粉发射光线产生颜色。

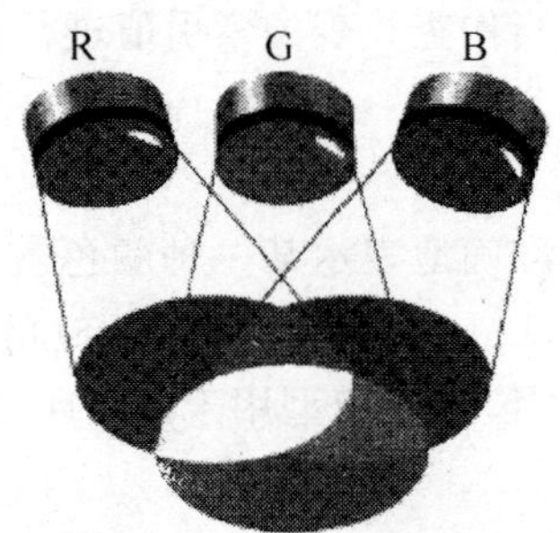

图5-2　加色(RGB模型)

RGB是使用计算机进行图像设计中最直接的色彩表示方法。计算机中的24位真彩图像，就是采用RGB色彩模型，24位表示图像中每个像素点颜色使用3个字节记录，每个字节分别记录红、绿、蓝中的一种颜色值。在计算机中利用R、G、B数值可以精确取得某种颜色，例如，亮红色可能R值为246，G值为20，而B值为50。当所有这3个分量的值相等时，结果是中性灰色；当所有分量的值均为255时，结果是纯白色；当这些值都为0时，结果是纯黑色。常见纯色对应的RGB值如表5-1所示。

表5-1　常见纯色对应的RGB值

颜色名称	R值	G值	B值
红色	255	0	0
绿色	0	255	0
蓝色	0	0	255
青色	0	255	255
品红色	255	0	255
黄色	255	255	0
黑色	0	0	0
白色	255	255	255

RGB虽然表示直接，但是R、G、B数值和色彩的三要素没有直接的联系，不能揭示色彩之间的关系，在进行配色设计时，不适合使用RGB色彩模型。现在的大多数图像处理软件的调色板都提供RGB和HSB两种色彩模型选择色彩。

3. CMYK 颜色模型

CMYK 色彩模型包括青(cyan)、品红(magenta)、黄(yellow)和黑(black),为避免与蓝色混淆,黑色用 K 表示。青、品红、黄分别是红、绿、蓝三基色的互补色。彩色打印、印刷等应用领域采用打印墨水、彩色涂料的反射光来显现颜色,是一种减色方式,如图 5-3 所示。

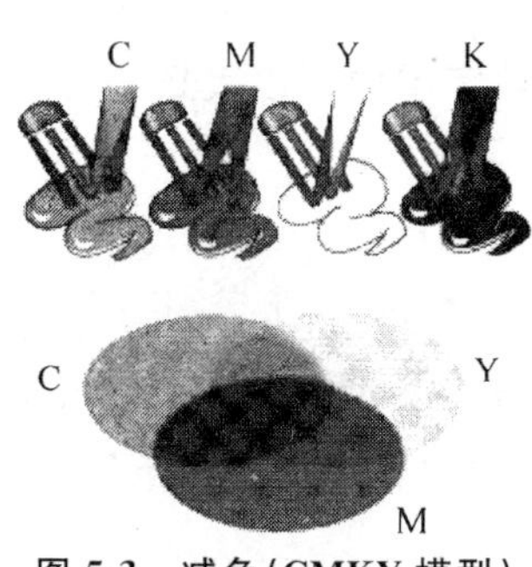

图 5-3　减色(CMKY 模型)

CMYK 色彩模型包括青、品红和黄三色,使用时从白色光中减去某种颜色,产生颜色效果。理论上,纯青色、品红和黄色在合成后可以吸收所有光并产生黑色。但在实际应用中,由于彩色墨水、油墨的化学特性,色光反射和纸张对颜料的吸附程度等因素,用等量的青、品红、黄三色得不到真正的黑色。因此,印刷行业使用黑色油墨产生黑色,CMYK 色彩模型中增加了黑色。

4. CIE Lab 色彩模式

CIE Lab 颜色模型(Lab)是由国际照明委员会(CIE)创建的数种颜色模型之一, CIE 是致力于在光线的各个方面创建标准的组织。

Lab 中的数值能够描述正常视力的人能够看到的所有颜色。因为 Lab 描述的是颜色的显示方式,而不是设备(如显示器、桌面打印机或数码照相机)生成颜色所需的特定色料的数量,所以 Lab 被视为与设备无关的颜色模型。色彩管理系统使用 Lab 作为色标,将颜色从一个色彩空间转换到另一个色彩空间。

Lab 从亮度或其明度成分(L)及以下两个色度成分的角度描述颜色:a 成分(绿色和红色)和 b 成分(蓝色和黄色),如图 5-4 所示。

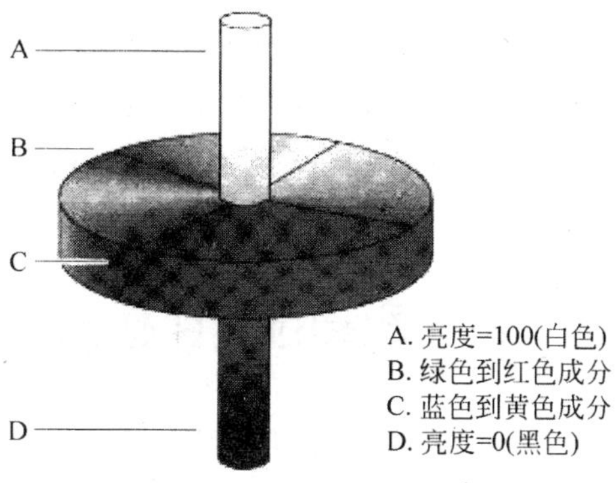

图 5-4　CIE Lab 模型

目前在很多专业的设计软件中，都提供 CIE Lab 色彩模型。在 Adobe Photoshop 中，Lab 颜色模式的明度分量(L)用一个 0～100 之间的数表示，而 a 分量(绿色－红色轴)和 b 分量(蓝色－黄色轴)的范围可从－128～＋127。

5.1.4 数字图像的数值描述

对应于不同的场景内容，一般数字图像可以大致分为二值图像、灰度图像、彩色图像三类。下面分别阐述其数值描述。

1. 二值图像

二值图像是指每个像素不是黑就是白，其灰度值没有中间过渡的图像。虽然二值图像对画面的细节信息描述的比较粗略，适合于文字信息图像的描述，但是对一幅一般的场景图像，从画面我们已经完全可以理解其基本内容。二值图像的矩阵取值非常简单，不是黑就是白，因而具有数据量小的优点。

2. 灰度图像

灰度图像是指每个像素的信息由一个量化后的灰度级来描述的数字图像，灰度图像中不包含彩色信息。标准灰度图像中每个像素的灰度由一个字节表示，灰度级数为 256 级，每个像素可以是 0～255(从黑到白)之间的任何一个值。在后面的讨论中，默认图像的灰度级数均为 256。

3. 彩色图像

彩色图像是根据三原色成像原理来实现对自然界中的色彩描述的。这一原理认为，自然界中的所有颜色都可以由红，绿，蓝(R，G，B)三原色组合而成。如果三种基色的灰度分别用一个字节(8 bit)表示，则三原色之间不同的灰度组合可以形成不同的颜色。

数字图像是以数据位文件的形式存储在计算机中的，早期图像文件的存储方式都是数据采集人员自行定义的，因为图像文件格式的不统一，在图像信息的交流中造成了非常大的麻烦。随着图像处理技术在多个领域中的快速渗透，便出现了一些比较普遍被使用的图像格式标准。例如，Windows 下的位图文件 BMP、TIFF 格式，公用领域中的 GIF 格式，PC 机上常用的 PCX 格式，动画领域中的 TGA 格式，CAD 领域中的 DXF 格式，以及 Abode Systems 的 EPS 格式等。

一般情况下，最常使用的是位图(光栅图)类型和矢量图类型。其中，位图文件格式是以数据点表示图像中的每个像素，前面所给出的图像描述方式都是属于这一类的。矢量图是以线段和形状来描述图像的，换句话说，矢量文件格式不是以像素点为单位描述图像，而是以矢量的形式描述图像的。

5.2 图像的文件格式

文件格式是存储文件、图形或者图像数据的一种数据结构。文本内容可以使用不同的文字处理软件编辑生成，也可以用同一软件根据不同的应用环境生成不同类型的文件格式。同样，存储图像也需要有存储格式，而这个存储格式也可根据不同的应用环境、处理软件等因素有多样的选择。从 20 世纪 70 年代图像进入计算机以来，开发了许许多多的图像文件格式。我们可以通过彩色扫描仪把各种印刷图像及彩色照片数字化后送到计算机存储器中；通过视频信号数字化器能够把摄像机、录像机、激光视盘中的彩色全电视信号数字化后存到计算机存储器中；还有计算机本身可以通过计算机图形学的方法编程，生成二维和三维彩色几何图形及三维动画，存储在计算机存储器中。图像的分类方式也较多，如我们所熟知的两类：矢量图和位图。我们在表 5-2 中罗列了部分常用的位图和矢量图的文件格式，供读者参考。

表 5-2　位图格式和矢量图格式

位图		矢量图	
文件格式	**文件类型**	**文件格式**	**文件类型**
bmp	Windows & OS/2	fla	Flash
gif	Graphics Interchange Format	swf	Flash
pcd	Photo CD	3ds	3D Studio
jpg	JPEG	ai	Adobe Illustrator
psd	Photoshop native format	cdr	CorelDraw
tif	Tag image file format	clp	Windows Clipboard
sgi	Silicon Graphics RGB	wrl	VRML
png	Portable Network Graphics	pct	Macintosh PICT drawings
ico	Windows icon	dxf	AutoCAD
ras	Sun	dwg	AutoCAD

图像必须以文件的形式保存在计算机中。常用的图像格式有 BMP、GIF、JPEG、TIFF、PSD、PNG 等。我们将以 BMP 位图文件格式为重点介绍图像文件的组织和结构，为我们进行编程或开发新文件格式提供思路，当然要深入研究还需要仔细阅读更多的参考文献。

5.2.1　BMP 格式

BMP(Bit Map File，位图文件)格式是标准的 Windows 和 OS/2 的图像位图格式，文件扩展名是 .bmp。BMP 与硬件设备无关，采用位映射存储格式，颜色深度可以选择 1 位、4 位、8 位及 24 位，不采用其他任何压缩。BMP 格式通用性好，Windows 环境下运行的所有图像处理软件都支持 BMP 格式，但由于 BMP 格式未经过压缩，图像占用存储空间较大。

位图文件可看成由 4 个部分组成：位图文件头(Bitmap-File Header)、位图信息头(Bitmap-Information Header)、彩色表(Color Table)和定义位图的字节阵列，它们的名称和符号如表 5-3 所示。

表 5-3 BMP 图像文件组成部分的名称和符号

位图文件的组成	结构名称	符号
位图文件头	BITMAPFILEHEADER	bmfh
位图信息头	BITMAPINFOHEADER	bmib
彩色表	RGBQUAD	aColors[ ]
图像数据阵列字节	BYTE	aBitmapBits[ ]

各部分所表示的内容如下：

(1)位图文件头

位图文件头包含有关于文件类型、文件大小和存放位置等信息，在 Windows 3.0 以上版本的位图文件中用 BITMAPFILEHEADER 结构体来定义。

(2)位图信息头

位图信息用 BITMAPINFO 结构体来定义，它由位图信息头和彩色表组成，前者用 BITMAPINFOHEADER 结构体定义，后者用 RGBQUAD 结构体定义。

(3)彩色表

彩色表包含的元素与位图所具有的颜色数相同，像素的颜色用 RGBQUAD。结构来定义。对于 24 位真彩色图像就不使用彩色表，因为位图中的 RGB 值就代表了单个像素的颜色。彩色表中的颜色按颜色的重要性排序，这可以辅助显示驱动程序为不能显示足够多颜色数的显示设备显示彩色图像。RGBQUAD 结构描述由 R、G、B 相对强度组成的颜色。

(4)位图数据

紧跟在彩色表之后的是图像数据字节阵列。图像的每一扫描行由表示图像像素的连续的字节组成，每一行的字节数取决于图像的颜色数目和用像素表示的图像宽度。扫描行是由底向上存储的，这就是说，阵列中的第一个字节表示位图左下角的像素，而最后一个字节表示位图右上角的像素。

5.2.2 GIF 格式

GIF(Graphics Interchange Format，图形交换格式)扩展名为“.gif”，是一种压缩的 8 位图像文件。它可以指定透明的区域，使图像与背景很好地融为一体。但它只能处理 256 色，不能用于存储真彩色图像。由于 256 色已经能满足网页制作的需要，加上 GIF 文件独特的显示效果、极小的磁盘空间占用和背景的可透明性，使得它被广泛地应用于网页制作中。利用 GIF 动画程序，把不同的 GIF 图像集成在一个文件里，可以实现动画效果，俗称“GIF 动画”。虽然 GIF 图像的颜色深度较低，图像质量不高，但 GIF 图像文件短小、下载速度快、可以存储简单动向，所以 GIF 格式在网络上应用广泛。

该文件格式利用一些标识段，虽然文件的很多信息是存储在文件头的位置，但是这种格式倾向于多利用标识结构。GIF 支持两个扩展块，一个扩展块是关于图像的注释块，它包括图像的创造者，所使用的软件，扫描设备等；另一个扩展块是图像的控制命令，它规定了相对各种类型图像显示的附加控制功能。

在 GIF 文件格式的结构中，扩展块可能放在图像数据的前边和后边，能够显示 2～256 种颜色或 2～256 级灰度(1～8 b/pixel)。图像数据用彩色编码形式存储,彩色编码可在起作用的彩色码中找到相应的颜色。对于每种调色板(红、绿、蓝)彩色码表项用一个字节表示,它能够使调色板有 16M 色输出,最后必须把彩色码表项转换成所用计算机可用的最近的彩色值。

GIF 文件可能有几种彩色映射关系,最有用的是全局映射关系(Global Map),除此之外还有局部映射关系(Local Color Map)可以在光栅数据块中定义,而且只能在它所在的数据块中使用。如果使用局部映射,则不能使用全局映射。GIF 格式还可以和小系统中的图像变换联系起来,因为它是较大的最终用户格式,它支持隔行扫描特性。

GIF 文件的扩展名是 . gif。GIF 格式只支持 256 种颜色,采用无损压缩存储,在不影响图像质量的情况下,可以生成很小的文件。GIF 支持透明色,可以使图像浮现在背景之上。GIF 格式的压缩比高,占用存储空间较少。为了便于网络传输,GIF 格式采用渐显方式,在图像传输过程中,用户可以先看到图像的大致轮廓,然后再逐步看清图像中的细节部分。最初的 GIF 只用来存储单幅静止图像,随着技术发展,现在的 GIF 也可以同时存储若干幅静止图像进而形成连续的动画。虽然 GIF 图像的颜色深度较低,图像质量不高,但 GIF 图像文件短小、下载速度快、可以存储简单动画,所以 GIF 格式在网络上应用广泛。

5.2.3　TIFF 格式

TIFF(Tagged Image File Format,标记图像文件格式)文件的扩展名是 . tif 或 . tiff。TIFF 格式支持 256 色、24 位真彩色、32 位颜色深度,支持具有 Alpha 通道的 CMYK、RGB、CIE Lab、索引颜色和灰度图像以及无 Alpha 通道的位图模式图像。TIFF 格式非常灵活,支持几乎所有的绘画、图像编辑和页面版面应用程序。TIFF 格式可包含压缩和非压缩像素信息。TIFF 采用 LZW 无损压缩算法,压缩比在 2∶1 左右。TIFF 格式可以制作质量非常高的图像,在出版印刷业中应用广泛。

在 TIFF 文件格式中,关于图像所有的信息都存储在标志域中,例如,它规定图像尺寸大小、规定所用计算机型号、制造商、图像的作者、说明、软件及数据。TIFF 文件是一种极其灵活易变的格式,它支持多种压缩方法,特殊的图像控制函数以及许多其他的特性。因为 TIFF 文件比较大,为了研究开发其复杂的实现技术,它需要扩展码。为了帮助编程人员详细了解它的复杂性,TIFF 文件定义了 5 类不同的 TIFF 文件格式:

1)TIFF-B 适用于二值图像。

2)TIFF-G 适用于黑白灰度图像。

3)TIFF-P 适用于带调色板的彩色图像。

4)TIFF-R 适用于 RGB 的彩色图像。

5)TIFF-X 是一种通用型,通过编程可以适用于上述所有 4 种类型。

为了保证它们的兼容性,每类都有一个最小的域,编程时不需要使用其他的域。

TIFF 文件格式的结构由 4 部分组成,分别为文件头、文件目录、目录表项和点阵图像数据。

(1)文件头

共 8 字节。前 2 字节定义了存储数据是由小到大,还是由大到小的顺序(Intel 的格式,还是 Motorola 的格式)。下面 2 字节定义 TIFF 文件版本号,最后 4 字节是图像文件目录的指针,它指向图像文件目录(Image File Director,IFD)的首地址。

(2)图像文件目录(IFD)

主要内容是当前文件的项目表。有用的图像数据以“条状”形式存储,可以通过图像文件目录中的登记项找到需要的图像数据。这些“条”可以有任意宽度,不正确的作法是一个图像文件为一“条”。但是为了节省缓存,文件格式推荐的“条状”缓存区的尺寸是 8 KB。由于 TIFF 是基于指针的图像文件格式,所以它比 GIF 更复杂,它的好处是增加了灵活性,域数据可以任意顺序排列。

像 GIF 文件一样,TIFF 图像文件格式也支持多个图像,即在一个文件中可以包括多个图像,也称为子文件(Subfiles),不过在处理过程中不需要解码:IFD 的最后一项可以是文件结束的 0000,也可以是指向下一个子文件的 IFD 的偏移量。

TIFF 有两种方法存储彩色图像数据:TIFF-P 和 GIF 文件格式相似,在一个域中定义一幅图像的彩色映射(Color Map),存储彩色图像时就存储彩色映射的编码值,这种存储是有效的,但是存储的彩色图像的颜色只有 256 种;另一种方法是 TIFF-R,它能够定义 RGB 全彩色的图像,每个像素可用 3 个 8 位表示,它可以提供 16M 种颜色。

(3)目录表项(Director Entry)

有 12 字节长,具体结构如下:2 字节的 Tag,它说明这个域的特性;2 字节的 Type(类型描述符),它说明数据类型(ASCII、短、长、字节、有理数以及 IEEE 浮点或双倍字长);4 字节的数据长度,它说明数据值的长度,数据类型值的长度;最后是 4 字节域值的偏移量,它指向具体的图像数据值。

(4)点阵图像数据

TIFF 支持多种编码方法,有 RLE 编码数据、LZE 编码数据、CCITT 格式的数据以及 RGB 数据等。

TIFF 文件的扩展名是 .tif 或 .tiff。TIFF 格式支持 256 色、24 位真彩色、32 位颜色深度,支持具有 Alpha 通道的 CMYK、RGB、CIE Lab、索引颜色和灰度图像以及无 Alpha 通道的位图模式图像。TIFF 格式非常灵活,支持几乎所有的绘画、图像编辑和页面版面应用程序。TIFF 格式可包含压缩和非压缩像素信息。TIFF 采用 LZW 无损压缩算法,压缩比在 2∶1 左右。TIFF 格式可以制作质量非常高的图像,在出版印刷业中应用广泛。

5.2.4 JPEG 格式

JPEG(Joint Photographic Experts Group,联合图像专家组)格式是目前应用范围非常广泛的一种图像格式,文件扩展名是 .jpg。JPEG 格式是按照该专家组制定的 DCT 压缩标准进行压缩的图像格式。JPEG 格式采用有损压缩方式去除冗余的图像数据,在获得极高的压缩比的同时展现生动的图像。JPEG 格式具有调节图像质量的功能,允许采用不同的压缩比对文件进行压缩,JPEG 的压缩比通常在 10∶1～40∶1 之间,压缩比越大,图像质量就越低,压缩比越小,图像质量就越好。JPEG 格式对色彩的信息保留较好,压缩后的文件较小,下载速度快,在网络上应用广泛。

5.2.5 PSD 格式

PSD 格式是 Photoshop 图像处理软件的专用文件格式,文件扩展名是 .psd。PSD 格式支持图层、通道、蒙板和不同色彩模式的各种图像特征，能够将不同的物件以层的方式分离保存，便于修改和制作各种特殊效果。PSD 格式采用非压缩方式保存，所以 PSD 文件占用存储空间较大，但这样可以保留所有原始信息，通常用来保存在图像处理中尚未制作完成的图像。在 Photoshop 中，PSD 存取速度比其他格式快得多。很少有其他图像处理软件支持它。

5.2.6　PNG 格式

PNG(Portable Network Graphics，可移植网络图形)格式综合了 GIF 和 JPEG 格式的优点，支持多种色彩模式；采用无损压缩算法减小文件占用的存储空间；采用 GIF 格式的渐显技术，只需下载 1/64 的图像信息就可以显示出低分辨率的预览图像；支持透明图像的制作，使图像和网页背景能和谐地融合在一起。

5.2.7　其他文件格式

1)DXF(Autodesk Drawing Exchange Format)格式是 AutoCAD 中的矢量文件格式，它以 ASCII 码方式存储文件，在表现图形的大小方面精确度比较高。

2)EPS(Encapsulated PostScript)格式是用 PostScript 语言描述的一种 ASCII 码文件格式，主要用于排版、打印等输出工作。

3)TGA(Tagged Graphics)文件是由美国 Truevision 公司为其显示卡开发的一种图像文件格式，是高档 PC 彩色应用程序支持的视频格式。

5.3　图形图像的获取与处理

5.3.1　图像的获取

1. 网络下载

随着 Internet 的普及，网上可以利用的共享图像资源越来越多，如有很多素材网站，提供各种类型、各种内容的图像素材下载服务。如果需要某个素材图片，可以使用 Google 和百度等搜索引擎的图片搜索功能，也可以登录各种图库网站来检索，如图 5-5 所示。当在网络上检索到自己需要的图片后，可以按照下列方式将其下载到本地机器上即可。

2. 从数码相机上获取

使用数码相机直接拍摄自然影像也是一种简单的获取图像素材的方法。数码相机的工作原理如图 5-6 所示，CCD(带动感光元件)作为成像部件，把进入镜头照射于 CCD 上的光信号转换为电信号，再经 A/D 转换器处理成数字信息，并把数字图像数据存储在数码相机内的存储器中。数码相机拍摄的照片质量与相机的 CCD 像素数量有直接关系。使用数码相机拍照时同样应该根据需要选择或调整 CCD 像素数量。如果拍摄的照片用来制作 VCD 视频，照片选用 640×480 像素，使用 30 万像素拍摄即可；如果照片用来屏幕演示或制作多媒体作品，图像至少应采用 1 024×768 像素，如果要冲印 5 英寸(12.7 cm×8.9 cm)照片，图像应使用 1 200×840 像素，以上两种情况至少要使用 100 万像素进行拍摄；如果要冲印 15 英寸照片，图像应至少为 3 000×2 000 像素，应使用 600 万以上像素进行拍摄。

百度识图 | 百度首页 | 登录 注册

新闻 网页 贴吧 知道 音乐 图片 视频 地图 百科 文库

百度一下 帮助 高级

热门推荐：百度壁纸App HOT 传图换免费游轮游 性感美女 刘亦菲 豪车 美景 爱情壁纸 狗狗 恶搞

把百度设为首页 | 搜索风云榜 | 关于百度

©2013 Baidu 使用百度前必读

(a)百度图片搜索引擎

(b)图片素材网站

图 5-5　图片检索

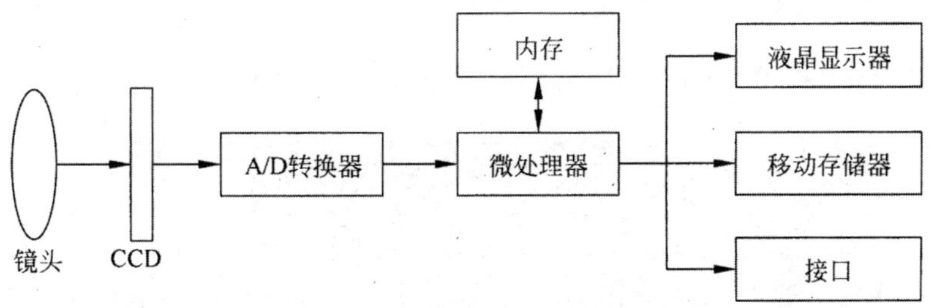

图 5-6　数码相机的工作原理图

3. 图像扫描

图像扫描借助于扫描仪进行，其图像质量主要依靠正确的扫描方法、设定正确的扫描参数、选择合适的颜色深度，以及后期的技术处理。各种图像处理软件中，均可启动 TWAIN 扫描驱动程序。不同厂家的扫描驱动程序各具特色，扩充功能也有所不同。

扫描时，可选择不同的分辨率进行，分辨率的数值越大，图像的细节部分越清晰，但是图像的数据量会越大。为了保证图像质量，应遵循“先高分辨率扫描，后转换其他分辨率使用”的原则。也就是说，不论图像将来采用何种分辨率，都应采用 300 dpi 或更高分辨率扫描。

如果扫描印刷品，应选择扫描仪的去网纹功能，以便去掉印刷品上的网纹。

4. 屏幕截图

（1）直接截图

如果多媒体作品中需要使用计算机屏幕上的某些内容，可以通过屏幕截取来获得对应图像。屏幕截取可以使用键盘上的 Print Screen 键，使用 Print Screen 键能够截取整个屏幕或当前窗口图像，并将其存放在系统剪贴板中，将系统剪贴板中的图片粘贴到 Windows 画图工具中就能够保存下来。使用这种方法虽然功能有限，但简单、方便，不需要另外安装软件。

使用 Print Screen 键截取屏幕图像步骤如下：

1）在 Windows 系统中按 Print Screen 键，将屏幕内容复制到系统剪贴板中。

2）打开 Windows 画图程序。

3）执行“编辑”→“粘贴”命令，将系统剪贴板中的屏幕图像粘贴到画图工具中，如图 5-7 所示。

4）保存图像文件。

（2）利用软件截取

使用 Print Screen 键和 Windows 画图程序截图虽然简单方便，但实现的功能有限，例如截图时不能截取鼠标、光标，不能滚动截屏，截取的图像内容修改比较麻烦等。要更好地完成截图任务，可以选择专业截图软件，例如，Snaglt、Hyper-snap 等。

Snaglt 截图软件不仅可以截取窗口、屏幕，还可以截取按钮、工具条、输入栏、不规则区域等。Snaglt 可以直接保存被截取的画面，不需要另外粘贴保存。另外，Snaglt 还能截取动态画面，并保存为 AVI 视频文件。

通过 SnagIt 软件截取图像的主要步骤如下：

1）打开 SnagIt 窗口，如图 5-8 所示。

2）在 SnagIt 窗口中进行设置，单击“捕获”按钮开始捕获屏幕内容。

3)在 SnagIt 预览窗口中预览捕获的屏幕图像,单击“另存为”按钮,保存图像。

图 5-7　在画图程序中粘贴截取的图片

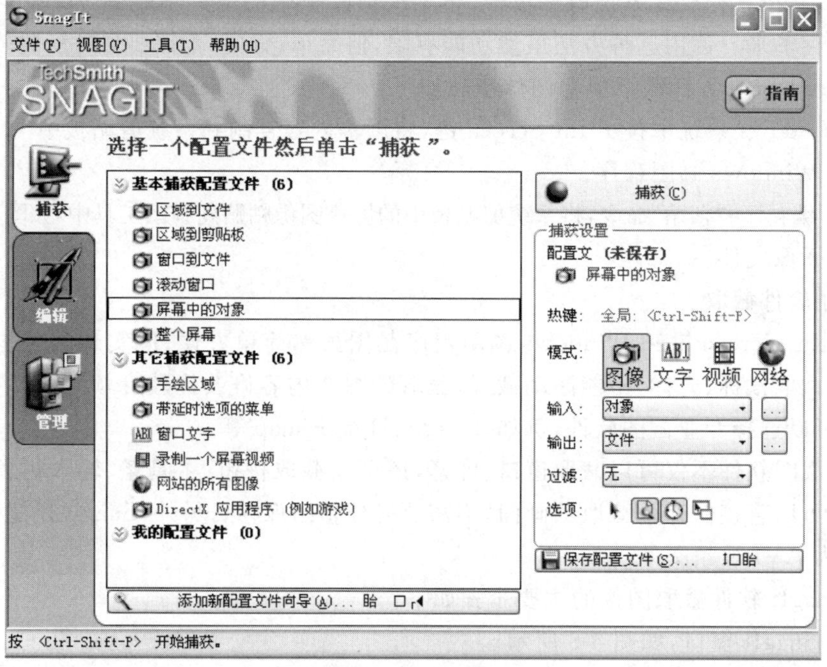

图 5-8　SnagIt 窗口

5.3.2 图像的处理

1. 图像的点处理

数字图像处理是指将图像信号转换为数字信号并利用计算机对其进行处理。数字图像处理的手段非常丰富，所有处理手段均建立在对数据进行数学运算的基础上。

图像的处理需要通过图像处理软件来完成。图像处理软件是一种实施各种算法的平台，通过各种运算实现对图像的处理。例如，图像尺寸的放大与缩小、翻转、旋转以及亮度的调整、对比度的调整等。如果采用稍微复杂的特殊算法，还可以生成很多特殊图像效果，例如水纹涟漪效果、油画效果、扭曲效果等。

点处理的处理对象是像素点。点处理是图像处理中最基本的算法，简单且有效，主要用于图像亮度的调整、图像对比度的调整以及图像亮度的反置处理等。

(1)亮度调整

图像的亮度对图像的显示效果有很大影响，亮度不足或者过高，都将影响图像的清晰度和视觉效果。

亮度调整是点处理算法的一种应用。为了增加图像的亮度或者降低图像的亮度，通常采用对图像中的每个像素点加上一个常数或者减少一个常数的方法。其亮度调整公式为：

$$L'=L+\lambda$$

其中，L'代表像素点亮度，λ 代表亮度调节常数。当 λ 为正数时，亮度增加；若其为负数，则亮度降低。

在运用亮度调整公式时，如果某像素点的亮度已达到最大值，若再加上一个常数而继续增加亮度的话，此时就会超出最大亮度允许值，从而产生高端溢出。这时，点处理算法将采用最大允许值代替溢出的亮度值，以避免图像数据错误。如果某像素点的亮度已达到最小值，若再继续降低亮度，减去一个常数的话，亮度值就会为负数，从而产生低端溢出。点处理算法在此时将采用最小允许值 0 来代替溢出值。

(2)对比度调整

点处理算法的另一种应用就是图像对比度的调整。对比度低的图像看起来不清晰，图像细节也较难分辨。对图像对比度进行调整时，首先找到像素点亮度的阈值，然后对阈值以上的像素点增加亮度，对阈值以下的像素点降低亮度，造成像素点的亮度向极端方向变化的趋势，使像素点的亮度产生较大的差异，从而达到增加对比度的目的。

(3)图像亮度反置

亮度反置处理也是一种点处理算法的应用。基本原理是：用最大允许亮度值减去当前像点的亮度值，并用得到的差值作为该像点的新值。其计算公式如下：

$$L_{new}=L_{max}-L$$

其中，L_{new}是像点的新亮度值；L_{max}是像点的最大允许亮度值；L 是像点的当前亮度值。

通俗地说，点处理算法把亮度高的像点变暗，亮度低的像点变亮，形成类似照片负片的效果。

点处理算法还可对图像进行其他形式的处理，如把图像转变成只有黑白两色的形式，或对图像进行伪彩色处理，以便人们分析和观察不可见的自然现象等。

2. 图像的组处理

图像的组处理对象是一组像素点，又叫“区处理”或“块处理”。在图像处理中的应用主要表现在：图像锐化和柔化、检测图像边缘并增强边缘、增加或减少图像随机噪声等。

(1)图像锐化处理

图像锐化处理是指通过运算适当地增加像素点之间亮度差异的过程。图像锐化处理使图像原本柔和的亮度变化和色彩变化变得尖锐，从而提高图像的清晰度。在对图像进行锐化处理的过程中，首先通过低通空间滤波器滤掉图像的高频成分，保留图像的低频成分，得到低频成分相对较多的图像；之后再在原图像中减去低通空间滤波器处理过的图像，使高频成分相对增强，从而得到锐化程度较高的图像。

采用高通空间滤波器同样可以锐化图像。高通空间滤波器可直接增强图像的高频成分，滤掉低频成分，从而提高图像的锐化程度。但是需要注意的是，高通空间滤波器在增强高频成分的同时，也将高频噪声增强，影响图像的质量。

就视觉效果而言，经过锐化处理的图像内容清晰、轮廓分明。图像锐化处理通常用于增强扫描图像和数码照片的清晰度，尤其对于细节的显示起到一定的增强作用。但是，在实际的图像处理过程中，对整幅图像进行锐化处理的情况并不多见，通常是根据需要对限定区域内的像素进行锐化处理，使该局部图像更加清晰可辨，以此达到最佳视觉效果。

(2)图像柔化处理

图像柔化处理与图像锐化处理正好相反，柔化处理追求图像柔和的过渡和朦胧的效果，采用计算相邻像素平均值的运算方法。图像柔化处理的应用十分广泛，可对数字照片的远景进行柔化，形成大光圈景深的效果；对文字背景进行柔化，形成阴影效果；对人像作品进行柔化，产生朦胧感等。

(3)图像边缘处理

图像边缘处理通常是指增强边缘影像，使图像轮廓变得清晰。在制作特殊的艺术效果时，经常使用图像边缘处理手段。在增强图像边缘的处理过程中，一般采用 3 种算法：拉普拉斯(Laplace)变换、平移和差分运算、梯度边缘运算。

3. 图像的几何处理

图像的几何处理是指经过运算，改变图像的像素位置和排列顺序，从而实现图像的放大与缩小、图像旋转、图像镜像以及图像平移等效果的处理过程。图像经过几何处理后，其像素的排列和位置与原图像一般没有映射关系，通常采用差值算法进行补偿。在对图像进行几何处理时，计算出来的像素坐标值会产生小数，而像素的实际坐标值只能是整数，不可能是小数。这时，需要用线性差值来代替带有小数的坐标值，从而确保图像的像素排列保持完整和顺畅。

(1)图像的放大与缩小

图像放大时，原图像的一个像素点变成若干个像素点，使被放大的图像像素点数量大于原图像，而像素点排列密度是固定不变的，因此图像的几何尺寸就会增加，从而达到放大图像的目的。

图像缩小时，原图像的多个像素点变成一个像素点，使缩小的图像像素点数量小于原图像，使图像的几何尺寸缩小。缩小的图像与原图像相比，像素点的对应关系发生很大变化，像素点的大量丢失，使图像的细节难以辨认。

无论图像进行放大还是缩小，其缩放比例很重要。对图像进行整比放大时，如放大 1 倍、2 倍、3 倍，像素点增加的数目为 1 个、2 个、3 个，不存在小数，放大的图像就不会产生畸变。如果图像放大不是整数倍，例如 1.35 倍、1.75 倍，则像素点增加的个数不是整数，为了使图像不产生畸变，此时需要计算线性差值，以整数个像素点作为图像数据。在图像缩小时，若干个像素点合并成一个像素点，计算也是必不可少的。

由于图像在缩放时不能保证像素之间的映射关系，如果多次进行图像缩放的话，将会产生非常大的图像畸变。因此，在图像处理过程中，为了保证图像的质量，一般不进行一次以上的缩放操作。

(2)图像旋转

图像旋转是指图像在平面上绕垂直于平面的轴进行旋转，其算法如下：

$$x' = x_0 + (x - x_0)\cos\alpha - (y - y_0)\sin\alpha$$

$$y' = y_0 + (y - y_0)\cos\alpha + (x - x_0)\sin\alpha$$

式中，旋转轴坐标为 (x_0, y_0)；旋转前的像素点坐标为 (x_0, y_0)；旋转后的像素点坐标为 (x', y')；旋转角度为 α。在实际应用中，经过计算得到的像素点坐标 (x', y') 还要经过差值运算才能产生实际的像素点坐标。

由于图像在旋转时存在运算误差和差值误差，如果进行多次旋转操作，则运算误差和差值误差会累积增大，造成较大的畸变失真。因此，在进行图像处理时，为尽量减少图像失真，旋转操作应该尽可能一次完成。

(3)图像镜像

把图像进行水平翻转或者垂直翻转，是几何处理的又一种应用形式。该处理能够形成图像的镜像。镜像的形成原理十分简单，只需改变像素点的排列顺序即可。若把对称于横向中轴线的像素点的位置对调，即可形成垂直镜像；若对称于纵向中轴线的像素点的位置对调，就能形成图像的水平镜像。图像镜像处理常被用于形成对称格局的平面效果。

(4)图像平移

图像平移也是几何处理的一种形式，可以整体平移，也能够局部平移。图像在平移时，其像素点之间的相对位置保持不变，而像素点的绝对坐标发生变化。图像的平移不存在差值问题，像素点之间的映射关系是固定不变的。图像在平移后，其坐标对应关系如下：

$$x' = x + m$$

$$y' = y + n$$

式中，m 和 n 分别是横向平移和纵向平移的像素点个数；(x, y) 是平移前的像素点坐标；(x', y') 是平移后的像素点坐标。

4. 图像帧处理

图像帧的处理是将一幅以上的图像以某种特定的形式合成在一起的过程。所谓特定的形式是指以下几个方面。

1)经过"逻辑与"运算进行图像的合成。

2)按照"逻辑或"运算关系合成。

3)以"异或"逻辑运算关系进行合成。

4)图像按照相加、相减以及有条件的复合算法进行合成。

5)图像覆盖、取平均值进行合成。

通常,大部分图像处理软件都具有图像帧的处理功能,并且可以以多种特定的形式合成图像。由于多种形式的图像合成使成品图像的色彩更加绚丽、内容更加丰富、艺术感染力更强,因此,图像帧的处理被广泛用于平面广告制作、美术作品创造、多媒体产品制作等领域。

5.4 图形图像处理常用软件

5.4.1 图形处理软件

图形处理软件是利用矢量绘图原理描述图形元素及其处理方法的绘图设计软件,通常有平面矢量图形设计与三维设计之分。最有代表性的软件产品有 CorelDRAW、Adobe Illustrator、Macromedia FreeHand、3ds max、AutoCAD 等。下面分别对这几款软件进行简单介绍。

1. CorelDRAW

CorelDRAW 是 Corel 公司开发的基于矢量图形原理的图形制作软件。该软件设置了功能丰富的创作工具栏,其中包含经常使用的编辑工具,可通过单击右下角的黑色箭头展开具体工具项,使得操作更加灵活、方便。使用这些工具可以创建图形对象,可以为图形对象增添立体化效果、阴影效果,进行变形、调和处理等。另外,该软件还提供了许多特殊效果供用户使用。

与 CorelDRAW 相配合,Corel 公司还推出了 Corel PhotoPaint 和 CorelRAVE 两个工具软件,目的是更好地发挥用户的想象力和创造力,提供更为全面的矢量绘图、图像编辑及动画制作等功能。

2. Adobe Illustrator

Illustrator 是 Adobe 公司出品的全球最著名的矢量图形软件,该软件广泛应用于封面设计、广告设计、产品演示、网页设计等方面,具有丰富的效果设计功能,给用户提供了无限的创意空间。例如,使用动态包裹(Enveloping)、缠绕(Warping)和液化(Liquify)工具可以让用户以任何可以想象到的方式扭曲、弯曲和缠绕文字、图形和图像;使用符号化(Symbolism)工具,用户可以快速创建大量的重复元素,然后运用这些重复元素设计出自然复杂的效果;使用动态数据驱动图形使相似格式(打印或用于 Web)的制作程序自动化。另外,Adobe Illustrator 与 Adobe 专业的用于打印、Web、动态媒体等的图形软件(包括 Adobe Photoshop、Adobe InDesign、Adobe AlterCast、Adobe GoLive、Adobe LiveMotion、Adobe Premiere、Adobe After Effects 等)密切整合,便于设计出高品质、多用途的图形/图像作品。

3. Macromedia FreeHand

FreeHand 是 Macromedia 公司推出的一款功能强大的矢量平面图形设计软件,在机械制图、建筑蓝图绘制、海报设计、广告创意的实现等方面得到了广泛应用,是一款实用、灵活且功能强大的平面设计软件。使用 FreeHand 可以以任何分辨率进行缩放及输出向量图形,且无损细节或清晰度。在矢量绘图领域,FreeHand 一直与 Illustrator、CorelDRAW 并驾齐驱,且在文字处理方面有着更明显的优势。

在 FreeHand MX 版中，Macromedia 公司加强了与 Flash 的集成，并用新的 Macromedia Studio MX 界面增强了该软件。与 Flash 的集成意味着可以把由 Flash 生成的 .SWF 文件用在 FreeHand MX 中。如果某个对象在 Flash MX 进行了编辑，则其改动会自动地反映到 FreeHand MX 中。同样，Flash MX 也可直接打开 FreeHand MX 文件。FreeHand 能创建动画，并支持复合 ActionScript 命令的拖放功能。

FreeHand MX 支持 HTML、PNG、GIF 和 JPG 等格式，具有对路径使用光栅和矢量效果的能力，使用突出(Extrude)工具，可为对象赋予 3D 外观。

4. 3ds max

3ds max 是 Autodesk 公司推出的三维建模、渲染、动画制作软件，其基本设计思想是通过建模完成物品的形状设计，通过材质的选择和编辑实现物品的质感设计，通过光源类型的选择和灯光调整赋予物品适当的视觉效果，最后通过渲染完成物品的基本设计。在动画设计方面，3ds max 提供了简单动画、运动命令面板、动画控制器、动画轨迹视图编辑器等设计功能，特别是 3ds max 6 中新增的 Reactor 特性，它基于真实的动力学原理，能创建出符合物理运动定律的动画。该软件广泛应用于高质量动画设计、游戏场景与角色设计及各种模型设计等领域。

5. AutoCAD

AutoCAD 也是 Autodesk 公司推出的一款基于矢量绘图的更为专业化的计算机辅助设计软件，广泛应用于建筑、城市公共基础设施、机械等设计领域。

5.4.2　图像处理软件

图像处理软件是以位图为处理对象、以像素为基本处理单位的图像编辑软件，可对平面图片进行裁剪、拼接、混合、添加效果等多种处理，属于平面设计范畴。表 5-4 列出了常见的图像处理软件的基本信息，最有代表性的软件产品有 Photoshop、PhotoImpact、Paint Shop Pro、Painter 等。

表 5-4　常见的图像处理软件

软件名	出品公司	功能简介
Photoshop	Adobe 公司	图片专家，平面处理的工业标准
Image Ready		专为制作网页图像而设计
Painter	MetaCreations 公司	支持多种画笔，具有强大的油画、水墨画绘制功能，适合于专业美术家从事数字绘画
PhotoImpact	Ulead 公司	集成化的图像处理和网页制作工具，整合了 Ulead GIF Animator
PhotoStyler		功能十分齐全的图像处理软件
Photo-Paint	Corel 公司	提供了较丰富的绘画工具
Picture Publisher	Micrografx 公司	Web 图形功能优秀
PhotoDraw	Microsoft	微软提供的非专业用户图像处理工具
PaintShop Pro	JASC Software 公司	专业化的经典共享软件，提供"矢量层"，可以用来连续抓图

Photoshop 是 Adobe 公司的专业图像处理软件；PhotoImpact 则是 Ulead 公司的位图处理软件，与 Photoshop 相比，该软件更倾向于易用性和功能集成；Paint Shop Pro 是 JASC 公司出品的一款位图处理共享软件，体积小巧而功能却不弱，适合于日常图形的处理；特别值得一提的是 Painter，它是美国 Fractal Design 公司的图像处理产品，后转给 Metacreations 公司，如果说 Photoshop 定义了位图编辑标准的话，Painter 则定义了位图创建标准。该软件提供了上百种绘画工具，多种笔刷可重新定义样式、墨水流量、压感及纸张的穿透能力等。Painter 中的滤镜主要针对纹理与光照，很适合绘制中国国画。因此，可把 Painter 划分为艺术绘画软件之列，使用 Painter 的人们可以用模拟自然绘画的各种工具创建丰富多彩的位图图形。

总之，多媒体计算机中不同平台的图形/图像处理软件很多，但其处理对象、处理功能、应用目的等有一定差别。用户应根据自己的专业技术水平、特点和应用目的等因素，选择适合自己的工具软件。

5.4.3　典型图像处理软件 Photoshop

Photoshop 是 Adobe 公司的王牌产品，它在图形图像处理领域拥有毋庸置疑的权威地位。无论是平面广告设计、室内装潢、Web 设计，还是个人照片处理，Photoshop 都已经成为这些领域无与伦比的强大工具。最近几年，PS 已经成为国内互联网上一个非常流行的专有名词。据 Adobe 公司官方网站宣称，"Adobe Photoshop 产品系列是获得最佳数字图像效果及将它们变换为可想象的任何内容的最终场所"。

1. Photoshop 主界面

在 Windows"开始"菜单的 Adobe 组中单击 Adobe Photoshop CS5 命令，启动 Photoshop 程序，屏幕显示 Photoshop 主界面，如图 5-9 所示。界面中包括菜单栏、工具选项栏、工具箱、控制面板、工作区和状态栏等几部分。

图 5-9　Photoshop CS5 操作主界面

(1)菜单栏

Photoshop CS5 的菜单栏由“文件”、“编辑”、“图像”、“图层”、“选择”、“滤镜”、“分析”、“3D”、“视图”、“窗口”和“帮助”11 个菜单项组成,菜单栏提供了图像处理过程中使用的大部分操作命令。

(2)工具箱

工具箱位于图像窗口的左侧,其中包含 50 多种图像编辑工具,用户可以通过它们方便地对图像进行各种修改。为了使界面更加简洁,Photoshop 隐藏了大部分按钮,只保留了一些常用按钮供用户使用。

(3)工具选项栏

工具选项栏位于菜单栏的下方,用于显示和设置所选工具的各项控制参数。

(4)图像窗口

图像窗口用于显示、编辑和处理图像。在处理时,经常会同时打开多个图像,每幅图像的图像窗口都是独立的。

(5)控制面板

控制面板用于控制图像的各种参数的设置,完成颜色、图层等的编辑功能。

(6)状态栏

状态栏用于显示当前的工作状态,提供一些当前操作的帮助信息。

2. Photoshop 的基本用法

Photoshop 的基本用法可以分为图像文件操作、基本编辑操作、高级编辑操作这 3 个部分。

(1)图像文件操作

图像文件的操作是针对整个文件的,包括新建、打开、存储等。

1)新建文件。执行“文件” →“新建”命令,弹出“新建”对话框,在此对话框中可以设置新建文件的名称、大小、色彩模式等属性,单击“好”按钮,即可完成新建文件操作。

2)打开文件。执行“文件”→“打开”命令,弹出 Windows 标准的“打开”对话框;双击 Photoshop 界面中的空白部分,同样可以弹出“打开”对话框;也可以通过快捷键“Ctrl+O”直接打开“打开”对话框。可以一次打开多个文件。

3)存储文件。执行“文件”→“存储”命令,可存储当前编辑的图像文件。如果是修改已有图像,则是覆盖性保存;如果是新建图像,则弹出“存储为”对话框。在编辑文件时,常因一些意外、死机、程序非法操作、断电等造成文件的丢失,所以经常存盘。

在编辑文件的过程中,如果要想存储该图像又不想覆盖掉原来的文件,就可以使用“文件”→“保存”命令。

(2)基本编辑操作

Photoshop 基本编辑操作包括基本工具的使用,图层、通道、蒙版的使用等。

1)基本工具的使用。Photoshop 工具箱如图 5-10 所示。

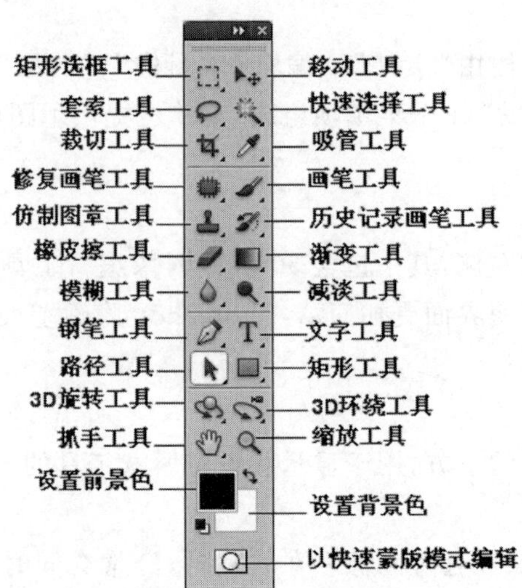

图 5-10 Photoshop 工具箱

①选取工具:主要用作图像的区域选择,包括矩形选框工具、套索工具、移动工具、裁切工具等。

②修图工具:主要用作已有图像的修改,包括仿制图章工具、修复画笔工具、模糊工具、减淡工具、海绵工具等。

③绘图工具:主要用作新建图像的绘制,包括画笔工具、钢笔工具、橡皮擦工具、渐变工具等。

④其他工具:主要用作图像的其他操作,包括路径工具、3D 旋转工具、抓手工具等。

2)图层操作。图层可以理解为一张透明纸,图层之间的关系就好像一张张相互叠加的透明纸,能够根据需要在这张“纸”上添加、删除构图要素或是对其中的某一层进行编辑而不影响其他图层,也可以对每个图层进行独立的编辑、修改。

图层是 Photoshop 非常重要的一个工具,也是制作精致效果所必不可少的工具,除了最下面的背景图层外,还可以根据需要为图像添加多个图层。

执行“窗口”→“显示图层”命令,或者按键盘上的 F7 键,可以将图层面板显示出来,如图 5-11 所示。

①新建图层。单击图层面板下方的“创建新的图层”按钮。

②复制图层。在图层面板中,直接将选中的图层拖到图层面板下方的“创建新的图层” 按钮上,或者选择图层面板弹出菜单中的“复制图层”命令。

③删除图层。选择需要删除的图层,直接拖到面板上的“删除图层”按钮处,或者选择面板弹出菜单中的“删除图层”命令。

④调整图层的顺序。图层的叠放顺序可以直接影响图像的显示效果,下面的图层总被上面的图层遮盖,可以通过图层面板来改变图层的顺序。选取要移动的图层,执行“图层”→“排列”命令,从弹出的子菜单中选择一个命令,或者使用鼠标直接在图层面板上拖动来改变图层的顺序。

⑤链接图层。链接图层后,可以对同一图像的多个图层进行自由变形和旋转等操作,也可

以对不相邻的图层进行合并。打开一张分层的图像，在图层面板上选中某层作为当前层所要链接层前面的方框，当出现链接图标时，表示链接图层与当前作用层链接在一起了。

⑥合并图层。在一幅图像中，图层越多，文件尺寸就越大。因此可以将一些基本上不用改动的图层或一些对全局影响不大的图层合并在一起，以节约磁盘的使用空间，提高操作效率。选择要合并的图层，在图层面板右侧的下拉式菜单中选择合并方式，Photoshop 软件中提供了“向下合并”、“合并可见图层”和“拼合图像”，共 3 种合并图层的方式。需要注意的是，图层一旦合并，将不可再分开。

⑦图层的混合模式。色彩混合模式是将当前选定的图层与下面的图层进行混合，从而产生另外一种图像显示效果。当两个图层重叠时，默认状态为“正常”。图层混合模式面板如图 5-12 所示。

图 5-11　Photoshop 图层面板

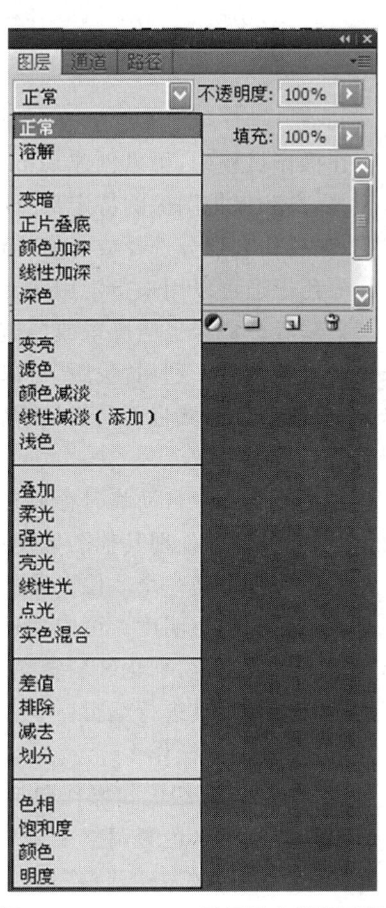

图 5-12　Photoshop 图层混合模板面板

⑧使用图层样式。在 Photoshop 中，可以针对图层使用多种特效。执行“图层”→“样式”命令，或单击图层面板底部的图层样式按钮，再从弹出的下拉式菜单中选择一种图层样式。

3)通道。通道用来保存图像的颜色数据、不同类型信息的灰度图像，还可以用来存放选区和蒙版，以方便用户以更复杂的方法操作和控制图像的特定部分。Photoshop 中的通道包括颜色通道、专色通道和 Alpha 通道三种。执行“窗口”→“通道”命令，即可显示通道面板。

打开一幅图像即可自动创建颜色信息通道。如果图像有多个图层，则每个图层都有自身的一套颜色通道。通道的数量取决于图像的模式,与图层的多少无关。如图 5-13 所示为一幅 RGB 颜色模式图像的 4 个默认通道。默认通道为:红色(R)、绿色(G)、蓝色(B)各一个通道,它们分别包含了此图像红色、绿色、蓝色的全部信息;另外一个默认通道为 RGB 复合通道,改变 RGB 中的任意一个通道的颜色数据,便会立刻反映到复合通道中。

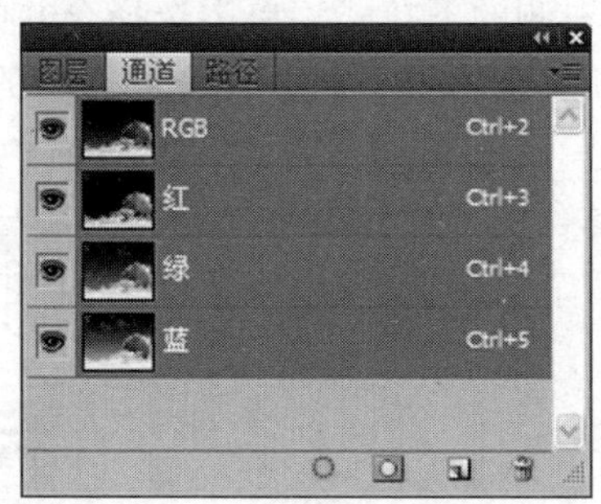

图 5-13 Photoshop 通道面板

在操作过程中,可以创建 Alpha 通道,将选区存储为 8 位灰度图像放入通道面板中,用来处理、隔离和保护图像的特定部分。通道中白色区域对应于选择区域,黑色区域对应于非选择区域,灰色代表部分选择或者有一定透明度的选择。

专色通道可以用来指定用于专色油墨印刷的附加印版。

4)蒙版。蒙版也叫遮罩或屏蔽,就好比在图层上方添加的一个带孔的遮罩,用户可以看到未被遮蔽的区域。利用“蒙版”可以隔绝出一个受保护的区域,只允许对未被遮蔽的区域进行修改,被遮蔽的区域将不受任何编辑作用的影响。蒙版包括快速蒙版、剪贴蒙版、矢量蒙版和图层蒙版等类型。

创建的蒙版会自动临时存储在 Alpha 通道中。此时的蒙版可以看做是一幅 256 级的灰度图像,因此可以像处理其他图像使用绘画工具、编辑工具和滤镜命令等对它进行编辑。

蒙版实际上是一个 8 位灰阶的 Alpha 通道,白色区域可见,黑色区域将被隐藏,灰色区域将呈现出不同的透明度。可以从选区创建图层蒙版,默认状态下,选择区域转换成白色,非选择区域转换成黑色,羽化区域转换成不同的灰色。图层蒙版是与分辨率相关的位图图像,可使用绘画或选择工具进行编辑。

(3)高级编辑操作

Photoshop 高级编辑操作包括色彩调整、路径和滤镜的使用。

1)色彩调整。色彩调整主要是对图像进行细微调整,改变图像的对比度和色彩等。如图 5-14 所示,在“图像”→“调整”命令的下拉菜单中提供了一系列命令来帮助调整图像色调以及色彩平衡。

①色阶。允许通过调整图像的明暗度来改变图像的明暗反差及反差效果,调整图像的色调范围和色彩平衡。

②自动色调。用来自动调整图像的明暗度。

③自动对比度。可以自动调节整幅图像的暗部与亮部的对比度。

④自动颜色。可以让系统自动对图像进行颜色校正

⑤曲线。用来调整图像的整个色调范围,但“曲线”命令调节更为精确、细致,可以调整灰

阶曲线中的任意一点，而“色阶”命令只能调整亮部、暗部和中间灰度。

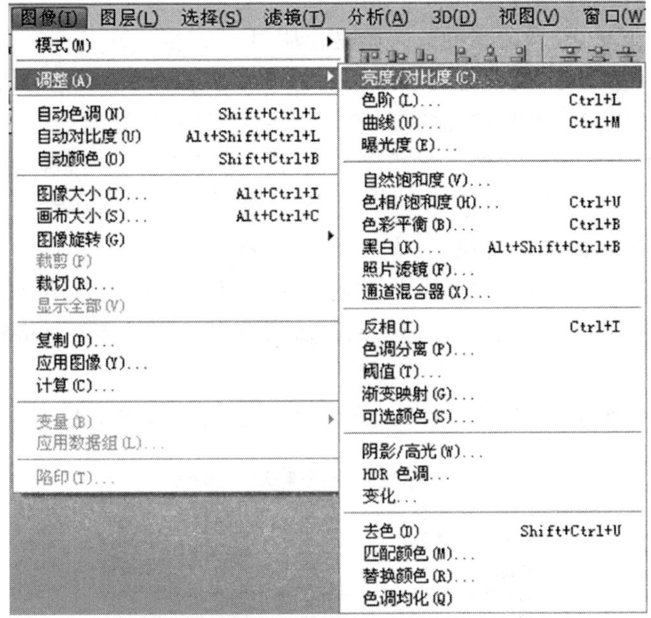

图 5-14　色彩调整菜单

⑥色彩平衡。进行一般的色彩校正，快速调整图像颜色构成，通过混合各种色彩以达到平衡。

⑦亮度/对比度。用来调整图像的亮度和对比度，能简单、直观地对图像进行调整，缺点是效果比较粗略。

⑧色相/饱和度。主要用于改变图像像素的色相、饱和度和明度，而且还可以通过给像素定义新的色相和饱和度来实现给灰度图像上色的功能，或创作单色调效果。

⑨去色。能够去除图像中的饱和色彩，将图像中所有颜色的饱和度都变为 0，使之转变为灰度图像。

⑩替换颜色。能让用户围绕要替换的颜色创建一个暂时的蒙版，并用其他颜色替换所选颜色。

⑪可选颜色。可以调整颜色的平衡，使用该命令可以有选择性地在图像的某一主色调成分中增加或减少印刷颜色的含量，而不会影响该印刷色在其他主色调中的表现，从而对图像的颜色进行调整。

⑫通道混合器。通过“通道混合器”命令可以将当前通道中的像素与其他颜色通道中的像素进行混合，从而改变主通道的颜色，创建一些其他颜色调整工具不易做到的效果。

⑬渐变映射。主要功能为将预设的几种渐变模式作用于图像，可以自动根据图像中的灰阶数值来填充所选取的渐变颜色。

⑭反相。利用此命令可以反转图像的颜色和色调，将一张正片转换为负片。

⑮色调均化。可以重新分配图像像素的亮度值，使它们能更均匀地表现所有的亮度级别。

⑯阈值。可以将一张灰度图像或彩色图像转变为高对比度的黑白图像。

⑰色调分离。为图像的每个颜色通道定制亮度级别，只要在色阶中输入想要的色阶数，便可以将像素以最接近的色阶显示出来。色阶数越少，色调分离的效果越明显；相反，色阶数越大，则颜色的变化越细腻，色调分离的效果不是很明显。

⑱变化。可在调整图像、选取范围或图层的色彩平衡、对比度和饱和度的同时，很容易地预览图像或选取调整前和调整后的缩略图，使调节更为精确、方便。

2)路径。路径是连接锚点与锚点的线段或曲线。路径工具是绘制各种形状的矢量图形的工具，它提供了一种有效的方式来精确地选取外框。路径可以存储在路径面板中，可将其转化为选区范围，然后对选择区域进行填色、描边或执行编辑操作。

3)滤镜。滤镜是 Photoshop 中一个非常强大和实用的功能，主要用来处理图像的各种效果。滤镜的操作非常简单，但是真正用起来却很难恰到好处。通常需要将滤镜和通道、图层等综合使用。

如图 5-15 所示，“滤镜”菜单下共有 12 类滤镜工具，各种滤镜工具又有多个具体滤镜。

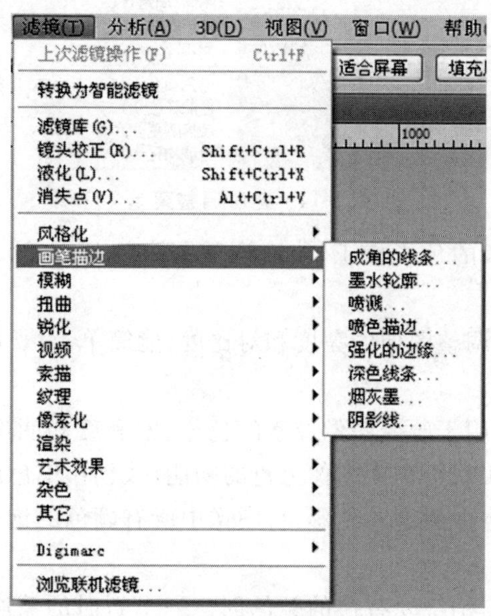

图 5-15 滤镜菜单

①风格化。通过置换像素并查找和增加图像中的对比度，通过浮雕效果等选项，在选区上产生如同印象派或其他画派般的作画风格。

②画笔描边。该滤镜使用不同的画笔和油墨笔触效果产生绘画式或精美艺术的视觉效果。使用该滤镜可以为图像增加颗粒、绘画、杂色、边缘细节或纹理，从而达到点画法的效果。

③模糊。可以平衡图像中已定义线条和遮蔽区域的清晰边缘旁边的像素，使变化显得柔和。

④扭曲。主要用来产生各种不同的扭曲效果，从水滴形成的波纹到水面的漩涡效果都可以处理。

⑤锐化。主要功能是增加图像的对比度，使画面达到清晰的效果。此滤镜通常用于增强扫描图像的轮廓。

⑥视频。用来处理视频图像，将视频图像转换成图像并输出到录像带上。

⑦素描。此滤镜使用前景色和背景色重绘图像，产生徒手速写或其他的绘画效果，包含半调图案、便条纸、粉笔和炭笔等 14 种子滤镜。

⑧纹理。为图像创造某种特殊的纹理或材质效果，以增加组织结构的外观。共有 6 种子滤镜。

⑨像素化。利用此滤镜可以将图像先分解成许多小块，然后进行重组，因此处理过后的图像外观像是由许多碎片拼凑而成的。

⑩渲染。主要用于图像着色以及明亮化，有些滤镜则用于造景。该滤镜可以对图像产生云彩、分层云彩、纤维、镜头光晕和光照等效果。

⑪艺术效果。共包括 15 种滤镜，可以对图像进行各种艺术处理。这些滤镜模仿天然或传统的媒体效果，必须在 RGB 模式下使用。

⑫杂色。将杂色与周围像素混合起来，使之不太明显，也可以用来在图像中添加粒状纹理。

第6章　动画处理技术

多媒体动画的发展经历了一个复杂的过程，从二维到三维，从线框图到真实感图像，从逐帧动画到实时动画，可以说多媒体动画技术是一门综合运用计算机科学、艺术、数学、物理学、生命科学及人工智能等许多学科和技术的综合学科。多媒体动画技术在数字媒体内容领域同样有着大量和广泛的应用。

6.1　动画的基础知识

6.1.1　多媒体动画的发展过程

早在1963年至1967年期间，Bell实验室的Ken. Knowlton等人就着手于用计算机制作动画片。一些美国公司、研究机构和大学也相继开发动画系统，这些早期的动画系统属于二维辅助动画系统，利用计算机实现中间画面制作和自动上色。20世纪70年代开始开发研制三维辅助动画系统，如美国Ohio州立大学的D. Zelter等人完成的可明暗着色的系统。与此同时，一些公司开展了动画经营活动，如Disney公司出品的动画片“TRON”就是MAGI等四家公司合作的。

从20世纪70年代到80年代初开始研制的三维动画系统，采用的运动控制方式一般是关键参数插值法和运动学算法。20世纪80年代后期发展到动力学算法以及反向运动学和反向动力学算法，还有一些更复杂的运动控制算法，从而使链接物的动画技术日渐趋于精确和成熟。目前正在把机器人学和人工智能中的一些最新成就引入多媒体动画，提高运动控制的自动化水平。

此外，加拿大蒙特利尔大学MIRA实验室的N. M. Thalmamn夫妇在动画制作和高质量图像生成方面的研究也是卓有成效的。他们于1986年出版的著作《多媒体动画的理论和实践》是迄今为止关于动画原理论述较为系统和全面的一部专著。他们还开发了3D演员系统，在系统中引入了面向对象的动画语言。

随着计算机技术的迅猛发展，多媒体动画系统也日益复杂和完善。一个三维多媒体动画系统应包括实体造型、真实感图形图像绘制、运动控制方法、存储和重放、图形图像管理和编辑等功能模块。进一步完善还应配置专用动画语言、各种软硬件接口和友善的人机界面。早期的多媒体动画系统有的甚至采用模拟计算机。随着高性能工程工作站的推出，配置有RISC结构的CPU芯片，采用并行运算和固化算法的专用图形处理器以及高分辨率的光栅扫描显示器和海量光盘存储器的推出，为实时动画的制作提供了硬件基础。开发相应的接口，连接摄像机、图像扫描仪、录音录像设备等相应外设，组成多媒体动画系统，并且和多媒体技术结合起来共同发展。Evan & Sutherland公司耗资数百万美元，开发了实时飞机模拟训练系统。SGI公司基于RISC结构的并行处理工作站适于开发三维动画系统。

目前国内在工作站和一些小型机 CAD 系统中配套引进了一些动画软件，如机械 CAD 中的机构运动模拟、加工过程模拟、建筑 CAD 中的全景观察系统等。在微机的动画软件有 Mac 机的 Video Work、IBM-PC 机上的 Animator 及 3D Studio，都具有图形图像编辑、动画存储及重放功能，普遍采用了关键帧技术。三维动画系统如美国爱迪生公司在 SGI 工作站上开发的 EX-PLORE 系统，包括造型、绘制、动画、图像编辑、纹理和映射、记录等六大功能模块，它的造型功能通过 CAD 系统接口提供，对三维链接的动画采用反向运动学算法。类似软件还有美国加州 WAVEFRONT 公司的三维动态视觉软件 Wavefront，该软件广泛应用于众多领域的造型、设计、动态仿真模拟和科学数据的分析上，可在不同档次的 UNIX 工作站上运行。这些软件基本上代表了国际上 20 世纪 80 年代中期水平。国内一些高校、科研机构和工业部门也在开展这方面的研究工作，主要集中在一些应用领域，如模拟机械手取物、模拟飞机飞过的场景变化、人体运动模拟等。这些动画多数属于二维动画，从总体水平看与国外还存在较大差距。对引进系统的开发应用处于起步阶段，目前取得了一定发展，如亚运动会的片头设计、商品广告设计等。由于多媒体动画应用十分广泛，效益甚佳，前景迷人，必将吸收更多的人加入这一研究应用领域。

6.1.2　多媒体动画的分类

多媒体动画可以按照控制方式和视觉空间加以分类。根据运动的控制方式，可将多媒体动画分为实时动画和逐帧动画两种。

1. 实时动画

实时动画也称为算法动画，它是采用各种算法来实现运动物体的运动控制。实时动画一般不包含大量的动画数据，而是对有限的数据进行快速处理，并将结果随时显示出来。实时动画的响应时间与许多因素有关，如计算机的运算速度、软硬件处理能力、景物的复杂程度、画面的大小等。游戏软件以实时动画居多。

在实时动画中，一种最简单的运动形式是对象的移动，它是指屏幕上一个局部图像或对象在二维平面上沿着某一固定轨迹运动。运动的对象或物体本身在运动时的大小、形状、色彩等效果是不变的。具有对象移动功能的软件有许多，如 Authorware、Flash 等都具有这种功能，这种功能也被称作多种数据媒体的综合显示。由于对象的移动相对简单，容易实现，又无需生成动画文件，所以应用广泛。但是，对于复杂的动画效果，则需要使用二维帧动画预先将数据处理和保存好，然后通过播放软件进行动画播放。

算法动画是采用算法实现对物体的运动控制或模拟摄像机的运动控制，一般适用于三维情形。

算法动画根据不同的算法可分为以下几种：

1）运动学算法：由运动学方程确定物体的运动轨迹和速率。

2）动力学算法：从运动的动因出发，由力学方程确定物体的运动形式。

3）反向运动学算法：已知链接物末端的位置和状态，反求运动方程以确定运动形式。

4）反向动力学算法：已知链接物末端的位置和状态，反求动力学方程以确定运动形式。

5）随机运动算法：在某些场合下加进运动控制的随机因素。

算法动画是指按照物理或化学等自然规律对运动进行控制的方法。针对不同类型物体的运动方式(从简单的质点运动到复杂的涡流、有机分子碰撞等),一般按物体运动的复杂程度将物体分为质点、刚体、可变软组织、链接物、变化物等类型,也可以按解析式定义物体。

用算法控制运动的过程包括:给定环境描述、环境中的物体造型、运动规律、计算机通过算法生成动画帧。目前针对刚体和链接物运动已开发了不少较成熟算法,对软组织和群体运动控制方面也做了不少工作。

模拟摄影机实际上是按照观察系统的变化来控制运动,从运动学的相对性原理来看是等价的,但也有其独特的控制方式,例如可在二维平面定义摄影机运动,然后增设纵向运动控制。还可以模拟摄影机变焦,其镜头方向由观察坐标系中的视点和观察点确定,镜头绕此轴线旋转,用来模拟上下游动、缩放的效果。

目前对多媒体动画的运动控制方法已经作了较深入的研究,技术也日渐成熟,然而使运行控制自动化的探索仍在继续。对复杂物体设计三维运动需要确定的状态信息量太大,加上环境变化,物体间的相互作用等因素,就会使得确定状态信息变得十分困难。因此探求一种简便的运动控制途径,力图使用户界面友好,提高系统的层次就显得十分迫切。

高层次界面采用更接近于自然语言的方式描述运动,并按计算机内部解释方式控制运动,虽然用户描述运动变得自然和简捷,但对运动描述的准确性却带来了不利,甚至可能出现模糊性、二义性问题。解决这个问题的途径是借鉴机器人学、人工智能中发展成熟的反向运动学、路径设计和碰撞避免等理论方法。在高度智能化的系统中物体能响应环境的变化,甚至可以从经验中学习。

常用的运动控制人机界面有交互式和命令文件式两种。交互式界面主要适用于关键帧方法,复杂运动控制一般采用命令文件方式。在命令文件方式中文件命令可用动画专用语言编制,文件由动画系统准确加以解释和实现。在机器解释系统中采用如下几种技术。

1)参数法:设定那些定义运动对象及其运动规律的参数值,对参数赋以适当值即可产生各种动作。

2)有限状态法:将有限状态运动加以存储,根据需要随时调用。

3)命令库:提供逐条命令的解释库,按命令文件的编程解释执行。

4)层次化方法:分层次地解释高级命令。

2. 逐帧动画

逐帧动画也称为帧动画或关键帧动画,它通过一组关键帧或关键参数值而得到中间的动画帧序列,可以是插值关键图像帧本身而获得中间动画帧,或是插值物体模型的关键参数值来获得中间动画帧,分别称之为形状插值和关键位插值。

早期制作动画采用二维插值的关键帧方法。当两幅二维关键帧形状变化很大时不宜采用参数插值法,解决的办法是对两幅拓扑结构相差很大的画面进行预处理,将它们变换为相同的拓扑结构再进行插值。对于线图形即是变换成相同数目的段,每段具有相同的变换点,再对这些点进行线性插值或移动点控制插值。

关键参数值常采用样条曲线进行拟合,分别实现运动位置和运动速率的样条控制。对运动位置的控制常采用三次样条进行计算,用累积弦长作为逼近控制点参数,以求得中间帧的位置,也可以采用 Bezeir 样条等其他 B 样条方法。对运动速度的控制常采用速率-时间曲线函数的方法,也有的用曲率一时间函数的方法。

根据视觉空间的不同，多媒体动画又有二维动画与三维动画之分。

二维动画沿用传统动画的原理，将一系列画面连续显示，使物体产生在平面上运动的效果。二维画面是平面上的画面，如纸张、照片或计算机屏幕显示，无论画面的立体感有多强，终究只是在二维空间上模拟真实的三维空间效果。一个真正的三维画面，画中的景物有正面，也有侧面和反面，调整三维空间的视点，可以看到不同的内容。二维画面则不然，无论怎么看，画面的深度是不变的。

二维与三维动画的区别主要在于采用不同的方法获得动画中的景物运动效果。如果说二维动画对应于传统卡通片的话，那么三维动画则对应于木偶动画。三维动画之所以被称作计算机生成动画，是因为参加动画的对象不是简单地由外部输入的，而是根据三维数据在计算机内部生成的，运动轨迹和动作的设计也是在三维空间中考虑的。

此外，变形动画能将物体从一种形态过渡到另一种形态，需要进行复杂计算，主要用于影视人物、场景变换、特技处理等场合。

6.1.3　多媒体动画系统的组成

多媒体动画系统是一种交互式的计算机图形系统。通常的工作方式是操作者通过输入设备发给计算机一个指令，然后由计算机显示相应的图形或是做出相应变换动作，然后等待下一个操作指令。多媒体动画系统涉及硬件和软件两部分平台。硬件平台大致可分为以 PC 为基础组成的小型图形工作站以及专业的大中型图形工作站。软件平台不单单指动画制作软件，还包括完成一部动画片的制作所需要的其他类别的软件。

1. 硬件

输入设备包括对动画软件输入操作指令的设备和为动画制作采集素材的设备。2D/3D 鼠标是最常见的输入设备。3D 鼠标则可以离开桌面在空中移动，用于三维图形信息的输入。图形输入板则是一种更专业的输入设备，它为操作者提供了一个更加类似于传统绘画的直观的工作模式。使用时配备特制的压感笔，靠压感笔上的压力敏感开关电路在输入板上为计算机输入笔所在的位置以及某项操作的强度。图形扫描仪为动画系统提供所需要的纹理贴图等各类素材。三维扫描仪则可以通过激光技术扫描一个实际的物体，然后生成表面线框网格，通常用来生成高精度的复杂物体或人体形状。

刻录机和编辑录像机是常用的动画视频输出设备。刻录机对硬件没有特殊的要求，它可以把动画以数据或数字影片（VCD/DVD）的方式记录在光盘上。编辑录像机可以将动画记录在磁带上用于播出，但需要专门的视频输出板卡的支持。

主机是完成所有动画制作和生成的设备。为满足多媒体动画制作对图形图像处理的要求，其硬件结构和系统软件都有许多特别设计，用户使用的是不同于普通台式机的图形工作站。针对小型动画工作室和大中型制作公司的不同使用要求，有不同级别的图形工作站。图形工作站是一种以个人计算机和分布式网络计算为基础，具备强大的数据运算与图形图像处理能力，为满足工程设计、动画制作、科学仿真、虚拟现实等专业领域对计算机图形处理应用的要求而设计开发的高性能计算机。根据软、硬件平台的不同，图形工作站一般分为基于 RISC（精简指令集）架构 CPU、UNIX 操作系统的专业工作站和基于 CISC（复杂指令集）架构 CPU 和 Windows 操作系统的 PC 工作站。

2. 软件

动画制作系统的软件分为系统软件和应用软件。

系统软件包括操作系统、高级语言、诊断程序、开发工具、网络通信软件等。目前可用于动画制作的系统软件平台有 Windows NT 系统、Windows XP 系统、Linux 系统、Unix 系统以及 Mac OSX 系统。

应用软件包括图形设计软件、二维动画软件、三维动画软件和特效与合成软件等。

1)图形设计软件一般提供丰富的绘画工具，让用户可以直接在屏幕上绘制出自己想要的图片。另外，这类软件都具有强大的图像处理功能，如图像扫描、色彩校正、颜色分离、画面润色、图像编辑、特殊效果生成等。如 Photoshop、Illustrator 等。

2)二维动画软件一般都具有较完善的平面绘画功能，还包括中间画面生成、着色、画面编辑合成、特效、预演等功能。如 Animator studio、Flash 等。

3)三维动画软件采用计算机来模拟真实的三维场景和物体，在计算机中构造立体的几何造型，并赋予其表面颜色和纹理，然后设计三维形体的运动、变形，确定场景中灯光的强度、位置及移动，最后生成一系列可动态实时播放的连续图像。软件一般包括三维建模、材质纹理贴图，运动控制、画面渲染和系列生成等功能模块。如 MAYA、3ds max、Softimage 等。

4)特效制作与合成软件，可将手绘画面、实拍镜头、静态图像、二维动画和三维动画影视文件的多层画面合成或组合起来，加入各种各样的特技处理手段，达到前期拍摄难以实现的特殊画面效果，如 Combustion、MAYA Fusion、Shake、AfterEffects 等。

6.1.4 多媒体动画的应用

随着计算机图形技术的迅速发展，从 20 世纪 60 年代起，计算机动画技术也得到了快速地成长。目前，计算机动画的应用小到一个多媒体软件中某个对象、物体或字幕的运动，大到一段动画演示、光盘出版物片头片尾的制作、影视特技，甚至电影电视的片头片尾及商业广告、MTV、游戏等的创作。

比起传统动画，多媒体动画的应用更加广泛，更有特色，这里列出一些典型的应用领域。

(1)电影电视动画片制作

电脑动画应用最早、发展最快的领域是电影业。虽然电影中仍采用人工制作的模型或传统动画实现特技效果，但计算机技术正在逐渐替代它们。计算机生成的动画特别适合用于科幻片的制作。使用计算机动画的方式可免去大量模型、布景、道具的制作，节省大量的色片和动画师的手工劳动，提高效率，缩短制作周期，降低成本，这是技术上的一场革命。

(2)商品电视广告片的制作

电视片头和电视广告也是动画使用的主要场所之一。计算机动画能制作出一些神奇的视觉效果，便于产生夸张、嬉戏和各种特技镜头，营造出一种奇妙无比、超越现实的夸张浪漫色彩，可取得特殊的宣传效果和艺术感染力。

(3)辅助教学演示

计算机动画在教育中的应用前景非常宽阔，教育中的有些概念、原理性的知识点比较抽象，这时借助计算机动画把各种现象和实际内容进行直观演示和形象教学，大到宇宙，小到基因结构，都可以淋漓尽致地表现出来。利用计算机动画进行辅助教学演示可以免去制作大量的教学模型、挂图，便于采用交互式启发教学方式，教员可根据需要选择和切换画面，使得教学过程更加直观生动，增加趣味性，提高教学效果。

(4)科学计算和工业设计

利用动画技术，可以将计算过程及事物很难呈现的一面完全地暴露在人们面前，以便于进一步地观察分析和交互处理。同时，计算机动画也可以为工业设计创造更好的虚拟环境。借助动画技术，可以将产品的风格、功能仿真、力学分析、性能实验以及最终的产品都呈现出来，并以不同的角度观察它，还可以模拟真实环境将材质、灯光等赋上去。

(5)飞行员的模拟训练

可以再现飞行过程中看到的山、水、云雾等自然景象。飞行员的每个操作杆动作，便显示出相应的情景，并在仪表板上动态地显示数字，以便对飞行员进行全面训练，节约大量培训费用。

(6)指挥调度演习

根据指挥员、调度员的不同判断和决策，显示不同的结果状态图，可以迅速准确地调整格局，不断吸收经验、改进方法，提高指挥调度能力。

(7)工业过程的实时监测仿真

在生产过程监控中，模拟各种系统的运动状态，出现临界或危险征兆时及时显示。模拟加工过程中的刀具轨迹，减少试制工作。通过状态和数据的实时显示，便于及时进行人工或自动反馈控制。

(8)模拟产品的检验

可免去实物或模型试验，如汽车的碰撞检验，船舱内货物的装载试验等，节省产品和模型的研制费用，避免一些危险性的试验。

(9)医疗诊断

可配合超声波、X 光片检测，CT 成像等，显示人体内脏的横切面，模拟各种器官的运动状态和生理过程，建立三维成像结果，为疾病的诊断治疗提供有效的辅助手段。

(10)开发游戏机的游戏软件

大量生动有趣的游戏软件，都是采用各种动画技巧开发的。

目前，计算机动画在娱乐上的广泛应用也充分展示了其无穷的价值空间。计算机动画创设的真实的场景、逼真的人物形象以及事件处理，受到了娱乐界的极力推崇。

(11)Web 3D 和虚拟现实

Web 3D 可以认为是一种非沉浸式的虚拟现实技术，这种技术的出现把多媒体动画带入了网络，使得计算机网络演化成为了一种全新的三维空间界面，人们可以通过浏览器在网络上身临其境地观察三维场景或全方位地、立体地观察某样产品。

虚拟现实是利用多媒体动画技术模拟产生一个三维空间的虚拟环境系统。在动画制作的基础上，人们凭借系统提供的视觉、听觉甚至触觉设备，身临其境地置身于这个虚拟环境中，随心所欲地活动，就像在真实世界中一样。

6.1.5　多媒体动画的研究内容

在目前的多媒体动画软件中，包括几何造型、真实感图形生成(渲染)和运动设计 3 个基本方面,由于前两个方面已形成独立的研究领域,因而多媒体动画的研究内容很自然地集中在对物体运动控制方法的研究上。近年来提出的基于物理方法建模的思想,试图以统一的方式来解决这种"分离"性,而实现更加符合客观实际的运动过程。多媒体动画研究的宗旨主要表现在两个方面:其一是能够真实地刻画所表现对象的运动行为;第二方面是使对象的运动行为充分符合用户的意愿。对后者的研究主要是为了满足在影视制作和广告设计上的需求。

从目前国外对多媒体动画的研究来看,多媒体动画研究的具体内容可分为以下方面:

1)关键帧动画。

2)基于机械学的动画和工业过程动画仿真。

3)运动和路径的控制。

4)动画语言与语义。

5)基于智能的动画,机械人与动画。

6)动画系统用户界面。

7)科学可视化多媒体动画表现。

8)特技效果,合成演员。

9)语言、音响合成,录制技术。

由上面的研究内容不难看出,运动主体的控制方法仍是整个动画系统研究的核心,尤其是以智能机器人理论为基础的动画系统研究是近几年来研究的重点与难点。

6.1.6 多媒体动画的发展前景

多媒体动画技术在众多的领域都有着应用发展前景,它能够为科学理论研究、工业生产、影视制作、广告设计、文化教育、航空航天、体育训练等提供有效的表现方法和研究工具。例如,利用仿真人体就可以进行多种工业产品设计的人机工程研究,还可进行服装设计、体育训练等与人体相关的多领域的研究工作。即使是对于传统的动画领域,也正如 Walt Disney 公司 Price 所说:"它改变了传统动画制作的观点以及开发过程等"。

多媒体动画与其他计算机应用技术的结合,将会更加充分发挥各自的优越性,从而更进一步拓宽计算机的应用范围及深度。下面分别讨论多媒体动画与多媒体技术和虚拟现实技术等的结合应用。

1. 多媒体动画与多媒体技术

众所周知,多媒体技术的一个关键性技术问题,是图像压缩方法的问题。由于目前多媒体应用大多是将录像机(或图形扫描仪)采集到的大量图像数据,经过数据压缩,存放在磁盘(光盘)中,尽管目前的磁盘容量有了很大的提高,但对于大型项目来说,仍有相形见拙的感觉;此外,这种图像储存方式给网络环境下的多媒体应用增加了沉重的负担(当然,提高网络的传输速度与容量是解决方法之一),但另外一个缺点是无法克服的,即系统所采集到的图像数据受采样数据点以及采样时摄像机的方向限制,无法向用户提供一个充分连续的动画和任意的观察角度。

运用多媒体动画技术可在很大程度上解决上述问题。首先是物体的几何信息及其拓扑信息等所需的储存空间与传输速度都要比整幅图像的存储和传输要小、要快得多,同时不存在缩小与放大时的失真;其次由于具有完整的几何信息,所以用户可在任意位置、任意角度来观察;

最后，运用这种方法可制作出无法采用录像机摄制的或是抽象世界的多媒体应用系统。这些无疑对多媒体应用的广泛化和深入化起到推动作用。在目前，这种方法受到硬件环境及实时的高度真实感图形算法的限制，但在网络环境下采用 Client/Server 结构，配置上性能的图形服务器，这是能够在一定程度上得以解决的。

2. 多媒体动画与虚拟现实技术

虚拟现实技术（Virtual Reality，VR）又称临境技术，目前被认为是新一代的人机交互技术。尽管目前对 VR 尚无一个统一明确的概念，但其基本思想是实现人与计算机在三维空间进行多种形式的信息交互，使用户进入计算机所创造的立体环境中，通过感受到的视觉、听觉、触觉、嗅觉等来操作计算机应用系统。

在虚拟现实中，多媒体动画是计算机系统对人的操作行为作出相应表现的主要方法之一，这不仅单纯表现为提供动态的立体视觉信息，而且由于 VR 提供了以往的人机交互方法中不具备的触觉及视力的输入信息，系统必须根据用户在三维空间输入的力及方向作出正确的动态行为响应。如果说窗口图形界面系统是二维形式下的人机交互的主要手段，那么三维多媒体动画则是虚拟现实环境下人机信息沟通的桥梁。

3. 多媒体动画与人工生命

人工生命是 20 世纪 80 年代后期由美国 Los Alamos 的 C. Lanton 提出的新的学科领域，被认为是继人工智能之后的新的计算机模型和智能模型。多媒体动画成为人工生命研究的主要表现方法之一，同时，人工生命研究的理论方法，为多媒体动画中行为控制的研究又开辟了新的途径，来实现 Bottom-Up 的智能行为。在 SIGGRAPH'94 上，Sime 采用遗传算法构造了一个新颖的虚拟生物进化过程，运用进化函数来仿真虚拟生物的特定行为进化，如行走、跳跃等行为。

此外，三维动画形式的用户界面已引起许多研究者的兴趣，它具有比现今流行的图形窗口形式的人机交互方法更为直观，并具有显示信息量大等优点，被称为是下一代的人机界面。作为用户界面研究的先锋，Xero 公司的研究中心已向人们展示了其基于“Cone Tree”结构的三维动画形式的用户界面。

6.2　动画的文件格式

动画文件指由相互关联的若干帧静止图像所组成的图像序列，这些静止图像连续播放便形成一组动画，通常用来完成简单的动态过程演示。常用的动画文件格式有 GIF 格式、FLI/FLC(FLIC)格式和 SWF 格式等。

1. GIF 格式

GIF 是 graphics interchange format（图形交换格式）的英文缩写，由 CompuServe 公司于 20 世纪 80 年代推出的一种高压缩比的彩色图像文件格式。CompuServe 公司是一家著名的美国在线信息服务机构，针对当时网络传输带宽的限制，它采用无损数据压缩方法中压缩效率较高的 LZW(lempel-ziv-welch)算法，推出了 GIF 图像格式，主要用于图像文件的网络传输。

GIF 动画文件格式是多帧 GIF 图像的合成。GIF 格式的特点是压缩比高，文件比较小，所以现在网页中大部分的动画采用 GIF 格式。考虑到网络传输中的实际情况，GIF 图像格式除了一般的逐行显示方式之外，还增加了渐显方式，也就是说，在图像传输过程中，用户可以先看到图像的大致轮廓，然后随着传输过程的继续而逐渐看清图像的细节部分，从而适应了用户的观赏心理，这种方式以后也被其他图像格式所采用，如 JPEG 和 JPG 等。最初，GIF 只是用来存储单幅静止图像，称做 GIF87a，后来，又进一步发展成为 GIF89a，可以同时存储若干幅静止图像并进而形成连续的动画。目前因特网上大量采用的彩色动画文件多是这种格式的 GIF 文件。

GIF 动画简单易学，适合制作小巧的动画及广告横幅，在多媒体课件中经常使用这种格式，常用的 GIF 动画生成软件是 Ulead GIF Animator。

2. FLIC 格式

FLIC 文件是 Autodesk 公司在其出品的 Autodesk Animator/Animator Pro/3D Studio 等 2D/3D 动画制作软件中采用的彩色动画文件格式，FLIC 是 FLC 和 FLI 的统称。其中，FLI 是最初的基于 320×200 分辨率的动画文件格式，而 FLC 则是 FLI 的进一步扩展，采用了更高效的数据压缩技术，所以具有比 FLI 更高的压缩比，分辨率也有所提高，其分辨率不再局限于 320×200。FLIC 文件采用行程编码(RLE)算法和 Delta 算法进行无损的数据压缩。首先压缩并保存整个动画序列中的第一幅图像，然后逐帧计算前后两幅相邻图像的差异或改变部分，并对这部分数据进行 RLE 压缩，由于动画序列中前后相邻图像的差别通常不大，因此采用行程编码可以得到相当高的数据压缩率。

目前用得比较多的是 FLC 格式，它每帧采用 256 色，画面分辨率从 320×200 到 1 600×1 280 不等。FLIC 格式代码效率高、通用性好，被大量地运用到多媒体产品中。

GIF 和 FLIC 文件，通常用来表示由计算机生成的动画序列，其图像相对而言比较简单，因此可以得到比较高的无损压缩率，文件尺寸也不大。然而，对于来自外部世界的真实而复杂的影像信息而言，无损压缩便显得无能为力，而且即使采用了高效的有损压缩算法，影像文件的尺寸也仍然相当庞大。

3. SWF 格式

SWF 文件是基于 Macromedia 公司 Shockwave 技术的流式动画格式。在观看 SWF 动画时，可以一边下载一边观看，而不必等到动画文件下载到本地再观看。SWF 文件的动画能用比较小的体积来表现丰富的多媒体形式，并能方便地嵌入到 HTML 网页。SWF 文件的动画是利用矢量技术制作的，不管画面放大多少倍，画面仍然清晰流畅，质量不会因此而降低。SWF 文件动画体积小、功能强、交互能力好、支持多个层和时间线程等特点，越来越多地应用到多媒体产品和网络动画中。

4. AVI 格式

AVI(Audio Video Interleaved)即音频视频交错，是对视频、音频采用的一种有损压缩方式。该压缩方式的压缩率比较高，并且可以将音频和视频混合到一起，因此，尽管画面质量不是太好，但其应用范围仍然十分广泛。AVI 文件主要用在保存电影、电视等各种影像信息及多媒体光盘上。

5. MOV、QT 格式

MOV、QT 都是 QuickTime 的文件格式。该格式的文件能够通过 Internet 提供实时的数字化信息流、工作流与文件回放。

表 6-1 罗列了几种动画格式、支持的公司及说明。

表 6-1　动画文件格式

格式	公司	说明
GIF	CompuServe 公司	GIF 动画图像文件
FLC	Autodesk 公司	Animator Pro 文件格式
FLI	Autodesk 公司	FLI 文件格式
FLT	Autodesk 公司	Autodesk Animator FLC/FLT 文件格式
SWF	Macromedia 公司	流式动画格式
AVI	Microsoft 公司	Windows 平台通用的动画格式
MPEG	国际标准化组织的运动图像专家小组开发	所有平台和 Xing Technologies MPEG 播放器及其他应用程序均支持
PIC	Macromedia	QuickTime 的前身
MOV	Apple 公司	QuickTime 动画文件格式

6.3　动画的制作

6.3.1　动画的制作原理

1. 视觉滞留现象

视觉滞留，又称视觉暂留(duration of vision)，是人眼具有的一种性质。人眼观看物体时，成像于视网膜上，并由视神经输入人脑，感觉到物体的像。但当物体移去时，视神经对物体的印象不会立即消失，而要延续一段时间，这种残留的视觉称后像，人眼的这种性质被称为视觉滞留现象。

视觉滞留现象最早是被我国人民发现的，走马灯便是历史记载中最早的视觉滞留运用事例。走马灯最早出现在我国宋朝，当时称“马骑灯”。随后法国人保罗·罗盖在 1828 年发明了留影盘，它是一个被绳子在两面穿过的圆盘。盘的一个面画了一只鸟，另一面画了一个空笼子。当圆盘旋转时，鸟在笼子里出现了。这证明了当人的眼睛看到一系列图像时，它一次只保留一个图像。物体在快速运动时，当人眼所看到的事物消失后，人眼仍能继续保留其影像一段时间。

视觉滞留现象是动画和电影等视觉媒体形成和传播的根据。譬如，人在观看电影时，银幕上映出的是一张一张不连续的像。但由于眼睛的视觉滞留作用，一个画面的影像还没有消失，下一张稍微有一点差别的画面又出现了,所以感觉动作是连续的。经研究,视神经的反应速度的时值是$\frac{1}{24}$ s。因此,为了得到连续的视觉画面,电影每秒要更换 24 张画面。

2. 动画的制作基本原理

动画是由许多幅单个画面组成的。因此,它产生于图形和图像基础上。计算机动画是计算机图形图像技术与传统动画艺术结合的产物,它是在传统动画基础上使用计算机图形图像技术而迅速发展起来的一门高新技术。传统手工动画在百年历史中形成了自己特有的艺术表现风格,而计算机图形图像技术的加入不仅发扬了传统动画的特点,缩短了动画制作周期,而且给动画加入了更加绚丽的视觉效果。

传统的动向是产生一系列动态相关的画面,每一幅图画与前一幅图画存在一定的差异,将这一系列单独的图画连续地拍摄到胶片上,然后以一定的速度放映这个胶片来产生运动的幻觉。如前所述,根据人的视觉滞留特性,为了要产生连续运动的感觉,每秒需播放至少 24 幅画面。所以一个 1 min 长的动画,需要绘制 1 440 张不同的画面。为了表现动画中人物的一个动作,如抬手,动向制作人员需根据故事要求设计出动画人物动作前后两个动作极端的关键画面,接着,动画辅助人员在这两个关键画面之间添加中间画面,使画面逐步由第一关键画面过渡到第二关键画面,以期在放映时人物的动作产生流畅、自然和连续的效果。

计算机强大的功能使动画的制作和表现方式发生了巨大变化。计算机动画即使用计算机来产生运动图像的技术。一般而言,计算机动画分为两类:一类是二维动画系统又称计算机辅助动画制作系统或关键帧系统,计算机可以自动生成两幅关键画面间的中间画;第二类是三维动画系统,属于计算机造型动画系统,该系统是用数学描述来绘制和控制在三维空间中运动的物体。

6.3.2 动画生成方法

为了使计算机显示的动画连续、平稳、美观,就像看电影、电视一样,人们使用各种方法来生成图形,这些方法基本上可归为以下两大类。

1)合成图形(图形动画)。先产生图形库,然后对库中图形进行合成处理,生成一幅幅画面。很多游戏和简单的应用都采用这种方法。但这种方法必须先画好图片,程序设计者必须为它准备相应的图片。这种方法占用的计算机存储空间较大。

2)形态图形(形态动画)。图形按照一系列原则由程序生成,而不是从一套事先存储的图形生成。就是说,先在程序中定下图形生成原则,然后让计算机根据需要来安排与调整每幅图形,达到获得动画的目的。

平时大量使用的是形态动画,有时候也交叉使用这两类方法,下面介绍几种常用的动画生成方法。

1. 画—擦—画方法

这种方法的主要过程是,先在屏幕上画出某一瞬间的图形,然后将需要运动的部分用背景色再画一遍。这样就将屏幕上这一部分的图形擦去。接着再画出下一个瞬间的这一部分的图形,这样反复地画—擦—画,屏幕上就出现了一幅“动”起来的图形。

这种实现方法，原理比较简单。但其动画效果，将与图形的复杂程度有很大的关系。对于不太复杂的图形，这种方法尚能适用。图形越复杂，计算量越大；则每一幅图所需时间就越长。"动"的效果就越差。另一个缺点是，在擦除前一幅图上运动部分的图形时，往往会将重叠在其上的不动的那一部分图形也擦去，影响动画显示效果。

2. 异或运算法

异或运算法也称为 XOR 动画法。XOR 运算的一个重要特性就是它的"还原"作用。对屏幕进行第一次 XOR 操作可以使像素值发生改变，显示一幅图像；第一次 XOR 操作可以清除前一幅图像，把像素值还原回来。利用 XOR 运算的"还原"特性可以在屏幕上对一个运动物体连续作 XOR 运算，而不必担心背景图形的储存与还原问题。如果将此特性运用到动画技术上，即在动态物体的同一显示位置上连续进行两次 XOR 运算，然后在下一显示位置作同样操作，如此反复进行，就使前景运动图形产生了动画效果。这种方法的优点是前景动画图形的涂抹不影响背景图形。

3. 块动画法

当我们观察或设计多媒体动画显示时会发现，很多情况下，产生动画效果只需改变屏幕中前景运动物体在画面中的位置，而其背景和动画物体的形状一般是保持不变的。

例如，设计这样一个动画程序：首先在繁星闪烁的夜色背景上绘出一个由轨道环绕的蔚蓝色地球造型，然后一颗人造卫星由左至右不断从屏幕上掠过。这样，每次改变的只是人造卫星的位置，而其大小和背景都是不变的。

这时，可采用块动画法（也称图形阵列动画法、部分屏幕动画法、快照动画法、软件精灵动画法）。这种方法是将动画物体的图像保存在存储区中，需要时快 Ng，内存中拷贝到屏幕进行重显，并通过对该图像像素与背景像素进行 XOR 运算，可使被前景所遮盖的背景图像部分还原。

4. 多页面切换动画方法

这种方法在有的图形学书中称为"页面共振"技术。对于某些显示系统，显示模式允许有一个以上的显示页面，其中一页被定义成主显示页，其余页面作为图形工作页。在主显示页显示的同时，下一幅图形可放置在工作页上，然后再把工作页切换成主显示页，如此反复进行，每次用新图案代替旧图案，从而形成动画效果。这种方法很直观、简单，但必须解决新图案的生成改动时间，才能满足动画要求。

多页面技术也可以采用存储画面重放技术，将所定义的动画图形（每一幅进行少量的修改）存储在内存缓冲区中，然后根据需要和动画显示顺序将它们一一调出，送入指定位置显示。由于每一幅图都有差别，所以快速的重放，就形成动画效果。这种方法动画显示速度快，可显示复杂动画图形，然而内存消耗太大，鉴于机器的存储容量有限，所存储的画面数也不可能太多，对观察物体的精细运动是不利的。

5. 图形变换动画方法

图形的二维变换、图形的三维变换，这些变换只需要对要运动的图形对象乘上各种变换矩阵，就可以逐步形成图形动作。如果变换矩阵设计得很好，图形变换的失真度也很低，在变换中图形表面的平滑性也能得以保证。

例如，将一个三维立方体连续地、无间断地变换成一个三维三棱锥体，如果变换矩阵设计得很好，整个变换过程在屏幕上逐渐显示出来，就产生了一种立方体逐渐拉开并压制成一个三棱锥的动画过程。在此过程中，要注意立方体的各个顶点如何逐个对应地逼近三棱锥的顶点，多余的顶点又如何逐渐接近和合并成一个顶点。如果计算机计算速度足够陕，这种方法可以构成很有趣的图形动画。

6. 逐帧动画法

逐帧动画法的基本原理有点类似于幻灯片的制作与播放过程，即把整个动画过程划分为一个个片段，将每一片段作为一幅画像在屏幕上一定的区域显示出来，然后把屏幕上的图像存在一个文件中。在动态显示时，按顺序不断地读取与播放这些画面，就可以产生动画效果。

可见，这种动画法编程时的要点，就是屏幕图像的存储及画面的重放。所以也称为“画面存储、重放”动画技术。

7. 函数式动画技术

函数式动画技术是利用数学函数和数学方程式，根据自变量和因变量的关系，让自变量在一个允许的值变化域中以某一步长逐渐增值或者减值，进行连续的循环，从而获得图形连续变化。例如，利用圆的绘制方程，可以获得以下几种不同的简单函数动画效果。

1)水波和电波发射。固定圆心，让半径以一个特定步长增值，以一个循环绘制出圆的图形，此时，水波将从圆心开始逐渐向四周扩散，形成最简单的函数动画效果。圆周线的颜色和灰度可以由程序设置，圆发射的速度快慢，每个圆圈间的间隔均可由程序参数选择控制。

2)气球和气泡。利用圆的方程构成球体。加上明暗效果和透明体光照效果，就可以形成气球和气泡的动作，可以随机地在任何位置，以任意点作起始圆心，以一个随机值(或者给定值)作为半径，绘制出一个个的透明或者不透明的球体，然后每个球体根据自身大小(半径值大小)决定其上升速度，球体本身也逐渐增大其半径，到上升的球体接触到屏幕顶部或半径增大到一定程度，该球体消失(爆裂)，形成球体混合碰撞动画效果。

3)旋转球体。利用图形的旋转变换，可以让圆型图形在三维空间中沿各个方向、绕各种旋转轴进行旋转变化，加上球体的色彩、条纹、明暗等，也形成一种简单函数动画。借助图形变换，还可以形成地球仪旋转效果，让多个小球体各自绕自己的轨道(圆心和半径)旋转，就可以构成简单的天体运行动画效果。

6.3.3 动画生成技术

1. 关键帧动画

关键帧的概念来源于传统的卡通片制作示，先使用一系列关键帧来描述每个物体的各个时刻的位置、形状以及其他有关的参数，然后让计算机根据插值规律计算并生成中间各帧，在动画系统中，提交给计算机插值计算的是三维数据和模型。所有影响画面图像的参数都可成为关键帧的参数，如位置、旋转角、纹理的参数等。关键帧技术是计算机动画中最基本并且运用最广泛的方法。另外一种动画设置方法是样条驱动动画。在这种方法中，用户采用交互方式指定物体运动的轨迹样条。几乎所有的动画软件如 Alias、Softim-age、Wavefront、TDI、3ds max 等都提供这两种基本的动画设置方法。

关键帧动画按原理分为两种，即形状插值动画和参数插值动画。基于形状的关键帧动画就是通过对关键帧的三维形状进行插值而得到中间各帧，参与动画的对象是由顶点来定义的，通过对两个关键帧中每一对应点使用一个插值公式，从而计算出中间画的对应点，要求在两个关键帧时物体的拓扑关系完全对应才可以进行插值，插值可以是线性的也可以是非线性的。基于参数的关键帧动画是通过对关键帧中构成物体模型的参数进行计算的一种方法，这种方法也叫关键帧变换动画。使用的参数有移动的距离、旋转的角度、比例的数值以及填充的颜色等。在使用参数表示的模型中，动画设计者通过规定参数值的方法来生成关键帧，这些参数可以用来做插值计算，最终根据插值计算的参数生成中间的各个画面。

2. 变形物体动画

变形动画把一种形状或物体变成另一种不同的形状或物体，而中间过程则通过形状或物体的起始状态和结束状态进行插值计算。大部分变形方法与物体的表示有密切的关系，如通过移动物体的顶点或控制顶点来对物体进行变形。为了使变形方法能很好地结合到造型和动画系统中，近十年来，人们提出了许多与物体表示无关的变形方法。

对于由多边形表示的物体，物体的变形可通过移动其多边形顶点来达到。但是，多边形的顶点以某种内在的一致性相关联，不恰当的移动很容易导致三维走样，比如原来共面的多边形变成了不共面的。参数曲面表示的物体可较好地克服上述问题。移动控制顶点仅仅改变了基函数的系数，曲面仍然是光滑的，所以参数曲面表示的物体可处理任意复杂的变形。但是，参数曲面表示的物体也会带来三维走样问题，由于控制顶点的分布一般比较稀疏，物体的变形不一定是所期望的；对于由多个面拼接而成的物体，变形的另一个约束条件是需保持相邻曲面间的连续性。多边形和参数曲面表示各有其优缺点。参数曲面不能表示拓扑结构比较复杂的形体，对于非矩形域的拓扑结构，参数曲面表示起来较为困难；而多边形则可以表示拓扑复杂的物体。

与物体表示无关的变形方法既可作用于多边形表示的物体，又可作用于参数曲面表示的物体。自由格式变形(FFD)方法是与物体表示无关的一种变形方法，其适用面广，是物体变形中最实用的方法之一。FFD 方法不对物体直接进行变形，而是对物体所嵌入的空间进行变形。目前的许多商用动画软件如 Softimage、3ds max、Maya 等都有类似于 FFD 的功能。

3. 过程动画

过程动画指的是动画中物体的运动或变形由一个过程来描述。过程动画经常牵涉到物体的变形，但与前面所讨论的柔性物体的动画不一样。在柔性物体的动画中，物体的形变是任意的，可由动画师任意控制的；在过程动画中，物体的变形则基于一定的数学模型或物理规律。最简单的过程动画是用一个数学模型去控制物体的几何形状和运动，如水波随风的运动。较复杂的如包括物体的变形、弹性理论、动力学、碰撞检测在内的物体的运动。另一类过程动画为粒子系统动画和群体动画。

粒子系统动画是一种模拟不规则模糊物体的景物生成系统。一个粒子系统动画中一帧画面产生的五个步骤是：①产生新粒子引入当前系统；②每个新粒子被赋予特定的属性；③将死亡的任何粒子分离出去；④将存活的粒子按动画要求移位；⑤将当前粒子成像。粒子系统动画不仅可控制粒子的位置和速度，还可控制粒子的外形参数如颜色、大小、透明度等。由于粒子系统是一个有“生命”的系统，它充分体现了不规则物体的动态性和随机性，因而可产生一系列运动进化的画面。这使得模拟动态的自然景色如火、云、水等成为可能。

在生物界，许多动物如鸟、鱼等以某种群体的方式运动。这种运动既有随机性，又有一定的规律性。在粒子系统基础上提出的群体动画成功地解决了这一问题。群体动画与粒子系统所不同的主要反映在两点：一是粒子不独立，但彼此交互；二是个体粒子在空间中具有特定方向和特征。群体的行为包含两个对立的因素，即既要相互靠近又要避免碰撞。可用三条按优先级递减的原则来控制群体的行为：①碰撞避免，避免与相邻的群体成员冲突；②速度匹配，企图与相邻的群体速度匹配；③群体合群，群体成员尽量靠近。

最近几年，布料动画成了人们感兴趣的研究课题。布料动画不仅包括人体衣服的动画，还包括旗帜、窗帘、桌布等的动画。一种是基于几何的布料物体造型方法，把布料悬挂在一些约束点上，基于悬链线计算出布料自由悬挂时的形状。显然，该方法不能模拟衣服的皱褶。基于几何的方法不考虑布料的质量、弹性系数等物理因素，因而很难逼真地生成布料的动画。近几年，研究者们更多地用基于物理的方法去模拟，比如基于弹性理论的一种描述曲面的运动变形方法，模拟了旗帜的飘动和地毯的坠落过程。

4. 关节动画与人体动画

在计算机动画中，把人体的造型与动作模拟在一起是最困难、最具挑战性的问题。人体具有 200 个以上的自由度和非常复杂的运动，人的形状不规则，人的肌肉随着人体的运动而变形，人的个性、表情等千变万化。另外，由于人类对自身的运动非常熟悉，不协调的运动很容易被观察者所察觉。

运动学是物理学中研究物体位置和运动的一个学科分支，动画系统在使用运动学描述运动时通过参数曲线来指定动画，而并不涉及引起运动的力。正向或逆向运动学方法是一种设置关节动画的有效方法。通过对关节旋转角设置关键帧，得到相关连的各个肢体的位置，这种方法一般称为正向运动学方法。对于一个缺乏经验的动画师来说，通过设置各个关节的关键帧来产生逼真的运动是非常困难的。一种实用的解决方法是通过实时输入设备记录真人各关节的空间运动数据，即运动捕捉法。由于生成的运动基本上是真人运动的复制品，因而效果非常逼真，且能生成许多复杂的运动。逆运动学方法在一定程度上减轻了正运动学方法的繁琐工作，用户通过指定末端关节的位置，计算机自动计算出各中间关节的位置。逆运动学分析求解方法虽然能求得所有解，但随着关节复杂度的增加，逆运动学的复杂度急剧增加，分析求解的代价也越来越大。

动力学是描述物体运动状态的另一个物理学分支，在动画系统使用动力学系统控制运动的时候不仅要说明物体的质量和形状，还要说明引起速度和加速度的力。动力学动画使用物体的质量、质心、体积等物理性质，也使用物体所处的环境特性，如重力、阻力、摩擦力等。物体的运动由力学定律来描述，如牛顿定律、流体运动的欧拉公式等。把运动学和动力学相结合能够产生更加逼真的动画。与运动学相比，动力学方法能生成更复杂和逼真的运动，并且需指定的参数相对较少。但动力学方法的计算量相当大，且很难控制。动力学方法中另一重要问题是运动的控制，若没有有效的控制手段，用户就必须提供具体的如力和力矩这样的控制指令，而这几乎是不太可能的。因而，有必要提供高层的控制和协调手段。在动作设计中，可以采用表演动画技术，即用动作传感器将演示的每个动作姿势传送到计算机的图像中，来实现理想的动作姿势，也可以用关键帧方法或任务骨骼造型动画法来实现一连串的动作。

人脸动画也一直是计算机图形学中的一个难题，涉及人脸面部多个器官的协调运动，而且由于人脸肌肉结构复杂，导致表情非常丰富。在脸部表情的动画模拟方面，一种方法是用数字化仪器将人脸的各种表情输入到计算机中，然后用这些表情的线性组合来产生新的脸部表情，其缺点是缺乏灵活性，不能模拟表情的细微变化，并且与表情库有很大关系。另一种方法是基于面部动作编码系统(FACS)的脸部表情动画模拟方法，它由一个参数肌肉模型组成，人的脸用多边形网格来表示，并用肌肉向量来控制人脸的变形，其特点在于可用一定数量的参数对模型的特征肌肉进行控制，并且不针对特定的脸部拓扑结构。还有一种方法是根据真人脸部表情捕获人脸三维几何信息、颜色和绘制信息的系统，然后由捕获的数据重建出非常逼真的三维动态表情。表演驱动的人脸动画技术，它能实现真实感三维人脸合成的。

5. 基于物理特征的动画

基于物理模型的动画也称运动动画，其运动对象要符合物理规律。基于物理模型的动画技术结合了计算机图形学中现有的建模、绘制和动画技术，并将其统一成为一个整体。运用这项技术，用户只要明确物体运动的物理参数或者约束条件就能生成动画，更适合对自然现象的模拟。

基于物理模型的动画技术则考虑了物体在真实世界中的属性，如它具有质量、转动惯矩、弹性、摩擦力等，并采用动力学原理来自动产生物体的运动。当场景中的物体受到外力作用时，牛顿力学中的标准动力学方程可用来自动生成物体在各个时间点的位置、方向及其形状。此时，用户不必关心物体运动过程的细节，只需确定物体运动所需的一些物理属性及一些约束关系，如质量、外力等。

最近几年，已有许多研究者对动力学方程在计算机动画中的应用进行了深入广泛的研究，提出了许多有效的运动生成方法。现有的方法多数是控制微分方程的初值，利用能量约束条件，用反向动力学求解约束力，通过几何约束来建立模型，及结合运动学控制等方法，实现对物理模型的控制。此外还有很多基于弹性力学、塑性力学、热学和几何光学等理论的方法，结合不同的几何模型和约束条件模拟了各种物体的变形与运动。

物理模型中的物体在运动过程中很有可能会发生碰撞、接触及其他形式的相互作用。基于物理模型的动画系统必须能够检测物体之间的这种相互作用，并作出适当的响应，否则就会出现物体之间相互穿透和彼此重叠等不真实现象。在物理模型中检测运动物体是否相互碰撞的过程称为碰撞检测，目前已有很多碰撞检测方法，如半径法、包围盒法和标准平面方程法等。

6. 动画语言

最初开发的计算机动画系统都是基于程序语言的或只有有经验的计算机专家才能使用的交互式系统。计算机动画制作程序语言的开发与使用，使计算机动画系统更易为一般用户所接受。这些专用的动画语言通常包括图形编辑器、关键帧生成器、插值帧生成器以及标准的图形子程序。图形编辑器让用户使用样条曲面、结构实体几何方法或其他表示柜架来设计和修改对象形状。

运动描述中的一个重要任务是场景描述，包含对象和光源的定位、光度参数的定义以及虚拟照相参数(位置、方向和镜头特性)的设定。另一标准功能是动作描述,包括对象和虚拟照相机的运动路径安排。还需要一般的图形子程序:观察和投影变换、生成对象的运动的几何变换、可见面识别以及表面绘制操作。

关键帧系统最初是专用的动画子程序,用来从用户描述的关键帧简单地生成插值帧。现在,这些程序通常是作为更为通用的动画软件包的一个组件。

参数系统将对象运动特征作为对象定义的一部分进行描述。可调整的参数控制某些对象特征,如自由度、运动限制和允许的形体的变换等。

脚本系统允许通过用户输入的脚本来定义对象描述和运动。各种对象和运动的库,按脚本进行构造。

6.4 动画制作常用软件

6.4.1 常用动画制作软件概述

1. 二维动画处理软件

(1)TOONZ

TOONZ是世界上最优秀的卡通动画制作软件系统,它可以运行于SGI超级工作站的IRIX平台和PC的Windows NT平台上,被广泛应用于卡通动画系列片、音乐片、教育片、商业广告片等中的卡通动画制作。

TOONZ利用扫描仪将动画师所绘的铅笔稿以数字方式输入到计算机中,然后对画稿进行线条处理、检测画稿、拼接背景图配置调色板、画稿上色、建立摄影表、上色的画稿与背景合成、增加特殊效果、合成预演以及最终图像生成。利用不同的输出设备将结果输出到录像带、电影胶片、高清晰度电视以及其他视觉媒体上。

TOONZ的使用使动画工作者既保持了原来所熟悉的工作流程,又保持了具有个性的艺术风格,同时扔掉了上万张人工上色的繁重劳动,扔掉了用照相机进行重拍的重复劳动和胶片的浪费,获得了实时的预演效果,流畅的合作方式以及快速达到你所需的高质量水准。

(2)RETAS PRO

RETAS PRO是日本Celsys株式会社开发的一套应用于普通PC和苹果机的专业二维动画制作系统,它的出现,迅速填补了PC机和苹果机上没有专业二维动画制作系统的空白。从1993年10月RETAS 1.0版在日本问世以来,直至现在RETAS 4.1 Window 95,98 & NT、Mac版的制作成功,RETAS PRO已占领了日本动画界80%以上的市场份额,雄踞近四年日本动画软件销售额之冠。

RETAS PRO的制作过程与传统的动画制作过程十分相近,它主要由四大模块组成,替代了传统动画制作中描线、上色、制作摄影表、特效处理、拍摄合成的全部过程。同时RETAS PRO不仅可以制作二维动画,而且还可以合成实景以及计算机三维图象。RETAS PRO可广泛应用于电影、电视、游戏、光盘等多种领域。

RETAS PRO的英、日本版已在日、欧、美、东南亚地区享有盛誉,如今中文版的问世将为中国动画界带来电脑制作动画的新时代。

(3)USAnimation

USAnimation 世界第一的 2D 卡通制作系统。应用 USAnimation 将得到业界最强大的武器库服务来轻松地组合二维动画和三维图像。利用多位面拍摄，旋转聚焦以级镜头的推、拉、摇、移，无限多种颜调色板和无限多个层。USAnimation 唯一绝对创新的相互连接合成系统能够在任何一层进行修改后，即时显示所有层的模拟效果，最快的生产速度阴影色，特效和高光都均为自动着色，使整个上色过程节省 30%～40%时间的同时，不会损失任何的图像质量。USAnimation 系统产生最完美的“手绘”线，保持艺术家所有的笔触和线条。在时间表由于某种原因停滞的时候，非平行的合成速度和生产速度将给予您最大的自由度。应用 USAnimation 使动画师自由地创造传统的卡通技法无法想象的效果。并轻松地组合二维动画和三维图像。

(4)AXA

AXA 可算是目前唯一一套 PC 级的全彩动画软件，它可以在 WIN 95 及 NT 上执行，简易的操作界面可以让卡通制作人员或新人很快上手，而动画线条处理与著色品质，亦具专业水准。

AXA 包含了制作电脑卡通所须要的所有元件，像是扫图、铅笔稿检查、镜头运作、定色、著色 、合成、检查、录影等模组，完全针对卡通制作者设计使用界面，使传统制作人员可以轻易的跨入数位制作的行列。

它的特色是以电脑律表为主要操作主干，因为卡通这种高成本、耗时费力之工作，靠的就是用律表来连结制作流程进而提高制作效率，所以电脑律表对动画创作人来说相当熟悉。

(5)Flash

说起动画当然不能不提 Flash，它是近年来发展最为强劲的一款网络动画制作软件。Flash 是 Macromedia 公司所推出的软件，目前最新的版本为 MX 2004 版，并即将发布其 MX 2005 版(又称 8.0 版)。Flash 是专门用来设计网页及多媒体动画的软件，它可以为网页加入专业且漂亮的交互式按钮及向量式的动画图案特效，它是目前制作网页动画最热门的软件。

2. 三维动画处理软件

(1)Softimage 3D

Softimage 3D 是 Softimage 公司出品的三维动画软件。Softimage 3D 最新版是 3.8 版，3.8 版又分为普通版和 Extreme 版，Extreme 版增加了 mental ray 渲染器和粒子系统，还有一些增强的功能模块。但普通版在动画能力上同 Extereme 版一样，丝毫没有遗漏。

Softimage 3D 最知名的部分之一是它的 mental ray 超级渲染器。Mental ray 渲染器可以着色出具有照片品质的图像。许多插件厂商专门为 mental ray 设计的各种特殊效果则大大扩充了 mental ray 的功能，mental ray 还具有很快的渲染速度。mental ray manager 还可以轻松地制作出各种光晕、光斑的效果。

Softimage 3D 的另一个重要特点就是超强的动画能力，它支持各种制作动画的方法，可以产生非常逼真的运动，它所独有的 functioncurve 功能可以让我们轻松地调整动画，而且具有良好的实时反馈能力，使创作人员可以快速地看到将要产生的结果。

Softimage 3D 的设计界面由 5 个部分组成，分别提供不同的功能。而它提供的方便快捷键可以使用户很方便地在建模、动画、渲染等部分之间进行切换。据说它的界面设计采用直觉式,可以避免复杂的操作界面对用户造成的干扰。

(2)MAYA

MAYA是Alias/Wavefront公司出品的最新三维动画软件。虽然还是个新生儿,但发展的步伐却有超过Softimage 3D的势头。实际上Alias/Wavefront原来并不是一个公司,Wavefront公司被Alias公司所收购,而Alias公司却被Silicon Graphics公司所收购,最终组成了现在的Alias/Wavefront公司。Alias公司和Wavefront公司原来在3D领域都有着自己的强项,如Wavefront公司的Dynamation和3Design等。而Alais公司的Power animator和Power Modle等也是文明于世。Alias/Wavefront推出的MAYA可以说是当前电脑动画业所关注的焦点之一。它是新一代的具有全新架构的动画软件。

(3)3ds max

3ds max是由Autodesk公司推出的,应用于PC平台的三维动画软件从1996年开始就一直在三维动画领域叱咤风云。它的前身就是3ds,可能是依靠3ds在PC平台中的优势,3ds max一推出就受到了瞩目。它支持Windows 95、Windows NT,具有优良的多线程运算能力,支持多处理器的并行运算,丰富的建模和动画能力,出色的材质编辑系统,这些优秀的特点一下就吸引了大批的三维动画制作者和公司。现在在国内,3ds max的使用人数大大超过了其他三维软件。可以说是一枝独秀。

3ds max从1.0版发展到现在的2.5版,可以说是经历了一个由不成熟到成熟的过程。现在的2.5版已经具有了各种专业的建模和动画功能。nurbs、dispace modify、camer traker、motion capture这些原来只有在专业软件中才有的功能,现在也被引入到3ds max中。可以说,今天的3ds max给人的印象绝不是一个运行在PC平台的业余软件了,从电视到电影,都可以找到3ds max的身影。3ds max的成功在很大的程度上要归功于它的插件。全世界有许多的专业技术公司在为3ds max设计各种插件,他们都有自己的专长,所以各种插件也非常专业。

6.3.2 动画制作软件Flash

1. Flash的基本功能和特点

Flash是一个平面动画制作软件,它制作的动画是矢量格式,具有体积小、兼容性好、直观动感、互动性强大、支持MP3音乐等诸多优点。

由于体积小,它制作的动画被广泛应用于Web网站。同时因为具有强大的互动性,所以也是开发多媒体应用软件和小游戏的一个很好工具。

由于Flash具有跨平台的特性,无论在何种平台上,只要安装了Flash的播放器,就能观看到Flash的动画。随着移动终端技术和Flash技术的进步,新版本的Flash还增加了对移动终端设备的支持,使用户可以在移动终端上观看Flash动画和玩Flash游戏。

Flash是一个基于矢量图形的动画制作软件,可以在Flash中绘制和编辑矢量图形。也可以导入矢量图形文件。如果导入的是位图文件,则可以将它转换为矢量图形。

Flash以时间轴作为对动画创作和控制的主要手段,直观且方便。提供的动画工具也很丰富。由于能将脚本语言加入到Flash的动画中,所以使Flash动画的交互性非常强大。

Flash的动画可以通过Flash的播放器(Flash Player)播放,也可以通过在浏览器中安装插件后直接在浏览器中播放。

为了产生更多的动态效果，Flash 还支持 Alpha 通道和屏蔽层功能。可以利用色彩的透明度变化和层的显示状态变化，产生特殊的动态效果。

Flash 的动画绘图方式是采向量方式处理，这样图案在网页中放大或缩小时，不会因此而失真，而且可依颜色或区块做部分的选择来进行编辑，这是与其他绘图软件所不同的地方，再加上兼容 MP3 格式的音乐，不但音质直逼音乐 CD，容量却只有 CD 的十分之一，非常适合应用于网络上。

2. Flash 的工作环境

Flash 的工作环境如图 6-1 所示。窗口的左侧是工具栏，上方是时间轴。在右侧和下方是可折叠的面板（有些面板还可浮动）。窗口的中间部分是舞台工作区。

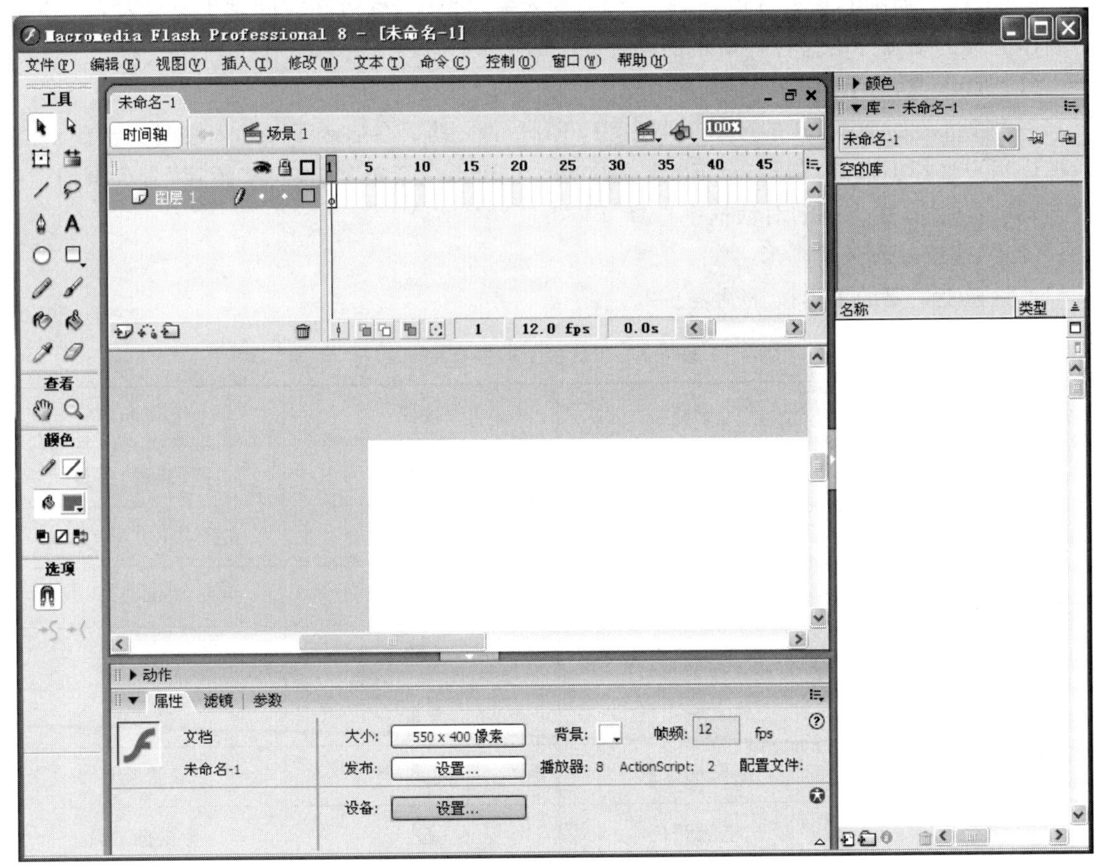

图 6-1　Flash 的工作环境

工具栏上提供了创作矢量图形的工具，包括绘制工具、变形工具、上色工具等。还有文本输入工具等。工具栏的下方是工具栏的选项区。

时间轴的水平方向是随时间展开的一个个帧，Flash 的动画效果就是通过帧的连续播放产生的。时间轴的垂直方向是图层，每个图层有不同的景物或角色的运动。一部动画就是由各个图层的动画叠加而成的。

对一个图层上的景物或角色的绘制和编辑就是在舞台上完成的。

在窗口的下方有一个折叠起来的“动作”面板。它的作用是为帧或其他对象添加脚本语言。另外，还有一个打开的“属性”面板，它的作用是显示并设置舞台上被选中对象的属性。由于选择的对象不一样，该面板显示的内容也会有所不同。图 6-1 中可以看到一个 Flash 文档的大小、背景色以及播放时的速度(帧频)。

窗口右侧有一个未打开的“颜色”面板，用来设置对象的颜色、透明度和各种混色效果。另一个打开的是“库”面板，主要存放可重复使用的资源(在 Flash 中称为元件)。

还有一些在图 6-1 中未显示的面板，如“对齐”、“组件”等，可以通过“窗口”菜单打开。不需要的面板也可以通过“窗口”菜单关闭。单击面板左上角的箭头可以打开或折叠面板。

3. Flash 动画制作的基本方法

Flash 制作动画的基本过程是：先创建或导入矢量图形，然后在时间轴上创建动画。最后将制作完成的动画导出为各种格式的影片。

(1)Flash 文档的创建

一个 Flash 的动画，就是一个扩展名为 .FLA 的文档。在启动 Flash 程序时，会有一个对话框让用户选择创建或打开一个 Flash 的文档。也可以用菜单“文件”→“新建”命令来创建一个 Flash 的文档(在出现的对话框中选择“Flash 文档”)。

(2)创建或导入矢量图形

工具栏上主要的工具按钮见表 6 2。

表 6-2 工具栏上的主要按钮

按钮	说明	按钮	说明
	选取		圆(椭圆)工具
	变形工具		矩形(正方形工具)
	填充变形工具	A	文本工具
	线条绘制工具		铅笔工具
	墨水瓶工具		填充色
	颜料桶工具		滴管工具
	笔触颜色		橡皮擦工具

1)绘制直线、椭圆和矩形。可以使用线条、圆和矩形工具轻松创建基本几何形状。线条工具用于绘制矢量线段，圆和矩形工具可以创建具有笔触(边框)和填充颜色的形状。操作方法如下：

①选择线条、圆或矩形工具。

②使用属性面板设置笔触(边框)和填充颜色、对象位置等属性，如图 6-2 所示。

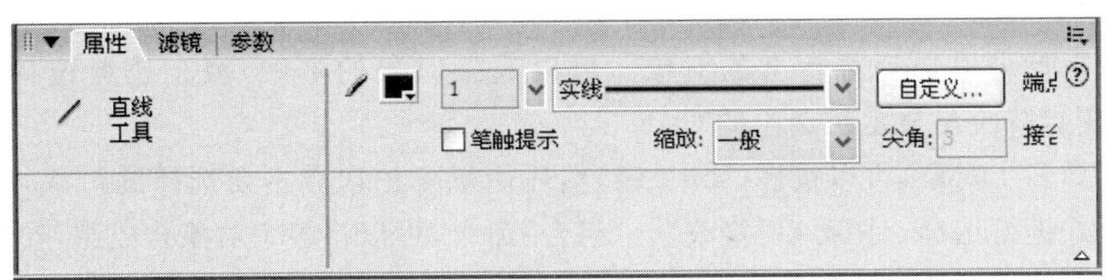

图 6-2　设置直线工具属性

③对于矩形工具，通过单击工具栏下方选项区域中的“圆角矩形半径”功能键，并输入一个角半径值就可以指定圆角，如图 6-3 所示。在舞台上拖动鼠标即可实现绘制。使用矩形工具，在拖动时按住上下箭头键可以调整圆角半径。

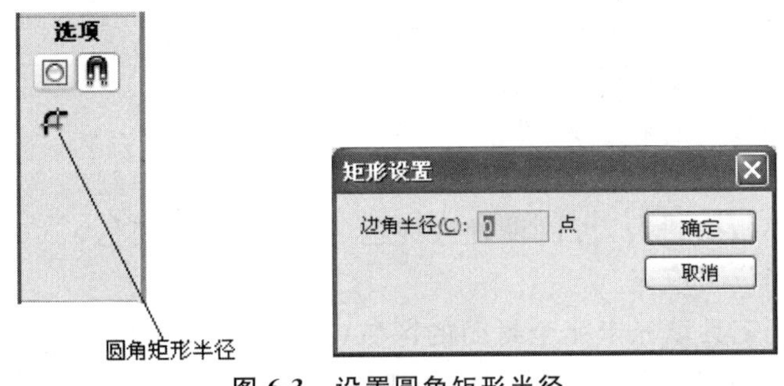

图 6-3　设置圆角矩形半径

④使用线条工具，按住(shift)键，可以绘制垂直、水平直线和与水平成 45°的直线；使用圆和矩形工具，按住(shift)键拖动可以绘制圆形和正方形。

2)铅笔工具的使用。铅笔工具可以绘制任意形状的矢量图形。按下铅笔工具按钮，在工具栏选项区域可以设置铅笔工具的 3 种模式，如图 6-4 所示。

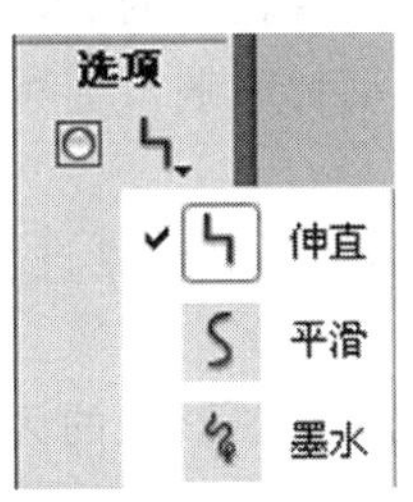

图 6-4　铅笔工具的 3 种模式

- 伸直(Staighten)：使绘制的图形自动生成最接近的规则形状，如折线、三角形、椭圆、矩形和正方形等。
- 平滑(Smooth)：使绘制的曲线尽可能平滑。
- 墨水(Ink)：绘制的线条比较接近手绘效果。

3)图形图像的导入。可用菜单“文件”→“导入到舞台”命令，导入图形或图像文件到 Flash 文档的当前帧中。如果导入的是矢量图形，则可直接对它进行编辑处理或动画制作。如果导入的是位图文件，在进行处理前要用菜单“修改”→“位图”→“转换位图为矢量图”命令，将它转换为矢量图形。

(3)对象的选取

用选取工具可以选择舞台上的对象。可以选择对象的笔触,填充或者选择一组对象。Flash 可以用点阵突出显示被选中的对象。

若要选择多个对象,可以按住(shift)键,然后用鼠标依次单击要选择的对象,或者拖动鼠标以框的形式进行选择。用菜单“修改”→“组合”命令,可以将多个对象合成组,作为一个对象来处理。选定的组可通过边框突出显示出来。

(4)图形的颜色

1)线段和边框的颜色。墨水瓶工具可以给矢量线段设置不同的颜色,也可为填充色块加上边框(在 Flash 中称为笔触),但不能用于设置填充颜色。用墨水瓶工具给线条填充颜色的方法如下:

从工具栏中选择墨水瓶工具,在工具箱的颜色区域中,设置笔触颜色。单击场景中的对象,改变它的颜色。

如要改变笔触样式和笔触宽度,可在属性面板中进行设置。

2)颜料桶工具。用颜料桶工具来对对象的填充部分上色。颜色的选择可在颜色面板中进行,可以设置为纯色(单一色)、渐变色(线性或放射状)或用位图填充。

可以使用颜料桶工具填充未完全封闭的区域(用铅笔工具绘制的图形有这种情况)。在选择颜料桶工具后,工具栏的选择区域可以设置对图形有间隙时的处理方式,如图 6-5 所示。

图 6-5　空隙大小设置和线性渐变填充色

· 不封闭空隙:表示要填充的区域必须在完全封闭状态下才能进行填充。

· 封闭小空隙:表示要填充的区域在小缺口的状态下可以进行填充。

· 封闭中等空隙:表示要填充的区域在中等大小缺口的状态下可以进行填充。

· 封闭大空隙:表示要填充区域若是有较大的缺口也可以填充。不过在 Flash 中,即使是大缺口其允许值也很小,而且让系统自动封闭缺口会减慢动画速度,因此使用该模式填充的情况较少。

3)填充变形工具。如果用渐变色和位图对对象进行填充时,可用填充变形工具改变填充的效果。操作步骤如下:

①选择填充变形工具,单击用渐变或位图填充的区域。区域两边出现两条平行线和 3 个控制句柄。

②用鼠标拖动平行线之间的圆形句柄,可以改变重新设置区域的中心点。

③用鼠标拖动平行线中点处的方形句柄,可以更改渐变范围的大小。用鼠标拖动平行线端点处的句柄,可以改变填充区域渐变的方向。

4)滴管工具。滴管工具的作用是获取现有对象的颜色,为新的区域或线条填色。使用方法为:使用滴管工具单击一个填充色块或笔触时,滴管工具会选择相应的颜色。然后就可以用选好的颜色填充图形和设置笔触颜色。

(5)图形的移动和变形

1)用选取工具移动对象或使对象变形。当用选取工具指向对象时,如鼠标右下方出现四向箭头,可拖动鼠标移动对象。当鼠标右下方出现弧形图标时,拖动鼠标可使对象变形。当鼠标指向矩形的顶点时，鼠标右下方出现折线图标，拖动鼠标可使矩形变形。

2)变形工具的使用。用工具栏上的变形工具单击对象后，四条边框和 8 个方形句柄就会出现在对象的四周。当鼠标移向边框时，鼠标指针变为双向箭头，拖动鼠标可使对象产生斜切变形。当鼠标移向边框顶点时，鼠标变成旋转箭头，拖动鼠标使对象转动。移动边框中央的圆形句柄，变形的中点即可发生改变。

(6)时间轴和动画的制作

时间轴在水平方向的基本单位就是帧，每一帧就是一幅画面。帧的连续播放就产生动画的效果。帧又分为静态帧和关键帧。

静态帧就是一幅静态的图像，一系列不同的静态图像连续播放也会有动画的效果。但绘制这样一系列的图像是很麻烦的事。所以一般用静态帧来表现静止不动的景物，如某一个场景中的背景。

关键帧是为了制作动画而创建的帧，在两个关键帧之间会自动产生动画。在 Flash 中关键帧之间的动画有补间形状动画和补间动作动画。主要是利用对象位置、形状和色彩的变化来产生动态的变化。

在复杂的动画中，不同的对象应在各自不同的层上。图层是在时间轴垂直方向的单元。有的图层可以作为静态的背景。层与层之间可以是透明的，也可以是不透明的。这样相互屏蔽或显现，也会产生特殊的动态效果。

第 7 章　数字视频处理技术

视频(Video)信息是连续变化的影像,是多媒体技术最复杂的处理对象,也是多媒体中携带信息最丰富、表现力最强的一种媒体。视频信息与图像信息、音频信息一样,是多媒体信息的重要组成部分,是多媒体技术研究的重要内容。在计算机多媒体信息中,视频信息形象、直观,但数据量大。随着多媒体技术的发展,计算机不但可以播放视频信息,而且还可以准确地编辑处理视频信息。

7.1　视频的基础知识

视频通常是指实际场景的动态演示,例如电影、电视、摄像资料等。在视频中,一幅图像称为一帧,是构成视频信息的最基本单位。在空间、时间上互相关联的图像序列(帧序列)连续起来,就是动态视频图像。视频既可以提供高速信息传送,也可以显示信息瞬间的相互关系。视频信息是由相继拍摄并存储的图像组成的。除了具有图像的高速信息传送特性外,由于加入了随同图像的时间因素,因而视频包含更多的信息。

7.1.1　什么是视频

一般说来,视频(Video)是由一幅幅内容连续的图像所组成的,每一幅单独的图像就是视频的一帧。当连续的图像(即视频帧)按照一定的速度快速播放时(25 帧/秒或 30 帧/秒),由于人眼的视觉暂留现象,就会产生连续的动态画面效果,即为视频。常见的视频源有电视摄像机、录像机、影碟机、激光视盘 LD 机、卫星接收机以及可以输出连续图像信号的设备等。

视频信号源捕捉二维图像信息,并转换为一维电信号进行传递,而电视接收器或电视监视器要将电信号还原为视频图像在屏幕上再现出来,这种二维图像和一维电信号之间的转换是通过光栅扫描来实现的。逐行扫描和隔行扫描是主要的两种扫描方式。

逐行扫描就是各扫描行按次序进行扫描,即一行紧跟一行的扫描方式,计算机显示器一般都采用逐行。如图 7-1 所示。

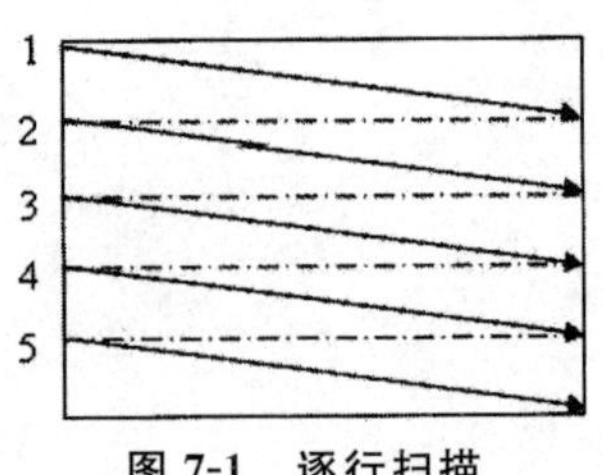

图 7-1　逐行扫描

隔行扫描就是一帧图像分为两场(从上至下为一场)进行扫描,第一场扫描 1,3,5,7,…等奇数行,第二场扫描 2,4,6,…等偶数行,目前隔行扫描在电视系统用得比较多。如图 7-2

所示。

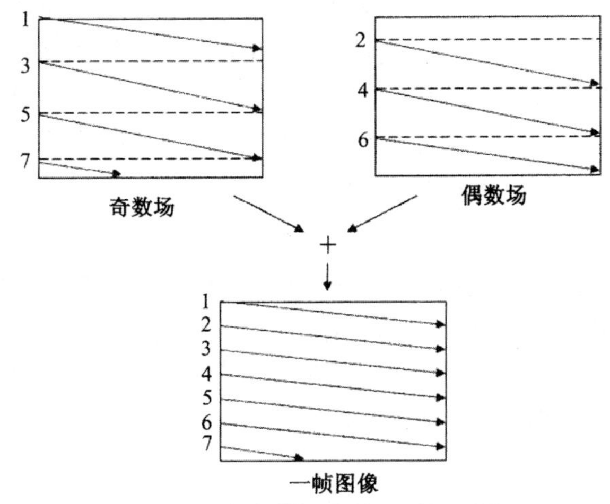

图 7-2　逐行扫描图中的"一帧图像"

7.1.2　视频的分类

按照处理方式的不同,视频分为模拟视频和数字视频。

1. 模拟视频

模拟视频属于传统的电视视频信号的范畴。模拟视频信号是基于模拟技术以及图像显示的国际标准来产生视频画面的。

电视信号是视频处理的重要信息源。电视信号的标准也称为电视的制式。目前各国的电视制式不尽相同,不同制式之间的主要区别在于不同的刷新速度、颜色编码系统、传送频率等。目前世界上最常用的模拟广播视频标准(制式)有中国、欧洲使用的 PAL 制,美国、日本使用的 NTSC 制及法国等国使用的 SECAM 制。

NTSC 标准是 1952 年美国国家电视标准委员会(National Television Standard Committee)制定的一项标准。其基本内容为:视频信号的帧由 525 条水平扫描线构成,水平扫描线每隔 1/30 秒在显像管表面刷新一次,采用隔行扫描方式,每一帧画面由两次扫描完成,每一次扫描画出一个场需要 1/60 秒,两个场构成一帧。美国、加拿大、墨西哥、日本和其他许多国家都采用该标准。

PAL(Phase Alternate Lock)标准是联邦德国 1962 年制定的一种兼容电视制式。PAL 意指"相位逐行交变",主要用于欧洲大部分国家、澳大利亚、南非、中国和南美洲。屏幕分辨率增加到 625 条线,扫描速率降到了每秒 25 帧。采用隔行扫描。

SECAM 标准是 Sequential Color and Memory 的缩写,该标准主要用于法国、东欧、前苏联和其他一些国家,是一种 625 线、50 Hz 的系统。

模拟视频信号主要包括亮度信号、色度信号、复合同步信号和伴音信号。在 PAL 彩色电视制式中采用 YUV 模型来表示彩色图像。其中 Y 表示亮度,U、V 用来表示色差,是构成彩色的两个分量。与此类似,在 NTSC 彩色电视制式中使用 YIQ 模型,其中的 Y 表示亮度,I、Q 是两个彩色分量。YUV 表示法的重要性是它的亮度信号(Y)和色度信号(U、V)是相互独立的，也就是Y信号分量构成的黑白灰度图与用U、V信号构成的另外两幅单色图是相互独立的。由于Y、U、V是相互独立的，所以可以对这些单色图分别进行编码。

模拟视频一般使用模拟摄录像机将视频作为模拟信号存放在磁带上，用模拟设备进行编辑处理，输出时用隔行扫描方式在输出设备（如电视机）上还原图像。模拟视频信号具有成本低、还原性好等优点。但它的最大缺点是不论被记录的图像信号有多好，经过长时间的存放之后，信号和画面的质量将大大降低；经过多次复制之后，画面会有很明显的失真。

2. 数字视频

数字视频是对模拟视频信号进行数字化后的产物，它是基于数字技术记录视频信息的。模拟视频可以通过视频采集卡将模拟视频信号进行A/D(模/数)转换，这个转换过程就是视频捕捉（或采集过程），将转换后的信号采用数字压缩技术存入计算机磁盘中就成为数字视频。

与模拟视频相比，数字视频有以下优点：

(1)更强的稳定性

模拟摄像机使用基于分压元器件，电容器和放大器件的电路来实现诸如白平衡，增益调整，灰度电平调整等与视频图像品质相关的参数调整。数字摄像机已经在数字域中进行了校准和定位。一旦在出厂前进行了校准，校准和定位后的数值就会保存在摄像机的只读存储器中(ROM)。这些数值保持恒定从而把随使用时间和温度变化而产生的漂移降低到了最小。

(2)更强的噪音信号抑制能力

模拟摄像机通常基于一个视频输出信号，而这个输出信号用一个很窄的电压波动范围来表示从黑色到全饱和的白色的颜色变化。尽管同轴电缆确实在一定程度上对噪音信号进行了抑制，但因为只有相对于整个输出信号幅度的若干毫伏的外部噪音信号就可以影响输出的视频信号，所以，模拟视频的噪声较大。数字信号是由某一特定阈值控制的电压或电流信号。噪音信号如果要对视频信号构成干扰必须达到一定的级别以使得视频信号大于或者小于阈值。

(3)高性能的视频图像

受电缆和采集技术的限制，模拟摄像机最大的像素时钟只能达到40 MHz，这极大地制约了摄像机的性能提升。而当前的数字标准允许像素时钟最大到85 MHz，并且当使用多路数据同时传输的技术后还可进一步提升数据的传输能力。当视频帧率达到每秒几百帧甚至上千帧时，分辨率达到200万像素、400万像素甚至更高时，只有数字方案的速度和带宽可以满足这种需求。

(4)使用方便

每台数字摄像机的心脏是一片微处理器，比如FPGA，ASIC或其他处理设备。近几年，这些处理器变得更小巧、更高效。这些芯片除了可对摄像机提供基本的控制以外，摄像机的生产厂商还可以加入更高级的特性，比如阴影校正，运行时修改采集图像尺寸，提供定制的Gamma查找表等。对OEM用户，摄像机的高级特性可以加入用户自己的检测算法，使得摄像机成为更加直接高效的图像处理设备。而所有的这些都是模拟摄像机不可能提供的。

(5)没有像素抖动

模拟摄像机使用一个“像素时钟”来决定何时应该读出在模拟视频信号中的每个像素的值。在很多的情况下，图像采集卡使用称为锁相循环的电子器件(Phase Locked Loop)来产生像素时钟。在图像卡和摄像机交换像素时钟信号时，时钟信号的定时会有微小的漂移发生。

这种漂移就造成了“像素抖动”，它会造成读取错误的像素值的情况发生。即便使用最高品质的 PLLs 器件，抖动仍然会在 5～20 ns 之间，尽管看起来似乎很小，但当采样像素时钟信号自己只有 25 ns 长时就会变的影响非常显著。对数字摄像机，视频信号被数字化，单一的信号时钟即用作采样也用作像素时钟，不需要 PLLs 像素的定时开关协调一致，这就提高了数字摄像机的采样精度。

7.1.3　视频的数字化

要在多媒体计算机系统中处理视频信息，就必须对不同信号类型、不同标准格式的模拟视频信号进行数字化处理，形成数字视频。模拟视频的数字化主要包括视频信号采样、彩色空间转换、量化等工作。

1. 视频数字化方法

通常视频数字化有复合数字化(Recombination Digitalization)和分量数字化(Component Digitalization)两种方法。

复合数字化是指先用一个高速的模/数(A/D)转换器对全彩色电视信号进行数字化，然后在数字域中分离亮度和色度，以获得 YC_bC_r 分量、YUV 分量或 YIQ 分量，最后再转换成 RGB 分量。

分量数字化是指先把复合视频信号中的亮度和色度进行分离，得到 YUV 或 YIQ 分量，然后用 3 个模/数转换器对 3 个分量分别进行数字化，最后再转换成 RGB 分量。分量数字化是采用较多的一种模拟视频数字化方法。

2. 视频数字化过程

由于视频信号既是空间函数又是时间函数，而且又采用隔行扫描的显示方式，所以视频信号的数字化过程远比静态图像的数字化过程复杂。首先，多媒体计算机系统必须具备连接不同类型的模拟视频信号的能力，可将录像机、摄像头(机)、电视机、VCD 机、DVD 机等提供的不同视频源接入多媒体计算机系统，然后再进行具体的数字化处理。如果采用分量采样的数字化方法，则基本的数字化过程包括以下内容：

1)按分量采样方法采样，得到隔行样本点。

2)将隔行样本点组合、转换成逐行样本点。

3)进行样本点的量化。

4)彩色空间的转换，即将采样得到 YUV 或 YC_bC_r 信号转换为 RGB 信号。

5)对得到的数字化视频信号进行编码、压缩。

具体数字化过程中的彩色空间转换、量化等环节，其顺序可随所用技术的不同而变化。数字化后的视频经过编码、压缩后，形成不同格式和质量的数字视频，可适应不同的处理和应用要求。

3. 视频数字化标准

为了在 PAL、NTSC 和 SECAM 标准的模拟视频之间确定共同的数字化参数，早在 20 世纪 80 年代初，国际无线电咨询委员会(International Radio Consultative Committee，CCIR)就制定了彩色电视图像(模拟视频)数字化标准，称为 CCIR 601 标准，现改为 ITU-RBT.601 标准。该标准规定了彩色电视图像转换成数字图像时使用的采样频率、采样格式以及 RGB 和

YCbC，两个彩色空间之间的转换关系等。

(1)采样频率

ITU-RBT.601 为 NTSC 制、PAL 制和 SECAM 制规定了共同的视频采样频率，这个采样频率也用于远程通信网络中的电视图像信号采样。其中，亮度信号采样频率 $f_s=13.5$ MHz，而色度信号采样频率 $f_c=6.75$ MHz 或 13.5 MHz。PAL 标准的每行采样点数 $N=864$，NTSC 标准的每行采样点数 $N=858$。对于所有制式，每个扫描行的有效样本数均为 720。

这样的参数规定的验证可通过以下的方法来实现：

对于 PAL 和 SECAM 标准的视频信号，采样频率 f_s 为

$$f_s=\text{每帧行数}\times\text{帧频}\times N=625\times 25\times 864=13.5(\text{MHz})$$

对于 NTSC 标准的视频信号，采样频率 f_s 为

$$f_s=\text{每帧行数}\times\text{帧频}\times N=525\times 29.97\times 858=13.5(\text{MHz})$$

(2)分辨率与帧率

对于不同标准的模拟视频信号，ITU-RBT.601 制定了不同的分辨率与帧率参数，具体内容如表 7-1 所示。

表 7-1　分辨率与帧率参数表

模拟视频标准	分辨率(像素)	帧率(fps)
NTSC	640×480	30
PAL	768×576	25
SECAM	768×576	25

(3)采样格式与量化范围

ITU-RBT.601 也对 NTSC 和 PAL 标准的视频信号的采样格式和量化范围做了规定，推荐使用 4∶2∶2 的视频信号采样格式，量化范围取值为：亮度信号 220 级，色度信号 225 级。使用这种采样格式时，Y 用 13.5 MHz 的采样频率，C_r 和 C_b 分别用 6.75 MHz 的采样频率。采样时，采样频率信号要与场同步信号和行同步信号同步。表 7-2 给出了两种采样格式、采样频率和量化范围参数。

表 7-2　视频信号数字化参数摘要

采样格式	信号形式	采样频率(MHz)	样本数	扫描行	量化范围
			NTSC	PAL	
4∶2∶2	Y	13.5	858(720)	864(720)	220 级(16～235)
	C_r	6.75	429(360)	432(360)	225 级(16～240)
	C_b	6.75	429(360)	432(360)	(128±112)
4:4:4	Y	13.5	858(720)	864(720)	220 级(16～235)
	C_r	13.5	858(720)	864(720)	225 级(16～240)
	C_b	13.5	858(720)	864(720)	(128±112)

(4)彩色空间的转换

数字域中 RGB 和 YC_bC_r 两个彩色空间之间的转换关系，可用下式表示，即

RGB(YC_bC_r 转换)	YC_bC_r(RGB 转换)
$Y=0.2990R+0.5870G+0.1140B$	$R=Y+1.4.2C_r$
$C_b=0.564(B-Y)$	$G=Y-0.344C_b-0.714C_r$
$C_r=0.713(R-Y)$	$B=Y+I.772C_b$

(5)CIF、QCIF 和 SQCIF

为了既可用 625 行又可用 525 行的模拟视频，CCITT 规定了 CIF(Common Intermediate Format，公共中间格式)、QCIF(Quarter-CIF，1/4 公共中间格式)和 SQCIF(Sub-Quarter Common Intermediate Format)格式，具体规格参数如表 7-3 所示。

表 7-3　CIF、QCIF 和 SQCIF 图像格式参数

	C	F	QCIF		SQCIF	
	行数/帧	像素/行	行数/帧	像素/行	行数，帧	像素/行
亮度(Y)	288	360(352)	144	180(176)	96	128
色度(C_b)	144	180(176)	72	90(88)	48	64
色度(C_r)	144	180(176)	72	90(88)	48	64

以下特性是 CIF 格式所具备的：

1)视频的空间分辨率为家用录像系统 VHS 的分辨率，即 352×288。

2)使用逐行扫描。

3)使用 1/2 的 PAL 水平分辨率，即 288 线。

4)使用 NTSC 帧速率，即视频的最大帧速率为 30 000/1 001≈29.97 幅/s。

5)对亮度和两个色差信号(Y、C_b 和 C_r)分量分别进行编码，它们的取值范围与 ITU-RBT.601 规定的量化范围保持一致，即黑色为 16，白色为 235，色差的最大值等于 240，最小值等于 16。

(6)视频序列的 SMPTE 表示单位

通常用时间码来识别和记录采样视频数据流中的每一帧，从一段视频的起始帧到终止帧，其间的每一帧都有一个唯一的时间码地址。动画和电视工程师协会(Society of Motion Picture and Television Engineers，SMPTE)使用的时间码标准格式：

小时:分钟:秒:帧(hours:minutes:seconds:frames)

在具体的数字视频进行编辑处理时，就是通过 SMPTE 时间码准确定位视频帧的。

7.1.4　视频的采样与量化

1. 视频采样

对视频信号进行采样时可以有两种采样方法：一种是使用相同的采样频率对图像的亮度信号和色差信号进行采样，这种采样将保持较高的图像质量，但会产生巨大的数据量；另一种

是对亮度信号和色差信号分别采用不同的采样频率进行采样(通常是色差信号的采样频率低于亮度信号的采样频率),这种采样可减少采样数据量,是实现数字视频数据压缩的一种视频采样的基本原理是依据人的视觉系统所具有的两个特性:一是人眼对色度信号的敏感程度比对亮度信号的敏感程度低,利用这个特性可以把图像中表达颜色的信号去掉一些而使人察觉不到;二是人眼对图像细节的分辨能力有一定的限度,利用这个特性可以把图像中的高频信号去掉而使人不易察觉。如果用 Y:C_r:C_b 来表示 Y、C_r、C_b 这 3 个分量的采样比例,则数字视频常用的采样格式分别为 4:4:4、4:2:2、4:1:1 和 4:2:0 等 4 种。实验表明,使用这些采样格式,人的视觉系统对采样前后显示的图像质量不会感到有明显差异。每种采样格式的空间采样位置如图 7-3 所示。通常,把色度样本数少于亮度样本数的采样称为子采样。

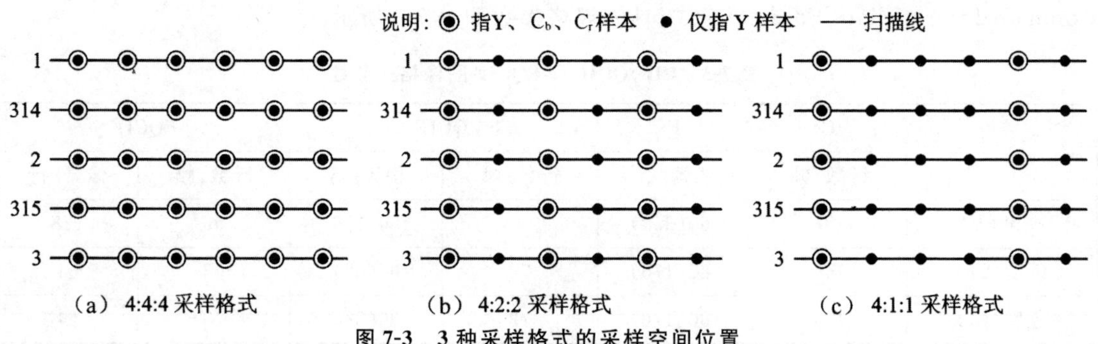

图 7-3 3 种采样格式的采样空间位置

(1)4:4:4 采样格式

这种采样格式中,Y、C_b 和 C_r 具有同样的水平和垂直清晰度,在每一像素位置,都有 Y、C_b 和 C_r 分量,即不论水平方向还是垂直方向,每 4 个亮度像素相应的有 4 个 C_b 和 4 个 C_r 色度像素,如图 7-3(a)所示。这种采样相当于每个像素用 3 个样本表示,因而也称为“全采样”。

(2)4:2:2 采样格式

这种采样格式是指色差分量和亮度分量具有同样的垂直清晰度,但水平清晰度彩色分量是亮度分量的一半。水平方向上,每 4 个亮度像素具有 2 个 C_b 和 2 个 C_r。在 CCIR 601 标准中,这是分量彩色电视的标准格式,如图 7-3(b)所示。这种采样平均每个像素用 2 个样本表示。

(3)4:1:1 采样格式

这种采样格式在每条扫描线上每 4 个连续的采样点取 4 个亮度 Y 样本、1 个红色差 C_r 样本和 1 个蓝色差 C_b 样本,如图 7-3(c)所示。这种采样平均每个像素用 1.5 个样本。

(4)4:2:0 采样格式

这种采样格式是指在水平和垂直两个方向上每 2 个连续的(共 4 个)采样点上各取 2 个亮度 Y 样本、1 个红色差 C_r 样本和 1 个蓝色差 C_b 样本,C_b 和 C_r 的水平和垂直清晰度都是 Y 的一半,平均每个像素用 1.5 个样本。该格式的色差分量最少,对人的彩色感觉与其他几种类似,最适合数字压缩,常用的 DV、MPEG-1 和 MPEG-2 等均使用该格式。然而,尽管是同一种格式,MPEG-1 与 MPEG-2 在采样空间位置上还有一定的区别。MPEG-1 中的色差信号位于 4 个亮度信号的中间位置,而 MPEG-2 中的色差信号在水平方向上与左边的亮度信号对齐,没有半个像素的位移,如图 7-4 所示。

说明：◉ 指计算所得的 C_b、C_r 样本　● 指Y样本　—— 扫描线

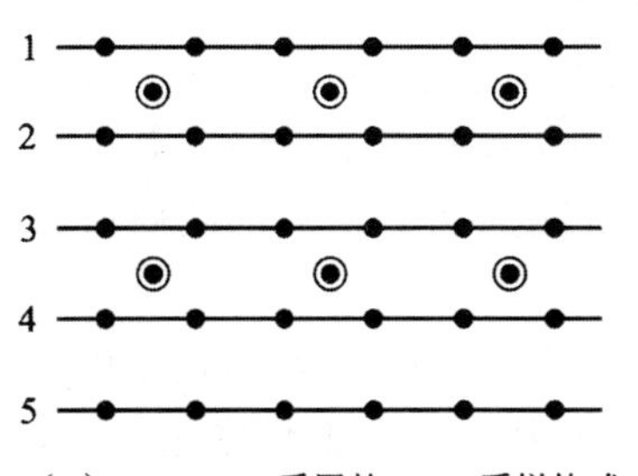

（a）MPEG-1 采用的 4:2:0 采样格式

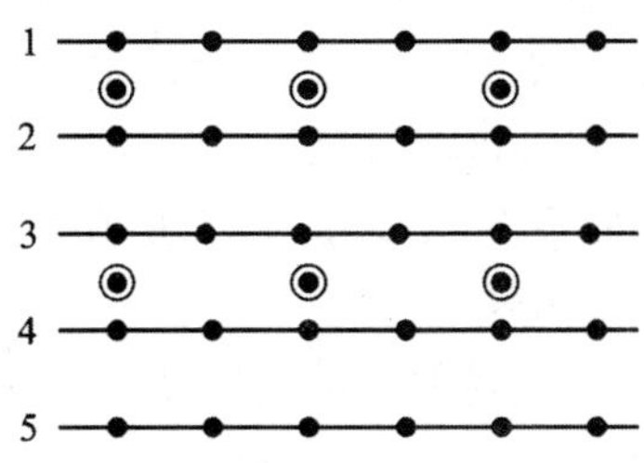

（b）MPEG-2 采用的 4:2:0 采样格式

图 7-4　4：2：0 格式的两种不同采样位置

2. 视频量化

同前面介绍的位图图像量化相类似，视频量化也是进行图像幅度上的离散化处理。如果信号量化精度为 8 位二进制位，信号就有 $2^8=256$ 个量化等级；如果亮度信号用 8 位量化，则对应的灰度等级最多只有 256 级；如果 R、G、B 等 3 个色度信号都用 8 位量化，就可以获得约 1 700(256×256×256=16 777 216)万种色彩。

对于以上不同的采样格式，如果用 8 位的量化精度，则每个像素的采样数据如表 7-4 所示。

表 7-4　采样格式与像素数据位数

采样格式	样本个数(像素)	采样数据位数(bits)(像素)
4：4：4	3	3×8=2 4
4：2：2	2	2×8=16
4：1：1	1.5	1.5×8 1 2
4：2：0		

量化位数越多，量化层次就分得越细，但数据量也成倍上升。每增加一位，数据量就翻一番。例如，DVD 播放机视频量化位数多为 10 位，灰度等级达到 1024 级，而数据量则是 8 位量化的 4 倍。所以，量化精度的选择要根据应用需求而定。一般用途的视频信号均采用 8 位或 10 位量化，而信号质量要求较高的情况下可采用 12 位量化。

7.2　数字视频的文件格式

数字视频文件格式大致可以分为两类：普通视频文件格式和网络流式视频文件格式。

7.2.1　普通视频文件格式

1. AVI 格式

AVI 是 Audio Video Interleaved(音频视频交错)的英文缩写，它是 Microsoft 公司开发的

一种符合 RIFF(Raster Image File Format)文件规范的数字音频与视频文件格式,原来用于 Microsoft Video for Windows(VFW)环境,现在已被 Windows9x、OS/2 等多数操作系统直接支持。AVI 格式允许视频和音频交错在一起同步播放,支持 256 色和行程长度编码(Run Length Encoding,RLE)压缩,但 AVI 文件并未限定压缩标准,因此,AVI 文件格式只是作为控制界面上的标准,不具有兼容性,用不同压缩算法生成的 AVI 文件,必须使用相应的解压缩算法才能播放出来。

常用的 AVI 播放驱动程序是 Microsoft Video for Windows 或 Windows 95/98 中的 Video 1,以及 Intel 公司的 Indeo Video。AVI 文件目前主要应用在多媒体光盘上,用来保存电影、电视等各种影像信息,有时也出现在因特网上,供用户下载、欣赏影片的精彩片断。

2. MPEG 格式

MPEG 是 Moving Pictures Experts Group(动态图像专家组)的英文缩写。该文件格式是运动图像压缩算法的国际标准,它采用有损压缩方法减少运动图像中的冗余信息,同时保证每秒 30 帧的图像动态刷新率,已被几乎所有的计算机平台共同支持。

MPEG 标准包括 MPEG 视频、MPEG 音频和 MPEG 系统(视频、音频同步)3 个部分,前面介绍的 MP3 音频文件就是 MPEG 音频的一个典型应用,而 Video CD(VCD)、Super VCD(SVCD)、DVD(Digital Versatile Disk)则是全面采用 MPEG 技术所产生出来的新型消费类电子产品。

MPEG 压缩标准是针对运动图像而设计的,其基本方法是:在单位时间内采集并保存第一帧信息,然后只存储其余帧相对于第一帧发生变化的部分,从而达到压缩的目的。它主要采用两个基本压缩技术:运动补偿技术(预测编码和插补码)实现时间上的压缩、变换域(Discrete Cosine Transform,DCT)压缩技术实现空间上的压缩。MPEG 的平均压缩比为 50∶1,最高可达 200∶1,压缩效率非常高,同时图像和音响的质量也非常好,并且在计算机上有统一的标准格式,兼容性相当好。

3. MOV 格式

MOV(Movie Digital Video Technology)是美国 Apple 公司开发的一种视频文件格式,默认的播放器是 Quick Time Player,具有很高的压缩比和较好的视频清晰度,并且可跨平台使用。

7.2.2 网络视频文件格式

1. ASF 格式

它的英文全称为 Advanced Streaming format,它是微软为了和现在的 Real Player 竞争而推出的一种视频格式,用户可以直接使用 Windows 自带的 Windows Media Player 对其进行播放。由于它使用了 MPEG-4 的压缩算法,所以压缩率和图像的质量都很不错(高压缩率有利于视频流的传输,但图像质量肯定会的损失,所以有时候 ASF 格式的画面质量不如 VCD 是正常的)。

2. WMV 格式

它的英文全称为 Windows Media Video,也是微软推出的一种采用独立编码方式,并且可以直接在网上实时观看视频节目的文件压缩格式。WMV格式的主要优点包括：本地或网络回放、可扩充的媒体类型、部件下载、可伸缩的媒体类型、流的优先级化、多语言支持、环境独立性、丰富的流间关系以及扩展性等。

3. RM格式

Real Networks公司所制定的音频视频压缩规范称为Real Media，用户可以使用Real Player或RealOne Player对符合RealMedia技术规范的网络音频/视频资源进行实况转播并且RealMedia可以根据不同的网络传输速率制定出不同的压缩比率，从而实现在低速率的网络上进行影像数据实时传送和播放。这种格式的另一个特点是用户使用RealPlayer或Real One Player播放器可以在不下载音频/视频内容的条件下实现在线播放。另外，RM作为目前主流网络视频格式，它还可以通过其Real Server服务器将其他格式的视频转换成RM视频并由Real Server服务器负责对外发布和播放。RM和ASF格式可以说各有千秋，通常RM视频更柔和一些，而ASF视频则相对清晰一些。

4. RMVB格式

这是一种由RM视频格式升级延伸出的新视频格式，它的先进之处在于RMVB视频格式打破了原先RM格式那种平均压缩采样的方式，在保证平均压缩比的基础上合理利用比特率资源，就是说静止和动作场面少的画面场景采用较低的编码速率，这样可以留出更多的带宽空间，而这些带宽会在出现快速运动的画面场景时被利用。这样在保证了静止画面质量的前提下，大幅地提高了运动图像的画面质量，从而图像质量和文件大小之间就达到了微妙的平衡。另外，相对于DVDrip格式，RMVB视频也是有着较明显的优势，一部大小为700 MB左右的DVD影片，如果将其转录成同样视听品质的RMVB格式，其个头最多也就400 MB左右。不仅如此，这种视频格式还具有内置字幕和无需外挂插件支持等独特优点。要想播放这种视频格式，可以使用RealOne Player 2.0或RealPlayer 8.0加RealVideo 9.0以上版本的解码器形式进行播放。

7.3　数字视频的获取与处理

7.3.1　数字视频的获取

视频是多媒体中携带信息最丰富、表现力最强的一种媒体。在计算机多媒体信息中，视频信息形象、直观，但数据量大。随着多媒体技术的发展，计算机不但可以播放视频信息，而且还可以准确地编辑处理视频信息。在编辑处理视频信息之前，我们首先需要获取数字视频。

数字视频的获取需要数字视频采集系统的支持，包括模拟视频输出设备、视频采集卡（捕捉卡）和接收并记录编码后的数字视频数据的多媒体计算机，其中起主要作用的是视频采集卡，它不仅提供接口以连接模拟视频设备和计算机，而且具有把模拟信号转换成数字视频文件的功能。

1. 视频信号来源

具有复合视频输出或S-Video输出端口的设备都可以为采集卡提供视频信号源。这些设备包括磁带录像机、摄像机和激光视盘机。把设备的输出端口与采集卡相应的视频输入端口相连就可实现信号的连接。根据不同的模拟视频信号源应分别选择相应的设备。

(1)磁带录像机及录像带

这是提供模拟视频信号源的最常用设备。不同档次和规格的录像机对使用的磁带有不同的要求,如 VHS(世界录像机标准)的磁带仅适用于 VHS 录像机。

(2)摄像机

通过摄像机可以实时获取动态实景。获取的实景可以记录在与摄像机配套的磁录像带上,也可以直接通过摄像机的输出端口输出。有的摄像机还具有播放功能,可以播放其录像带上的信号并通过输出端口输出。摄像机也有不同的档次,从家用的低档摄像机到高档的专业摄像机,性能价格相差很大,其主要性能包括像素数、分辨率和最低照度。

(3)电视信号的采集

这种采集较复杂一些,但也可采用多种方式。最简单方法是先通过磁带录像机把节目录制在磁带上,然后通过录像机的 Video 或 S-Video 端口与计算机上的视频采集卡的对应端口相连,进行采集。也可以预先准备好所有的采集环境,在节目播出时同步采集。另一种是在计算机的扩展槽中再插入一块 TV 调谐卡来接收电视信号,通过视频采集卡把解调后的复合模拟视频信号转换成数字视频 AVI 文件。

2. 视频采集卡

关于视频采集卡,下面对以计算机为硬件环境的视频采集卡做进一步介绍。由于应用、适用环境和技术指标不同,视频采集卡有多种规格,但其接口、采集和驱动功能仍是主要的。

(1)接口

视频采集卡的接口包括视频卡与计算机的接口以及视频卡与模拟视频设备的接口。目前常用的视频采集卡与计算机的接口通常是 32 位的 PCI 总线接口,将视频卡插入计算机主板的 PCI 扩展槽中,实现采集卡与计算机之间的通信和数据传输;采集卡至少要具有一个复合视频接口(Video In),以便与模拟视频设备相连。一般的采集卡都支持 PAL(Phase Alternation Line)和 NTSC(National Television System Committee)两种电视制式。

需要注意的是,视频采集卡一般不具备电视天线接口和音频输入接口,不能用视频采集卡直接采集电视射频信号,也不能直接采集伴音信号。要采集伴音,计算机上必须装有声卡,视频采集卡通过计算机上的声卡获取数字化的伴音并把伴音与采集到的数字视频同步到一起。

(2)采集

在计算机上通过视频采集卡接收来自视频输入端(激光视盘机、录像机、摄像机等的输出信号)的模拟视频信号,对该信号进行采集、量化成数字信号,然后压缩编码成数字视频序列。一般的计算机视频采集卡采用“帧内压缩”的算法把数字化的视频存储成 AVI 文件,高档一些的视频采集卡还能够直接将采集到的数字视频数据实时压缩成 MPEG-1 格式的文件。

由于模拟视频输入端提供不间断的信息源,视频采集卡如果处理能力不够,就会出现丢帧现象。采集卡都是把获取的视频序列先进行压缩处理,然后再存入硬盘,即视频序列的获取和压缩是在一起完成的,这样免除了再次进行压缩处理的不便。不同档次的采集卡具有不同质量的采集压缩性能。

(3)驱动

视频采集卡一般都配有硬件驱动程序，用以实现计算机对采集卡的控制和数据通信。只有把采集卡插入了计算机的主板扩展槽并正确安装了驱动程序以后才能正常工作。采集卡一般都配有采集应用程序以控制和操作采集过程。也有一些通用的采集程序，数字视频编辑软件如 Adobe Premiere 等也带有采集功能，但这些应用软件都必须与采集卡硬件配合使用。

3. 设备连接方式

准备好了模拟视频信号源及其相应的设备，下一步工作就是把模拟设备与计算机上的采集卡相连接。需要注意的是，由于采集卡一般只具有视频输入端口而没有伴音输入端口，因此如果需要同步采集模拟信号中的伴音，必须使用带声卡的计算机，采集卡通过计算机上的声卡来采集同步伴音。

模拟设备与采集卡的连接包括模拟设备视频输出端口与采集卡视频输入端口的连接，以及模拟设备的音频输出端口与计算机声卡的音频输入端口的连接。

采集到的原始数字视频数据非常大，并且在采集数字视频时，计算机控制采集卡的实时工作，同时把采集卡获取的数据通过扩展槽总线接口实时输送到计算机并记录到硬盘上，因此视频序列的数据率越高，对计算机的数据传输率要求越高。因此，采集卡的性能越好，对计算机的要求就越高。

4. 视频采集过程

采集视频的过程主要包括如下几个步骤。

1)采集卡硬件安装和软件驱动。

2)设置音频和视频源，把视频源外设的视频输出与采集卡相连、音频输出与计算机声卡相连。

3)准备好计算机系统环境，如硬盘的优化、显示设置、关闭其他进程等。

4)启动采集程序，预览采集信号，设置采集参数。启动信号源，然后进行采集。

5)播放采集的数据，如果丢帧严重，可修改采集参数或进一步优化采集环境，然后重新采集。

6)根据需要对采集的原始数据进行简单的编辑，如剪切掉起始和结尾处无用的视频序列、剪切掉中间部分无用的视频序列等，以减少数据所占的硬盘空间。

7)如果采集后播放的效果满意，则可以把数据存盘，生成一个相应的数据文件。

5. 数字视频的输出

数字视频的输出是数字视频采集的逆过程，即把数字视频文件转换成模拟视频信号输出到电视机上进行显示，或输出到录像机记录到磁带上。这也需要专门的设备来完成数/模转换。目前开发出集模拟视频采集与输出于一体的高档视频卡，这种设备可以用于专业级的视频采集、编辑及输出。

另外，还有一种称为 TV 编码器(TV Coder)的设备。它的功能是把计算机显示器上显示的所有内容转换为模拟视频信号并输出到电视机或录像机上。其功能较少，适合于普通的多媒体应用。

7.3.2 数字视频的处理

数字视频处理(Digital Video Processing)是指使用相关的硬件和软件在计算机上对视频信号进行接收、采集、编码、压缩、存储、编辑、显示和回放等多种处理操作。它是一个综合的多媒体信息处理过程,其中包括音频和图像处理,是多媒体信息的综合应用形式。视频处理的结果使一台多媒体计算机可以作为一台电视机来观看电视节目,也可以使计算机中的VGA显示信号编码为电视信号,在电视机上显示计算机处理数据的结果;另外,也可以通过接收、采集、压缩、编辑等处理,将视频信号存储为视频文件,供多媒体计算机系统使用。

1. 视频采集方式

视频信号的采集是在一定的时间,以一定的速度对单帧视频信号或动态连续地对多帧视频信号进行接收,采样后形成数字化数据的处理过程。

(1)单幅画面采集

单幅画面采集时,将输入的视频信息定格,并可以将定格后的单幅画面采集到的数据以多种图形文件格式进行存储。

(2)多幅连续采集

多幅连续采集时,可以对输入的视频信号实时、动态地接收和编码压缩,并以文件形式加以存储。我们在捕获一般连续视频画面时,可以根据视频源的制式采用25～30ffs的采样速度对视频信号进行采样。对于电视、电影等影像视频来说,在对视频信号采集的同时必须采集同步播放的音频数据,并且将视频和音频有机地结合在一起,形成一个统一体,并以音频视频交错(Audio Video Interleaved,AVI)格式进行存放。

2. 编码压缩

数字化视频信号的数据量极大,这对于多媒体系统来说,要求海量存储容量和实时传输技术。目前,虽然计算机外存储容量已经达到上百个GB的数量级,但也只能存放支持几分钟的视频播放量,对于能支持23～27 MB/s数据传输速度(相当于PAL、NTSC制式视频信号传输速率)的计算机也不多。如果不能达到这样的数据传输速度,就会导致大量数据的丢失,从而影响视频采样和播放的质量。例如,对于PAL制视频信号,由于在采样过程中不能保持25 f/s画面的采样速度而丢帧,那么当存储的视频信息重新播放时,就会导致显示画面的不连贯性,从而出现抖动现象。

对视频信号进行编码压缩处理是减少数字化视频数据量的有效措施。在视频采集和数字化进程中,对图画进行实时压缩,而在存储的视频数据进行回放的过程中,对图画进行解压缩处理,以适应计算机内视频数据的存储和传输的要求。

3. 编辑加工

在对视频信号进行数字化采样后,用户可以对它进行编辑、加工,以达到用户的应用要求。例如,用户可以对视频信号进行删除、复制、改变采样频率或改变视频或音频格式等操作,将其改变成用户所需要的显示形式,压缩后存入硬盘;可以制作过渡特技、视频特技;可以叠加文字、配置声音等。

(1)基本编辑

视频基本编辑方法与声音类似，主要是片段取舍。首先确定片段起点和终点，然后将其去掉或保留，最后将保留的片段按时间顺序排列，从头到尾连续播放，形成完整的视频节目。编辑软件中用于排列这些片段的工作空间常称为时间线或时间轴。

视频编辑中也有淡入淡出。淡入是画面由无逐渐显示直到正常；淡出是画面慢慢变暗直至消失。这些编辑常用于节目的开始和结束以及场景的转换中。

(2)过渡特技

视频是一组画面的连续播放，但剪辑时如果画面与画面连接不当，就会造成跳动的感觉，比如正在讲话的人物突然移动了一下位置。多个类似的镜头连接会使人感到拖沓、冗长。过渡特技可以解决这一问题，使镜头连接自然流畅。

过渡是镜头与镜头之间的组接方式。比如前一个镜头的画面逐渐消失的同时，后一个镜头的画面逐渐显示直到正常，这称为溶解；前一个镜头的画面按一定的方向移出屏幕的同时，后一个镜头的画面按相同的方向紧跟前一个镜头移入屏幕，这称为滑像。

(3)视频特技

视频特技指对片段本身所做的处理。例如，透明处理可以将两个片段的画面内容叠加在一起，常用在表示回忆的场景中；运动处理可以使静止的画面移动，使画面的出现更丰富多彩；速度处理可以创建快镜头和慢镜头效果；色彩处理与图像的色彩处理类似，但它改变的是一段视频的色调，如黑白的强烈效果、红色的热烈气氛、淡绿的清凉感觉、日落的昏黄色调等。

(4)叠加文字

视频上可以叠加文字，称为字幕。图像中的文字是静态的，视频中的文字是动态的。视频中出现的文字要持续一定的时间，文字不变，画面改变，文字用来说明一段视频；文字的出现方式可以不同，比如溶解、移入、放大、缩小等，以此产生不同的视觉效果。另外，在节目的开头要有标题，对整个节目进行说明；结尾应该有落款，说明节目的组织方式。

(5)配置声音

虽然无声电影时代给人留下了深刻的印象，至今看来仍然让人依依不舍，但加入声音会使视频节目产生更大的感染力。在录制节目的同时录下当时的环境声音，称为同期声。编辑时可以单独处理，进行剪辑或添加效果，也可以为语音解说配上音乐，但要注意声音和画面的同步，比如人说话的口型和听到的声音一致。

4. 回放

所谓回放，就是指将存储的数字化视频数据通过实时解压缩，恢复成原来的视频影像在计算机屏幕上显示重现。由于数字视频数据量庞大，因此，视频的回放与屏幕显示的速度和质量密切相关，即与显示卡的质量有关。在多媒体系统中通常采用图形加速器代替普通显示卡来播放真彩色图像和数字视频。图像加速器上使用专用电路和芯片来提高显示速度。目前广泛使用的是 32 位的图形加速器，但 64 位及 128 位图形加速器将是未来的发展方向。图形加速器上的视频存储器数量决定显示分辨率和色彩深度。显示每个像素所需要的字节数乘以屏幕的分辨率，即所需要的视频存储器的大小。例如，256 色图像每个像素需要 1 个字节，64 K 色图像每个像素需要 2 个字节，而真彩色图像的每个像素需要 3 个字节。

7.3.3 视频卡

视频卡是在 MPC 上实现视频处理的基本硬件,用来实现模拟视频信号或数字视频信号的接入以及模拟视频的采集、量化、压缩与解压缩、视频输出等功能。

1. 视频卡的分类

可从性能和功能的角度对视频卡进行分类。

(1)按性能分类

按照性能,视频卡可分为广播级视频采集卡、专业级视频采集卡和普通视频采集卡 3 大类。广播级视频卡的最高采集分辨率一般为 720×576(PAL 制 25 fps)或 640×480/720×480(NTSC 制 30 fps),最小压缩比一般在 4∶1 以内。这一类产品的特点是采集的图像分辨率高,视频信噪比高。缺点是视频文件庞大,数据量至少为 200 MB/min。广播级模拟信号采集卡都带分量输入/输出接口,用来连接 BetaCam 摄/录像机。此类设备是视频卡中最高档的,价格也最高,在电视台制作节目中使用的比较多。专业级视频采集卡的性能比广播级视频采集卡的性能稍微低一些,两者分辨率相同,但压缩比稍微大一些,其最小压缩比一般在 6∶1 以内,输入/输出接口为 AV 复合端子与 S 端子。此类产品价格适中,适用于广告公司、多媒体公司制作节目及多媒体软件。普通视频卡的技术指标比专业级的稍差一些,价格较低。由于视频技术的快速发展,视频卡产品的性能价格比越来越高,产品之间的性能指标与价格区别明显缩小,所以目前的视频卡产品已趋向于广播级和专业级两种。

(2)按功能分类

根据视频卡的功能,市面上的视频卡产品一般分为以下 5 类:

1)视频采集卡。视频采集卡可以从视频输出装置输出的模拟视频信号中实时或非实时地采集静态画面和动态画面,将它们转换为数字图像或数字视频存储到计算机中。这类卡功能简单,价格低廉,可与电视机、摄像机(头)、VCD 机、DVD 机等设备相连接,实现模拟视频信号的数字化。近几年流行的计算机摄像头除了用于采集现场视频外,其他处理与视频采集卡相同。

为了解决笔记本电脑上采集模拟视频的问题,近年来还出现了通过 USB 接口连接的视频采集装置,如图 7-5 所示。

图 7-5 USB 接口的视频采集装置

2)视频输出卡。计算机显示卡输出的视频信号,一般不能直接用作电视机或录像机视频输入信号。而视频输出卡可以将计算机中的数字视频信号进行编码,转换成 NTSC 或 PAL

标准的电视视频信号，再输出到电视机中播放或录制到录像机的磁带中。目前，这种功能已集成于显示卡或计算机主板中。

3）TV 卡。TV 卡是用来接收和采集电视节目的。它有一个高频调谐器和一个射频信号接口，可以将电视高频信号接入多媒体计算机并转换成数字视频信号，使在多媒体计算机的显示器上收看电视节目等功能得以顺利实现。

4）压缩/解压缩卡。视频压缩卡可实现硬件对视频文件的实时或非实时压缩，而解压缩卡可将已经压缩的数字视频格式（如 VCD 或 DVD）中的视频压缩文件进行硬件解压缩，还原成普通的数字视频并进行播放。一个视频卡可同时具有压缩和解压缩功能。目前，由于 MPC 的 CPU 速度很快，处理能力增强，通过软件就可以实现平滑的压缩和解压缩功能，所以解压缩卡已经很少在个人多媒体计算机中使用。但是专业、高效、流畅的视频仍然需要视频压缩/解压缩卡。

5）数字视频卡。数字视频卡实际上是一个数字接口——IEEE 1394，在苹果系列机上称为火线接口 FireWire，在被连接的 DV 摄像机上又称为 i. Link 接口。它可将数字摄像机拍摄的 DV 信息传输到多媒体计算机系统中，再配合其他的视频编辑软件，完成数字视频的编辑处理工作。一般的数字视频卡可提供 3.6 Mb/s 传输速率，支持 PAL 和 NTSC 两种标准，最高图像分辨率为 720×576，压缩比为 5∶1，最大视频文件为 4 GB。

在目前市面上流行的视频卡产品中，多数视频卡都集成了更多的功能，并提供了基于互联网络播放的流格式压缩。因此，以上不同功能可在一块视频卡充分体现出来。例如，Osprey-2000 视频卡（见图 7-6）提供模拟视频输入（S-Video）、TV 信号、DV 输入及增强的音/视频同步输入等，可实现采集模拟视频、TV 信号、数字视频以及用于现场实时监视的模拟音/视频信号，提供 MPEG 压缩格式。更重要的是，可将这些信号转换为流媒体格式。

图 7-6　Osprey-2000 视频卡

2. 视频采集卡的组成与工作原理

视频采集卡是实现模拟视频数字化的基本硬件装置，它反映了 MPC 中视频处理的基本技术内容，其逻辑组成与工作原理如下：

从逻辑功能看，视频采集卡主要由视频接口、视频采集模块和视频处理模块等部件组成，如图 7-7 所示。视频显示也可借用显示卡来完成。

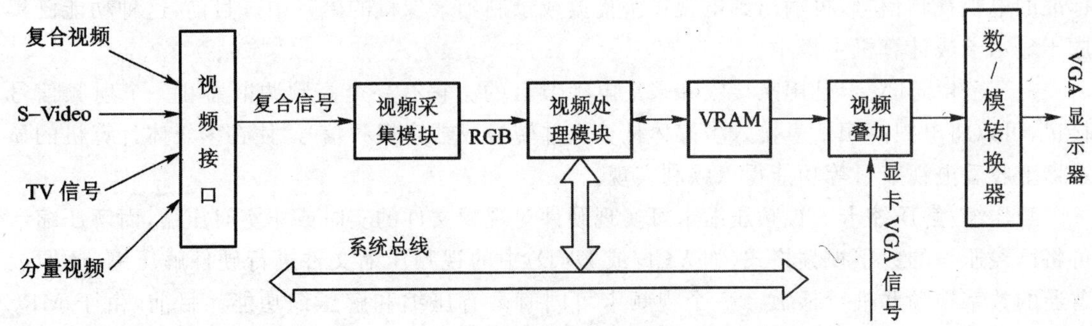

图 7-7 视频压缩卡的逻辑组成

视频接口用来连接各类视频信号，如复合视频、S-Video、分量视频及射频 TV 信号等。这些信号可来自摄像机、录像机、VCD 机、DVD 机、电视机或有线电视信号等不同视频源，具体使用时可通过视频软件选择所需的视频源。

视频采集模块由视频解码器、模/数转换器(ADC)、信号转换器三个部分共同组成。视频解码器可将模拟视频信号解码为分量视频信号，如 YUV 分量。模/数转换器完成对分量视频信号的采集、量化等数字化工作。信号转换器完成将采集到的 YUV 分量信号转换成 RGB 信号。

视频处理模块是用于视频捕获、压缩与解压缩、显示等用途的专用控制芯片，主要功能可分为 PC 总线接口、视频输入剪裁、变化比例、压缩、解压缩、与 VGA 信号同步、色键控制以及对帧存储器的读/写和刷新控制。

如果按照分量采集方法，则视频压缩卡首先分析输入的模拟视频信号类型，如果是复合信号，则首先由视频解码器将输入信号解码为分量视频信号；然后再由模/数转换器按照一定的采样格式进行视频采样和量化工作。例如，以 4：2：2 格式采样时，每 4 个连续的采样点中取 4 个亮度 Y、2 个色差 U、2 个色差 V 的样本值，共 8 个样本值；最后由信号转换器将 YUV 信号转换为 RGB 信号，并送往视频处理芯片。视频处理芯片首先对采集到的视频数据进行帧内压缩并存储到 MPC 上的视频文件中；同时，视频处理芯片对帧存储器(VRAM)进行读/写操作，实时地把数字化的视频像素存到 VRAM 中，同时把采集到的 RGB 视频信号与 VGA 显卡输出的 RGB 信号叠加，形成一路 RGB 信号，经过 DAC 转换变成模拟信号，并在显示器的活动窗口中显示出来。

当播放视频文件时，压缩的视频信息要经过解压缩过程，使其还原成原始图像信息后才能播放。对于较为简单的视频采集卡来说，一般可以通过软件来实现压缩与解压缩功能。

3. 视频采集卡的技术特性

不同的视频采集卡具有不同的技术特性，主要通过以下几个技术指标来体现：

(1)视频接口类型

视频采集卡的接口类型包括两方面的含义，一是采集卡与 MPC 连接的接口类型，目前通常采用 32 位的 PCI 总线接口，它插到 PC 主板的扩展槽中，以实现采集卡与 PC 的数据传输。为了解决笔记本计算机的视频采集问题，出现了 USB 接口的视频采集装置。二是采集卡所提供的模拟视频源接口类型。简单的视频采集卡提供一个复合视频接口或 S-Video 接口；TV

采集压缩卡则至少要提供一个射频输入接口；高档采集卡除了提供一般的视频接口外，还提供分量视频输入接口。

(2)分辨率与帧频

根据前面的性能分类，不同等级的视频采集卡其分辨率和帧频参数应该不同，但这种差别已经随着技术的发展而逐渐淡化。较高档的视频采集卡在 PAL 标准下以 25 fbs 采样时，可支持的最高分辨率为 720×576(CCIR-601 建议值)，而在 NTSC 标准下以 30 fps 采样时，可支持的最高分辨率为 640×480 或 720×480。较低档的视频采集卡(包括广泛使用的计算机摄像头)所支持的采集分辨率和帧频相对较低，一般为 PAL 标准 352×288 和 NTSC 标准 320×240，帧频分别不超过 25 fps 和 30 fps。

(3)实时压缩

实时压缩是视频采集/压缩卡的重要技术指标之一，反映的是视频采集卡的处理速度。由于视频采集卡处理的是连续的模拟视频源，且要按标准完成模拟视频序列中每帧图像的实时采集，并在采集下一帧图像之前把当前帧的图像数据传入 MPC。因此，实时采集的关键在于每帧数据的处理时间。如果每帧视频图像的处理时间超过相邻两帧之间的相隔时间，则会出现数据的丢失，即丢帧现象。因此，采集卡要把获取的视频序列先进行压缩处理，然后再存入硬盘，即视频序列的获取和压缩在一起完成，免除了再次进行压缩处理的不便。不同档次的采集卡具有不同质量的采集压缩性能。

大多数视频采集卡都具备硬件压缩的功能，在采集视频信号时首先在卡上对视频信号进行压缩，然后再通过接口把压缩的视频数据传送到主机上。一般的视频采集卡采用帧内压缩的算法把数字化的视频存储成 AVI 格式文件，高性能的视频采集卡还能直接把采集到的数字视频数据实时压缩成 MPEG 格式的文件。

7.4　数字视频编辑常用软件

具有编辑视频文件功能的程序一般被称为数字视频编辑器。能够编辑数字视频数据的软件也称为非线性编辑软件，这是相对于传统的磁带和电影胶片的线性编辑而言的。数字视频编辑器的应用范围很广，从功能非常简单的软件到专业化的软件都有应用，数字化视频的编辑和制作已经慢慢融入人们的日常生活。

7.4.1　非线性编辑系统

非线性编辑系统是随着多媒体技术的飞速发展而产生的，以计算机为平台，配以专用板卡和高速硬盘，由相应软件控制完成视频、音频节目制作。使用视频、音频非线性编辑系统已经成为电视节目后期制作、电子出版物和多媒体课件制作的发展方向。

1. 非线性编辑的优点

非线性编辑是将传统视频编辑系统要完成的工作全部或部分放在计算机上实现的技术。由于多媒体技术的交互性，人们可以对数字文件反复地更新或编辑。所以，从本质上讲，非线性技术提供了一种分别存储许多单独素材的方法，使得任何视频片段都可以立即播放，并随时进行修改。非线性编辑具有传统线性编辑无法比拟的很多优点。

(1)编辑制作方便

传统线性编辑中的剪辑与增加特技要交替顺序进行,非线性编辑可以先编好镜头的顺序,然后根据要求在需要的编辑点上添加特技。

(2)有利于反复编辑和修改

在实际工作中,发现不理想之处或出现错误时可以恢复到若干操作步骤之前。可在任意编辑点上插入一段素材,切入点以后的素材可被自动向后推;同样删除一段素材,切出点以后的素材可以自动向前递补,重组素材段。

(3)制作图像画面的层次多

每一段素材都相当于传统编辑系统中一台播放机播放的视频信号,而素材数量是无限的,这使得节目编辑中的连续特技可一次完成多个,不仅提高了编辑效率,而且丰富了画面的效果。

(4)图像与声音的同步对位准确方便

图像通过加帧、减帧可拉长或缩短镜头片段,随意改变镜头的长度。声音可不变音调而改变音长(即保持声音频率不变,延长或缩短时间)。因此,在实际制作过程中,在一段音乐与一幅图像相配时,很容易把它们的长度编成一致。这在传统的线性编辑方式中是不太容易做到的。

2. 非线性编辑系统的工作流程

非线性编辑系统的工作流程主要分为以下几步。

(1)视频素材的准备和搜集

视频素材可以是来自于传统视频设备的原始视频资料,如摄像设备、录放像设备、影碟机等视频源,也包括用计算机本身获得或生成的图形、动画素材。为了获得高质量的最终视频产品,高质量的原始素材是非常重要的。

(2)视频采集与数字化

这一过程是非线性编辑系统的关键一环,其结果会直接影响最终产品的品质。视频数字化是通过视频采集卡及相应的软件实现的,主要工作是对视频信号进行动态捕获、压缩和存储,形成数字化视频文件。

(3)数字视频编辑

典型的编辑过程是:首先,创建一个编辑的过程平台,这个平台可自由设定视频展开的信息,既可以逐帧展开也可以逐秒展开,间隔可以任意选择;其次,将数字化的视频素材用拖曳的方式放入过程平台;再次,调用编辑软件提供的编辑手段,对各种素材进行剪辑、重排和衔接,添加各种特殊效果,如二维或三维特技,叠加活动字幕、动画等。在整个编辑过程中,各种参数可以任意调整,便于对过程的控制和对最终效果的把握。

7.4.2 常用数字视频编辑软件

目前,市场上的数字视频编辑软件有很多,虽然基本功能相近,但又各具特色,定位不同。实际应用时,可视具体情况选择使用。

常见的数字视频编辑软件有 Microsoft 公司的 Windows Movie Maker、Adobe 公司的 Adobe Premiere、Ulead 公司的 Video Studio(会声会影)以及 Pinnacle 公司的 Pinnacle Studio 和 Pinnacle Edition。其中,Windows Movie Maker、会声会影和 Pinnacle Studio 定位于普通家庭用户,Adobe Premiere 和 Pinnacle Edition 则定位于中高端商业用户。

(1)Adobe Premiere

Adobe Premiere 是 Adobe 公司推出的基于非线性编辑设备的视频、音频编辑软件,作为功能强大的多媒体视频、音频编辑软件,它具有广泛的素材兼容性、精确的素材剪辑功能、方便的镜头转换功能、丰富的视频特技技巧、强大的素材叠加功能和直观的音频合成功能,已经在影视制作领域取得了巨大的成功。它广泛应用于电视台、广告制作、电影剪辑等领域,成为 Windows 和 MAC 平台上应用最为广泛的视频编辑软件。

(2)Ulead Media Studio Pro

Media Studio Pro 是 Ulead 公司开发的多媒体影视制作软件,它是一套整合性完备、面面俱到的视频编辑套餐式软件,最新版本为 7.0 版。它集成了五大功能模块,即 Video Editor(视频编辑)、Audio Editor(音频编辑)、CG Infinity(动画制作)、Video Paint(特效绘图)和 Video C apture(视频捕获),可以轻松地对视频、音频进行捕获、编辑以及输出。其独特之处在于 Video Paint 可以对视频片段中的任意一帧或者连续帧进行画面处理,而且它内置了 MPEG 编码器,可不借助任何插件轻松制作 VCD 影片。

(3)Ulead Video Studio

虽然 Media Studio Pro 功能强大,但它专业性太强,上手比较难。而 Ulead 公司的另一套编辑软件 Video Studio(会声会影)是完全针对家庭娱乐、个人纪录片制作开发的简便型视频编辑软件,非常适合家庭和个人使用。

会声会影提供了 12 类 114 个转场效果,可以用拖曳的方式应用,并且每个效果都可以做进一步的控制。另外,还具有字幕、旁白或动态标题的文字编辑功能。它还提供了多种输出方式,可以输出传统的多媒体电影文件,例如 AVI、FLC 动画、MPEG 电影;也可以将制作完成的视频嵌入贺卡,生成一个可执行文件;通过内置的 Internet 发送功能,可以将制作完成的视频通过电子邮件发送出去或者自动将它作为网页发布。

(4)Ulead DVD Movie Factory(Ulead DVD 制片家)

Ulead DVD 制片家是针对那些希望得到简单实用、快捷方便的高质量存储和分享解决方案的家庭和商业用户而设计的。它具备简单的向导式制作流程,可以快速将用户的影片刻录到 VCD 或 DVD 上。内置的 DV-to-MPEG 技术可以直接把视频捕获为 MPEG 格式,然后马上进行 VCD/DVD 光盘的刻录,成批转换功能可以不受视频格式的限制。它还包含一个简单的视频编辑模块,可以让用户对影片进行快速剪裁。制作有趣的场景选择菜单可以为用户的 DVD 增加互动性,支持多层菜单,可以选择预制的专业化模板或用自己的相片作为背景。最终可以将影片刻录到 DVD、VCD 或 SVCD 上,在家用 DVD/VCD 播放机或计算机上播放。

(5)Windows Movie Maker

Windows Movie Maker 简称 WMM,是 Windows XP 的一个标准组件,其功能是将用户自己录制的视频素材经过剪辑、配音等编辑加工,制作成富有艺术魅力的个人电影。它也可以将大量照片进行巧妙的编排，配上背景音乐，还可以加上自己录制的解说词和一些精巧特技，加工制作成电影式的电子相册。Windows Movie Maker 最大的特点就是操作简单，使用方便，并且用它制作的电影体积小巧，非常适合通过电子邮件发送给亲朋好友，或者上传到网络供用户下载收看。

7.4.3 典型数字视频处理软件 Adobe Premiere

Adobe Premiere 是以 Project（项目）为基础制作影片的，项目中记录了 Premiere 影片中的所有编辑信息，例如素材信息、效果信息等。一般情况下，在 Premiere 中制作影片按以下步骤进行。

1）建立一个新项目。

2）导入原始素材片段。

3）装配和编辑素材。

4）对素材应用转场特效、滤镜特效、运动特效以及叠加处理。

5）为影片添加声音和字幕。

6）输出影片。

1. Adobe Premiere 的窗口组成

启动 Adobe Premiere Pro，系统会出现启动对话框，如图 7-8 所示。

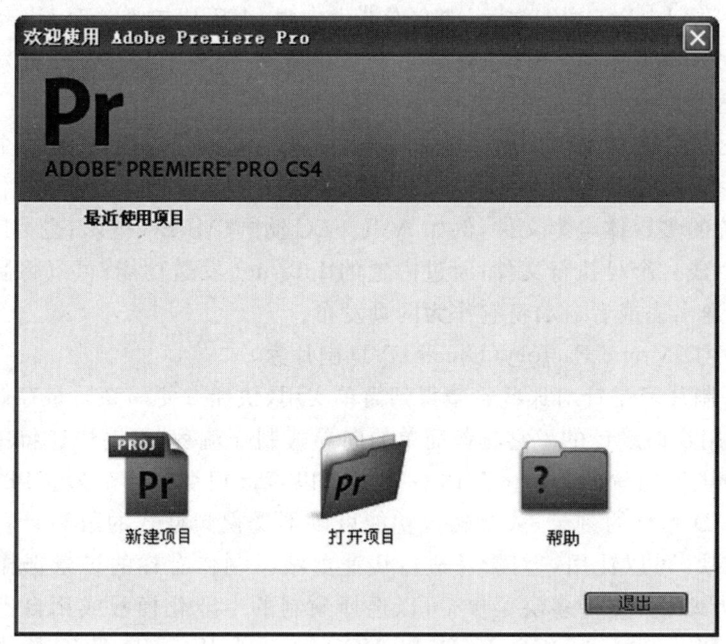

图 7-8　Adobe Premiere Pro 启动对话框

单击"新建项目"图标按钮，系统会出现预设框，设置项目的名称，即可进入 Adobe Premiere Pro 的主界面，主界面由菜单栏和小工作窗口组成，如图 7-9 所示。

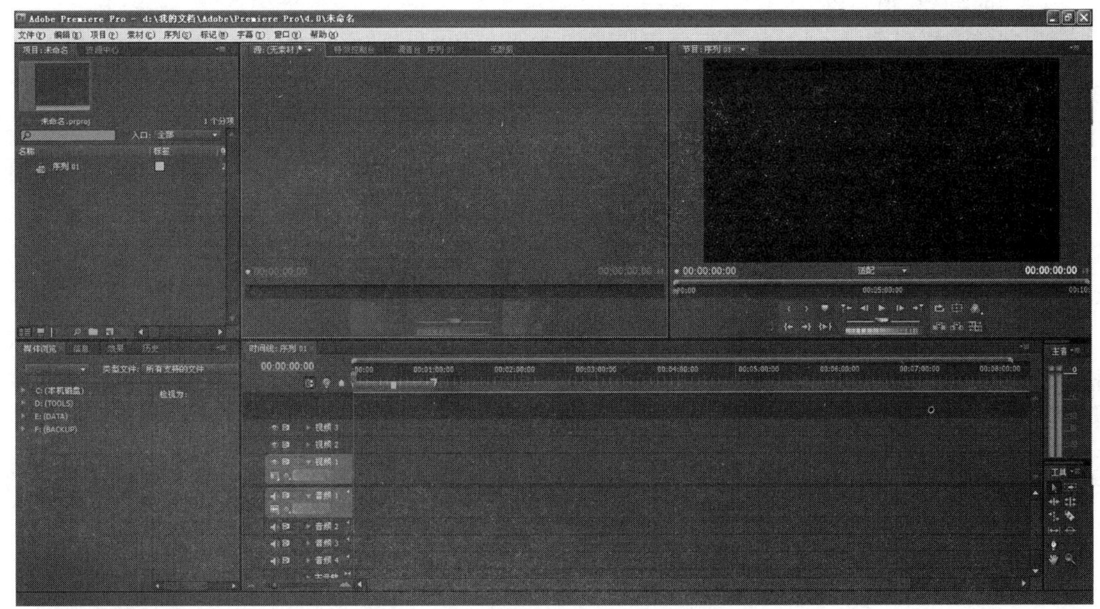

图 7-9　Adobe Premiere Pro 的主界面

(1)“项目”窗口

Adobe Premiere 的素材来源是多种多样的，如用摄像机采集的视频、用扫描仪得到的图片、自己制作的动画和用录音设备捕获的声音序列等。但不管是哪种素材，都是数字化的或经过数字化处理的资料。

“项目”窗口就是用来管理各种素材的，其中详细地列出了项目的名称、类型、区间、视频信息和音频信息等。可以将素材添加到项目列表中，也可以将素材从项目中删除。

1)添加素材。执行“文件”→“导入”命令，弹出导入文件对话框。在对话框中，既可选择项目文件(“.prproj”文件)，也可直接选择一个或多个其他文件(如“.avi”文件、“.fim”文件、“.mov”文件等)；选择完成后，单击“打开”按钮，便会弹出“项目”窗口，并将选中的文件输入到窗口中。在进行编辑时，可以直接将文件从“项目”窗口中拖入“时间线”窗口的“视频”或“音频”轨道上进行处理。

2)视频捕捉。将视频和音频信号记录到计算机中的过程被称为捕捉，也就是将模拟视频、音频信号数字化的过程。执行“文件”→“采集”命令，弹出其对话框，根据对话框中的提示信息便可采集视频。

3)删除素材。在“项目”窗口中添加素材时，并非真的把素材全部加入到项目中了，而只是将硬盘上的素材文件和项目之间建立了一种对应关系，即有一个指针指向这个文件。因为这些要编辑的素材会占用大量硬盘和内存空间，所以 Adobe Premiere 使用原始素材的一个样品或一串略图来代替实际的视频或其他资源。这样在不影响操作的情况下，既节省了空间，又节省了时间。只有在生成预览或生成影片时，才对素材进行实际操作。所以，如果要从“项目”窗口中去掉一个素材，直接用鼠标选中这一素材，然后按 Delete 键即可。这样操作并没有删除实际的文件，只是去掉了项目与文件之间的关系。

(2)“时间线”窗口

时间线是整个软件包中最重要的视频编辑工具。从“项目”窗口里选择要使用的视频与音频片段,并将它们拖曳到时间线上,按照希望的顺序排列。在这个阶段,可以在处理之前或之中选择编辑特定的场景。

执行“窗口”→“时间线”命令,弹出“时间线”窗口,它提供了3个视频时间线——视频1、视频2与视频3。在这个架构下,时间线最好的使用方法是将片段在视频1与视频2上连续排列。视频3时间线可以使用额外的特效,如变色文字、片头标题连续视频、片尾标题等。

把项目中的素材加入到“时间线”窗口中时,选中要添加的素材,当看到鼠标变成手形时,按住鼠标左键不放,移动鼠标拖到要添加的轨道上,然后松开鼠标即可。如果所添加的是有声视频,相应的音频部分会自动地添加到音频轨道上。

(3)工具箱

在“时间线”窗口的左侧有一个工具箱,可以用来选择和编辑素材,如图7-10所示。

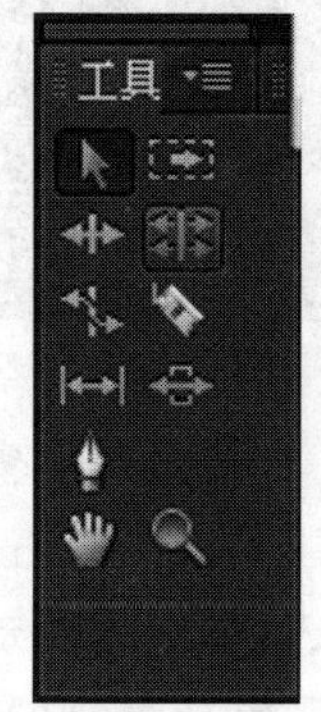

图 7-10 工具箱

1)选择工具。选择素材和移动素材。当它位于一个素材的边缘时,就会变成拉伸光标,可用来拉长或缩短素材。

2)轨道选择工具。可对单轨道上的所有素材进行整体性的操作,例如,可将整个一条轨道上的素材移到另一条轨道上去,或者对两条轨道上的所有素材同时进行平移操作。操作方法是:单击轨道选择工具,在轨道上单击可选中轨道上的所有素材,也可以在按Shift键的同时单击轨道实现多选。

3)波纹编辑工具。在不影响“时间线”窗口中同一轨道上的所有其他素材持续时间的前提下,改变某一素材的持续时间。操作方法是:单击波纹编辑工具,将鼠标箭头移到两段素材交界的地方,在出现波纹标记时前后拖动即可。

4)旋转编辑工具。在不改变影片总长度的情况下,调整两段相邻素材的长短关系。操作方法是:单击旋转编辑工具,将鼠标箭头移到两段素材交界的地方,出现滚动标记时前后拖动即可。注意:要进行编辑的两段素材的长度应该小于原始素材的长度,这样其中的一段素材才有余地“补充”失去的时间。

5)比例伸展工具。对素材放映的速率进行调整。操作方法是:单击速率调整工具,在某一片段的边缘拖动,缩短素材速度加快,拉长素材速度减慢。

6)剃刀工具。将一个素材剪成多个素材,并生成新素材,它们分别具有独立的长度和出入点,可独立操作。操作方法是:单击剃刀工具,在片段上单击,即可将素材切断。

7)滑动工具。可以同时改变当前片段的入点(起始帧)和出点(结束帧)位置,要求进行滑动的素材的长度应该小于原始素材的长度。

8)滑行工具。保持被拖动片段的出点和入点的位置不变,变更相邻的片段的出点和入点。

9)钢笔工具。对于关键帧进行一些特定方式的调整。

10)抓取工具。主要用于移动轨道,和滚动条的效果是一样的。

11)缩放工具。缩小或放大时间单位,通过改变时间单位来改变素材的显示长度。操作方法是:单击缩放工具,单击一次放大一级,单击两次则放大两级。如果要缩小,可以在按住键盘上的 Alt 键的同时再单击。

(4)监视窗口

监视窗口不仅可用来监视单个素材,还可用来监视合成的节目,同时它也可以做一些编辑工作。窗口中有两个监视区域。左边的是“素材”窗口,右边的是“时间线播放”窗口。移动时间线的滑块,可改变监视的帧。两个窗口都分别设有“播放”、“停止”、“前一帧”、“后一帧”、“循环播放”、“标记入点”和“标记出点”等按钮,这些播放控制按钮可以随意实现倒退、前进、停止、播放、单步播放或循环播放选定区域等动作。

2. Adobe Premiere 的基本用法

Adobe Premiere 的基本用法可以分为视频制作、特技效果、视频滤镜、合成音效和制作字幕这 5 个部分。

(1)将图片制作成连续播放的视频文件

将一幅幅独立的图片利用 Adobe Premiere 制作成连续播放的视频文件,是影视制作中经常要用到的一种形式。具体操作步骤如下:

1)将图片整合成 704×576 像素大小的“. bmp”文件,将伴音准备为“. wav”文件。

2)进入 Adobe Premiere Pro 后,将上述图片文件和伴音文件输入到“项目”窗口中备用。

3)分别按顺序将图片文件从“项目”窗口中拖入“时间线”窗口的视频 1 轨道中,每放入一个图片文件时,即右击以激活快捷菜单,选取快捷菜单上的“速度/持续时间”选项,便会弹出“速度/持续时间”对话框,输入新的播放时间,如 00:00:05:00,即将图片播放持续时间定为 5 s。

4)在“. bmp”图片全部放置完成后,可将伴音“. wav”文件放入“时间线”窗口的音频 1 轨道中。

5)拖动编辑线到最左边,单击监视窗口中的“时间线播放”子窗口中的播放按钮,预览影片。

6)执行“文件”→“保存”命令存盘,执行“文件”→“输出”→“影片”命令,取名为“影片. avi”,输出影片时会出现进度条。

(2)特技效果

Premiere 的特技效果包括视频画面的切换、音频片段之间的转换、在音频和视频片段上应用滤镜等,所有的特技效果均在“项目”窗口的“特效”子窗口中。当应用了某一特效之后,特效参数可在监视窗口的“特效控制”子窗口中设置,其特技效果可在监视窗口的“时间线播放”子窗口中预览。

一个场景结束,另一个场景接着开始,这就是电影的镜头转场。在 Premiere 中,提供了多种类型的转场效果,既可以在同一轨道的两个相邻片段之间转场,也可以在不同轨道的两个部分重叠的片段之间转场。例如,实现 4 个视频片段转场的具体操作步骤如下。

1)新建一个项目,导入 4 个视频片段。

2)将其中两个视频片段拖到视频 1 轨道,相邻摆放。将另外两个视频片段拖到视频 2 轨道,相邻摆放。其中,视频 1 轨道中的第二个视频应该和视频 2 轨道中的第一个视频有小部分交叉。

3)打开“特效”子窗口,选择“视频转场”中的“3D 过渡”中的“窗帘”转场效果,把此效果拖到时间线的“1. avi”和“2. avi”片段之间。

4)同理，把“3D过渡”中的“翻页”转场效果拖到时间线的“3. avi”和“4. avi”片段之间，把“3D过渡”中的“翻转”转场效果拖到时间线的“2. avi”和“3. avi”片段之间，把“3D过渡”中的“关门”转场效果拖到时间线的“4. avi”片段末尾。

5)最后，播放保存影片即可。

选中应用特效的片段，还可以通过“特效控制”子窗口设置转场持续时间、转场地点等参数。

(3)视频滤镜

Premiere中提供了多种视频滤镜，可以快速对原始素材进行加工，制造一些有趣的特技效果。添加视频滤镜的操作方法如下：

1)选择欲添加滤镜的素材，将其拖到时间线上。

2)在“特效”子窗口中，单击“视频特效”。选择“通道”中的“翻转”滤镜并直接拖到时间线中的视频片段上。

3)同理，可将“光效”中的“镜头眩光”滤镜拖到同一片段上，前后效果对比图。

选中应用滤镜的片段，在“特效控制”子窗口中可以调节各种滤镜参数，或者通过在滤镜名称上单击鼠标右键，在弹出的快捷菜单中单击“清除”命令删除滤镜。

(4)合成音效

一般的节目都是视频和音频的合成，音乐和声音的效果给影像节目带来的冲击力是令人震撼的。传统的节目在后期编辑的时候，根据剧情需要配上声音效果，叫做混合音频，生成的节目电影带叫做双带。胶片上有特定的声音轨道存储声音，当电影带在放映机上播放的时候，视频和音频以同样的速度播放，实现了画面和声音的同步。Premiere可以很方便地处理音频，获得不可或缺的音频效果。

获得音频的方式有很多，最多的就是从网上下载自己喜欢的MP3或WAV音频剪辑，还可以利用软件获得音频。例如，用Premiere将AVI、WMV等视频文件导入到Premiere的时间线上，音频和视频就会自动分开。

1)音频持续时间的调整。音频的持续时间就是指音频的入、出点之间的素材持续时间，因此，对于音频持续时间的调整就是通过对入、出点的设置来进行的。改变整段音频持续时间可采用的方法如下：

①在“时间线”窗口中，用选择工具直接拖动音频的边缘，以改变音频轨迹上音频素材的长度。

②选中“时间线”窗口的音频片段，然后右击，从弹出的快捷菜单中单击“速度/持续时间”就会弹出“速度/持续时间”对话框，在其中可以设置音频片段的持续时间和音频的速度。但是，改变音频的播放速度会影响音频播放的效果，音调会因速度的提高而升高，因速度的降低而降低。同时，播放速度变化了，播放的时间也会随着改变，但这种改变与单纯改变音频素材的入、出点而改变持续时间不是一回事。

2)使用滤镜效果。Premiere还包括很多音频的效果，许多音频滤镜都是硬件提供滤镜效果的软件版。有些滤镜用来提供或者纠正音频的特征，有些滤镜用来添加声音的深度、声调的颜色或者特殊的效果。改变每一个滤镜的设置都能达到改变原始素材音频效果的目的。Premiere 支持 3 种声道文件：5.1 声道、立体声和单声道，采用不同声道的音频文件只能采用对应的音频滤镜。例如，立体声可以将声源位置在左、右声道之间循环移动，产生一种声音在左、右喇叭之间循环移动的效果，具有较强的立体感。在立体声文件上应用“混响”音频滤镜的操作步骤如下：

①选择音频素材，将其拖到“时间线”窗口的音频 1 轨道上。

②单击“项目”窗口中的“特效”子窗口，将“音频特效”中的“混响”滤镜效果直接拖到“时间线”窗口中的音频片段上。

(5)制作字幕

在影片的制作中，有时需要为影片画面配上文字说明、为影片中的对白和解说加上字幕、为影片添加片头、片尾和演职员表等，Premiere 中可使用字幕设计器完成这些功能。

1)输入字幕。输入字幕的操作步骤如下：

①选择“文件”→“新建”→“字幕”命令，弹出字幕设计器。白色的区域就表示电视画面，其中有 2 个虚线框，外框是图像安全框，由于电视标准的历史原因，电视画面的周边有 10%左右是超出显像管的边界的，因此只有在此图像的 90%的方框中的图像是可以安全显示的。同理，内部的虚线框是字幕安全框，制作的字幕都不要超出这个框，不然在电视上看到的字幕很可能紧贴着屏幕的边缘。

②在编辑区中单击鼠标，出现一个方框，书写所需的字幕文字，如“计算机基础主讲：张力”。

③拖动鼠标选中“计算机基础”字样，在字幕设计器的“对象风格”列表中选择 LiShu(隶书)、大小为 56、填充红色。

④拖动鼠标选中“主讲：张力”字样，在字幕设计器的“对象风格”列表中选择 LiShu(隶书)、大小为 36、填充黑色。

⑤单击工具箱中的选择工具，将文字调整到中间位置。

⑥执行“文件”→“保存”命令，存储为“计算机课程字幕 . prtl”。

⑦导入视频片段“1. avi”，将其拖到视频 1 轨道上。

⑧导入“计算机课程字幕 . prtl”并将其拖到视频 2 轨道上即可。

2)滚动字幕。滚动字幕的操作步骤如下：

①执行“文件”→“新建”→“字幕”命令，弹出字幕设计器。

②选择字幕类型为“滚动”型，单击工具箱中的文字工具，拖出一个显示框，输入滚动字幕的文本，并设置相应的格式。

③单击字幕设计器上方的滚动选项按钮，在弹出的对话框中勾选“Start off Screen”和“End Off Screen”选项。

④执行“文件”→“保存”命令，存储为“制作人员 . prtl”。

⑤在“项目”窗口中导入“制作人员 . prtl”并将其拖到视频 3 轨道上，配合监视器，调整“计算机课程字幕 . prtl”和“制作人员 . prtl”字幕之间的重叠部分，做出片头刚消失、制作人员表紧跟的效果。

如果想做水平滚动字幕的效果，可在字幕设计器中选择字幕类型为“左飞”。

第8章 流媒体技术

流媒体技术是多媒体和网络领域的交叉学科。随着 Internet 的发展，流媒体市场逐渐扩大与发展起来，主要包括互联网的用户增加、主干网宽带的增高和接入网的技术发展等诸多因素的影响。流媒体技术使得网络用户在播放存储在服务器上的媒体文件时，当第一组数据到达时，用户端的流媒体播放器就直接开始播放文件，后续的数据源不断地“流”向用户端，直到传输结束。

8.1 流媒体概述

目前，随着计算机网络的迅速发展，多媒体信息的传输正在由“先下载后播放”的传统方式向“边下载边播放”的流媒体方式发展。由于计算机网络的带宽的限制，多年来音视频信息在网上传输一直受到影响。传统的“先下载后播放”方式在下载文件的等待时间使人难以忍受。为了克服网络带宽这一瓶颈，基于“边下载边播放”方式的流式技术应运而生。

8.1.1 流媒体的定义及特点

1. 流媒体的定义

流媒体是从英语 Streaming Media 中翻译过来的，它是一种可以使音频、视频和其他多媒体文件能在 Internet 及 Internet 上以实时的、无需下载等待的方式进行播放的技术。简单来说，就是应用流技术在网络上传输的多媒体文件。流媒体是为解决 Internet 为代表的中低带宽网络上的对媒体信息传输问题而产生、发展起来的一种网络新技术。

在网络上传输音/视频等多媒体信息目前主要有下载和流式传输两种方案。A/V 文件一般都较大，所以需要的存储容量也较大；同时由于网络带宽的限制，下载常常要花数分钟甚至数小时，所以这种处理方法延迟也很大。流式传输时，声音、影像或动画等多媒体采用流域由音视频服务器向用户计算机的连续、实时传送，用户不必等到整个文件全部下载完毕，而只需经过几秒或十数秒的启动延时即可进行观看。当声音等时媒体在客户机上播放时，文件的剩余部分将在后台从服务器内继续下载。流不仅使启动延时成十倍、百倍地缩短，而且不需要太大的缓存容量。流传输避免了用户必须等待整个文件全部从 Internet 上下载才能观看的缺点。

流媒体实现的关键技术就是流式传输，它将动画、音/视频等多媒体压缩成一个个压缩包，由视频服务器向客户端连续地、实时地传送数据。“流媒体”实际上存在广义和狭义两种涵义。广义上的流媒体是使音频和视频形成稳定和连续的传输流和回放流的一系列技术、方法和协议的总称，即“流媒体技术”。而狭义上的流媒体是相对于传统的“下载——回放”方式而言的一种新的从因特网上获取音频和视频等流媒体数据的方式，这种方式支持多媒体数据流的实时传输和实时播放。即服务器端向客户机端发送稳定的和连续的多媒体流，客户机则一边接收数据一边以一个稳定的流回放，而不是等数据完全下载后再回放。

2. 流媒体的特点

流媒体采用了特殊的数据压缩/解压缩技术。与传统的单纯的下载相比较，流媒体具有显著的特点：

(1)等待时间短

由于不需要将全部数据下载，因此用户等待时间可以大大缩短。

(2)文件体积小

流媒体运用了特殊的数据压缩/解压缩技术，数据压缩方式和 JPEG 个数图像的压缩格式很相像，在播放时，流媒体播放器进行实时的解压缩。文件被压缩时，在不影响播放质量的前提下，会丢失一些不必要的数据，比如一帧视频图像中前一帧相同的部分，这样，流媒体的文件体积要比其他类型的媒体文件小很多。

(3)特殊的数据格式

流媒体的数据个数 ASF 极为特殊，它将媒体文件分为众多小数据包，媒体服务器不会发送用户收不到的数据包，在用户通过媒体播放器对播放进行控制，如快进、快退或跳跃到文件中某一时间点时，媒体服务器才会发送出相关内容的数据包。

(4)采用特殊的传输协议

流媒体在 Internet 上的传输必然涉及网络传输协议，其中包括 Internet 本身的多媒体传输协议，以及一些实时流式传输协议等。现在常见的流式传输协议主要用于 Internet 上针对多媒体数据流的实时传输协议 RTP、实时传输控制协议 RTCP 和实时流协议 RTSP。

(5)利于多媒体的集成

由 W3C 组织于 1998 年 6 月开始推广的一种和 HTML 具有相同结构的标记语言——同步多媒体集成语言 SMIL(Synchronized Multimedia Integration Language)，是目前集成流式多媒体最常用的工具。目前流行的多媒体集成软件 Authorware、ToolBook 和 PowerPoint 等，都是将所有要集成的媒体文件重新组合成一个新的文件，是真正意义上的集成。

8.1.2 流媒体的传输方式

实现流式传输有两种方法：实时流式传输和顺序流式传输。

1. 实时流式传输

实时流式传输就是指保证媒体信号带宽与网络连接匹配，使媒体可被实时观看到。实时流与 HTTP 流式传输不同，它需要专用的流媒体服务器与传输协议。实时流式传输总是实时传送，特别适合现场事件，也支持随机访问，用户可快进或后退以观看前面或后面的内容。理论上，实时流一经播放就可不停止，但实际上，可能发生周期暂停。实时流式传输必须匹配连接带宽，这意味着在以调制解调器速度连接时图像质量较差。而且，由于出错丢失的信息被忽略掉，网络拥挤或出现问题时，视频质量很差。如果想要保证视频质量，顺序流式传输也许更好。实时流式传输需要特定服务器，如 QuickTime Streaming Server、Real server 与 Windows Media Server。这些服务器允许对媒体发送进行更多级别的控制，因而系统设置、管理比标准 HTTP 服务器更复杂。实时流式传输还需要特殊网络协议，譬如说，RTSP(Real time Streaming Protocol)或 MMS(Microsoft Media Server)。这些协议在有防火墙时有时候会出现一些问题,导致用户不能看到一些地点的实时内容。

2. 顺序流式传输

顺序流式传输是顺序下载,即用户可在下载文件的同时观看在线媒体。但在给定时刻,用户只能观看已下载的内容,而不能观看到还未下载的部分。顺序流式传输不能在传输期间根据用户连接的速度做出调整。由于标准的 HTTP 服务器可发送这种形式的文件,也不需要其他特殊协议,它经常被称为 HTTP 流式传输。顺序流式传输比较适合高质量的短片段,如片头、片尾和广告,由于该文件在播放前观看的部分是无损下载的,这种方法确保了电影播放的最终质量。这意味着用户在观看前,必须经历延迟,对较慢的连接更是这样。

通过调制解调器发布短片段,顺序流式传输显得非常实用,它允许用比调制解调器更高的数据速率创建视频片段。虽然有延迟,但是可让用户发布较高质量的视频片段。

顺序流式文件放在标准 HTTP 或 FTP 服务器上,易于管理,基本上与防火墙无关。顺序流式传输不适合长片段和有随机访问要求的视频,如讲座、演说与演示。它也不支持现场广播,严格地说,它是一种点播技术。

与单纯的下载方式相比,这种对多媒体文件边下载边播放的流式传输方式具有以下几个优点。

(1)启动延时大幅度地缩短

用户不用等待所有内容下载到硬盘上才开始浏览,我们曾经用 10 Mbps 带宽的校园网络来浏览校园网媒体点播时,无论是上班时间还是晚上,速度都相当快。一般来说,一个 45 分钟的影片片段在一分钟以内就显示在客户端上,而且在播放过程一般不会出现断续的情况。此外,全屏播放对播放速度几乎无影响,但快进、快倒时需要时间等待。

(2)对系统缓存容量的需求大大降低

由于 Internet 是以包传输为基础进行断续的异步传输,数据被分解为许多包进行传输,动态变化的网络使各个包可能选择不同的路由,因此到达用户计算机的时间延迟也就各不相同。所以,在客户端需用缓存系统来弥补延迟和抖动的影响以保证数据包传输顺序的正确性,使媒体数据能连续输出,不会因网络暂时拥堵而使播放出现停顿。尽管流式传输仍需要缓存,但是由于不需要把所有的动画、音视频内容都下载到缓存中,因此,对缓存的要求降低。

(3)流式传输的实现有特定的实时传输协议

采用 RTSP 等实时传输协议,更加适合动画、音视频在网上的流式实时传输。

8.1.3 流媒体的文件格式

1. 压缩媒体文件格式

压缩格式有时被称为压缩媒体格式,包含了描述一段声音和图像的同样信息。很明显,压缩过程改变了数据比特的编排。在压缩媒体文件再次成为媒体格式前,其中数据需要解压缩。由于压缩过程自动进行,并内嵌在媒体文件格式中,通常在存储文件时没有注意到这点。压缩过程是将大文件尺寸的标准媒体格式经过压缩软件或硬件变成较小文件尺寸的压缩的媒体文件格式。表 8-1 列举一些视频和音频文件格式。

表 8-1　常用音、视频压缩文件类型

文件格式扩展名	媒体类型与名称	压缩情况
MOV	Quick Time Video V2.0	可以
MPG	MPEG 1 Video	有
MP3	MPEG Layer 3 Audio	有
WAV	Wav Audio	没有
AIF	Audio Interchange Formant	没有
SNDAU	Sound Audio File Formant	没有
AU	Audio File Formant(Sun OS)	没有
AVI	Audio Video Interleaved V1.0(Microsoft Win)	可以

2. 流文件格式

流文件格式经过特殊编码，使其适合在网络上边下载边播放，而不是等到下载完整个文件才能播放。可以在网上以流的方式播放标准媒体文件，但效率不高。将压缩媒体文件编码成流文件，必须假如一些附加信息，如计时、压缩和版权信息。编码过程是将大文件尺寸的标准媒体文件格式经过流编码软件或硬件变成较小文件尺寸的高效流数据的流媒体文件格式。表 8-2 列举了常用的流文件类型。

表 8-2　常用流文件个数

文件格式扩展	媒体类型与名称
ASF	AdvancedStreamingFormant(Mircrosoft)
RM	Real Video/Audio 文件
RA	Real Audio 文件
RP	Real Pix 文件
RT	Real Text 文件
SWF	Shock Wave Flash
VIV	Vivo Movie 文件

3. 媒体发布格式

媒体发布格式不是压缩格式，也不是传输协议，其本身并不描述视听数据，也不提供编码方法。媒体发布格式是视听数据安排的唯一途径，物理数据无关紧要，用户仅需要知道数据类型和安排方式。以特定方式安排数据有助于流媒体的发展，因为用户希望有一个开放媒体发布格式为所有商业流产品应用，为应用不同压缩标准和媒体文件格式的媒体发布提供一个事实上的标准方法。用户也可以从相同格式同步不同类型流中获益。常用媒体发布格式如表 8-3 所示。

表 8-3 常用媒体发布格式

媒体发布格式	媒体类型和名称
ASF	Advanced Streaming Formant
SMIL	Synchronised Multimate Integration Languange
RAM	RAM File
RPM	Embedded RAM File

8.1.4 流媒体的发展前景

Internet 的发展，决定了流媒体市场的广阔发展前景。流媒体技术及其相关产品将广泛应用于远程教育、网络电台、视频点播、收费播放等。所以，各相关厂商彼此间展开了激烈的竞争。Microsoft 公司称已经有 45 家企业选择 Windows Media 媒体播放器作为自己选用的流媒体软件，并参加了 Microsoft 发起的“Windows 媒体宽带启动协议，这是一个支持 Windows Media 媒体播放器软件的企业联盟。这说明已经有越来越多 Internet 媒体内容提供商开始选择 Microsoft 的技术，以取代 RealNetworks 公司暂且处于领先地位的流媒体技术。Windows Media 媒体播放器的三大支持者就是 HP 公司、TI 公司和通用仪器公司。此外，为了更好地推广自己的流媒体技术，Microsoft 还开设了一个“Windows Media. com 宽带指南”的网站，提供新闻、体育和娱乐等宽带内容。

RealNetworks 公司新近发布的一份调查报告显示，RealNetworks 的 RealPlayer 的用户数目是 Apple 公司 QuickTime 的 4 倍，是 Microsoft 公司 Windows Media Player 的 10 倍。而 RealNetworks 公司最新版的 RealPlayer 7.0 发布仅 1 个月就有 700 万套被用户下载，目前其 RealPlayer 的用户已经达到 9200 万。此外，RealNetworks 公司近期还推出了与 Inter 联合开发的 RealPresenter G2 的流媒体软件，供公司通过 Internet 传输流式幻灯片显示。Apple 公司的流媒体播放软件 QuickTime 具有自动插播广告的新技术，这种技术将大大增强该软件的电子商务能力。此外，Apple 公司还为 QuickTime 提供更多的工具，使 ICP 能够通过采用 QuickTime 为用户提供更多的内容。

8.2 流媒体系统的组成

流媒体系统包括音/视频源的编码/压缩、存储、流媒体服务器、媒体流传输网络、用户端播放器 5 个部分。原始音/视频流经过编码和压缩后，形成流媒体文件并存储，媒体服务器根据用户的请求把流媒体文件传递到用户端的媒体播放器。这 5 个部分有些是网站需要的，有些是客户端需要的，而且不同的流媒体标准和不同公司的解决方案会在某些方面有所不同。

一个流媒体系统应至少包括以下三个组件。

8.2.1　编码器(Encoder)

编码器是用于将原始音视频转换成流媒体格式的软件或硬件。流媒体在传输之前,必须对要传送的多媒体数据进行预处理,将多媒体文件经过压缩编码,处理成流媒体文件格式,这种格式的文件尺寸较小,并且加入了流式信息,适合在网络上边下载边播放。流式文件的压缩编码过程如图 8-1 所示。常用的流媒体文件格式有 *.wma、*.wmv、*.avi、*.rm、*.mp3、*.mov 等。

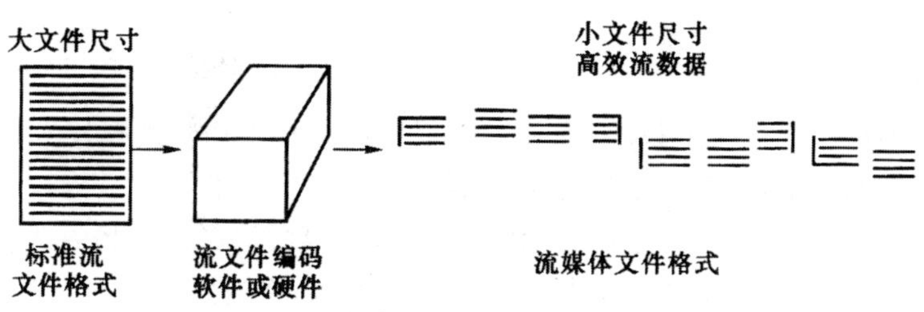

图 8-1　流媒体格式文件的压缩编码过程

8.2.2　媒体服务器(Media Server)

媒体服务器是流媒体系统的核心,其性能直接决定流媒体系统的总体性能。媒体服务器用来存放编码器编码后的流媒体文件,在和用户进行通信时,媒体服务器负责将编码数据封装成数据包发送到网络中。每次从流媒体文件中获取一帧数据,然后分成几个数据包,并将时间戳和序列号添加到包头,属于同一帧的数据包具有相同的时间戳。一旦到达数据包所应播放的时间后,媒体服务器便将这一帧的音视频数据包发送出去,然后再读取下一帧数据。

8.2.3　播放器(Player)

播放器是客户端用来收看(听)流媒体的软件。位于客户端的播放器实际上就是一个解码器,它能够解码收到的流媒体文件。此外,播放器还通过与媒体服务器的相互通信来提供对流的交互式操作。

不仅如此,要实现流媒体的传输,客户端需要缓冲系统来缓存流数据。流媒体文件通过 IP 网络传输时,最终是以一个个 IP 分组的形式传送的。IP 分组在传输时是各自独立的,因此,会根据路由选择协议动态地选择不同的路由到达客户端,导致客户端接收到的分组延时不同,次序被打乱。因此,需要缓冲系统将 IP 分组按正确的顺序进行整理,保证媒体数据的顺序输出。并且,当网络出现暂时拥塞使得数据分组延误到达时,由于缓冲区事先缓存了一定数量的数据,因此,节目不会中断,从而保证了播放的连续性。缓冲区采用环形链表结构存储数据,该结构能使已经播放完的数据随即被丢弃,空出的缓冲区空间再重新被利用来缓存后续的媒体内容。

除了以上这三个组件之外,通常为了用户操作的简单和直观,流媒体系统还采用 Web 服务器向用户提供流媒体节目的目录信息,用户可以通过自己的 Web 浏览器获得这个目录信息,从而定位节目所在的媒体服务器的位置,之后与媒体服务器建立联系。

8.3 流媒体实现的关键技术

8.3.1 流媒体的实现原理

流媒体的实现原理就是采用高效的压缩算法，在降低文件大小的同时伴随质量的损失，让原有的庞大的多媒体数据适合流式传输，然后架设流媒体服务器、修改 MIME 标志，通过实时协议传输流数据。

1. 流式传输的基础

流媒体技术不是一项单一的技术，它融合了很多网络技术和音视频技术，涉及流媒体的制作、发布、传输和播放 4 个环节，在这些环节中需要解决多项技术。

1）数据的压缩处理技术。普通的多媒体文件一方面数据量太大，另一方面也不支持流式传输，因而普通多媒体文件做流式传输是不适合的。所以，在流式传输前需要对普通多媒体文件进行预处理，即采用高效的压缩算法减少文件的数据量，同时向文件中加入流式信息。

2）需要浏览器对流媒体的支持。Web 浏览器都是基于 HTTP 协议的，而 HTTP 协议内建有通用因特网邮件扩展（Multipurpose Internet Mail Extensions，MIME）。因此，Web 浏览器能够通过 HTTP 中内建的 MIME 来标记 Web 上繁多的多媒体文件格式，各种流媒体文件格式均包含在内。

3）合适的传输协议。流式传输需要合适的传输协议。由于 Internet 中的文件传输是建立在 TCP 基础之上的，而 TCP 需要较多的开销，故不太适合传输实时数据。在流式传输的实现方案中，一般采用 HTTP/TCP 来传输控制信息，而用 RTP/UDP 来传输实时的音视频数据。

4）流媒体传输的实现需要缓存。为了消除多媒体数据在网上传输的时延和时延抖动，需在接收端设置适当大小的缓存，即可弥补数据的延迟，并重新对数据分组进行排序，从而使音视频数据能够连续输出，不会因网络的阻塞使播放出现停顿。通常高速缓存所需的容量并不大，因为高速缓存使用环形链表结构来存储数据，通过丢弃已经播放的内容，流可以重新利用空出的高速缓存后续尚未播放的内容。

2. 流媒体文件的播放

图 8-2 给出了流媒体文件的播放过程。

1）用户从客户机的浏览器上单击所要看的音视频文件的超级链接，使用 HTTP 的 GET 报文接入到万维网服务器。这个超级链接没有直接指向所请求的音视频文件，而是指向一个元文件（是一种非常小的文件，它描述或指明其他文件的一些重要信息），这个元文件有实际的音视频文件的统一资源定位符 URL。

2）万维网服务器把元文件装入 HTTP 响应报文的主体，发回给浏览器。在响应报文中还有指明该音频/视频文件类型的首部。

3）客户机的浏览器收到万维网服务器的响应，对其内容类型首部行进行分析，调用相关的媒体播放器，把提取的元文件传送给媒体播放器。

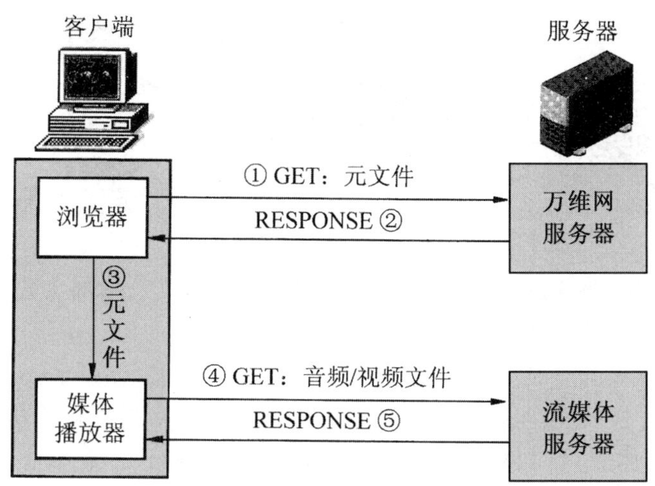

图 8-2　从流媒体服务器上播放音频/视频文件的过程

4）媒体播放器使用元文件中的 UI 也接入到流媒体服务器，请求下载浏览器所请求的音频/视频文件。下载可借助于使用 UDP 的任何协议，如实时传输协议 RTP。

5）流媒体服务器给出响应，把音视频文件发给媒体播放器。媒体播放器在延迟了几秒后，以流的形式边下载边解压缩边播放。

3. 流媒体系统的组成

流媒体系统由流媒体服务器、流媒体编码器和流媒体播放器 3 部分组成，所以基本的流媒体系统包含以下 3 个组件。

1）服务器（Server）：用来向用户发送流媒体的软件。

2）编码器（Encode）：用来将原始的音频视频转化为流媒体格式。

3）播放器（Player）：用来播放流媒体的软件。

例如，RealSystem 是由服务器（RealServer）和服务管理器（RealServer Administrator）、编码器（RealProducer）、播放器（RealPlayer）等部分组成的。

RealServer 响应 Intemet/Intranet 用户请求，传输 RealMedia 数据流并对传输过程进行控制。RealServer Administrator 用于管理 RealServer，如监视服务器的运行状况、限制访问数量、对访问权限进行验证等。RealProducer 将存储的声音、视频文件或在线音频数据流编码并转换成 RealMedia 格式。RealPlayer 在客户端接收这些数据流并即时播放出来。

8.3.3　流媒体播送技术

1. 单播

单播（Unicast）就是客户端与服务器之间点对点的连接。在流媒体播放过程中，客户端与服务器之间需要建立一个单独的数据通道，从一台服务器送出的每个数据包只能传送给一个客户机，这种数据的传送方式称为单播。单播的信源一一对应于信宿，仅当客户端发出请求时，服务器才发送单播流，如图 8-3 所示。

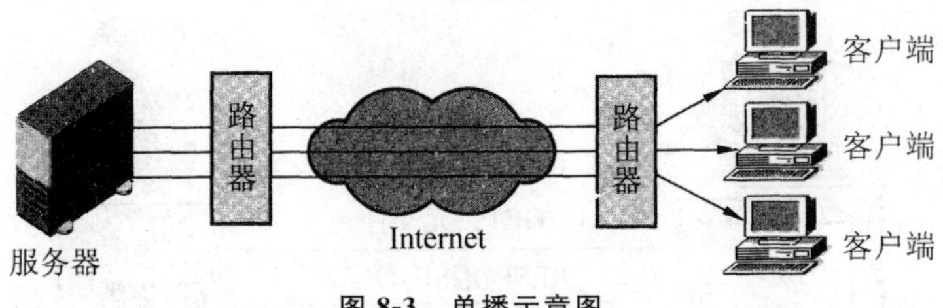

图 8-3　单播示意图

单播方式会对服务器造成很大负担，对网络带宽占用巨大。单播方式播放流媒体，只适用于客户端数量很少的情况，否则很难保证播放质量。

单播很适合于视频点播(Video-On-Demand，VOD)。点播(On-Demond)是客户端主动连接到服务器的单播连接，也就是用户通过主动选取播放内容来初始化连接方式。点播中客户端占有主动权，对媒体流可以做开始、停止、后退、快进等操作。点播实际上是单播的一种形式。

2. 多播

多播(Multicast)也称组播，多播是一种多地址广播，其发送端与接收端是一对多的关系，即服务器只向一组特定的用户发送数据包，组中的各用户可以共享这一数据包，而组外的用户是无法接收到的。多播的好处在于原来由服务器承担的数据重复分发工作转到路由器中完成，而路由器可以将数据包向所连接的子网转发，每个子网只有一个多播流。而客户端在接受多播流时只要向本地路由器发送一个消息，通知路由器要接收组内的多播数据，调整后就可以接收数据了，多播源无从得知哪些客户端在接受多播数据，如图 8-4 所示。

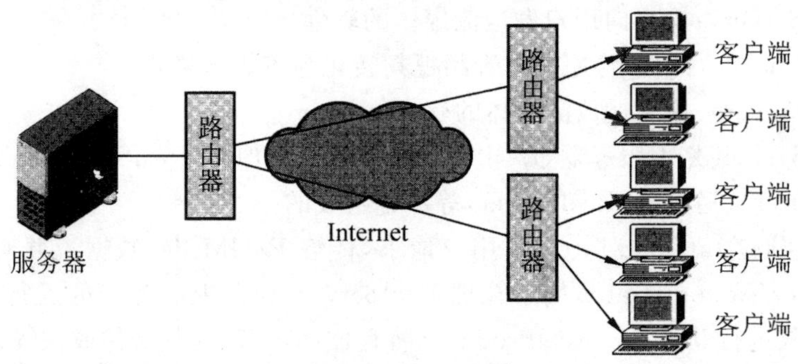

图 8-4　多播示意图

多播技术可以让单台服务器承担数万台客户端的数据播送，同时保证较高的服务质量，减少了网络中传输的数据总量，增加了带宽利用率，减少了服务器所承担的负载。

多播技术要求全网内的路由器支持多播。多播适合现场直播应用，但不适用于 VOD 应用。

3. 广播

广播(Broadcast)是客户端被动接收媒体流，对媒体不具有任何的控制操作。广播的发送源与接收端是一对多的关系，它将数据包发送给网络中的所有用户，而不管用户是否需要，带宽资源的浪费在一定程度上是无法避免的，如图 8-5 所示。

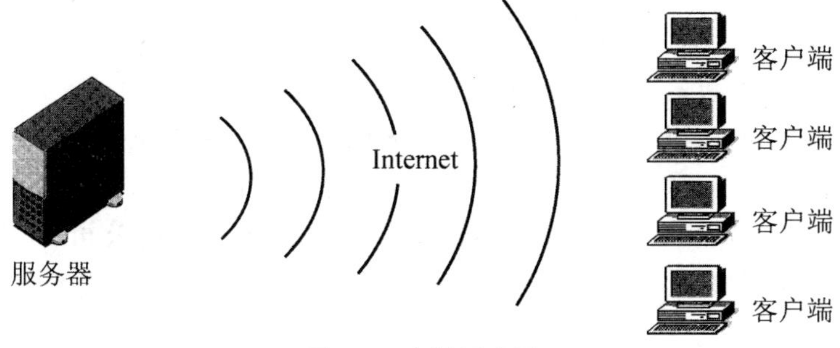

图 8-5　广播示意图

4. 智能流技术

微软和 Real Networks 两大公司均提供智能流技术，微软称自己的智能流技术为 Multiple Bit Rate(多比特率编码)，而 Real Networks 公司则称为 Surestream。

智能流技术通过两种途径克服带宽协调和流瘦化：首先，确立一个编码框架，允许不同速率的多个流同时编码，合并到同一个文件中；其次，采用一种复杂客户/服务器机制探测带宽变化。

针对软件、设备和数据传输速度上的差别，用户以不同带宽浏览音视频内容。为满足客户要求，Progressive Networks 公司编码、记录不同速率下媒体数据，并保存在单一文件中，此文件称为智能流文件，即创建可扩展流式文件。当客户端发出请求，它将其带宽容量传给服务器，媒体服务器根据客户带宽将智能流文件相应部分传送给用户。以此方式，用户可看到最可能的优质传输，制作人员只需要压缩一次，管理员也只需要维护单一文件，而媒体服务器根据所得带宽自动切换。智能流通过描述现实世界 Internet 上变化的带宽特点来发送高质量媒体保证可靠性，并对混合连接环境的内容授权提供了解决方法。

智能流技术具有的特点有以下几个方面。

1）多种不同速率的编码保存在一个文件或数据流中。

2）关键帧优先，音频数据比部分帧数据更重要。

3）播放时，服务器和客户端自动确定当前可用的带宽，服务器提供适当比特率的媒体流。

4）在播放过程中，如果客户端连接速率降低，服务器会自动检测带宽降低，并提供更低带宽的媒体流。如果连接速率增大，服务器将提供更高带宽的媒体流。

智能流技术能够保证在很低的带宽下传输音视频流，即使带宽降低，用户只会收到低质量的节目，流不会受到任何影响，也不需要进行缓冲以恢复带宽带来的损失。

8.4　流媒体传输协议

流媒体传输协议是流媒体技术的一个非常重要组成部分，也是基础组成部分。

8.4.1　实时传输协议 RTP

RTP(Real-time Transport Protocol，实时传输协议)主要用于 Internet 上针对多媒体数据流的传输。它一般使用 UDP 协议来传送数据，最初是为“多播(multicast)”传输情况而设计的，其主要目的是提供时间信息和保证流同步，不过现在也用于一对一的传输情况。RTP 协议主要完成对数据包进行编号、加盖时戳、丢包检查、安全与内容认证等工作。通过这些工作，应用程序会利用 RTP 协议的数据信息保证流数据的同步和实时传输。

RTP 协议最初是在 20 世纪 70 年代被提出来的，为了尝试传输声音文件，把包分成几部分用来传输语音、时间标志和队列号。经过一系列发展，RTP 第一版本在 1991 年 8 月由美国的一个实验室发布了，到 1996 年形成了标准的版本。很多著名的公司如 Netscape，就宣称“Netscape Live Media”是基于 RTP 协议的。Microsoft 也宣称他们的“NetMeeting”也是支持 RTP 协议的。

由于 Internet 是一个共享数据包的网络，数据包在 Internet 中传输时，可能会遇到不可预期的延迟和不稳定性这些问题。但是多媒体数据的传输恰恰需要精确的时间控制，以保证多媒体内容最终能够正常地回放。RTP 正是在这种需求下产生的协议，它在数据传输的时间上制定了特别的机制。下面就让我们具体介绍一下 RTP 协议。

数据报(Datagram)是一种自含式的独立数据实体。它包含要从源计算机传送到目标计算机的完整信息，而不需要依靠此源计算机和目标计算机及传输网络之间先前进行的数据交换。也就是说，数据报是 TCP/IP 在通过指定网络传送文件和其他类型内容之间，将其划分的形式。

在网络上发送和接收的数据被分成一个或多个数据包(Packet)，每个数据包包括：要传送的数据；控制信息，即告知网络怎样处理数据包。TCP/IP 决定了每个数据包的格式。如果事先不告知，可能就会不知道信息被分成用于传输和再重新组合的数据。Internet 是一个共享数据报的网络，因此，数据报在 Internet 中传输时会存在不可预期的延迟和不稳定性。但是多媒体数据的传输恰恰需要精确的时间控制，以保证多媒体内容最终能够正常的回放。RTP 正是在这种需求下产生的协议，它在数据传输的时间性上制定了特别的机制。RTP 协议主要完成对数据包进行编号、加盖时间戳，丢包检查、安全与内容认证等工作。通过这些工作，应用程序会利用 RTP 协议的数据信息保证流数据的同步和实时传输。下面我们看一下 RTP 协议是如何工作的。

1. RTP 数据包

如图 8-6 给出了 RTP 数据包的位置及结构。

图 8-6 RTP 数据包示意图

RTP 数据包由两部分组成，即固定包头(RTP Header)和有效载荷(RTP Payload)。其中固定包头又包括时间戳(Timestamping)、顺序号(Sequence Number)、同步源标识(Synchronization Source Identifier)、贡献源标识(Contributing Source Identifier)等；有效载荷类型就是传输的音频或视频等多媒体数据。

(1)时间戳(Timestamping)

这是实时应用中的一个非常重要的概念。发送端会在数据包中插入一个即时的时间标记,也就是"时间戳"。时间戳会随着时间的推移而增加。当数据包到达接收端后,接收端根据时间戳重新建立原始音频或视频的时序,从而消除了由网络引起的数据包的抖动。时间戳也可以用于同步多个不同的数据流,帮助接收方确定数据到达时间的一致性。

(2)顺序号(Sequence Number,SN)

由于 UDP 协议发送数据包时没有时间顺序,因此人们就使用"顺序号"对到达的数据包进行重新排序。同时,接收端也可使用"顺序号"来检查数据包是否丢失。

"时间戳"和"顺序号"都可以用于再现数据,但是他们的作用是不重复的。在实际的传输过程中会遇到一些情况,如在某些视频格式中,一个视频帧的数据可能会被分解到多个 RTP 数据包中传递。这些数据包会具有同一个"时间戳",因此仅凭"时间戳"是不能够对数据包重新排序的。

(3)同步源标识(Synchroniration Source Identifier,SSRC)

可以帮助接收端利用发送端生成的唯一数值来区分多个同时的数据流,得到数据的发送源。比如在网络会议中通过同步源标识可以得知哪一个用户在讲话。

(4)有效载荷类型(Payload Type,PT)

对传输的音频、视频等数据类型给以说明,并说明数据的编码方式,从而让接收端知道如何破译和播放负载数据。RTP 可以支持 128 种不同的有效载荷类型。对于声音流,这个域用来指示声音使用的编码类型,比如 PCM、ADPCM 或 LPC 等;如果发送端在会话或者广播的中途决定改变编码方法,发送端可以通过这个域来通知接收端。对于电视流,这个域用来指示电视编码的类型,比如 motion JPEG, MPEG. 1,MPEG. 2 或 H. 231 等;发送端也可以在会话期间随时改变电视的编码方法。需要注意的是在任意给定时间的传输中,RTP 发送端只能传输一种类型的负载。

2. RTP 固定包头

RTP 固定包头的格式如图 8-7 所示。除了 CSRC(贡献源标识)外,其他内容都会出现在每一个 RTP 固定包头中。

<table>
<tr><td>0~1</td><td>2</td><td>3</td><td>4~7</td><td>8</td><td>9~15</td><td>16~31</td></tr>
<tr><td>V</td><td>P</td><td>X</td><td>CC</td><td>M</td><td>PT</td><td>顺序号 (Sequence Number, SN)</td></tr>
<tr><td colspan="7">时间戳 (Time Stamping)</td></tr>
<tr><td colspan="7">同步源标识 (Synchronization Source Identifier, SSRC)</td></tr>
<tr><td colspan="7">贡献源标识 (Contributing Source Identifier, CSRC)</td></tr>
</table>

图 8-7　RTP 固定包头格式

1)V 代表 version(版本),占用 2 位,说明 RTP 协议的版本。

2)P 代表 padding(填充),占用 1 位,设定后在数据包的末尾会多出一个或更多的填充内容,这些内容不属于有效载荷。

3)X 代表 extension(扩展),占用 1 位,设定后固定包头会跟在一个头扩展的后面。

4)CC 代表 CSRC count(贡献源标识计数),占用 4 位,跟在固定包头后记录贡献源标识的数量。

5)M 代表 maker(标记),占用 1 位,意旨接收重要事件,比如在数据包流中的帧边界进行标记等。

6)SN(顺序编号),占 16 位。

7)Timestamping(时间戳),占 32 位。

8)SSRC(同步源标识),占 32 位,从一个同步源出来的所有包构成相同的时间和序列部分,在接收端就可以用同步源为包分组,并进行回放。

9)CSRC(贡献源标识),可以有 0～15 个项目,每个项目占 32 位。一列贡献源标识被插入到"Mixer"(混合器)中,混合器表示将多个载荷数据组合起来产生一个将要发出去的包,允许接收端确认当前数据的贡献源,它们具有相同的同步源标识符。

3. RTP 的优点

当应用程序开始一个 RTP 会话时,就会使用两个端口:一个给 RTP 进行数据流的传递,另一个给 RTCP 进行控制流的传递。一个只进行有效数据的传递;另一个帮助监视网络流量和阻塞情况,为有效数据传递提供可靠保障。

(1)协议简单

因为 RTP 建立在 UDP 上,其本身不支持资源预留,不提供保证传输质量任何机制;数据包也是依靠下层协议提供长度标识和长度限制。因此,协议规定相对比较简单。

(2)扩展性好

因为 RTP 建立在 UDP 上,所以充分利用了 UDP 的多路复用服务。这主要得益于 RTP 不对下层协议作任何的指定。与此同时,RTP 对于新的负载类型和多媒体软件是完全开放的。

(3)数据流和控制流分离

RTP 的数据传输和控制传输使用不同的端口,因此提高了协议的灵活性和处理的简单性。

8.4.2 实时传输控制协议 RTCP

RTCP(Real-Time Control Protocol,实时传输控制协议)的设计目的是与 RTP 协议共同合作,为顺序传输数据包提供可靠的传送机制,并对网络流量和阻塞进行控制。通常来说,接收端应用程序在某些情况下要求发送端降低视频流的发送速度,这样就可以在低带宽的情况下仍然能看到图像,只不过画面质量有所损失而已。因此服务器可以利用反馈信息动态改变数据的传输速率,甚至改变有效载荷的类型。

当应用程序开始一个 RTP 会话时将使用两个端口:一个给 RTP,一个给 RTCP。在 RTP 的会话之间周期地发放一些 RTCP 包用来监听服务质量和交换会话用户信息等。RTCP 包中含有已发送数据包的数量、丢失数据包的数量等统计资料。因此,服务器可以利用这些信息动态地改变传输速率,甚至改变有效载荷类型。RTP 和 RTCP 配合起来使用,能够有效的进行反馈和最小的开销,从而使传输效率最佳,因而特别适合传送网上的实时数据。根据用户间的数据传输反馈信息,可以制定流量控制的策略,而根据会话用户信息的交互,可以制定会话控制的策略。

在一个 RTP 会话中，参与者可以周期性地相互发送 RTCP 数据包，从而得到数据传送质量的反馈以及对方的状态信息。RTCP 数据包是一个控制包，由一个固定报头和结构元素组成。其报头与 RTP 数据包的报头相类似，一般都是将多个 RTCP 数据包合成一个包在底层协议中传输。在 rfc1889 文档中定义了 5 种传送控制信息的 RTCP 数据包。

1. 传送控制信息的 RTCP 数据包

1)发送端报告(Sender Report，SR)：由活动的发送端产生，它包含发送端信息部分、媒体间的同步信息、数据包累计计算、发送的字节数等。

2)接收端报告(Receiver Report，RR)：由非活动的发送端产生，主要是数据传输的接收质量反馈，包括接收的最大数据包数、丢失的数据包数、计算发送端和接收端的往返延迟等。

3)源描述(Source Description，SDES)：包含源描述的信息。

4)BYE：表示结束参与。

5)APP：应用特殊功能。

2. RTCP 的主要功能

(1)服务质量动态监控和拥塞控制

RTCP 控制分组含有服务质量监控的必要信息。由于 RTCP 分组是多播的，所有会话成员都可以通过 RTCP 分组返回的控制信息了解其他参加者的状况。发送音/视频流的应用程序周期性地产生发送端报告控制分组 SR。该 RTCP 控制分组含有不同媒体流间的同步信息以及已发送分组和字节的计数，接收端可以据此估计实际的数据传输速率。接收端向所有所知的发送端发送接收端报告控制分组 RR。该控制分组含有已接收数据分组的最大序列号、丢失分组数目、延时抖动和时间戳等重要信息。发送端应用程序收到这些分组后可以估计往返时延，还可以根据分组丢失数和时延抖动动态调整发送端的数据发送速率，以改善网络拥塞状况，实现公平带宽共享，并根据网络带宽状况平滑调整应用程序的服务质量。

(2)媒体流同步

RTCP 控制分组中的 NTP 时间戳和 RTP 时间戳可用于同步不同的媒体流，例如音频和视频间的唇同步。从本质上说，如果要同步来源于不同主机的媒体流，则必须同步它们的绝对时间基准。

(3)资源标识和传达最小控制信息

RTP 数据分组并没有提供有关自身来源的有效信息，而 RTCP 的 SDES 控制分组含有这些信息，且通常以文本文字的形式出现。例如，SDES 分组的 CNAME 项包含主机的规范名，这是一个会话中全局唯一的标识符。其他可能的 SDES 项可用于传达最小控制信息，如用户名、电子函件地址、电话号码、应用程序信息和警告信息等。其中，用户名可以显示在接收端的屏幕上，其他的信息项可用于调试或出现问题时与相应用户联络。

在一个松弛控制的会话应用中，会话参加者加入或离开时并不需要与其他成员进行参数和控制协商。RTCP 提供了一个方便的途径传达有关参加者的状态信息和最小会话控制信息，这对松弛控制会议来说已经足够。

(4)会话规模估计和扩展

应用程序周期性地向媒体会话的其他成员发送 RTCP 控制分组。应用程序可以根据接收到的 RTCP 分组估计当前媒体会话的规模，即会话中究竟有多少活动的用户，并据此扩展会话规模。这对网络管理和服务质量监控都非常有意义。

8.4.3 实时流协议 RTSP

1. RTSP 简介

实时流协议（Real Time Streaming Protocal，RTSP）最早是由 RealNetworks 公司、Netscape Communications 公司和 Columbia 大学等联合提出的因特网草案。该草案于 1996 年 10 月被提交 IETF 的工作组进行标准化，1998 年 4 月被 IETF 正式采纳为标准 RFC 2326。目前已有 50 多家著名的软硬件厂商宣布支持 RTSP。一些公司基于 RTSP 协议和相应技术已实现了一些系统，其中比较著名的有 Real Networks 公司的 Realplayer，Microsoft 公司的 Netshow 等。该协议定义了一对多应用程序如何有效地通过 IP 网络传送多媒体数据。RTSP 在体系结构上位于 RTP 和 RTCP 之上，是 RTP 的伴随协议，允许双向通信，它使用 TCP 或 RTP 完成数据传输。HTTP 与 RTSP 相比，HTTP 传送 HTML，而 RTP 传送的是多媒体数据。HTTP 请求由客户机发出，服务器作出响应；使用 RTSP 时，客户机和服务器都可以发出请求，即 RTSP 可以是双向的。

RTSP 是一个流媒体表示控制协议，用于控制具有实时特性的数据发送，但 RTSP 本身并不传输数据，而必须利用底层传输协议提供的服务。它提供对媒体流的类似于 VCR 的控制功能，如播放、暂停、快进等。也就是说，RTSP 对多媒体服务器实施网络远程控制。RTSP 中定义了控制中所用的消息、操作方法、状态码以及头域等，此外还描述了与 RTP 的交互操作。RTSP 在语法和操作上与 HTTP/1.1 类似，因此 HTTP 的扩展机制大都可以加入 RTSP。协议支持的操作有：

（1）从媒体服务器上检索媒体

用户可通过 HTTP 或其他方法提交一个演示描述。如演示是组播，演示式就包含用于连续媒体的组播地址和端口。如演示只通过单播发送给用户，用户为了安全应提供目的地址。

（2）媒体服务器邀请进入会议

媒体服务器可被邀请参加正进行的会议，或回放媒体，或记录其中一部分或全部。这种模式在分布式教育应用上很有用，会议中几方可轮流按远程控制按钮。

（3）将媒体加到现成讲座中

如服务器告诉用户可获得附加媒体内容，对现场讲座显得尤其有用。如 HTTP/1.1 中类似，RTSP 请求可由代理、通道与缓存处理。

2. RTSP 的特点

RTSP 的特点如下：

1）可扩展性：新方法和参数很容易加入 RTSP。

2）易解析：RTSP 可由标准 HTTP 或 MIME 解吸器解析。

3）安全：RTSP 使用网页安全机制。

4）独立于传输：RTSP 可使用不可靠数据报协议（UDP）、可靠数据报协议（RDP），如要实现应用级可靠，可使用可靠流协议。

5)多服务器支持:每个流可放在不同服务器上,用户端自动同不同服务器建立几个并发控制连接,媒体同步在传输层执行。

6)记录设备控制:协议可控制记录和回放设备。

7)流控与会议开始分离:仅要求会议初始化协议提供,或可用来创建唯一会议标志号。特殊情况下,SIP 或 H. 323 可用来邀请服务器入会。

8)适合专业应用:通过 SMPTE 时标,RTSP 支持帧级精度,允许远程数字编辑。

9)演示描述中立:协议没有强加特殊演示或元文件,可传送所用格式类型;然而,演示描述至少必须包含一个 RTSP URI。

10)代理与防火墙友好:协议可由应用和传输层防火墙处理。防火墙需要理解 SETUP 方法,为 UDP 媒体流打开一个"缺口"。

11)HTTP 友好:此处,RTSP 明智的采用 HTTP 观念,使现在结构都可重用。结构包括 Internet 内容选择平台(PICS)。由于在大多数情况下控制连续媒体需要服务器状态,RTSP 不仅仅向 HTTP 添加方法。

12)适当的服务器控制:如用户启动一个流,他必须也可以停止一个流。

13)传输协调:实际处理连续媒体流前,用户可协调传输方法。

14)性能协调:如基本特征无效,必须有一些清理机制让用户决定哪种方法没生效。这允许用户提出适合的用户界面。

3. RTSP 状态机

RTSP 状态机包括客户机状态机和服务器状态机。状态描述了 RTSP 连接会话从初始化到结束整个过程的全部协议行为。状态是基于每一基本流对象定义的。而每一对象流由统一资源定位器 URL 和连接会话标识符唯一标识。

(1)客户机状态机

Init 初始化状态:发出了 SETUP 命令,等待应答。

Ready 准备状态:接收到 SETUP 命令的应答或在 Playing 状态下接收到 PAUSE 命令的应答。

Playing 播放状态:接收到 PLAY 命令的应答。

Recording 录制状态:接收到 RECORD 命令的应答。

通常,客户机在收到请求应答后改变状态。注意有些请求在将来的某个时刻或位置才有效(例如 PAUSE),因而状态也随之改变。如果没有向对象显式地发出 SETUP 请求,状态将从 Ready 开始,在这种情况下,只有 Ready 和 Playing 两种状态。

(2)服务器状态机

Init 初始化状态:还没收到有效的 SETUP 命令。

Ready 准备状态:正确收到上一个 SETUP 命令,发出应答;或者开始播放后,正确收到上一个 PAUSE 命令,发出应答。

Playing 播放状态:正确收到上一个 PLAY 命令,送出应答,开始发送数据。

Recording 录制状态:服务器开始录制媒体数据。

同样,服务器也在收到请求后改变状态。服务器在准备状态时,如果它在一段规定的时间内,没有收到从客户机通过 RTCP 报告或 RTSP 命令送来的满意消息,它将回复到 Init 状态,然后拆除 RTSP 连接会话。

4. RTSP 与其他协议的关系

RTSP 在功能上与 HTTP 有重叠,与 HTTP 相互作用体现在与流内容的初始接触是通过网页的。当前的协议规范目的在于允许在网页服务器与实现 RTSP 媒体服务器之间存在不同传递点。但是,RTSP 与 HTTP 的本质区别就在于数据发送以不同协议进行。HTTP 是不对称协议,用户发出请求,服务器作出响应。RTSP 中,媒体用户和服务器都可以发出请求,且其请求都是无状态的;在请求确认后很长时间内,仍可设置参数,控制媒体流。重用 HTTP 功能至少在两个方面有好处,即安全和代理。要求非常接近时,在缓存、代理和授权上采取用 HTTP 功能是有价值的。当大多数实时媒体使用 RTP 作为传输协议时,RTSP 没有绑定到 RTP。RTSP 假设存在演示描述格式可表示包含几个媒体流的演示的静态与临时属性。

5. RTSP 系统

RTSP 的实现采用客户机/服务器体系结构,主要包括编码器、播放器和服务器三个组成部分。他们之间的互操作性是一个非常关键的问题。

(1)服务器系统

RTSP 服务器与 HTTP 服务器有很多共同之处,如对并发和 URL 请求的支持。RTSP 服务器实现的结构框图如图 8-8 所示。

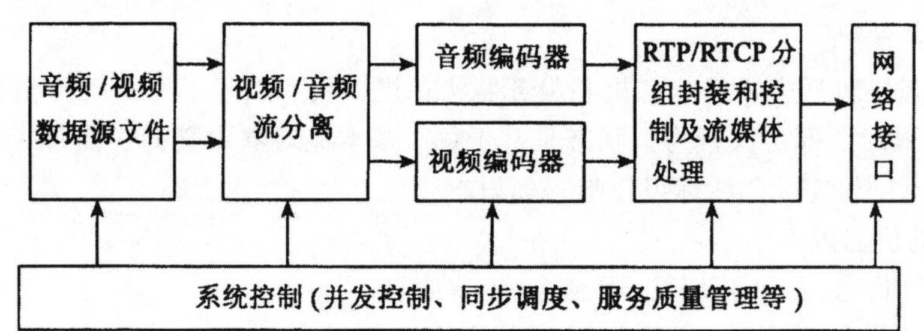

图 8-8 RTSP 服务器实现的结构框图

RTSP 服务器的工作过程为:

1)数据源的获取是 RTSP 服务器实现的第一步。图 8-8 中的数据源包括由音频/视频捕获设备(麦克风、摄像头)获得的现场数据流和预先制作好并存储在服务器上的流文件。

2)对音频/视频数据进行分离。

3)对于实时数据流,类似于 H. 323 视频会议系统,必须选择合适的编解码方式。例如,视频方面可以采用 H. 261. 1,H. 263,MPEG 等,音频方面可以采用 G. 729、G. 723. 1 等。考虑到实际的因特网环境下可利用的带宽较窄且波动较大,系统在实现中仅采用了码率较低的 H. 263 和 G. 723. 1 进行视频和音频的压缩。目前并没有一个专门适合于 RTSP 的编解码方式,这样就使得 RTSP 的效率受到了影响。一般来说,编解码方式的选择与可利用带宽的关系很密切,服务器应能根据带宽的使用情况和客户机的要求采用不同码率的方式。对于流文件,则必须采用某一种流文件格式作为其容器或载体,如 Microsoft 公司提出的 ASF,ASF 是一种存储同步媒体数据的可扩展的文件格式,它的目标是给异类网络和协议提供流媒体的存储解决方案以支持多媒体的互操作性。由于 RTSP 支持对媒体流对象的 VCR 操作,因此对流文件格式有特殊的要求，如要求文件格式支持媒体流的定位和检索等。

4）等待客户机的连接请求，服务器一启动就处于监听状态。服务器可以接受客户机的可靠（TCP）或不可靠（UDP）的连接请求，无论对于哪一种请求，服务器均采用默认端口号 554 进行处理。在连接建立后，服务器接收客户机的控制请求和传送媒体数据均采用 UDP。主要是因为 RSTP 控制命令的数据量通常较小，TCP 控制重传命令分组的意义不大，反而会给服务器和客户机带来额外的时间延时。

此外，音频和视频数据发生传输错误时一般是由于网络拥塞，TCP 重传在这里不仅会给客户端带来延时，而且还会加重网络的拥塞程度。由于 RSTP 一般都基于 RTP/RTCP 实现，因此就更倾向于采用 UDP 作为传输层协议。

（2）客户机系统

客户机的数据流向与服务器相反，其结构框图如图 8-9 所示。在客户机的系统实现结构中，多了一个缓冲区管理模式块和一个媒体流同步处理模块。对客户机而言，由于其与用户直接交互，因此缓冲区管理和媒体流同步处理就显得特别重要。

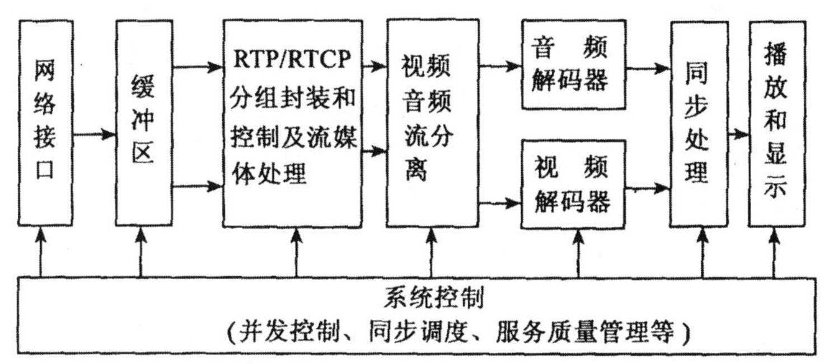

图 8-9　RTSP 客户机实现的结构框图

RTSP 客户机的工作过程为：

1）客户机连接服务器时，首先将常用连接带宽、最大连接带宽、客户端缓冲区大小、CPU 处理能力和所需服务质量等级等信息通知服务器，服务器再据此优化相应的传输策略，以使用户获得满意的服务质量。

2）服务器通过因特网传送到客户机的音频/视频数据首先存放在客户机的缓冲区中，以便于进行流媒体处理，从而达到连续的媒体流。

3）进行 RTP/RTCP 分组封装和服务质量控制。其服务质量监控的方法和策略基本上和 H.323 视频会议系统相同，主要区别就在于在 H.323 视频会议系统中，媒体源是实时压缩的，而在 RTSP 中，还包括对压缩好的磁盘文件的处理。

4）对音频/视频数据流的分离。

5）对音频数据用音频解码器解码，主要用的音频解码器有 G.723.1、G.729 等。对视频数据用视频解码器解码，主要用的视频解码器有 H.263、H.261、MPEG 等。

6）进行数据的同步处理，主要是音频/视频的同步处理。

7）进行媒体的播放和显示。

在 RTSP 的实现中还应采用下面的流媒体技术：

(1)基于速率的流控技术

基于速率的流控技术即发送端以接收端播放帧的速率来发送帧。采用基于速率的流控机制可以保证发送端发送的数据不会淹没接收端,也不会使接收端处于等待状态。在客户机与服务器建立连接后,客户机和服务器协商所需服务的带宽。服务器根据协商的带宽决定发送的数据分组的大小。在系统运行过程中,网络和终端负载是动态变化的,因此服务器和客户机之间还必须通过 RTCP 动态交换信息。客户机应在 RTCP 分组中通知服务器目前所需的播放速度,并反馈分组丢失率、播放时延等服务质量信息。

(2)数据缓冲技术

为了使客户端连续播放媒体流,必须采用数据缓冲技术。在服务器端,应根据 RTCP 反馈的传播延时和延时抖动等参数,将数据分割成适合网络带宽的大小合适的分组。在客户机端必须足够快地接收这些分组,以一个速率稳定的流传送给播放程序实时播放出来。对于来不及处理的分组,就存入缓冲区中。客户机实现中采用了多线程处理方式,播放、解压缩、接收各用一个线程,使客户机可以播放一个分组,解压缩另一个分组,同时接收第三个分组。这样,客户不用等待存储在服务器上的数据文件完全下载即可播放。当然,客户机必须在开始播放数据之前预先接收一部分数据存放在缓冲区中,缓冲区的大小由接收端的处理能力和网络带宽综合决定。一般来说,缓冲区至少应能存放大约 3 s 以上的数据量。为了使缓冲区的大小匹配接收端的处理能力和网络带宽,最好是动态分配缓冲区。缓冲和回取策略的设计是一个复杂的问题,其最终目标是使用户获得最优的服务质量。

8.4.4 资源预留协议 RTVP

RSVP(Resource Reservation Protocol,资源预留协议)原来就是为网络会议应用而开发的,后被 IETF 的 Integrated Services 工作组集成到通用的资源预留解决方案中。RSVP 协议是施乐公司的 Palo Alto 研究中心、MIT(麻省理工学院)以及美国加州大学信息科学学院等研究机构共同的成果,1994 年 11 月被提交到 IESG(互联网工程指导组)请求提议标准。1997 年 9 月 RSVP Version 1 被规范成为了 Internet 标准。

由于在传统的 Internet 上仅仅提供单一的 QoS(Quality of Service),即 best-effort(尽力传送)服务,best-effort 服务没有提供资源配置、预留等措施,并且所有业务均不加区分地以平均流量使用资源,因此 best-effort 根本不能满足流数据的传输。只有网络的带宽和时延抖动维持在一定水平上,流媒体数据才能够平稳地在客户端播放,因此必须在 IP 网络中引入一定的 QoS 机制。RSVP 协议就是基于这方面考虑而被开发出来的,它可以让流数据的接收者主动请求数据流路径上的路由器,为该数据流保留一定资源(即带宽),从而保证一定的服务质量。

RSVP 协议不是一个路由选择协议,而是一种网络控制协议,它只沿着数据流所选定的路由来预留资源。一旦建立预留,RSVP 协议会让请求服务可靠地维持路由器和主机的状态。通过 IPv4 的地址字段或 IPv6 流标识的指定,路由器根据为该流建立的预留来调度分组转发。

RSVP 的工作原理大体可以这样来理解,发送端首先向接收端发送一个 RSVP 信息,RSVP 信息同其他 IP 数据包一样通过各个路由器到达目的地。接收端在接收到发送端发送的信息之后,由接收端根据自身情况逆向发起资源预留请求,资源预留信息沿着原来信息包相反的方向在对沿途的路由器上被逐个地进行资源预留。

在每个节点上能否建立预留需要进行严格判断，其判断是由 Policy Control(策略控制)”和“Admission Control(接入控制)”两个条件决定的。策略控制主要用来判断该用户是否有建立预留的权限，而接入控制则用来判断是否有足够的资源满足该请求。RSVP 会逐个询问沿途的路由器检查这两个条件，如果其中任何一个条件不能满足，RSVP 程序会返回一个错误通知，应用无法进行。如果两个条件都满足，RSVP 会在“packet classifier(数据包分类器)”和“packet scheduler(数据包排程器)”中设定参数获得被请求的 QoS。同时，RSVP 还会与路由处理进行通信，以定传输预留请求的路径，如图 8-10 所示。

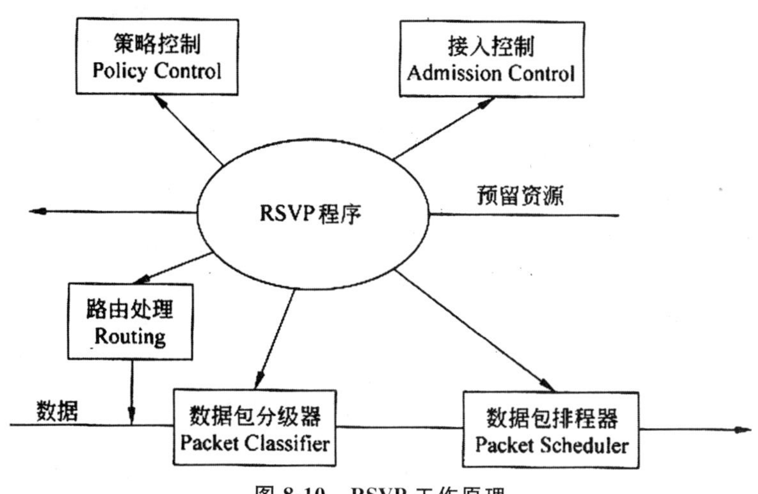

图 8-10　RSVP 工作原理

发送端与接收端之间传递的 RSVP 信息可以分为两种类型，即一种是“Path”信息，另一种是描述(数据格式、源地址、源端口)和通信特征描述等信息，该信息被用于接收端查找发送端的路径以及决定预留什么资源。“Path”信息会在路由器上建立路径软状态，“Path”信息到达接收端后，如果接收端希望产生一个资源路由，就会向发送端反向传递一个“RESV”信息。

“RESV”类型的信息就是所谓的由接收端生成并向发送端传递的信息，包含两个规范，即“flow”和“filter”。“filter”规范指定哪些数据包被数据包分离器所使用，定义特定的流。“flow”参数用于数据包排程器中，其内容根据服务来定，主要说明数据流所需的 QoS。依据“Path”信息在路由器上建立的路径软状态，“RSVP”信息会依次找回原来的发送端。在途中经过的路由器上，判断是否有可预留的资源，若有就建立一个预留软状态，经过过滤合并，继续向上游转发。当“RESV”消息成功到达发送端，就意味着一个端到端的资源预留被建立起来。

综上所述，我们可以总结出 RSVP 协议具有以下几个特点。

1)预留请求是由接收端发出的，并且支持各种不同结构的接收端。RSVP 既可以用于主机也可以用于路由器。

2)RSVP 同时支持“unicast”(单址传送)和“multicast”(多址传送)的资源预留，并且它允许预留资源可以被多个发送者共享，也可以将同一个发送者的预留请求合并。

3)RSVP 流是单向的，尽管在大多数情况下，一台主机既是发送端也是接收端，但资源预留是单向的。

4)RSVP 具有很好的兼容性,它既可以运行在 IPv4 的网络中,也可以运行在 IPv6 的网络中。RSVP 协议中“Traffic Control(通信控制)”和“Policy Control(策略控制)”采用不透明传输,这主要是为了提高对新技术的兼容性。

8.5 流媒体技术的应用

8.5.1 流媒体技术的应用领域

Internet 的迅猛发展和普及为流媒体业务发展提供了强大的市场动力,流媒体业务正变得日益流行。流媒体技术广泛用于 IPTV、数字电视与交互电视等数字家庭应用、手机电视 3G 技术等移动流媒体应用、P2P 流媒体应用、互联网直播/点播/影视分享等流媒体宽频应用、VOIP/视频会议/视频监控等流媒体增值应用以及视频采集/压缩技术的应用。

1. 视频点播

最初的视频点播应用于卡拉 OK 点播,随着计算机技术的发展,VOD 技术逐渐应用于局域网及有线电视网,此时的 VOD 技术趋于完善,但音视频文件的庞大容量仍然阻碍了 VOD 技术的进一步发展。由于服务器端不仅需要大容量的存储系统,同时还要承担大量数据的传输,因而服务器根本无法支持大规模的点播。同时,由于局域网中的视频点播覆盖范围小,用户也无法通过 Internet 等网络媒介收听或观看局域网中的节目。

由于以下的原因使得基于流媒体技术的 VOD 完全可以从局域网转向 Internet。

1)流媒体经过了特殊的压缩编码后很适合在 Internet 上传输。

2)客户端采用浏览器方式进行点播,基本无需维护。

3)采用先进的服务器集群技术可以对大规模的并发点播请求进行分布式处理,使其能适应大规模的点播环境。

随着宽带网和信息家电的发展,流媒体技术会越来越广泛地应用于视频点播系统。目前,很多大型的新闻娱乐媒体,如中央电视台、北京电视台等,都在 Internet 上提供基于流媒体技术的节目。

2. 远程教育

电脑的普及、多媒体技术的发展以及 Internet 的迅速崛起,给远程教育带来了新的机遇。在远程教学过程中,最基本的要求就是将信息从教师端传到远程的学生端,需要传送的信息可能是多元的,如视频、音频、文本、图片等。将这些信息从一端传送到另一端是实现远程教学需要解决的问题,在当前网络带宽的限制下,流式传输将是最佳选择。学生在家通过一台计算机、一条电话线、一个调制解调器就可以参加远程教学。教师也无须另外做准备,授课的方法基本与传统授课方法相同,只不过面对的是摄像头和计算机而已。

目前,能够在 Internet 上进行多媒体交互教学的技术多为流媒体技术,如 Real System、Flash、Shockwave 等技术就经常被应用到网络教学中。远程教育是对传统教育模式的一次革命,它集教学和管理于一体,突破了传统面授的局限,为学习者在空间和时间上都提供了便利。

除了实时教学外,使用流媒体的 VOD 技术还可以进行交互式教学,达到因材施教的目的。学生可以通过网络共享学习经验。大型企业可以利用基于流媒体技术的远程教育对员工进行培训。

3. 视频会议

市场上的视频会议系统有很多，这些产品基本上都支持 TCP/IP 协议，但采用流媒体技术作为核心技术的系统并不占多数。虽然流媒体技术并不是视频会议的必须选择，但为视频会议的发展起了重要的推动作用。采用流媒体格式传送音视频文件，使用者不必等待整个影片传送完毕就可以实时、连续地观看，这样不但解决了观看前的等待问题，还达到了即时的效果。虽然在画面质量上有一些损失，但就一般的视频会议来讲，并不需要很高的图像质量。

视频会议是流媒体技术的一个商业用途，通过流媒体可以进行点对点的通信，最常见的就是可视电话。只要两端都有一台接入 Internet 的电脑和一个摄像头，在世界任何地点都可以进行音视频通信。此外，大型企业可以利用基于流媒体的视频会议系统来组织跨地区的会议和讨论，可以为企业节省大量的额外费用和开销。

4. 网络课件

网络课件是以视频点播为基础制作的一种视频多媒体课件，它具有更加丰富的表现力，这类课件在播放时，学生不但能看到教师讲课的视频，而且学生能看到教师讲课的讲稿、演示及课件等相关辅助信息，更加方便了学生的学习。实现的方法主要是将教师授课过程用摄像机拍摄下来，通过视频采集卡及 Windows Media Encoder 软件制作成流媒体格式，然后用 Windows Media Netshow ASF Indexer 工具对 ASF 流进行编辑，主要是对流文件添加标记(marker)和描述(script)，播放时可以使章节标题、视频与讲稿同步播放，课件播放时还必须有一个网页界面，可用网页制作工具制作出由视频、章节标题和讲稿三部分框架组成的课件模板，合成流媒体课件网页，以便在浏览器中播放，最后编制指引文件，上传到服务器上，以供学生学习时通过网上浏览课件。

5. Internet 直播

随着 Internet 技术的发展和普及，在 Internet 上直接收看体育赛事、重大庆典、商贸展览成为很多网民的愿望，而很多厂商希望借助网上直播的形式将自己的产品和活动传遍全世界。这些需求促成了 Internet 直播的形成，但是网络的带宽问题一直困扰着 Internet 直播的发展，不过随着宽带网的不断普及和流媒体技术的不断改进，Internet 直播已经从实验阶段走向实用，并能够提供较满意的音视频效果。

流媒体技术在 Internet 直播中充当着重要角色，主要表现在：首先，流媒体技术实现了在低带宽环境下提供高质量的音视频信息；智能流媒体技术可以保证不同连接速率下的用户能够得到不同质量的音视频效果；流媒体的组播技术可以大大减少服务器端的负荷，同时最大限度地节省带宽。

无论是直播点播、P2P 流媒体、IPTV，还是视频监控，可视电话、视频会议、音乐视频网站、游戏，流媒体在音视频应用领域中到处开花结果。到 2007 年，流媒体发展的重点已经从以“流”应用为中心转移到以“媒体”为中心，IPTV 以新媒体的身份出场，将流媒体的价值体现得淋漓尽致。

6. 其他应用

流媒体在教学中除以上应用外，也通常用于实现网络的实时交互式教学，目前，有许多基于流媒体技术的视频会议系统硬件产品，使用 H323 协议通过网络实现多方互动教学，再配上电子白版、投影仪和录像等设备，就可以实现较好的网络实时教学，实现教师与学生的远程交互功能，同时，可以利用这些视频设备上的视、音频出口输入到有媒体处理功能的计算机上，利用流技术进行处理，就可满足网络教学过程中多方面的需求。

总之，流媒体技术已经成为影响 Internet 教育应用的重要技术之一。在学习和研究的基础上，我们可以利用流媒体技术开发出各种适于现代远程教育的网络多媒体教学资源和网络课程，进一步推动基于网络教学资源的新型教学模式改革与发展，新技术应用所带来的现代远程教育变革成果就会展现在我们的面前。

8.5.2 典型的流媒体应用系统

1. Real System 流媒体系统

(1)Real System 的系统组成

RealNetworks 公司是世界领先的网上流式音视频解决方案的提供者，公司最新的网上流式音视频解决方案叫 Real System IQ。它极易安装，在高低带宽均可提供良好的音视频质量。Real Syestem 被认为是在窄带网上最优秀的流媒体传输系统，通过 Real Syestem 的流媒体技术，可以将所有的媒体文件整合成同步媒体，整个语言通过 Real Syestem 基于 TCP/IP 的因特网上以流形式发布。

Real Syestem IQ 由服务器端流播放引擎、内容制作端、客户端播放三个方面的软件组成。

1)服务器端产品。服务器端软件 RealServer 用于提供流式服务。根据应用方案的不同，RealServer 可以分为 Basic，Plus，Internet 和 Professional 几种版本。代理软件 Real System Proxy 提供专用的、安全的流媒体服务代理，能使 ISP 等服务商有效降低带宽需求。

2)制作端产品。RealProducer 有初级版(Basic)和高级版(Plus)两个版本。RealProducer 的作用是将普通格式的音频、视频或动画媒体文件通过压缩转换为 RealServer 能进行流式传输的流格式文件。它也就是 Real System 的编码器。RealProducer 是一个强大的编码工具，它提供两种编码格式选择：HTTP 和 SureStream，能充分利用 RealServer 服务器的服务能力。

3)客户端产品。客户端播放器 RealPlayer 分为 Basic 和 Plus 两种版本，RealPlayer Basic 是免费版本，但 RealPlayer Plus 不是免费的，能提供更多的功能。RealPlayer 既可以独立运行，也能作为插件在浏览器中运行。个人数字音乐控制中心 RealJukebox 能方便地将数字音乐以不同格式在个人计算机中播放并且管理。

(2)Real System 的通信协议

RealServer 使用两种通道与客户端软件 RealPlayer 通信：一个是控制通道，使用 TCP 协议来传输“暂停”、“向前”等命令；另一个是数据通道，使用 UDP 协议，来传输多媒体数据。与客户端联系使用的主要两个协议是 RTSP(RealTime Streaming Protocol)和 PNA(Progressive Networks Audio)。RealSyastem 中，通信的具体过程如图 8-11 所示。

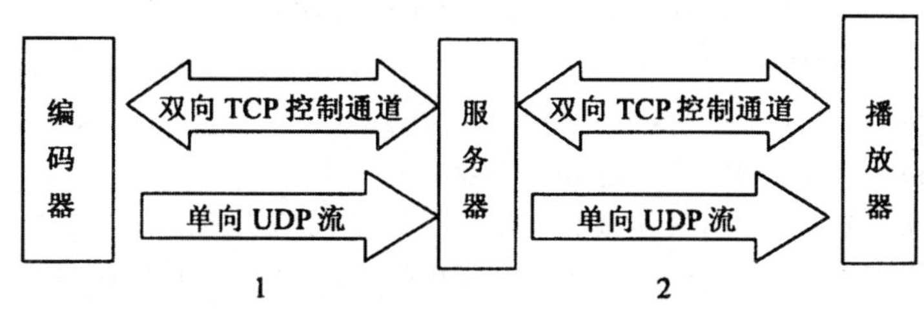

图 8-11　编码器、播放器和服务器之间的通信

(3)Real Media 的文件格式

由 Real Networks 公司制定的音/视频压缩规范称为 Real Media File Format(RMFF)文件格式。Real Media 包括 Real Audio、Real Video、Real Presentation 和 Real Flash 四类文件,其中 Real Audio 用来传输接近 CD 音质的音频数据,Real Video 用来传输不间断的视频数据,Real Flash 则是 Real Networks 公司与 Macromedia 公司新近联合推出的一种高压缩比的动画格式。

Real Presenter 就是 Real Networks 和微软公司共同推出的与 MS PowerPoint 结合在一起使用的流媒体生成软件。通过这个软件,在播放 PowerPoint 幻灯片文件时,可以在每张幻灯片中加入声音。该软件会自动将每一张幻灯片转换成一个单独的 JPEG 图片文件,然后根据播放 PowerPoint 文件的时间进程,自动生成 RealPix 文件,然后再将所有的图片文件组合到一起。对于加入的声音,会自动生成一个“.rm”文件。它还会生成含有作者 E.mail 地址的 RealText 文件,以及包含每一张幻灯片名称的 RealText 文件。同时,生成的 SMIL 文件会将所有的这些流媒体文件结合在一起。播放 SMIL 文件时,PowerPoint 幻灯片的播放过程将重现,而且每一张图片都同步地配上了声音。在 SMIL 的播放窗口中,还显示了上述的两个 RealText 文件,点击作者的 E-mail 链接,会自动启动用户端的默认电子邮件收发软件,可以向作者发送电子邮件。点击幻灯片名称,SMIL 文件的播放就会跳跃到相应幻灯片的时间点。在 SMIL 文件的播放窗口中,还可以加入一个视频播放区域,插入一个 Real 视频文件。因此,Real Presenter 在远程网络教学的课件制作中,具有相当高的使用价值。第三方开发者可以通过 Real Networks 公司提供的 SDK 将它们的媒体格式转换成 Real Media 文件格式。

此外,Real Networks 公司还提供其他的文件格式,如流式文本文件 RealText、流式图像文件 RealPix、流式三维文字效果的 Real-Text3D 等。

Real Media 文件格式是标准的标志文件格式,它就是使用四字符编码来标志文件元素。组成 Real Media 文件的基本部件是块(chunk),它是数据的逻辑单位,如流的报头,或一个数据包。每个块包括下面的几个字段:

1)指明块标识符的四字符编码。

2)块中限定数据大小的 32 位数值。

3)数据块部分。

4)根据类型的不同,上层的块可以包含子对象。

由于 Real Media 文件格式是一种加标志的文件格式,块的顺序也就没有明确规定,但 Real Media 文件报头必须是文件的第一个块。通常情况下,Real Media 的报头部分分为以下几种。

1)文件报头 Real Media (Real Media 文件的第一个块)。

2)属性报头(Properties Header)。

3)媒体属性报头(Media Properties Header)。

4)内容描述报头(Content Description Header)。

Real Media 文件报头以后,其他报头的出现可以是任何顺序的。

Real Media 文件的数据部分(Data Section)由数据部分报头和后面排列的媒体数据包组成。数据块报头标志数据块的开始,媒体数据包是流媒体数据的数据包。

Real Media 文件的索引部分(Index Section)由描述索引区内容的索引块报头和一串索引记录组成。

(4)RealServer 服务

RealServer 通过相应的服务平台软件实现,它的功能非常丰富,应用也非常广泛,可以实现在网络上发布实时的或是预先制作好的流媒体文件。它的文件发布方式有以下几种。

1)点播。将录制好的 Real System 系列的流媒体放在服务器上,由用户通过点击超链接向服务器发出数据发送的请求。服务器接到请求信息后,向用户发送相应的数据。点播方式通常在某一时间点上只针对一个用户,而且在任何时候都可以进行。用户还可以自由选择所需播放的某一片断。

2)实时广播。将声音、视频采集设备实时采集的信号用编码压缩软件实时生成流媒体文件数据,传送到 RealServer,再由 RealServer 当场向预定的一组用户发送。广播方式通常在某一时间点上要针对多个用户,并且用户只能在特定的时间内接收服务器发送的数据,用户不能有任何选择。实时广播就是指服务器发送的是实时采集的现场实景,没有经过任何的加工。

3)非实时广播。将制作好的并存放在服务器上的流媒体文件,由 RealServer 在特定的时间里向固定的用户组发送。与实时广播相比,除了 RealServer,发送的数据性质不同以外,其他的特性完全相同。

RealServer 和用户端的播放器,比如 RealPlayer,它们之间的通讯是相互的。即 RealServer 在发送数据的同时,也在接收着 RealPlayer 的反馈信息,根据反馈信息会及时调整数据的发送。比如,它接到 RealPlayer 播放某一片断的请求,它会及时发送相应的数据。

Real Server 采用的数据传输协议主要有两种,即 PNA(Progressive Network Audio)和 RTSP(Real Time Streaming Protocol)。当然,RealServer 也支持 HTTP 协议,但要完全体现 RealServer 流媒体服务器的功能,还是应该使用 RTSP 协议。

RealServer 也是唯一支持 Sure Stream 技术的流媒体服务器。它必须安装在 Windows NT Server 的工作环境中,同时还必须安装相应的 Web 服务器软件,如 IIS(Internet Information Server)等。

RealServer 还提供了相当强大的安全认证系统以及文件保护装置。通过对其 Administrator 的设置,可以要求用户通过身份验证后才能进入点播或广播系统,也可以设置存储在它上面的媒体文件是否允许用户下载。这样既可以保证资源的共享,还可以保护媒体制作者的劳动成果。

(5)RealServer 分流技术

RealServer 中是使用分流技术(Splitting)在服务器之间传输直播数据。Splitting 方法可以解决 RealServer 超负荷的问题，使得客户端可以就近访问 RealServer 服务器，获得更高的访问质量，并且减小带宽使用，服务更多用户。Splitting 技术可以使用三种方式进行通信，即 UDP 单播、UDP 组播和 TCP。通过分流，一个或者多个 RealServer 服务器加入到发送服务器(Transmitter)中，来分散 Transmitter 的流数量，而不是所有的请求都到达一个 RealServer 服务器。

如图 8-12 所示，实况内容源处的 RealServer 就是发送服务器(Transmitter)，它将实况播放给其他 RealServer 服务器接收，接收的 RealServer 服务器(Receiver)一般情况更靠近访问者。网页上的链接指向接收的 RealServer 服务器而不是发送服务器。当用户点击链接时，接收服务器识别出特定的 URL，然后把从发送服务器来的视频流转播给用户。当 Transmitter 开始播放实况流时，它将节目广播给所有的 Receiver。当用户从 Receiver 上请求一个播出节目时，Transmitter 和 Receiver 之间已经建立了一个连接，播出节目也就立即发送到用户。

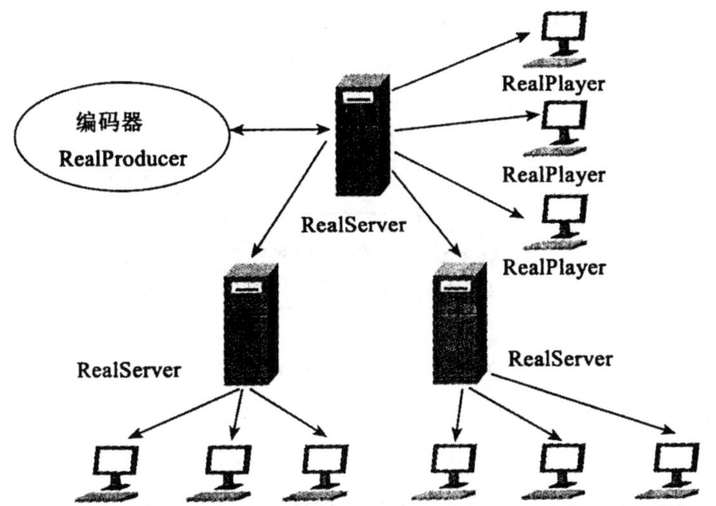

图 8-12　分流技术示意图

Real System 8 中有两种分流方法，即推(Push Splitting)和拉(Pull Splitting)。推模式要预先建立一个连接，所以第一个客户端的连接不用等待。在等待 Listen 的过程中要占用带宽，若有另一个客户端请求一个媒体文件时，由于 Transmitter 和 Receiver 之间的连接已经建立，所以可以立即传送媒体流，这是 RealSystem 8 的默认方式。拉模式就不需要预先建立一个连接，当第一个连接建立后就要保持该连接，除非编码器停止编码。第一个请求的客户端必须等待 30 秒钟或更长才能建立一个连接。一个连接请求将列出包含该媒体文件的 Transmitter 和 Receiver 之间的名字，当一个 Receiver 收到一个传送文件的请求时，将向 Transmitter 请求打开一个媒体流，RealServer 将媒体流发送给 Splitter，Splitter 再将媒体流发送给客户端。这两种方法可以同时使用。

RealServer 不同于以前的版本，Transmitter 和 Receiver 之间可以通过组播通信，从而节约宽带。

2. Windows Media 流媒体系统

Microsoft 公司是三家之中最后进入这个市场的，但利用其操作系统的便利很快便赢得了市场。Windows Media 的核心是 MMS 协议和 ASF 数据格式，MMS 用于网络传输控制，ASF 则用于媒体内容和编码方案的打包。视频方面采用的是 MPEG-4 视频压缩技术，音频方面采用的是微软自己开发的 Windows Media Audio 技术。

(1)Windows Media 的组成

Windows Media 技术是一个能适应多种网络带宽条件的流式多媒体信息的发布平台，提供一系列服务和工具，用以创造、管理、广播，接收通过 Internet 和 Intranel 传送非常多的流式化多媒体演示内容，包括流式媒体的制作、发布、播放和管理的一整套解决方案。还提供了开发工具包(SDK)，以提供二次开发使用。

Windows Media 视频服务器系统，主要包括服务器组件、工具和 Windows Media Player。Windows Media 的工具创建 . asf 文件；编码器创建 . asf 文件；编码器用单播或多播内容，将实况流发布到 Windows Media 中；服务器使用 . asf 文件作为单播或多播内容源；服务器通过单播、多播方式，把内容播放到客户端。Windows Media 应用系统结构，如图 8-13 所示。

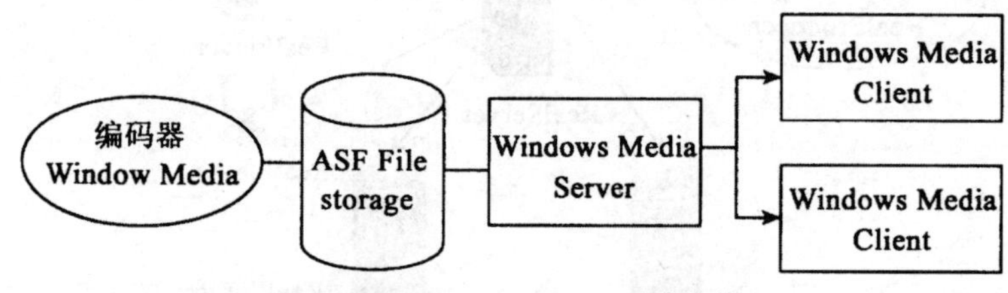

图 8-13　Windows Media 系统结构

(2) Windows Media 服务器组件

Windows Media 服务器组件主要由组件服务和管理器组成。组件服务是运行在微软 Windows 2000 Server 上的一系列服务，服务通过单播、多播和广播，将音频/视频内容发给客户端，组件服务是指 Windows Media 监视器、节目、广播和单播服务。而管理器就是一系列运行于 IE 6.0 浏览器窗口的 Web 页，用来管理组件服务。通过管理器可以控制本地服务器，也可以控制一个或多个远程 Windows Media 服务器。如果要管理多个服务器，就要将这些服务器添加到服务器清单中，并连接到想要管理的服务器。

(3)Windows Media 的文件格式

由 Microsoft 公司推出的 Advanced Streaming Format(ASF，高级流格式)，是一个独立于编码方式的，在 Internet 上实时传播多媒体的技术标准，Microsoft 公司希望用 ASF 取代 OuickTime 之类的技术标准以及 WAV、AVI 之类的文件扩展名，并打算将 ASF 用作将来的 Windows 版本中所有多媒体内容的标准文件格式。ASF 的主要优点有：本地或网络回放、可扩充的媒体类型、部件下载、可伸缩的媒体类型、流的优先级化、多语言支持、环境独立性、丰富的流间关系以及扩展性等。

ASF 文件是一个文本文件，最主要的目的是对流信息进行重定向，与 RPM(RM 的中转文件)相类似。在 ASF 中包含了媒体内容对应的 URL，当我们在 HTML 中让一个 HYPER-LINK 与 ASF 联系时，浏览器会直接将 ASF 的内容送给 Media Player，Media Player 会根据

ASF 文件的信息用相应的协议去打开指定位置上的多媒体信息流或多媒体文件。利用 ASF 文件来重定向流信息的主要原因是：当前通用的浏览器都不能直接支持用于播放流信息的协议 MMS，因此我们采用 ASF 文件。采用 ASF 文件以后，当浏览器发现一个连接与 ASF 有关的，就知道需要用 Media Player 来播放流信息，然后就会启动 Media Player，Media Player 就可以用 MMS 协议来播放流信息了。

（4）Windows Media 服务

Windows Media 服务能够通过各种类型的网络分流多媒体内容，从低带宽、拨号 Internet 网络连接至高带宽、局域网。当在 Web 站点上使用 Windows Media 服务时，就会发现它的工作方式类似于 Web 服务器。同时，还可了解它如何向 Web 站点增加功能，如提供收音机和电视节目、幻灯片演示、文件传送、电影和多媒体放映等。

Windows Media 服务使用 ASF，一种支持在各类网络以及协议下进行数据传递的公开标准。ASF 用于排列、组织、同步多媒体数据以通过网络传输。ASF 是一种数据格式，也可用于指定实况演示的格式。ASF 不但最适于通过网络发送多媒体流，也同样适于在本地播放。任何压缩-解压缩运算法则（编解码器）都可以用编码 ASF 流，在 ASF 流中存储的信息可用于帮助客户决定应使用何种编解码器解压缩流。此外，ASF 流可按任何基础网络传输协议传输。Windows Media 音频，带有 . wma 扩展名，是用 Windows Media 音频编解码器压缩的，只限于音频 ASF 文件，这类媒体与 . asf 文件只是扩展名不同。Windows Media 服务器能分流 . wma 文件，而且可以使用程序管理器通知 . wma 文件（称为 . wax 文件），Microsoft 创建 . wma 文件便于只播放音频的客户使用。

Windows Media 音频文件是用 Windows Media 单频编码器压缩的，而且是只限于音频的 . asf 文件，并将其扩展名改为 . wma。Windows Media 工具和 Windows Media 服务器并不创建 Windows Media 音频内容，而是将 ASF 内容转换为 Windows Media 音频内容。所有 . wma 文件都有其自己的流转向器文件，称为 . wax 文件。这些 . wax 文件功能与 ASF 流转向器文件（. asx 文件）非常类似，主要区别就是 . wax 文件是用来通知 Windows Media 音频内容的，可以通过将 . asx 文件扩展名改为 . wax 扩展名来创建 . wax 文件。

1）点播。“点播”只是用户由 Windows Media 服务器接收流信息的一种方式，点播连接是客户端与服务器之间主动的连接，在点播连接中，用户通过选择内容项目来初始化客户端连接，内容以 ASF 流从服务器传到客户端。如果文件已被编入索引，那么用户可以开始、停止、后退、快进或暂停流。点播连接提供了对流的最大控制，但这种方式由于每个客户端各自连接服务器，会迅速用完网络带宽。

2）单播流。当描述客户如何从 Windows Media 服务器接收数据包时，Windows Media 服务使用“单播”和“多播”两种方式。

所谓的单播就是客户端与服务器之间的点到点连接。“点到点”指每个客户端都从服务器接收远程流，且仅当客户端发出请求时，才发送单播流。可通过以下两种方式的向客户端发布单播流，即点播和广播。

3）多播流。多播是通过“启用多播网络”传递的内容流，网络中的所有客户端共享同一流。以这种方式将 ASF 内容转换为流的好处是可以节省网络带宽。通过将 Windows Media 服务器安装到网络的每个部分，可将多播扩展到网络中没有启动多播的单一的流给网络其他部分上别的 Windows Media 服务器，服务器随即通过单播或多播提供流给那些网络部分，这称为“再分发”。通过将服务器连接起来，可以克服路由器不允许使用多播的问题。这种模式同样适用于通过防火墙。Windows Media 服务器管理员必须创建 3 个项目以支持多播，即广播站、节目以及流。

“广播站”充当想要连接流的客户的引用点，“节目”组织将要通过广播站广播的内容，“流”是实际内容。这 3 个项目都建立后，Windows Media 管理器会创建一个 .asx 文件，连接客户到正确的广播端的 IP 地址，这个文件也称为一个“通知”。可以由 Web 页连接到该通知文件，将其放置到网络上的公共共享点，或通过电子邮件将其发送给客户，使其理解 Windows Media 服务协议。

需要注意的是，可以通过 HTTP 连接所有的组件，使之能够相互通信，也可以使它们之间通过防火墙隔离，连接到多播的客户端不使用协议，它们在流式化内容经过多播 IP 地址传送时接收数据，不需协议连接。

4)MMS 协议。MMS 协议主要用于访问 Windows Media 发布点上的单播内容。MMS 是连接 Windows Media 单播服务的默认方法。如果观众在 Windows Media Player 中键入一个 URL 以连接内容，而不是通过超链接访问内容，那么他们必须要使用 MMS 协议才能引用该流。

当使用 MMS 协议连接到发布点时，使用协议翻转才能获得最佳连接。“协议翻转”试图通过 MMSU 连接客户端，MMSU 是 MMS 协议结合 UDP 数据传送。若 MMSU 连接不成功，则服务器试图使用 MMST，MMST 是 MMS 协议结合 TCP 数据传送。

如果连接到编入索引的 .asf 文件，想要快进、后退、暂停、开始和停止流，就必须使用 MMS，而不能用 UNC 路径快进或后退。

如果想要从独立的 Windows Media Player 连接到发布点，就必须指定单播内容的 URL；如果内容在主发布点点播发布，则 URL 由服务器名和 .asf 文件名组成。例如：

mms://Windows_media_server/example.asf

其中“Windows media server”是 Windows Media 服务器名，“example.asf”是想要使之转换为流的 .asf 文件。

如果想要有实时内容要通过广播单播发布，则该 URL 由服务器名和发布点名组成。例如：

mms://Windows_media_server/LiveEvents

其中“Windows media server”就是 Windows Media 服务器名，而“LiveEvents”是发布点名。MSBD 协议主要用于在 Windows Media 编码器和 Windows Media 服务器组件之间分发流，并在服务器间传递流。MSBD 是面向连接的协议，对流媒体最佳。MSBD 对于测试客户端、服务器连接和 ASF 内容品质很有用处，但不能作为接收 ASF 内容的主要方法。Windows Media 编码器最多可支持 15 个 MSBD 客户端，而一个 Windows Media 服务器最多可支持 5 个 MSBD 客户端。

5)翻转。当想要使用 MMS 协议发布 .asf 文件时，协议翻转自动从 UDP(MMSU)的 MMS 协议跳到 TCP(MMST)的 MMS 协议，最后到 HTTP。在试图连接到流源时，WindowsMedia Player 依次尝试各种协议直至连接完成，这确保了 Windows Media Player 能访问到该数据。

在 .asx 文件中使用 REF 标记可显示协议翻转如何工作的。REF 标记可用来指定访问同一来源的不同协议。例如，如果第一个 REF 标记指定了 MMS 协议，而第二个 REF 标记指定了 HTTP 连接，则无法用 MMS 连接的客户(如他们位于防火墙后)就会自动尝试用 HTTP 连接。如果在创建单播发布点时指定 MMS 协议，Windows Media Player 自动执行此类翻转。

URL 翻转也可用来指定包含同一内容的 Windows Media 服务器。例如，如果第一个 REF 标记指定了服务器"homel"上的一个 .asf 文件，而第二个 REF 标记指定"home2"服务器上该文件的一个拷贝，Windows Media Player 可使用其中任何一个服务器取得该文件，如"home1"上正处忙碌中或出错，Windows Media Player 就会自动连接"home2"。

3. Quick Time 流媒体系统

Apple 公司的 QuickTime 是最早的视频工业标准，几乎支持所有主流的个人计算平台和各种格式的静态图像文件、视频和动画格式。QuickTime 在视频压缩上采用的是 Sorenson Video 技术，音频部分则采用 Design Music 技术。QuickTime 文件格式定义了存储数字媒体内容的标准方法，不仅可以存储单个的媒体内容(如视频帧或音频采样)，而且能保存对该媒体作品的完整描述，适应为与数字化媒体一同工作需要存储的各种数据。同时，在交互性方面是三者之中最好的，例如，在一个 QuickTime 文件中可同时包含 MIDI、动画 GIF、Flash 和 SMIL 等格式的文件，配合 QuickTime 的 Wired Sprites 互动格式可设计出各种互动界面和动画。

除了上述三种主要格式外，在多媒体课件和动画方面的流媒体技术还有 Macromedia 公司的 Shockwave 技术和 Meta Creation 公司的 Meta Stream 技术等。

(1)Quick Time 的组成

Quick Time 4 是 Apple 公司最新的流视频平台，对于使用 Mac OSX 的用户来说是一个比较理想的流视频方案选择。目前 Quick Time 4 播放器已经在全世界被众多 Mac 及视窗用户所采用，是仅次于 Real Player，Windows Media Player 的流视频播放器。Quick Time 4 支持开放标准 RTP、RTSP 协议及 HTTP 流。

Quick Time 4 由三个产品组成：Quick Time Pro，客户端播放、编码、编辑的高级工具；Quick Time 4 播放器，客户端播放、编码、编辑工具；Quick Time Streaming Server 2.0.1，流视频服务器。

(2)Quick Time 的文件格式

QuickTime 系列流媒体主要文件格式为 MOV 文件。当然，它也支持其他格式的媒体文件，比如，图片文件 JPEG、GIF 和 PNG，数字视频文件 AVI、MPEG，数字声音文件 WAV、MIDI 等。在新版本的 QuickTime 软件中，增加了许多新的特征同时也增加了许多新的功能。它可以支持多种的音频、视频与图像格式。其中，包括了对于 Apple 公司的 Macintosh 和微软公司的 Windows 两种操作系统都适用的 MPEG-1 视频格式，和 AVI、AVR、H.263、H.264 等一些专属的视频格式。其中除了可以让使用者浏览 MPEG-1 压缩格式文件的内容外，还支持数据流的监视功能，同时，QuickTime 数据流服务器还提供了 MPEG-1 文件格式的传输功能。

Apple 公司的 QuickTime 电影文件现已成为数字媒体领域的工业标准。QuickTime 电影文件格式定义了存储数字媒体内容的标准方法，使用这种文件格式不仅可以存储单个的媒体内容(如视频帧或音频采样)，而且能保存对该媒体作品的完整描述；QuickTime 文件格式被设计用来适应为与数字化媒体一同工作需要存储的各种数据。因为这种文件格式能用来描述几乎所有的媒体结构，所以它是应用程序间（不管运行平台如何）交换数据的理想格式。

QuickTime 文件格式中媒体描述和媒体数据是分开存储的，媒体描述或元数据（Meta Data）叫作电影（Movie），包含轨道数目、视频压缩格式和时间信息。同时 Movie 包含媒体数据存储区域的索引。媒体数据是所有的采样数据，如视频帧和音频采样，媒体数据可以与 QuickTime Movie 存储在同一个文件中，也可以在一个单独的文件或者在几个文件中。

（3）Quick Time 协议

QuickTime 流媒体的传播是建立在 RTP（Real Transport Protocol）实时传输协议基础上的，RTP 协议类似于 HTTP 和 FTP 文件传输协议，但是它是符合流式数据传输特殊需要的。

那么流式数据是怎样被处理的呢？这个问题其实不难。当用户收听现场广播时，Quick Time 客户端比如 QuickTime Player 或者 QuickTime Plug-in 会向流式服务器发出一个信号，流式服务器以 SPD（Session Description Protocol）文件形式加以体现，当 SPD 文件被找到后，流式服务器就会以 RTP 为传输协议把多媒体传输到客户端。SPD 文件是有关将数据怎样流化的文本文件，QuickTime Player 或者 QuickTime Plug-in 在播放流媒体时会将 SPD 文件自动打开。

流媒体的传输协议 RTP 与 RTSP 协议是不同的，区分这两种协议的不同十分重要，当用户以单点传输方式对媒体进行传输时所使用的协议是 RTSP，RTSP 协议有两种传输方式：其一，用户可以和流式服务器相连接并且可以利用 Chapter 轨道把流式影片分成若干影片片断；其二，用户可以使用 QuickTime 对流式影片实行真正意义上的管理，具有交互功能。与之相对的 RTP 协议只能被用于从流式服务器向观众单方向地发送流式影片。

（4）QuickTime 的 RTSP 通信过程

QuickTime 用开放标准取代专有的数据流格式，支持 IETF 数据流标准，以及 RTP、RTSP、SDP、FTP 和 HTTP 等协议。当服务器收到 RTSP 请求，它先产生 RTSP 请求对象，然后完成调用特定角色的模块。对于单播服务，客户端通过 RTSP 协议向服务器请求视频内容，RTSP 请求过程如图 8-14 所示。

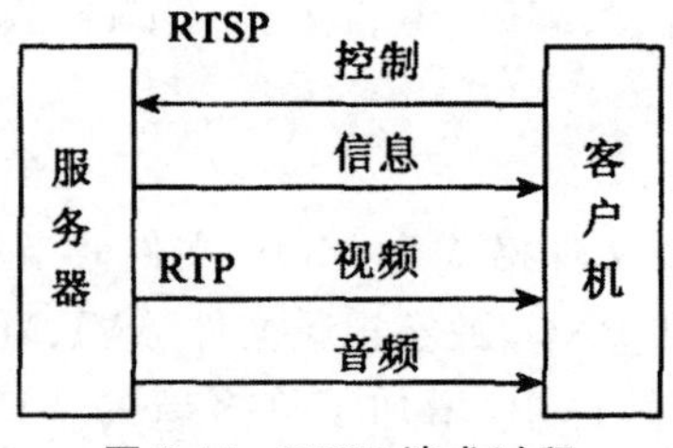

图 8-14　RTSP 请求过程

服务器通过 RTSP 协议的应答信息，将请求的内容以会话的形式描述，内容包括数据流含多少个流、媒体类型和编码格式。一个流会话由一个或多个数据流组成，如音频/视频流，实际的数据流通过 RTP 协议传递到客户端。当 QuickTime 电影格式的内容通过 RTP 协议流式传输时，每一个轨道都是一个单独的流。

（5）QuickTime 轨道结构

与其他 QuickTime 电影格式不同，QuickTime 电影格式由两个不同的电影文件组成，一个在服务器端为 Server moive，另一个在客户端为 Client moive，如图 8-15 所示。

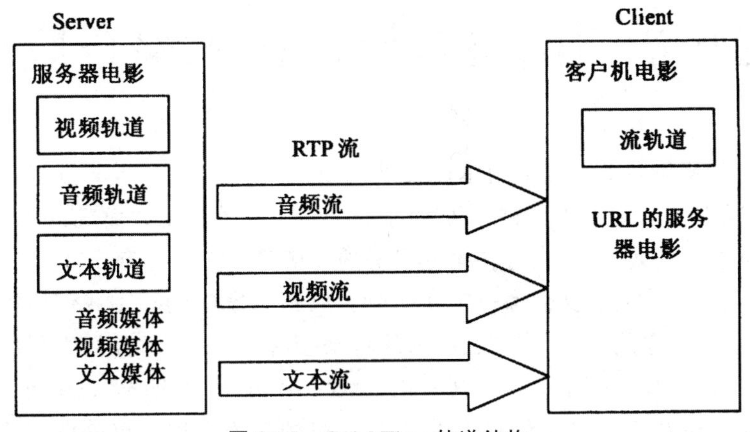

图 8-15　QuickTime 轨道结构

（6）QuickTime 技术特点

QuickTime 系统中，客户端通过 SDP 文件就可知道如何加入一个多播组。SDP 文件通常贴着网站预告节目，SDP 文件包含多播地址和端口，同时包含流的描述信息。

对于不支持多播的网络，客户端可以通过与反射服务器建立连接来接收多播。反射服务器是一个 RTSP 服务器，反射服务器加入多播，将多播转换为一系列单播，然后将流发送到向其发出请求的客户端；QuickTime 5. x 支持同步多媒体集成语言 SIML Extensions；QuickTime 5. x 支持 JavaScript 控制 QuickTime 插件；Mac OS 系统中 QuickTime 5. x 支持 AppleScript；QuickTime 5. x 还支持 QuickTimeVR。

第9章 网络多媒体技术综合应用

随着网络的普及和多媒体技术的迅速发展以及IT的大力推广，网络多媒体系统的应用日趋广泛，可以说它包含了所涉及的信息、娱乐、生活、工作等各个方面，从亚洲到欧洲、大西洋洲、美洲等，甚至于远到太空宇宙、近在家庭厨房的菜谱等都应有尽有。

现在电子商务正在兴起，我们通过互联网就可以不出家门购买到我们所需要的东西。正如比尔·盖茨在《未来之路》中写道："在不远的将来会有那么一天，我们不用离开办公桌和扶手椅子，就可以工作、学习、探索世界及其文化、享受各种娱乐、交朋友、逛附近的商店以及给远方的亲戚看照片。在办公室和教室，人们离不开网络的互连。这不仅是携带的东西或者购买的器具，而是进入一种新的媒介生活方式的护照。"

9.1 网络多媒体应用概述

9.1.1 多媒体应用系统的设计原理

多媒体应用系统就是为了某个特定目的，使用多媒体技术设计开发的应用系统。它是多媒体技术应用的最终产品，其功能和表现是多媒体技术的直接体现。多媒体应用系统作为一种计算机软件，它的设计与开发过程中处处体现了软件工程的思想。因此，下面将首先介绍软件工程的相关知识。

1. 软件工程概述

软件工程这一概念，主要是针对20世纪60年代"软件危机"而提出的。它首次出现在1968年北大西洋公约组织会议上，其主要思路是把人类长期以来从事各种工程项目所积累起来的行之有效的原理、技术和方法，特别是人类从事计算机硬件研究和开发的经验教训，应用到软件的设计、开发和维护中。

(1)软件工程的概念

软件工程是研究用工程化方法构建和维护有效、实用和高质量软件的学科。它以计算机科学理论及其他相关学科的理论为指导，采用工程化的概念、原理、技术和方法进行软件的开发和维护，把经过时间证明正确的管理措施和当前能够得到的最好的技术方法结合起来，以较少的代价获取高质量的软件。

软件工程包括方法、工具和过程这三大要素。软件工程方法是指导研制软件的某种标准规范，为软件开发提供了"如何做"的技术；软件工程工具是指软件开发和维护中使用的程序系统，它为软件工程方法提供软件支撑环境；软件工程过程定义了方法使用的顺序、要求交付的文档资料、保证质量和协调变化所需的管理及软件开发各个阶段完成的任务。它将软件工程的方法和工具结合起来，以达到合理、及时地进行计算机软件开发的目的。

(2)软件的生存周期

人的一生要经历婴儿、幼年、童年、青年、中年、老年的生存周期,同样,软件从提出开发要求开始,经过开发、使用和维护,直到最终报废的全过程称为软件的生存周期。它包括制订计划、需求分析、软件设计、程序编码、软件测试及运行维护6个阶段。

1)制订计划。确定所要开发软件系统的总目标,将它的功能、性能、可靠性以及接口等方面的要求一一给出;研制完成该项软件任务的可行性,探讨解决问题的可能方案,并对可利用的资源、成本、可取得的效益、开发的进度做出估计;制定完成开发任务的实施计划和可行性报告,并提交管理部门审查。

2)需求分析。对所要开发的软件提出的需求进行分析并给出详细的定义,然后编写软件需求说明书及初步的系统用户手册,提交管理机构评审。

3)软件设计。设计是软件工程的核心。软件设计一般分为总体设计和详细设计两个阶段,总体设计是根据需求所得到的数据流、数据结构,使用结构设计技术导出软件模块结构;详细设计是使用表格、图形或自然语言等工具,按照模块设计准则进行软件各个模块具体过程的描述。另外,在该阶段还需编写设计说明书,并提交有关部门评审。

4)程序编码。把软件设计的结果转换成计算机可以接受的程序代码,即写成以某种特定程序设计语言表示的源程序。

5)软件测试。软件测试就是在软件投入运行之前,对软件需求分析、设计规格说明和编码的最终复审,是软件质量保证的关键环节。因此,在开发应用软件系统时,必须通过测试与评审以保证其无差错,进而满足用户的要求。在该阶段,需要在测试软件的基础上,对软件的各个组成部分进行检查。首先查找各模块在功能和结构上存在的问题并加以纠正,其次将已测试过的模块按一定顺序组装起来;最后按规定的各项需求,逐项进行确认测试,决定已开发的软件是否合格,能否交付用户使用。

6)运行维护。已交付的软件正式运行,便进入运行阶段。这一阶段可能持续几年甚至几十年。另外,软件在运行过程中可能由于多方面的原因,需要进行修改,并进行适当的维护。

2. 软件开发模型

软件开发模型又称为软件生存周期模型,是指软件项目开发和维护的总体过程的框架。它能将软件开发的全过程直观地表示出来,明确规定要完成的主要活动、任务和开发策略。软件开发模型描述了从软件项目需求定义开始,到开发成功并投入使用,在使用中不断增补修订,直到停止使用这一期间的全部活动。现在人们已经提出并实践了许多种软件开发模型,各种模型有其特点和应用的范围,可以根据实际应用的需要选择使用。下面介绍两种具有代表性的软件开发模型。

(1)瀑布模型

瀑布模型开发过程依照固定顺序进行,其结构如图9-1所示。该模型严格规定各阶段的任务,上一阶段的任务输出作为下一阶段工作输入,相邻两个阶段紧密相连且具有因果关系,一个阶段工作的失误将蔓延到以后的各个阶段。因此,为了保障软件开发的正确性,每一阶段任务完成后,必须对它的阶段性产品进行评审,确认之后再转入下一阶段的工作。评审过程发现错误和疏漏后,应该反馈到前面的有关阶段修正错误、弥补疏漏,然后再重复前面的工作,直至通过评审后再进入下一阶段。

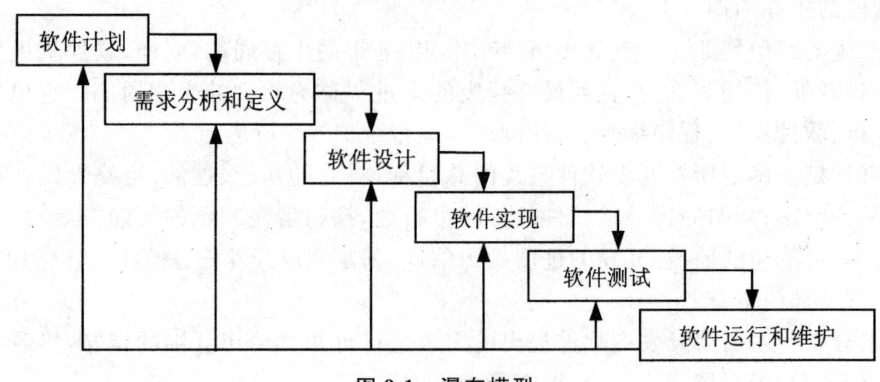

图 9-1 瀑布模型

该模型适合于用户需求明确、开发技术比较成熟、工程管理严格的场合使用。瀑布模型的优点是可以保证整个软件产品较高的质量,保证缺陷能够提前被发现和解决。其缺点是由于任务顺序固定,软件研制周期长,前一阶段工作中造成的差错越到后期影响越大,而且纠正前期错误的代价也越高。

(2)原型模型

原型模型是软件开发人员根据用户提出的软件基本需求快速开发一个原型,以便向用户展示软件系统应有的部分或全部功能和性能,再根据用户意见,通过不断改进、完善样品,最后得到用户所需要的产品。原型模型的最大特点是:利用原型模型能够快速实现系统的初步模型,供开发人员和用户进行交流,以便尽可能准确地获得用户的需求,采用逐步求精的方法使原型逐步完善,它可以大大避免在瀑布模型冗长的开发过程中,看不见产品雏形的现象。原型模型的结构如图 9-2 所示。

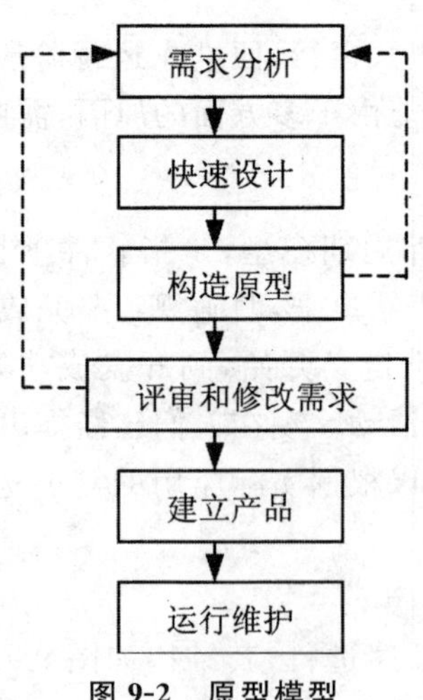

图 9-2 原型模型

9.1.2 多媒体应用系统的创作工具

多媒体应用系统创作工具是支持多媒体应用开发人员进行多媒体应用创作的工具,它能够用来集成各种媒体素材。在该工具的基础上,应用人员将各种零散、非连贯的媒体素材使其彼此之间按照有机的方式交互联系，整合到一起，具备良好的可读性，不用编程也能做出很优秀的多媒体软件作品，使应用开发人员的工作效率在很大程度上得到提高。目前，应用比较广泛的多媒体应用系统创作工具有 PowerPoint，Authorware，Flash，Dreamweaver，Director 等。

从目前多媒体应用系统创作工具创作作品的方式和工作特点来看，一般可以将多媒体应用系统创作工具分为三类：基于卡片或页面类型的创作工具、基于图标事件和流程图类型的集成工具、基于时序类型的创作工具。下边分别针对这三种类型的创作工具作简要介绍。

1. 基于卡片或页面类型的创作工具

基于卡片或页面类型的创作工具提供一种可以将对象连接于卡片或页面的工作环境。一页或一张卡片便是数据结构中的一个节点，它接近于教科书中的一页或数据袋内的一张卡片。在基于卡片或页面的创作工具中，可以将这些卡片或页面连接成有序的序列。这类多媒体应用系统创作工具以面向对象的方式来处理多媒体元素，这些元素用属性来定义，用剧本来规范，允许播放声音元素及动画和数字化视频素材。在结构化的导航模型中，可以根据命令跳至所需的任何一页，形成多媒体作品。

这类工具的超文本功能最为突出，特别适合制作各种演讲、汇报、教师的电子教案等多媒体作品。目前，这类工具中常见的软件有 PowerPoint、方正奥思、Tool Book、Dreamweaver 等。下面对其中应用最为广泛的 PowerPoint 和 Dreamweaver 两个软件的基本信息和特点作简要介绍。

(1)PowerPoint

使用简单、应用广泛的 PowerPoint 软件和 Word、Excel 等应用软件一样，都是 Microsoft 公司推出的 Office 系列产品之一。PowerPoint 主要用于演示文稿的创建，即幻灯片的制作。此软件制作的演示文稿可以通过计算机屏幕或投影机播放，广泛地应用于教师教学、学术演讲、产品演示以及会议报告等场所。

PowerPoint 能够制作出集文字、图形、图像、声音以及视频剪辑等多媒体元素于一体的演示文稿，把自己所要表达的信息组织在一组图文并茂的画面中，用于介绍公司的产品、展示自己的学术成果等。用户不仅可以在投影仪或者计算机上进行演示，也可以将演示文稿打印出来，以便在更广泛的领域中得以应用。利用 PowerPoint 不仅可以创建演示文稿，还可以在互联网上共享或展示演示文稿。

PowerPoint 的主要优点有以下几个方面。

1)应用广泛，操作简单，易学易用。

2)作品能够在网络上共享和播放。

3)作品易修改，扩展性强。

PowerPoint 的主要缺点有以下两个方面。

1)引用外部文件比较有限，控制起来有难度。

2)交互方面比较缺乏，无法制作复杂的多媒体课件。

(2)Dreamweaver

Dreamweaver 是集网页制作和网站管理于一身的“所见即所得”的网页编辑器，它是第一套针对专业网页设计师的视觉化网页开发工具，利用它可轻易制作出跨越平台限制和跨越浏览器限制的充满动感的网页。

Dreamweaver 原先是 Macromedia 公司的产品，与 Flash 和 Fireworks 并称为网页三剑客。2005 年，Adobe 公司将 Macromedia 收购，所以 Macromedia Dreamweaver 改名为 Adobe Dreamweaver。

Dreamweaver 软件的主要优点有以下几个方面：

1）网页编辑"所见即所得"，不需要通过浏览器就能预览网页，直观性强。

2）制作效率高，Dreamweaver 可以快速、精确地将 Fireworks 和 Photoshop 等文件插入到网页并且进行编辑与图片优化。

3）能够方便集成交互式内容，将视频以及播放器控件等轻松添加到网页中，易使用，易上手。

4）Dreamweaver 集成了程序开发语言，对 ASP，.NET，PHP，JS 的基本语言和连接操作数据库完全支持，能够进行更专业、复杂的网页制作与开发。

Dreamweaver 软件的主要缺点有：

1）在结构复杂一些的网页中难以精确达到与浏览器完全一致的显示效果。

2）与非所见即所得的网页编辑器相比，难以产生简洁、准确的网页代码。

3）如果要制作专业、复杂的网页，制作人员需要计算机编程专业知识。

2. 基于图标事件和流程图类型的创作工具

在这类工具中，数据是以对象或事件的顺序来组织的，并且以流程图为主干，在流程图中包括起始事件、分支、处理及结束、图形、图像、声音及运算等各种图标。设计者可依照流程图将适当的对象从图标库中拖拉至工作区内进行编辑。这类工具的交互性非常强大，广泛用于多媒体光盘制作、应用软件制作、教学和学习课件制作等领域，其代表软件为 Authorware 及 leonAuthor。

Authorware 是一个基于图标和流程线的多媒体制作工具，使非专业人员快速开发多媒体软件成为现实，它无须传统的计算机语言编程，只通过对图标的调用来编辑一些控制程序走向的活动流程图，图标决定程序的功能，流程则决定程序的走向，将文字、图形、声音、动画、视频等各种多媒体数据汇集在一起，具有丰富的交互方式及大量的系统变量的函数、跨平台的体系结构、高效的多媒体集成环境和标准的应用程序接口等。

Authorware 原先是 Macromedia 公司的产品，2005 年，Adobe 公司将 Macromedia 收购，所以 Macromedia Authorware 改名为 Adobe Authorware。Authorware 自 1987 年问世以来，获得了用户的一致认可。其面向对象、基于图标的设计方式，使多媒体开发容易实现。Authorware 一度成为世界公认领先的多媒体创作工具，被誉为"多媒体大师"。2007 年 8 月 3 日，Adobe 宣布停止在 Authorware 的开发计划，并且没有为 Authorware 提供其他相容产品作替代，当前的最新使用版本为 Authorware 7.0。Adobe 公司认为 Authorware 的市场应让位于 Adobe Flash 和 Adobe Captivate 软件，所以这限制了近年来 Authorware 的发展和应用。

Authorware 的主要优点有：

1）Authorware 编制的软件具有强大的交互功能，可任意控制程序流程，就是不会编程也可以做出一些交互良好的课件。

2）Authorware 编制的软件除了能在其集成环境下运行外，还可以编译成扩展名为 .exe 的可执行文件，脱离 Authorware 制作环境也可以独立运行。

Authorware 的主要缺点有：

1)Authorware 编制的软件规模很大时，图标及分支增多，比较复杂。

2)Authorware 制作动画比较困难，如果不借助其他的软件，做一些好的动画一般来说是无法实现的，虽然有很多插件支持动画的调用，但必须打包在程序中。

3)打包后的文件比较大，适合制作成光盘，但不利于网络传播。

3. 基于时序类型的创作工具

在这种创作工具中，数据或事件是以一个时间顺序来组织的。其基本设计思想是用时间线的方式表达各种媒体元素在时间线上的相对关系，把抽象的时间观念予以可视化。这类工具特别适合于制作各种动画，典型的软件有 Action、Director、Flash 等。

Flash 不仅是一个优秀的矢量绘图与制作软件，而且也是一个杰出的多媒体应用系统创作工具，可以通过添加图片、声音、视频、动画和特殊效果，构建包含丰富媒体素材的声色俱佳、互动性高的 Flash 集成作品。Flash 借助经过改进的 ActionScript 编辑器，提供自定义类代码提示和代码完成加快开发流程，使用常见操作、动画、音频和视频插入等预建的便捷代码片段，降低 ActionScript 学习难度，对于非计算机专业人员也可以实现复杂的交互编辑并实现更高创意。

Flash 的主要优点有：

1)使用矢量图形和流式播放技术。矢量图形可以任意缩放尺寸而不会对图形的质量造成任何影响；流式播放技术使得动画可以边播放边下载，从而避免了用户长时间的等待。

2)通过广泛使用矢量图形使得所生成的动画文件非常小，几千字节的动画文件已经可以实现许多令人心动的动画效果，使得 Flash 集成作品可以广泛用于网络传播。

Flash 的主要缺点有：

1)交互功能的实现比较复杂，需要使用 ActionScript 脚本语言，要求 Flash 软件制作人员具有一定的计算机基础。

2)基于时间帧概念的结构复杂，给作品的修改与管理造成不便。

Flash 一般不太用于制作大型的交互型课件，若希望使用时序型创作工具创作大型多媒体课件，建议创作者选用同为 Adobe 公司出品的 Director 软件，其创作原理类似于 Flash，但其功能更为强大，是专业的基于时序型的多媒体创作工具。

9.1.3　多媒体应用系统创作工具的选择

多媒体创作工具有多种类型和多种产品。创作工具的选择关系到多媒体应用系统的开发工作是否能顺利进行。在选择多媒体创作工具时需要根据开发者和最终用户的需求、多媒体作品的制作方式、需要处理的媒体数据种类以及工具的基本特性进行选择。另外，还需考虑以下几方面的问题：

1)是否能独立播放应用程序。

2)可扩充性。

3)对多媒体数据文件的管理能力。

4)中文平台。

总之，在确定了多媒体应用软件应具有的内容、特性和外观，以及用户水平和使用目标后，便可确定用来生成该应用软件的创作工具和方法。选择工具必须知道所选工具的局限性。例如,大多数专用创作工具提供了生成应用程序所使用的基本数据块和框架,使非程序员也易于使用,但这类开发工具会限制设计的灵活性和设计者的创新。如果要在项目设计上有很高灵活性和创造性,就应采用编程语言作为工具,这需要开发人员对编程语言及开发环境有相当的了解并有较丰富的编程经验。因此,设计者应根据自己的能力和条件选择适宜的创作工具。

9.1.4 多媒体应用系统的创作流程

多媒体应用系统的创作流程类似于一般计算机软件系统的开发,规范的开发过程都要遵循软件工程的相关要求和标准,其开发流程一般如图 9-3 所示。

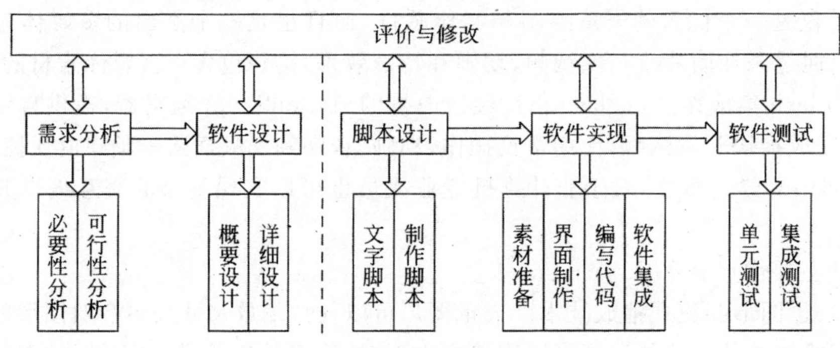

图 9-3 多媒体应用系统的创作流程

1. 需求分析

需求分析就是对所要解决的问题进行总体定义,包括了解用户的要求及现实环境,从技术、经济和社会因素等三个方面研究并论证本多媒体作品的必要性和可行性,编写可行性研究报告。

开发者和用户还要一起确定要解决的问题,对用户的需求进行去粗取精、去伪存真、正确理解,建立本多媒体作品的逻辑模型,然后把它用软件工程开发语言(形式功能规约,即需求规格说明书)表达出来。

探讨解决问题的方案,并对可供使用的资源(如计算机硬件、系统软件和人力等)成本,可取得的效益和开发进度做出估计,制订完成开发任务的实施计划。

需求分析的主要方法有结构化分析方法、数据流程图和数据字典等方法。

2. 软件设计

本阶段的工作是根据需求说明书的要求,设计建立相应的多媒体作品体系结构,并将整个作品分解成若干个子系统或模块,定义子系统或模块间的接口关系,对各子系统进行具体设计定义,编写软件概要设计和详细设计说明书,作品结构设计说明书以及组装测试计划等。

软件设计可以分为概要设计和详细设计两个阶段。

1)概要设计就是结构设计,其主要目标就是给出多媒体作品的模块结构,用软件结构图将其表示出来。实际上多媒体作品设计的主要任务就是将作品分解成模块(模块是指能实现某个功能的数据和程序说明、可执行程序的程序单元,可以是一个函数、过程、子程序、一段带有程序说明的独立的程序和数据,也可以是可组合、可分解和可更换的功能单元)。另外,多媒体作品的概要设计还要确定作品的整体风格、界面布局以及导航方式等。

2)详细设计的首要任务就是设计模块的程序流程、算法和数据结构,次要任务就是设计界面接口等。

3. 脚本设计

很多多媒体作品开发过程中的软件设计代替了脚本设计。而在多媒体课件设计中,往往是用脚本设计代替软件设计,脚本设计的主要任务就是选择教学内容、教学素材及其表现形式,建立多媒体课件的框架结构,确定程序的运行方式等。

脚本可分为文字脚本(A 类)和制作脚本(B 类)。同样,脚本设计也分为文字脚本设计和制作脚本设计。文字脚本设计是对教学内容、教学结构和组织、教学方法等的设计。制作脚本设计是在文字脚本设计的基础上,研究如何根据计算机硬件和软件的特点与视听媒体的特征,将教学内容、教学方法和教学结构用恰当的方式、方法表现出来。

(1)文字脚本设计

文字脚本是多媒体课件"教什么"、"怎样教"、"学什么"、"怎样学"等内容的文字描述。它包括教学目标的分析、教学对象的分析、教学内容和教学重点难点的确定、教学方法策略的制定、教学媒体的选择以及学习模式的选择等。

编写文字脚本时应做到目标明确,主题鲜明;内容生动,形象直观;结构完整,层次分明。在结构上文字脚本应包括课件名称、课件简介、教学对象、教学目标、教学内容、教学方法等。教学内容及其安排是文字脚本的主要方面和重点内容。从多媒体课件呈现教学内容的形式来说,有画面和声音两种。画面的内容即是文字、数字、图形图像、影像、动画等视觉信息,声音即是音乐、音响和解说等。画面和声音的配合构成了多媒体课件的基本单位。文字脚本可用框图来表示,如图 9-4 所示。

编号:A1	课件名称:Summit Meeting	
使用对象:研究生	设计者:________	填写日期:2009.10

课件简介

本软件作为研究生的新闻内容视听教材,目的是要培养学生的听力,词汇应用能力,阅读能力和理解能力。要求学生在正常的语速下,能够正确理解并回答问题,能够掌握必要的关键词汇等,要求做到正确拼写使用。

软件的内容,节选的是关于美国总统罗纳德·里根与前苏联总统米哈依·戈尔巴乔夫进行"星球大战"问题高级会谈的新闻报道,以及对星球大战的讲解、演示。在选题上,既具有较强的时事性,又有空间上的展现,配之生动的视频材料,非常有助于学生的英语学习。

脚本卡片中使用媒体的表示符号:

文本 T	图形 G	动画 M	声音 S	视频 V	热键 H	学习者书写区 W
操作信息 D	弹出式窗口 P	正确反馈 TF	错误反馈 FF	上一节点 PN	下一节点 NN	学习者控制区(包括菜单,按钮)C

+	同时出现	↓+	新的内容出现后,原来的内容不消失
→	激活新的内容	↓−	新的内容出现后,原来的内容消失

注释:

图 9-4　文字脚本示例

(2)制作脚本设计

制作脚本是在文字脚本的基础上,出于多媒体和多媒体计算机表达教学内容的特点的考虑,从程序设计的角度确定具体教学内容的表现方法和实现的途径,设计课件的操作界面和交互手段,规定不同内容之间联系和切换的方法和途径,达到对课件的控制。

编写制作脚本时要做到总体构思、合理设置;灵活多样、方便可靠;具体直接、行之有效。制作脚本是对多媒体课件的整体和每一部分内容的表示方法、操作与控制方法的描述,其基本的结构应包括课件进入和退出的设计和控制,操作和控制界面的设计,交互手段的设计,不同内容、不同页面切换的设计,每一部分内容表现方式、方法的设计等。制作脚本的设计目前尚无统一的格式,一般需根据所用的多媒体课件的创作工具来确定,如图 9-5 所示。

<table>
<tr><td colspan="6">《动物王国》脚本卡片</td></tr>
<tr><td>软件名称</td><td>动物王国</td><td>知识点序号</td><td>1</td><td>脚本作者</td><td>胡民</td></tr>
<tr><td>知识点名称</td><td>单击鼠标出现放大的动画狗的场景</td><td>卡片序号</td><td>1</td><td>使用对象</td><td>3～6 岁的儿童</td></tr>
<tr><td colspan="6">屏幕布局:
背景为变淡的游戏开始界面背景,中间是个可爱的伸着舌头的小狗,小狗旁边是狗的中英文词汇文本,界面下方有三个小喇叭按钮,单击依次可播放英文,中文发音和狗的叫声,右下角设置一个喜洋洋的返回按钮</td></tr>
<tr><td>画面尺寸</td><td colspan="2">550×400</td><td>画面色调</td><td colspan="2">采用绚丽的暖色调,以绿蓝为主,色彩鲜艳,吸引儿童注意力</td></tr>
<tr><td colspan="6">屏幕导航:右下角设置一个喜洋洋的返回按钮</td></tr>
<tr><td colspan="6">内容呈现策略:生动可爱的动画狗</td></tr>
<tr><td colspan="6">交互动作:界面下方有三个小喇叭按钮,单击依次播放英文发音、中文发音和狗的叫声</td></tr>
<tr><td colspan="6">共　页　　第1页</td></tr>
</table>

图 9-5　制作脚本示例

4. 软件实现

软件制作是指把软件设计或脚本设计结果转换为可执行的计算机程序代码。在这个阶段需要完成素材的收集、用户与计算机进行交互的界面完成、软件编码和最后的软件集成。根据前面的说明书或脚本进行相关的素材收集工作;界面的制作应该满足清晰、准确、符合用户习惯、满足人机工程学;小型的多媒体作品所用的开发工具应该是简单方便,不用或使用较少的代码编写,如 PowerPoint 和 Flash 等,在大型的软件开发中一般使用的是面向对象的开发语言,如 Java,C♯,C++等,在编码中一定要制定统一、符合标准的编写规范,使程序的可读性、易维护性得到保证,提高程序的运行效率;最后把分模块编写的代码或程序集成到一起,形成最后的作品。

5. 软件测试

在软件制作完成之后要进行严密的测试,以确认开发出的作品的功能和性能是否达到预定要求,保证最终产品满足用户的要求。

整个测试阶段分为以下几个阶段。

1)单元测试:查找软件中的错误,包括文字错误、配音错误以及编程错误等,首先对每一个独立的元素进行测试，然后对每个模块进行测试。

2）安装测试：在实际应用环境下测试软件运行的硬件环境、软件环境、数据环境和网络环境等是否满足要求。

3）系统测试：检验系统集成后的各个模块是否都能按照预期的目的实现其功能；是否能够达到预期的视觉、听觉效果。如图片是否清晰、声音是否悦耳、操作是否简单等。

6. 评价与修改

在实际开发过程中，多媒体应用系统的创作并不是从第一步进行到最后一步，而是在任何阶段，在进入下一阶段前一般都有一步或几步的回溯，也就是说，在整个多媒体应用系统的创作过程中都要不断地做出评价并对其进行修改。如在测试过程中的问题可能要求修改设计，用户可能会提出一些需要来修改需求说明书等。

9.1.5　创作多媒体应用系统中需要注意的问题

创作多媒体应用系统是一项复杂的、系统性的工作，开发时以下几个问题是需要注意的。

1. 准确定位

多媒体应用软件定位要准确，选题要精彩，内容前后要衔接流畅。这是制作一个好多媒体作品的前提条件。

2. 注重脚本创作

编写脚本是多媒体应用系统的创作中的一项重要内容。规范的脚本对保证软件质量，提高软件开发效率将起到积极的作用。脚本的创作一定要由具有丰富开发经验的脚本创作人员进行，同时要和参与软件项目的美术人员、音乐人员、编程人员等一起讨论，依靠集体的力量创作，共同出谋划策。

另外，多媒体产品的制作过程要细致，在制作过程中可能会出现新的构思，但无需过于盲目更改，要坚持按照制作好的计划思路进行，保持多媒体作品的简单、明了和美观。

3. 围绕软件内容选择媒体素材

多媒体应用系统的创作应当尽量发挥多媒体的优势，有效集成声音、视频、动画和图像等直观媒体信息，在软件的设计中应当注意使多种媒体信息实现空间上的并置和时间上的重合，在同一屏幕上同时显示相关的文本、图像或动画，与此同时，用声音来解说或描述，从而使形式丰富多彩、引人入胜。

在媒体选择时应适当，盲目求多是不可取的。各种媒体素材的选择应该围绕表达软件内容、突出软件主题进行，要避免“为媒体表现而设计媒体”的现象，努力做到“为内容表现而设计媒体”。

处理各种素材时还应根据多媒体软件的使用环境、用途等设置素材的格式、质量。盲目追求较高的画面、声音、动画、视频的品质会增加文件的存储空间、降低产品运行速度、影响产品的网络传输速度。

4. 要有良好的人机交互和清晰的导航结构

交互性是多媒体的主要特性之一，在多媒体应用软件中设计图文并茂的、丰富多彩的交互能够有效地激发使用者的兴趣。交互通常采用问答式对话、菜单交互、功能键交互、图符交互等形式，设计时应当遵循简易性、容错性及反馈性等原则。简易性是指操作简单方便；容错性是指其能对可能出现的错误进行检测和处理，对错误的操作能够给以提示，而不至于进入死循环或死机；反馈性是指计算机要对用户的动作做出响应。

由于多媒体应用软件的使用者对计算机的相关知识和技能的掌握程度是有差异的，所以在开发多媒体应用软件时应该尽可能低地估计使用者的计算机操作水平。多媒体应用软件的信息量大、开放性强，用户在使用时容易产生迷航现象，所以在设计多媒体应用软件时应当为用户提供明确、清晰的导航系统，使软件的可操作性尽可能地得到提高。导航系统可以为用户指明其在软件中所处的位置、各部分内容之间的关系以及可以达到的信息领域，引导用户根据自己需要运行软件。设计导航时应采用系统的观点，综合考虑用户类型、水平，软件类型、内容等多方面的因素，遵循导航明确、易于理解、操作方便等原则。

9.2 多媒体视频会议系统

视频会议是网络多媒体的重要应用之一。视频会议是一个基于多点通信和面向群体的、有实时通信要求的多媒体通信系统。视频会议是指支持两个以上的个体或个体与群体之间的双向远程，即有多方双向通信能力的数字视频通信系统。我们把只能在两个个体间进行视频通信的称作可视电话或视频电话，并将之排除在视频会议之外。视频会议可以运行在 3 种系统模式下，即演播室到演播室，演播室到桌面，桌面到桌面。

9.2.1 视频会议的特点

频会议的特点如下：

(1)群体处理

视频会议会涉及一组人，即一个群体，因此视频系统必须有群体处理能力，如在多人出席的会议上，摄像机如何对准当前的讲话者。

(2)文档处理

视频会议系统不仅要传送发言者的形象和声音，一般还要传送一些文稿、图表。这种文档可以是打印文档、电子文档、屏幕或投影仪的显示图像。共享电子白板是一种常用的传递文档的工具。

(3)多方模式

视频会议的多方会议使得通信和发言权控制变得十分复杂。一般的视频会议系统把参加方限制在最多 6～8 个。但如果某些参与者很少参与发言，则可有更多一些对话方。

(4)视频压缩

视频会议中的视频压缩主要采用 px64k 的压缩方案(H.261)。在 P＝1～2 时，支持 QCIF 格式，P≥6 时，支持 CIF 格式。H.261 是以 ISDN 为背景的，这是由于较早的视频会议系统是以电信网络为基础的。但是，H.261 也可用于其他网络，包括分组交换的网络上。

H.263 原是为小于 64 Kb/s 的低速率通信制定的视频压缩方案，但后来取消了这个限制。H.263 具有比 H.261 更好的压缩方法和性能。现在的 H.263 可用不同的速率支持多种视频格式，除了 H.261 支持的 QCIF 和 CIF 外，还支持分辨率更低的 SQCIF 和分辨率更高的 4CIF 和 16CIF。

(5)分辨率与帧速率之间的折衷

视频会议要在网络上进行多点通信，而由于网络的带宽或费用方面的原因，用户不得不采用较低的传输速率，如 128 Kb/s 或 384 Kb/s。不管采用哪一种压缩技术，视频数据的流量与画面的分辨率(空间分辨率)和帧速率(空间分辨率)的乘积直接有关。在数据速率选定的情况下，如果要提高画面的分辨率，则必须降低帧速率。所以用户面临着在数据速率、分辨率和帧速率之间的折衷。在多方会议的情况下，一般画面的分辨率均不超过广播电视的 1/4，而帧速率也在 8～15 fps 间选择。

9.2.2　视频会议的网络基础

视频会议可以基于线路交换网络，也可以基于分组交换网络。

1)基于线路交换网络的视频会议系统可选用公众的 ISDN 线路或租用的专线。系统通常使用 56 Kb/s～384 Kb/s 的速率，可提供不同质量的画面和声音。多方会议需要专门的视频集线器，或通过公共线路交换网络访问公共电信营运商(PTO)的集线器服务。线路交换方案一般不能支持多点播送。另一方面，线路方案在设定带宽后，宽带得到保证，即在给定的速率下能有等时性保证。

2)基于分组交换的视频会议应考虑网络的延迟和延迟抖动。无连接的 IP 网络或面向连接的网络，如 X.25、帧中继或 ATM 都可用于视频会议，但能以某种方式提供速率保证的技术如 ST-II、ATM 对高质量的视频会议和多方会议更合适。基于分组交换的视频会议可充分利用多点播送技术。

基于线路和基于分组的方案各有优缺点，前者安装方便，性能可靠，但运行费用较高，后者运行费用低廉，但设备费用较高，举行远程会议时可能可靠性较差。必要时，线路网络和分组网络也可通过网关等设备联系起来。

9.2.3　视频会议系统的结构

视频会议系统主要由视频会议终端、网络和控制管理软件等组成。基于线路交换的视频会议系统与基于分组交换的视频会议系统有着不同的结构。

基于线路交换的视频会议是由物理线路连接起来的。双方会议一般可通过电信提供的线路交换来实现。有的电信营运商也提供多方会议的视频集线器服务。

也可安装专用的数字视频集线器，即 MCU。每个终端都连在 MCU 上，MCU 与 MCU 之间也可相连。MCU 能进行图像、语言、数据信号等数据流的切换。一个 MCU 能同时支持几个视频会议系统。高级的 MCU 能在不同的音频/视频压缩编码间进行转换，即实现不同形式的编码/译码系统的互联。

基于分组的连接并不建立在物理线路上，而只是建立端系统间的逻辑联接，是逻辑联接上的通信共享分组网络。所以每个端点除了作为视频终端外，还可作为视频集线器。基于分组交换的视频会议系统从原理上讲不需要专门的视频集线器。

基于分组交换方式的视频会议中比特率一般得不到保证。应选用 ST-II 和 RTP 等协议，以取得较好的性能。不少分组交换网络支持多点播送，这对参与者多的视频会议是很有利的。

基于线路交换的视频会议系统也可与基于分组交换的视频会议系统互联。方法之一是在线路网络和分组网络之间建立一个网关。这个网关实际是由一个 MCU 和一个打包/解包器组成的。从 MCU 来的多个数据流被打包成分组网上的包，传向分组网。分组网来的包被解包，形成数据流送入线路网络。

9.2.4 视频会议系统的标准

视频会议系统的标准涉及视频/音频压缩、会议控制、多路复用、网络接口及安全保密等方面。国际电信联盟(ITU)从 20 世纪 80 年代起就成立了专门的小组，研究制定了一系列关于视频会议的建议和标准。其中 H 系列标准是专门针对交互式视频会议业务而制定的。H 系列包括了 H.320、H.323、H.324、H.321 等系列标准。其中 H.320 系列标准是最早也是应用最广的。H.320 系列中的许多标准被用在其他 H 系列标准中。

(1)H.320 系列标准

视频会议标准 H.320 原是为支持 ISDN、E-1 和 T-1，带宽为 64 Kb/s～2 Mb/s 的线路交换会议电视系列而制定的。目前几乎所有视频会议系统，包括一些局域网分组交换的会议视频系统产品都支持 H.320。H.320 由通用体系、视频/音频、多点会议、数据传送和加密等 5 个部分组成，目前包括的标准有以下几种。

- H.221：定义 64 Kb/s～1 920 Kb/s 信道的帧结构。
- H.230：帧同步控制和指示信号。
- H.242：终端间建立通信和设置呼叫的规程，设备间传送压缩视频和音频信号的协议。
- H.244/H.281：远端摄像机控制协议。
- H.261：视频压缩标准。
- H.231：定义 MCU 功能。
- G.711(64 Kb/s)：PCM 电话质量语音标准。
- G.722(48/56/64 Kb/s)：ADPCM 高保真语音压缩标准。
- G.728(16 Kb/s)：LD-CELP 语音压缩标准。
- H.233：设备加密标准。
- H.234：密钥管理标准。

(2)H.324 系列标准

H.324 系列标准是为在普通电话网络上进行音频、视频数据通信而制定的低速率多媒体通信标准。H.324 系列标准包括以下几种。

- 视频：H.263，低速率视频压缩标准。
- 音频：G.723，5.3 Kb/s 和 6.3 Kb/s 双速率语音编码。
- 复用：H.223，低速率多媒体通信复用协议。
- 控制：H.245，多媒体通信协议。
- 安全保密：H.233，设备加密标准。
- H.234，密钥管理标准。

(3)H.323 系列标准

H.323 系列标准是无 QoS 保证的局域网多媒体通信标准。它一般包括以下几种：

- 视频：H.261、H.263。
- 音频：G.711、G.722、G.728、G.723。
- 复用：H.222，无 QoS 保证 LAN 中媒体打包和同步。
- 控制：H.230，帧同步控制和指示信号。
- H.245，多媒体通信协议。

H 系列还包括其他一些系列标准，如用于有 QoS 保证的局域网的 H.322 系列标准和用于 ATM B-ISDN 的 H.321 系列标准等。

9.3　视频点播和交互电视系统

9.3.1　多媒体视频点播系统

视频点播(VOD)是网络多媒体技术的一个典型应用，视频点播指的是用户可以请求访问视频服务器上提供的视频节目。

关于视频点播，有以下几点说明。

1)视频点播所访问的对象一般是带有音频的运动视频，但也可以仅仅是运动视频或是静止图像。

2)视频点播基于一个网络环境，但并没有规定网络的种类和规模，也没有规定视频服务器安放的位置。事实上在城域网、园区网及小型局域网上都提供有 VOD。

3)视频点播是按需访问视频节目，所以它隐含了交互性。但 VOD 并没有规定所提供的交互性的程度，事实上 VOD 提供的交互程度可以有很大的区别。

1. 视频点播系统的分类

一般把视频点播系统分为以下 3 类。

(1)真视频点播(TVOD)

TVOD 要求系统对任一用户的点播请求立即作出响应。不同的用户即使点播同一视频节目，系统也必须分别发送视频流，除非视频服务器精确地在同一时刻接收到他们的点播请求。可见 TVOD 系统中网络上的数据流量非常大，特别是那些有数以万计用户的大型系统，因此对网络的要求很高(当然，具有多点播送能力的网络可以缓解网络上数据流量大的问题)。

(2)准视频点播(NVOD)

NVOD 是针对一般网络无法满足 TVOD 的通信要求而提出来的。在 NVOD 中一个节目用多个视频流来发送，每个相隔一段时间，但都是从头开始播送。例如，一个 2 小时的节目，用间隔 10 分钟的 12 个视频流周而复始播送。这样一个用户如要从头开始观看或者在观看到某一处时离开一段时间之后想再从原来的地方继续观看下去，他最多只要等待 10 分钟。这种做法在宽带有限的网络上用来滚动播出新闻或教学节目还是有实用价值的。

(3)交互式视频点播(IVOD)

IVOD 不仅要像 TVOD 一样对每个用户的点播立即响应，而且要给用户提供较好的交互性。例如，提供录像机那样的快进、快退、慢速、快速、暂停和检索等功能以及图像缩放、摄像机镜头角度改变等较高级的功能。某些用于培训或游戏目的的 VOD 还需更强的交互性。IVOD 中除了每个用户有自己专用的视频流外，还有实时交互的要求。

2. 视频点播系统的组成

在视频点播系统中向用户提供视频流，典型的为 MPEG-1 或 MPEG-2 位流。VOD 系统要解决视频数据的存储、传送和显示等问题，并要提供交互性。一个视频点播系统主要由视频服务器、网络和用户终端 3 个部分组成。

(1)视频服务器

视频服务器是视频点播系统的关键部件。它是一种专门的服务器，存储量大，存取时间短，而且能处理多重访问，并具有数据检索功能。由于视频服务器要存储和管理的是视频、音频这样的连续媒体，必须能实时进行视频、音频数据流的存储和访问。视频服务器要能同时处理大量用户的访问，及时做出响应，这其中包括数据检索、数据流的组织和分配等。而在节目传送过程中必须保证数据流的连续，即延时抖动很小。专门的视频服务器从硬件结构、控制软件到数据存放和读取的方法都不同于一般的服务器。好的专用视频服务器能同时支持几千个用户的访问。视频服务器常采用磁盘阵列作为存储部件，为了兼顾性能和价格，不少视频服务器采用 RAM、硬磁盘和光盘阵列相结合的分级存储方式。

(2)网络

VOD 系统对网络的要求是吞吐量、延迟和延迟变化等性能指标和等时性、多点播送等特性。VOD 系统通信方面的特点之一是收发(上行/下行)数据流量的不对称性。

大型的 VOD 系统可能由有线电视台经营，并以城域宽带网为基础，范围可以覆盖一个城市。在这种情况下，视频服务器和前端设备常常接到宽带主干网(如 ATM 网)上，而用户(一般是住户)通过 HFC、ADSL、FTTH 或 FTTB 等接入网接到主干网上。园区范围的 VOD 系统可直接采用 HFC、ADSL 和 ATM LAN。而宾馆和大楼内的用于娱乐和教学目的的小型 VOD 系统可以采用 ATM LAN、千兆以太网、帧中继和 FDDI 等。其中千兆以太网性价比比较好，是近来采用最多的方案。

(3)用户终端

VOD 系统的用户设备可以是多媒体 PC 和工作站，也可以是电视机的机顶盒。这些用户终端应具备相应的网络接口，如 Cable Modem、ADSL 适配器和网卡等。

VOD 系统还要有软件的支持才能工作。通常需要一个网络操作系统平台加上点播和管理、记费等专用软件。用户终端也要运行相应的用户界面。

3. 频点播系统的相关系统

与视频点播相关的系统有电影点播、音乐点播。它们与视频点播的原理相同，只是点播的对象被限定。这里的音乐点播是指 MTV 音乐点播。单纯的音乐点播不涉及视频，在网络上有更多的选择。

另一个与视频点播关系密切的系统是交互电视(ITV)。ITV 主要也是提供视频节目，而且提供交互性，这与 VOD，特别是 IVOD 很相似。一般认为两者的区别在于 ITV 与电视有着渊源关系，它们是借助电视的网络(特别是 CATV)，主要面向公众，用户端主要是(带接口设备的)电视机。而 VOD 建立在多种网络的基础上,主要面向局部用户,用户端可能是 PC 或工作站。但是,随着数字技术、多媒体技术、网络技术的迅速发展,电视网络和计算机电信网络的结合,带有通信接口的数字式电视机的出现,上面的区别就会越来越小。

4. 视频点播系统的应用

视频点播系统最主要的应用还是在于娱乐,人们希望通过 VOD 来点播自己想看的节目,而不必使用录像机、光盘机和磁带、碟片。前面已说到 VOD 可以是大型的、面向公众的系统,也可以是小型的面向一个园区或一幢大楼的用户。VOD 的另一应用是教学,VOD 还有一类应用是用于多媒体查询、广告系统。

9.3.2　多媒体交互电视系统

IPTV 称为网络电视,也称为交互式电视是利用电信宽带网或广电有线网,主要采用互联网协议向用户提供多种交互式多媒体服务。IP 属于电信运营商,TV 属于广电运营商,而 IPTV 技术集通信技术、多媒体技术、互联网技术等多种技术于一身,通过 IP 宽带网络向家庭用户提供多种交互式数字媒体服务。

1. IPTV 业务的主要特征

相较于传统的电视业务,IPTV 最大的特点是能够进行个性化和实时交互特点的点播服务,还可以开展类似于传统电信业务和互联网业务的其他增值服务。IPTV 利用 IP 网络,或者同时利用 IP 网络和 DVB(Digital Video Broadcasting)网络,把来源于电视传媒、影视制片公司、新闻媒体机构、远程教育机构等各类内容提供商的内容,通过 IPTV 宽带业务应用平台(该平台往往不仅支持 TV,也支持其他业务)整合,传送到用户个人电脑、机顶盒+电视机、多媒体手机(用于移动 IPTV)等终端,使得用户享受 IPTV 所带来的丰富多彩的宽带多媒体业务内容。

图 9-6 所示为 IPTV 业务属性,和其他多媒体业务相比,IPTV 业务的主要特征有:

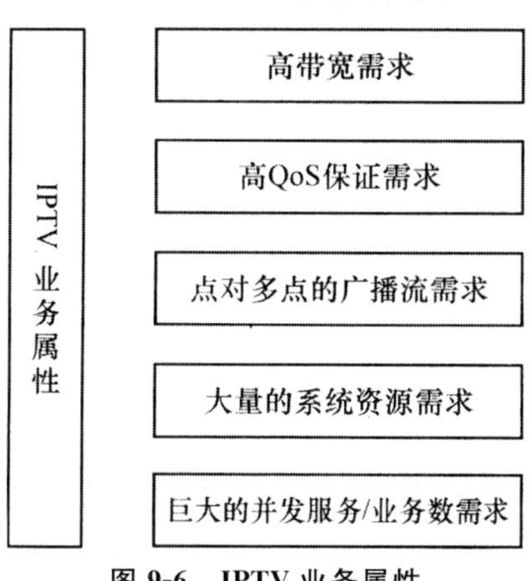

图 9-6　IPTV 业务属性

(1)巨大的并发服务/业务数需求

原本的电视机用户群已经十分巨大,而并发用户数多本就是电视业务的特点,加上计算机和手机终端的用户后,这一特点尤为突出。

(2)大量的系统资源需求

图像和视频数据文件通常都非常大,并且处理起来非常繁琐,因此不仅存储时需要大量存储空间,且编解码时还需要大量交换空间。

(3)点对多点的广播流需求

在 IPTV 业务中,电视节目直播(LTV)、视频点播业务(VOD)、准视频点播(NVOD)、时移电视点播(TSTV)等服务都需要支持从广播源到用户终端的流传输。由于这些服务一般都是在同一时刻有许多用户需要相同的数据,因此需要提供点对多点的广播流。

(4)高 QoS 保证需求

IPTV 业务主要是流媒体业务,涵盖电视节目直播(LTV)、视频点播业务(VOD)、准视频点播(NVOD)、时移电视点播(TSTV)以及视频即时通信等服务,而微小的时间延时都能够被人眼所感知。因此,这些服务都需要相当高的实时性保证。另外,如果输出的图像和视频过于粗糙,也直接影响到用户的感受。

(5)高带宽需求

IPTV 业务涉及大量的图像和视频数据,在传输这些数据时往往需要占用大量带宽资源,有些视频业务需要实时传输,且 IPTV 的用户将比以往任何时候都多得多。因此,IPTV 业务对带宽的需求尤其强烈。

IPTV 业务的上述特点要求 IPTV 节目的编码必须能够提供尽可能大的压缩比,编解码速度要尽可能快,解码后输出的图像和视频质量尽量保持与原图像和视频相近。

2. IPTV 关键技术

IPTV 作为一种流媒体技术,其主要的技术有:流媒体技术、视频编解码技术、数字管理技术、VDN(Video Distribution Network)技术、组播技术和运营支撑技术等。

(1)流媒体技术

流媒体技术能够大大缩短放时的启动延时并降低了对缓存容量的要求。它采用流式传输方式使音频、视频及三维动画等多媒体信息在互联网上传输。流媒体系统由前端的视频编码器和发布服务器以及客户端的播放器组成。

(2)视频编解码技术

国际上视频编解码标准的种类繁多,不同的标准适合于不同的环境。目前宽带网络环境下适用的编码标准有 MPEG-4、WMV、Real 和 H. 264 等格式。

(3)VDN 技术

IPTV 的服务质量要求很高,要保证画面质感很好、播放流畅等,这些在 LAN 中易于实现,但在 WAN 中从客户端到流媒体服务器,其间经过了一个复杂的 IP 网后,其播放的流畅度即难以保证。

鉴于 IPTV 系统的特点,IPTV 必须采用视频内容分发技术来提高用户访问的响应速度及播放质量。通过布放边缘媒体服务器(Edge Serve)来实现最终用户的点播服务。人们通常将内容从中心媒体服务器分发到边缘服务器的网络体系,称为内容分发网络(Content Delivery Network,CDN)。由于 IPTV 系统中,分发的内容是视频,故,IPTV 系统中的 CDN 就是 VDN(视频分发网络)。

VDN 通过在现有的 Internet 中增加一层新的网络架构,将中心服务器的内容发布到最接近用户的网络“边缘”,使用户可以就近取得所需的内容,提高用户访问视频的响应速度。可见,VDN 从技术上全面解决由于网络带宽不足、用户访问量大、网点分布不均等问题,可以提高 Internet 中视频信息流动的效率。

VDN 的基本要求:

1)系统具有良好的伸缩性和兼容性。

2)能够实现跨越网络地址转换部署,解决全局负载均衡不能跨越 NAT 转到私有网络的问题。

3)完整的服务认证、计费体系,包括系统管理、用户管理、配置管理、监控统计、内容管理、ICP 管理和开通管理。

4)管理中心、分发中心和缓存服务点呈层次化网络结构,多个分布式节点之间进行负载均衡和备份,方便地支持性能和功能的扩展。

5)基于应用层方案,支持基于 RTSP、HTTP 协议的应用层重定向,将用户导向至边缘节点,并通过远程节点的媒体服务系统为最终用户提供流媒体服务。

(4)数字版权管理技术

数字版权管理(Digital Rights Management,DRM)是一项涉及技术、法律和商业各个层面的系统工程。DRM 是保护多媒体内容免受未经授权的播放和复制的一种方法。DRM 将使各个平台的内容提供商们,无论是因特网、流媒体还是交互数字电视,提供更多的内容,采取更灵活的节目销售方式,同时有效地保护知识产权。

DRM 技术的工作原理是:建立数字节目授权中心,编码压缩后的数字节目内容,利用密钥可以被加密保护,加密的数字节目头部存放着 KeyID 和节目授权中心的 URL。用户在点播时,根据节目头部的 KeyID 和 URL 信息,就可以通过数字节目授权中心的验证授权后送出相关的密钥解密,节目方可播放。需要保护的节目被加密,即使被用户下载保存,没有得到数字节目授权中心的验证授权也无法播放,从而保护了节目的版权。

(5)组播技术

分布式 IPTV 系统中,TV 节目源和 IPTV 系统只在中心平台有接口,而不会和每个边缘媒体服务器有接口。因此用户收看 TV 节目的视频流是从 IPTV 中心媒体服务器穿透宽带网络到达用户。若通过点播来传输,则随着用户数量的增加,骨干网上的带宽消耗也随之增加。而组播技术则可以解决该问题,组播技术是 TCP/IP 协议的扩展,是 TCP/IP 传送方式的一种。它允许一个或多个发送者(组播源)一次、同时发送单一的数据包到多个接收者的网络技术。组播源把数据包发送到特定组播组,而只有属于该组播组的地址才能接收到数据包。在 IPTV 里,组播源的个数就是 TV 的频道数。在网络的任何一条主干链路上一个 TV 频道只传送单一视频流,即所谓“一次发送,组内广播”。

组播技术提高了数据传送效率,降低了主干网出现拥塞的可能性　即使用户数量成倍增长,主干带宽不需要随之增加。

3. IPTV 系统架构

IPTV 系统是一个涉及内容提供/运营商、电信运营商和最终用户的综合系统,流媒体数据、用户认证/授权信息、账务信息等要在这几个参与者之间实时地交互。

组成 IPTV 的平台在结构上分为四层:用户接入层、业务承载层、业务应用层和运营支撑层，平台结构如图 9-7 所示。

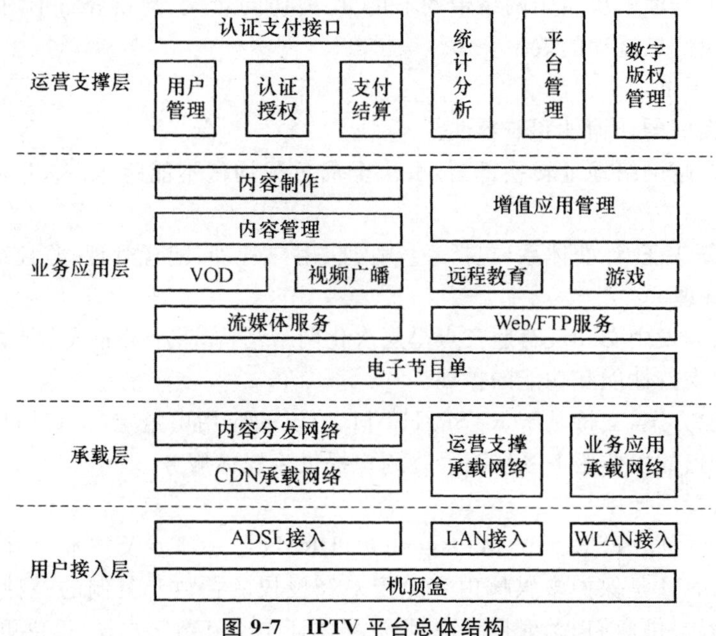

图 9-7 IPTV 平台总体结构

用户接入层通过机顶盒完成用户向 IP 业务的接入，可以采用 ADSL、HFC 和手机接入方式。承载层涉及运营和业务的承载网络，还有内容分发的承载网络，IPTV 对承载网有很高的要求。IPTV 的承载网络可以是 IP 网、有线电视网和移动网。业务应用层使用户通过节目目录享受多种多媒体服务，涉及多种网络增值业务。运营支撑层完成运营商对业务及用户的管理，如接入认证授权、计费结算、平台管理和数字版权的管理等。

可将 IP 终端大致分为：PC 终端、电视＋机顶盒终端和手机移动终端。

(1)基于 PC 的终端系统

基于 PC 的终端系统是沿用互联网视频的应用形式，利用网络流媒体技术传送某种格式的数据流，用户可在计算机上利用相应的播放器对压缩的视音频流媒体文件解压后进行播放。这种形式的终端硬件比较简单，只需要一台具有以太网卡的计算机安装相应的播放器应用软件就可以播放音视频节目和上网浏览。

PC 机终端系统优点是简单、方便、成本低等。缺点是每一种播放器软件都局限于厂商私有的文件格式，通用性差。利用 PC 显示器观看电视节目相对于电视机观看屏幕小并且舒适度差。

(2)电视＋机顶盒终端

机顶盒 STB(Set-top-Box)就是放在电视机上的盒子，起源于数字电视，是一种将数字电视信号转换成模拟信号的变换设备。由于 IPTV 的发展，出现了基于 IP 协议的机顶盒(简称 IP-STB)。IP-STB 在提供与大多数有线或卫星电视机顶盒相同的功能外，还可使用低成本的互联网和基于 IP 的网络设施并支持一系列的应用和交互式服务。

基于 STB 的终端系统是兼顾 PC 和电视机的功能，以电视机作为显示器，利用专用的 IP-STB 对网络音视频媒体数据接收和解压，转换为电视信号格式输送给 TV 播放。

(3)手机移动终端

IPTV 的移动终端系统是指借助于 3G 手机，处理图像、音乐、视频流等多媒体，并利无线通信网络和互联网相结合提供网络电视、视频电话、网页浏览、电视会议、电子商务等多种媒体服务。

但是 IPTV 的移动终端应用中始终存在很多问题，如无论采用什么技术播放的图像，其速度都会受到网络速度的制约，很难有像电视实时传输的平滑效果。近年来，随着 IPTV 业务的发展和普及、用户量的上升，网络带宽和手机处理能力逐步成为人们关注的焦点。此外，目前手机电源技术无法与 IPTV 移动终端的强大功能相匹配，手机的待机时间太短，手机的发热量，手机操作系统的稳定性等各种因素，都限制了移动终端的 IPTV 业务的前进步伐。

但 IPTV 业务是人类通信需求不断提升的必然结果，作为三网融合的产物，它体现了现有网络向下一代网络演进，信息社会中的网络、技术和业务全面走向融合的必然趋势。图 9-8 所示即为典型的 IPTV 业务系统的构成。

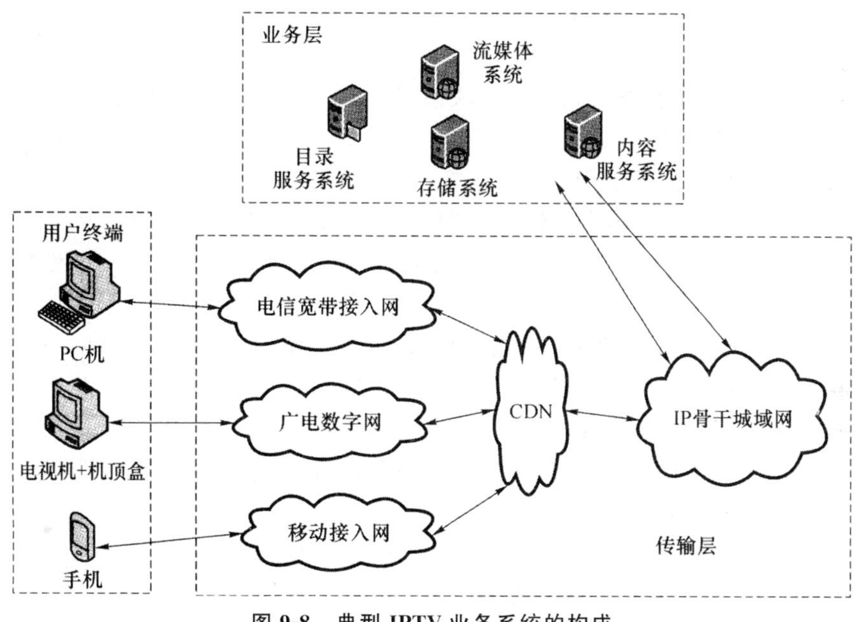

图 9-8　典型 IPTV 业务系统的构成

9.4　其他多媒体应用系统

9.4.1　多媒体 IP 电话系统

IP 电话(IP Telephony)、Internet 电话(Internet Telephony)和 VoIP(Voice over IP)都是在 IP 网络即信息包交换网络上进行的呼叫和通话，而不是在传统的公众交换电话网络上进行的。当前，IP 电话用于长途通信时的价格比传统的 PSNT 电话的价格便宜得多，但质量比较低。尽管质量并不理想，但 IP 电话仍然是最近几年来全球多媒体通信中的一个热点技术。

IP 电话允许在使用 TCP/IP 的 Internet、内联网或者专用 LAN 和 WAN 上进行电话交谈。内联网和专用网络可提供比较好的通话质量，可与公用交换电话网提供的声音质量媲美；在 Internet 上目前还不能提供与专用网络或者 PSTN 相同的通话质量，但支持保证服务质量(QoS)的协议有望改善这种状况。在 Internet 上的 IP 电话又叫做 Internet 电话(Internet Telephony)，它意味着只要收发双方使用同样的专有软件或者使用与 H.323 标准兼容的软件就可以进行自由通话。通过 Internet 电话服务提供者(Internet Telephony Service Providers，ITSP)，用户可以在 PC 与普通电话(或可视电话)之间或者普通电话(或可视电话)之间通过 IP 网络进行通话。从技术上看，VoIP 比较侧重于声音媒体的压缩编码和网络协议，而 IP Telephony 比较侧重于各种软件包、工具和服务。

1. IP 电话的工作方式

网络电话主要有 3 种工作方式：PC 到 PC、PC 到电话机和电话机到电话机。

(1)PC 与 PC 之间通过 IP 通话。

通话双方都拥有连接 Internet 的计算机，安装好声卡及相关软件，双方约定时间通过计算机与调制解调器上网，彼此通过相关软件进行联系，当双方都在线时，即可以通过 Microphone 和扬声器进行通话交谈。

在这一阶段，双方只有在通过相关软件联系后，均在线，才能实现点对点的通话。这种方式的网络电话在普通的商务领域中没有实用价值，因而，不能商用化或进入公众通信领域。

(2)PC 与普通电话之间通过 IP 通话。

计算机一方，一般是能上网的普通 PC，同样也应该装有声卡和 Microphone 及扬声器，并且要安装 IP 电话的软件。电话机用户方，应当具备拨号上本地网 IP 电话的网关(Gateway)的功能。

PC 方呼叫远端电话的过程是：先通过 Internet 登录到网关，进行账号确认，提交被叫电话号码，然后由网关完成呼叫，双方通话。

电话方呼叫远端 PC 的过程是：PC 应当拥有 Internet 上的一个固定 IP 地址，并且在电话所在网关上进行登记。电话向网关呼叫时，网关接收此呼叫，并自动呼叫被叫计算机(当然计算机不能关机)，如果双方联系成功，即可通话。

这一类网络电话，拥有电话机的一方，可以不必安装计算机及相关软件与设备。目前，国内有些计算机客户与国外进行 IP 电话的通话已可以采用这种方式。但是，这种方式仍旧十分不方便，无法满足公众随时需要的通话方式。

(3)普通电话与普通电话之间通过 IP 通话。

普通电话客户通过本地电话拨号上本地的 Internet 电话的网关(Gateway)，输入账号和密码，确认后键入被叫号码，这样本地与远端的网络电话通过网关透过 Internet 进行连接，远端的 Internet 网关通过当地的电话网呼叫被叫用户，从而完成普通电话客户之间的电话通信。

作为网络电话的网关，一定要有专线与 Internet 相连，即是 Internet 上的一台主机，目前双方的网关必须用一家公司的相同产品。

这种通过 Internet 从普通电话到普通电话的通话方式就是人们通常讲的 IP 电话，也是目前发展得最快且最有商用化前途的电话。

2. IP 电话与 PSTN 电话的技术差别

为了解 IP 电话和 PSTN 电话在技术上的差别，首先看在 IP 网络上传送声音的基本过程。

拨打 IP 电话和在 IP 网络上传送声音的过程可归纳如下。

1)来自麦克风的声音在声音输入装置中转换成数字信号,生成“编码声音样本”输出。

2)这些输出样本以帧为单位(例如 30 ms 为一帧)组成声音样本块,并复制到缓冲存储器。

3)IP 电话应用程序估算样本块的能量。静音检测器根据估算的能量来确定这个样本块是作为“静音样本块”来处理还是作为“说话样本块”来处理。

4)如果这个样本块是“说话样本块”,就选择一种算法对它进行压缩编码,算法可以是 H.323 中推荐的任何一种声音编码算法或者全球数字移动通信系统(Global System for Mobile Communications,GSM)中采用的算法。

5)在样本块中插入样本块头信息,然后封装到用户数据包协议(UDP)套接接口(Socket Interface)成为信息包。

6)信息包在物理网络上传送。在通话的另一方接收到信息包之后,去掉样本块头信息,使用与编码算法相反的解码算法重构声音数据,再写入缓冲存储器。

7)从缓冲存储器中把声音复制到声音输出设备转换成模拟声音,完成一个声音样本块的传送。

从原理上说,IP 电话和 PSTN 电话之间在技术上的主要差别是它们的交换结构。Internet 使用的是动态路由技术,而 PSTN 使用的是静态交换技术。PSTN 电话是在线路交换网络上进行,对每条通话都分配一个固定的带宽,因此通话质量有保证。在使用 PSTN 电话时,呼叫方拿起收/发话器,拨打被呼叫方的国家码、地区码和市区号码,通过中央局建立连接,然后双方就可进行通话。在使用 IP 电话时,用户输入的电话号码转发到位于专用小型交换机(Private Branch Exchange,PBX)和 TCP/IP 网络之间最近的 IP 电话网关,IP 电话网关查找通过 Internet 到达被呼叫号码的路径,然后建立呼叫。IP 电话网关把声音数据装配成 IP 信息包,然后按照 TCP/IP 网络上查找到的路径把 IP 信息包发送出去。对方的 IP 电话网关接收到这种 IP 信息包之后,把信息包还原成原来的声音数据,并通过 PBX 转发给被呼叫方。

3. IP 电话标准协议

开通 IP 电话服务需要使用的一个重要标准是信号传输协议(Signalling Protocol)。信号传输协议是用来建立和控制多媒体会话或者呼叫的一种协议,数据传输(Data Transmission)不属于信号传输协议。这些会话包括多媒体会议、电话、远距离学习和类似的应用。IP 信号传输协议(IP Signalling Protocol)用来创建网络上客户的软件和硬件之间的连接。多媒体会话的呼叫建立和控制的主要功能包括用户地址查找、地址转换、连接建立、服务特性磋商、呼叫终止和呼叫参与者的管理等。附加的信号传输协议包括账单管理、安全管理、目录服务等。

广泛使用 IP 电话的最关键问题之一是建立一套国际标准,这样可使不同厂商开发和生产的设备能够正确地一起工作。当前开发 IP 电话标准的组织主要有 ITU-T、IETF 和欧洲电信标准学会(European Telecommunications Standards Institute,ETSI)等。人们认为两个比较值得注意的可用于 IP 电话信号传输的标准是 ITU 的 H.323 系列标准和 IETF 的入会协议(Session Initiation Protocol,SIP)。SIP 是由 IETF 的 MMUSIC(Multiparty Multimedia Session Control)工作组正在开发的协议,它是在 HTML 语言基础上开发的,并且比 H.323 简便的一种协议。该协议原来是为在 Internet 上召开多媒体会议开发的协议。H.323 和 SIP 这两种协议代表解决相同问题(多媒体会议的信号传输和控制)的两种不同的解决方法。此外,还有两个信号传输协议被考虑为 SIP 结构的一部分。这两个协议是:会话说明协议(Session Description Protocol,SDP)和会话通告协议(Session Announcement Protocol,SAP)。

9.4.2 多媒体远程教育系统

远程教育(Distance Education)是指处于不同地点的知识提供者和学习者之间通过适当的手段进行交互的教育行为。从最早的函授教育到广播电视教育,再到今天以计算机网络和多媒体技术为基础的现代远程教学系统,远程教育已经经历了很长的发展历史。

1. 远程教育的分类与特征

远程教育通过函授、广播、电视等途径打破时间和空间的限制,将教学信息传送给校园内外。现代远程教育通过通信网络、计算机网络等实现实时和非实时的、双向交互的教学环境,为校园外学生提供虚拟学习过程的教育形式。现代远程教学大量采用先进的计算机技术、通信技术和多媒体技术,与大型数据库、课件库、教学中心相连,实现各类资源的共享和重复利用,为各类学生提供了一个无围墙、无距离的虚拟学校,无论身处何处都能及时地进行学习。具体可归纳现代远程教育特征如下。

1)师生并非实地面对面,存在地域上的距离。

2)实时交互式的信息交流功能。

3)授课和学习条件以现代通信技术、计算机网络技术和多媒体技术为基础。

4)学生可以根据个人的需要或自选时间上课,不受时空的限制。

5)政府行政管理部门对教育机构的资格认证。

远程教学采用的各种方式和教学资源构成了远程教学系统。现代远程教学系统包括实时教学系统和非实时辅助教学系统。

(1)非实时辅助教学系统

非实时辅助教学系统也称异步多媒体远程教学系统,由教师预先将所讲的内容制作成课件,放在网络的课件服务器中,并能够随时在网上发布。学生在原地只要具备基本的上网的条件以及基本的设备,就可以通过网络下载服务器中的课件教材,在本地运行,这种异步教学系统就像学生在远地阅读一本好书一样,用户可以反复阅读,学习进度自己掌控,例如针对具体某一章节仔细推敲,也不影响别人。用户可以通过该系统,点播授课录像,登录课件库自学或通过电子邮件向教师提交作业和问题。这种方式特别灵活,造价也低,不受任何限制。典型的非实时辅助教学系统一般包括教学教务管理系统、WWW 系统、FTP 系统、E-mail 系统、BBS 系统、广播和点播系统以及课件库系统等。图 9-9 所示为异步远程教学系统图。

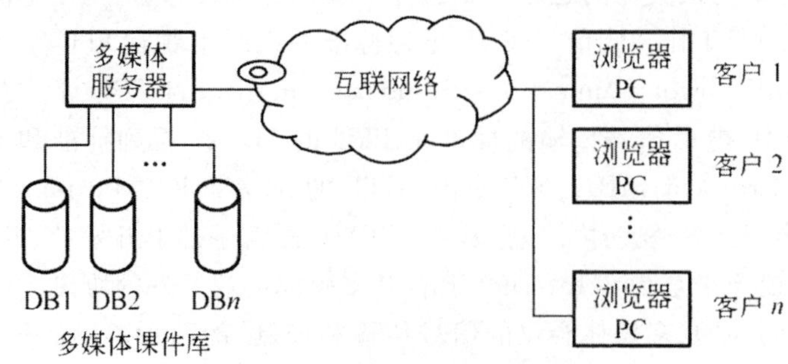

图 9-9 异步远程教学系统图

(2)实时教学系统

所谓同步教学是指实时地进行网络教与学。利用不同的带宽高速网络基础设施，将现场正在教学的教学过程、教学内容实时播放出去，从某种意义上来说就是把教学的课堂通过网络扩大到网络所能达到的地方，图 9-10 所示为实时同步远程教学系统。

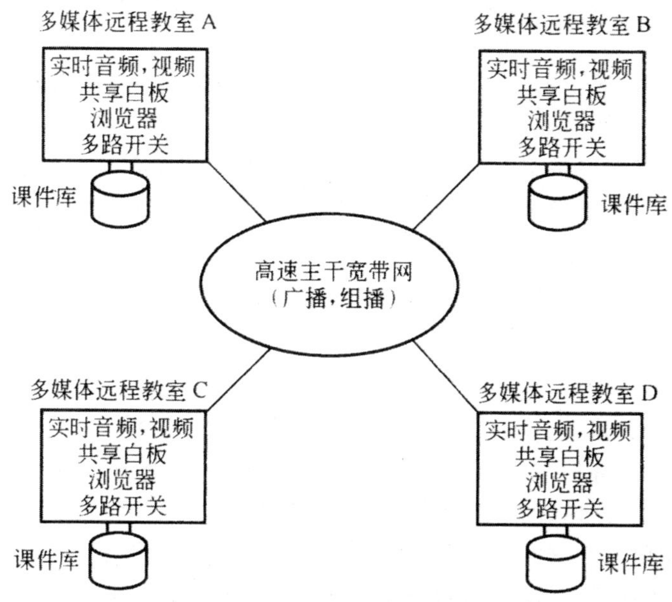

图 9-10　实时同步远程教学系统

实时同步远程教学具有以下特点：

1)实时音频、视频传输。教师讲课的声音要同步传输到网络的端点，可以是多媒体教室，也可以是个人网络上多媒体的终端，通过大屏幕教室的投影设备或显示器，可以基本上达到和教师面对面交流的教学环境。

2)共享白板功能。通过共享白板，教师在黑板上写的教学内容可以通过白板功能不但看到，还可以达到相互交流意见的目的。

3)共享浏览器。当教师在选择教学课程内容以及各种图表时，学生可以在本地浏览器共享空间同步地看到。

当学生有问题可以向主控节点(教师为主控节点)提出问题，教师可以看到听到学生的意见(通过多路开关)。教师也可以有效地转播某节点广播到各节点或组播到相关的节点上。可见这种方式突出教学的临场感和交互性，教学效果比较好，但易受时间限制。

2. 远程教育的构架

图 9-11 所示的是层次框架构造的现代远程教育系统图。

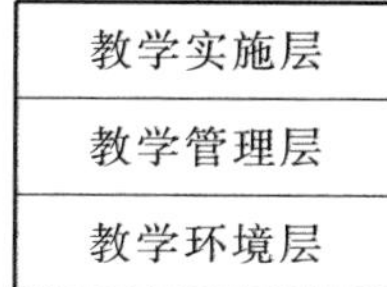

图 9-11　现代远程教育系统框架模型

教学环境层主要包括构成系统的硬件、软件环境，远程网络的接入，远程站点的组织以及多媒体信息的运用等。这一层不但为教学提供环境，还为学生进一步学习和自学的条件提供必要的保证，是远程教育系统提供必要的技术基础和应用环境。

教学管理层是提供远程教育系统中的教学组织与管理，包括教学计划安排、学生学籍管理、课程考试组织、学生成绩管理以及网络教学平台建设、教学方法探讨、教学内容和手段改进等。

教学实施层在网络的支持下，通过多媒体化知识表现形式以多种交互手段完成教与学的任务。主要作用是实现知识的传授和共享。

上述框架中，教学环境是基础，教学管理是核心，教学实施是目标。各层次相互独立并有一定的联系，不同角色人员通过分工和协作，共同实现面向特定目标的现代远程教育系统。

3. 远程教育系统关键技术

远程教育系统是以高速宽带网络为基础，以多媒体技术为核心，以课件制作为主线，以学生为主的教学模式。

(1)高性能课件服务器

高性能的课件服务器在远程教育系统中是极其重要的，教学内容在传输以前都要经过压缩处理并存入发送的服务器当中。因此发送端服务器的处理能力、检索速度、吞吐能力、内存空间、CPU 速度和 I/O 处理能力都会对整个教学系统产生决定性影响。因为在实施教学过程中，会发生相当数量的用户同时登录实时课程教学活动；会出现同时点播相同或不同的课件。此时各种请求会在服务器端排队等候处理。如果服务器性能差，在任何一个环节上出现瓶颈，即使网络拥有足够的带宽，其传输速率也上不去，很可能就是因为服务器的缘故。

(2)构建高速宽带的网络教学环境

基于网络的远程教育系统，目前最广泛的是由 Internet 服务器、远端客户和 Internet 网络组成。该系统采用浏览器/服务器(B/S)模型，综合运用 Web、FTP、E-mail、BBS 等多种 Internet 服务实现一种全新的教学模式。教学系统可提供网上课件、虚拟教室、视频点播等多种形式的教学服务。通常要求 1000 Mbit 以太网或者光纤网提供高速宽带和 QoS 保障，提供双向实时、交互式教学环境，支持一点到多点和组播的支持环境。

(3)多媒体教学课件的制作技术

运行在网络上的多媒体课件应制做成 HTML 网页的形式，以 Web 网页的方式在 Internet 和 Intranet 上发布。常用的制作技术有：

1)制作图形文件。利用数码相机或扫描仪将外部图形录入计算机制成图形文件，或者利用计算机屏幕抓取软件将计算机屏幕图制成图形文件。然后利用图形处理软件(例如，Adobe 公司的 Photoshop)进行处理，再加工成所需要的形式，转换成 JPEG 格式的图形文件，以便在网上传输。

2)制作动画。由 Macromedia 公司推出的 Flash 动画制作软件，是目前制作网络交互式动画的最有效的制作工具。它支持动画、声音以及交互功能，具有强大的交互式多媒体编辑能力，并且可以直接生成主页代码。用 Flash 制作的动画文件非常小，适合于网上远程教学使用。

3)制作音频视频文件。可以利用计算机视频输入设备(视频头)将现场实况录入计算机并制成视频文件(如 MPEG)。

可利用屏幕捕捉软件将连续动作的计算机屏幕操作以及通过传声器录入的实时讲解同步制成 AVI 视频文件。这种方法特别适合于制作计算机类的教学课件。

利用 Premiere 及 After Effect 等视频编辑软件可以将多个分离的图像、声音文件组合在一起,并可以加入特级效果,从而生成最终的视频文件。

4. 远程教育规范

图 9-12 所示是以 ATM 为主骨干网,以卫星传输为辅的大型课堂式多媒体远程教育网络结构图。

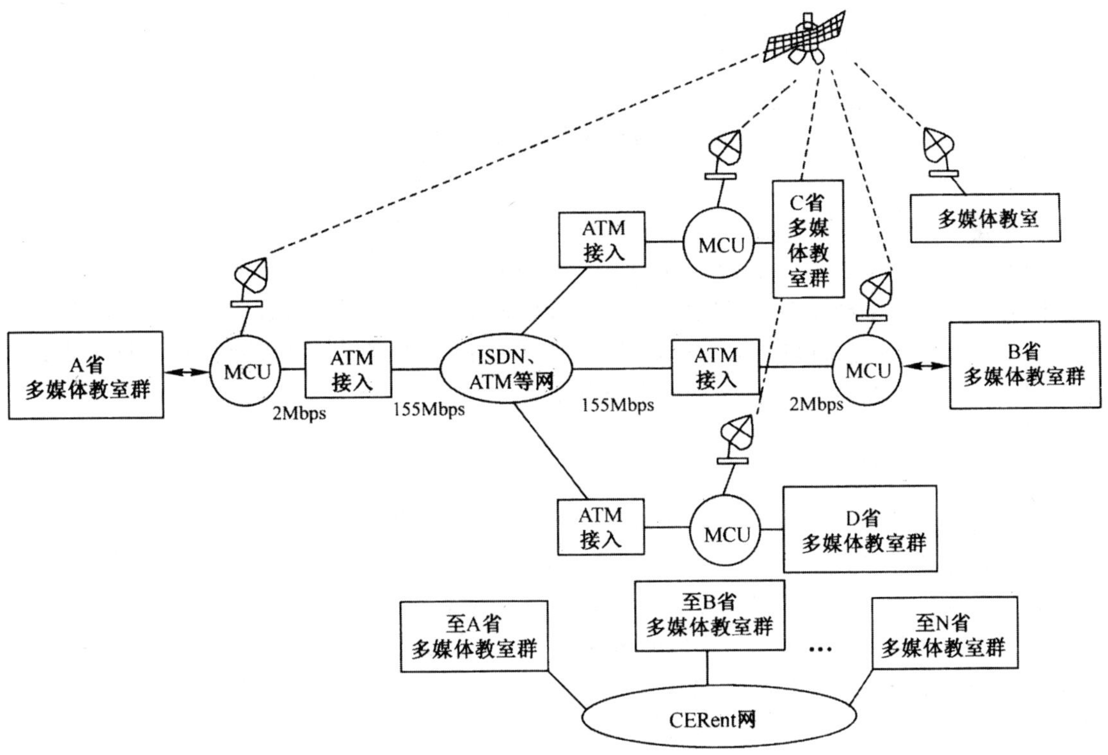

图 9-12　大型多媒体远程教育网络结构图

上述系统的端点主要由终端主机、外接设备、MCU、网络管理系统组成。终端主机设备符合 H. 320 技术标准,基于开放式 PC 平台和 Windows 操作系统;符合 H. 261/H. 263 视频编解码标准;支持 T. 120、高速 T. 120(H-MLP),符合 T. 126 多点静态图像和注释规范、T. 127 多点二值文件传输规范和 T. 128 应用程序共享规范。外接设备有电子白板、摄像机、图文摄像等。多点控制单元(MCU)支持 H. 321、H. 243 标准;支持 T. 120、高速 T. 120 标准;支持 H. 281 标准的远端摄像机控制规程。

而基于 IP 网络的远程教育系统(包括 LAN 系统)则如图 9-13 所示。当课堂人数不多时,采用 PC 机终端,可分布在 LAN 或 Internet,通过网关的协议转换,实现在 ISDN 上的传输,其传输速率为 128～384 Kbps。

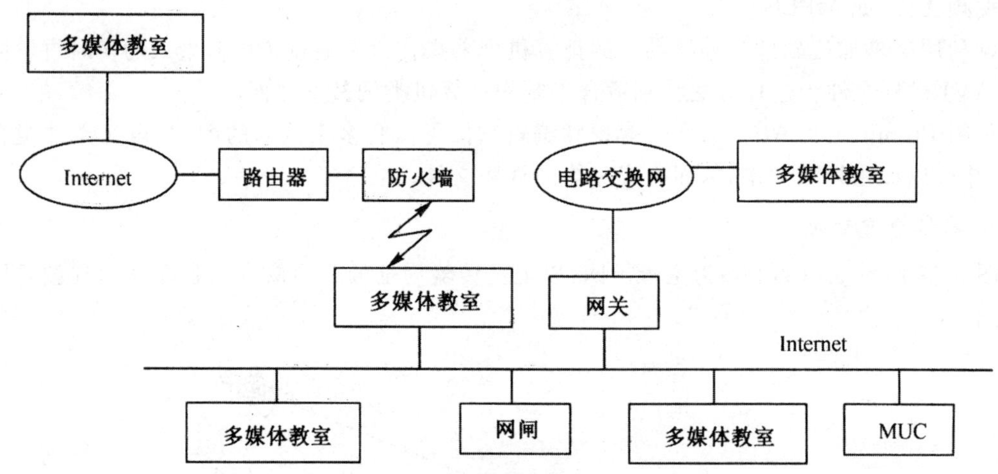

图 9-13　基于 IP 网络的远程教育系统

终端主机设备。符合 H323V2 的 PC 型终端，其速率为 128～3 848 Kbps；符合 H-323V2 的会议室型终端，速率为 512 Kbps～2 Mbps；视频编码符合 H. 261/H. 263 标准。网关能提供 H. 320 与 H. 323 之间视频、音频、数据协议的转换。网闸，提供地址转换以及许可控制。

随着我国信息基础设施的迅速发展，宽带光纤网络的全面建设，远程教学费用将会大大降低，这样将推动基于宽带网络的远程教育的发展。基于 IP 的多媒体远程教育必将彻底突破时空限制，提供多形式、多功能、全方位的教学服务。

9.4.3　远程医疗系统

远程医疗从医学的角度又可以称为远程医学(Telemedicine)。从广义上讲，是使用远程通信技术和计算机多媒体技术提供医学信息和服务，包括远程诊断、远程会诊及护理、远程医学信息服务等所有医学活动；从狭义上讲，主要指具体的会诊、指导手术、医疗资料、图像传输等具体的医疗活动。远程医疗从通信的角度理解为通信技术和计算机技术、多媒体技术在医学上的综合应用技术。随着医学、通信、计算机和多媒体技术的发展，远程医疗也在不断地更新和拓展。随着信息高速公路在我国的发展，远程医疗在国内逐渐被人们所了解和接受。

1. 基于 IP 的远程医疗系统

基于 IP 的远程医疗解决方案，采用计算机网络作为远程医疗系统的传输网络。由于计算机网络在医院中的普及率较高，在已有的计算机网络上搭建远程医疗系统可以大大地节省投资，便于实现。用户(医院)在内部的计算机局域网中，使用基于 H. 323 标准的远程医疗视频终端和 MCU 及流媒体服务器等设备，可以在内部局域网中实现手术指导、观摩和多科室之间的会诊等功能。

医院可以通过路由器接入宽带城域网，与城域网内的多家医院构成多点远程医疗系统，在城域网范围内开展远程医疗活动。宽带城域网一般都是基于 IP 的计算机网络，因此，医院基于 IP 的远程医疗设备可以方便地接入城域网。

医院基于 IP 的远程医疗设备，可以通过 H. 323/H. 320 网关连接本地的 ATM 或 DDN 交换机，然后通过专线连接到远程医疗系统中心控制器 MCU，组成多点远程医疗系统。

对于已建成内部局域网的医院，可将 H. 323/H. 320 网关一端与电信局 ATM 网的接入设备(一般为 HDSL)相连，另一端与医院的 LAN 相连，H. 323 标准的远程医疗视频终端可根据需要放在内部局域网所能达到的任何地点，通过呼叫 H. 323/H. 320 网关的 IP 地址即可建立与 ATM 网的连接，具有很大的灵活性。如果尚没有建设自己的内部局域网，可简单地直接把视频终端与 H. 323/H. 320 网关相连即可。

2. 基于专线方式的远程医疗系统

基于专线的远程医疗系统，主要采用电信运营商提供的点对点专线作为通信手段。由于专线方式传输质量高，性能稳定，适合于需要高质量画面的远程医疗系统。每个远程医疗手术室和会诊室都需要安装一套视频会议终端设备，终端设备通过专线连接到 MCU。基于专线的远程医疗系统主要采用 H. 320 视频会议标准。

电信运营商可以在 ISDN、DDN、帧中继、ATM 网络上提供专线，专线带宽可从 64 Kbps 到 2 Mbps，甚至更高，在组建远程医疗系统时可以根据具体应用需要采用不同的速率。一般专线速率在 768 Kbps 时，通过采用合理的视频、音频压缩算法，就可以满足远程医疗对高清晰图像和声音的需要，可以进行远程手术指导、观摩和教学。如果远程医疗系统用于远程会诊、远程诊断等应用，主要传输病历、X 光片、显微图像等，可以采用 ISDN 线路。384 Kbps(三条 ISDN 线路)的带宽就能满足远程会诊、远程诊断的需要，能够实现声音、图像、数据的交互。

基于专线的远程医疗系统如图 9-14 所示。

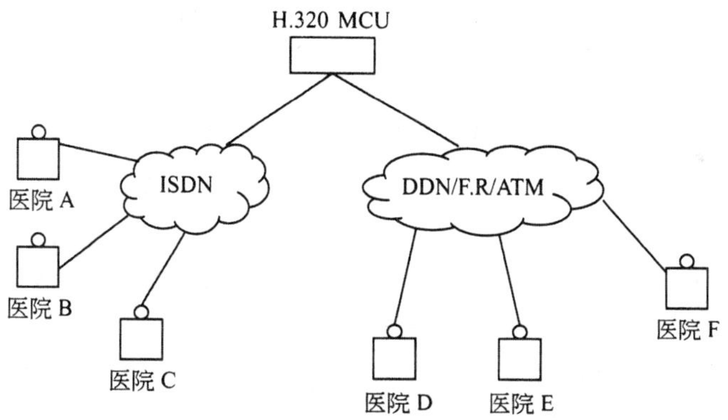

图 9-14　基于专线的远程医疗系统

3. 用户接入的方式

由于医院在医疗、人才、设备等各方面的水平不一样，一般在大医院建立远程医疗中心，具备较完善的远程医疗网络，其他医院采用不同的形式连接到远程医疗中心，实现远程医疗。本节主要介绍接入远程医疗中心的方式。

(1)专线接入方式

利用电信提供商的网络构建远程医疗系统，是实现远程连接的方式之一。远程医疗中心采用基于 H. 320 的远程医疗系统，配备 H. 320 MCU 用于召开多点的远程医疗。其他医院采用电路交换的专线接入中心的 MCU 端口。能够提供专线的网络包括 ISDN、DDN、ATM 等网络。如果采用 DDN、ATM 网络作为传输网络，远程医疗系统的终端设备和 MCU 主要采用 HDSL 连接传输网络。HDSL 可以在 3 km 范围内提供最高到 2 Mbps 的接入速率，完全可以满足远程医疗对传输速率的要求。电信局端的 HDSL 与用户端(医院手术室或会诊室) HDSL 之间使用 2 对 0.4 mm 或 0.5 mm 线径的双绞线连接,提供 768 Kbps 的接入速率。局端 HDSL 使用机架式 HDSL 或单体 HDSL 均可,它提供 V.35 接口与 ATM 交换机或 DDN 节点机相连。用户端 HDSL 也提供 V.35 接口与远程医疗视频终端相连。

另外,目前已有通过使用 1 对双绞线提供高达 2 Mbps 速率接入的 HDSL 设备,通过一对 0.4 mm 线径的双绞线连接局端和用户端的 HDSL。当支持速率为 2 Mbps 时,有效传输距离为 3 km 左右。

(2)IP 方式的接入

基于 IP 方式的远程医疗系统,用户接入采用"HDSL+路由器"方式,局端 HDSL 可采用机架式或单体式,提供 V.35 接口与 ATM 交换机或 DDN 节点机相连。用户端 HDSL 也提供 V.35 接口与路由器相连,路由器与医院内局域网交换机连接。局端 HDSL 与用户端 HDSL 之间采用 1 对或 2 对双绞线连接。

远程医疗视频终端如果采用的是基于 H.323 标准的 IP 产品,则通过 RJ45 形式的以太网口直接与院内的任何一个局域网节点相连即可,具体位置可根据手术观摩和远程会诊的需要决定。

远程医疗视频终端如果采用的是基于 H.320 标准的专线式产品,并且希望具有像 H.323 标准产品可根据需要随意放在医院局域网任何一个节点的特性,则需要增加一个 H.320/H.323 网关。该网关提供 H.320 标准协议到 H.323 标准协议的转换,并提供 RJ45 以太网接口与医院内的局域网节点相连。

4. 远程医疗的应用领域

远程医疗自初次登上医学的舞台起,日渐引起人们的重视。最初的远程医疗,处理数据的能力很低,因而局限于传递静止的图像。随着现代通信技术的发展,远程医疗可以远距离传输外科手术中病人的病理切片图像,用于诊断疾病。现在,先进的远程医疗设备不仅可以适时传输数据,而且可以传输电视图像。多媒体的应用使远程医疗更加生动、形象。远程医疗在提高和扩大高质量的医疗服务中越来越显示出重要的地位。

(1)远程放射学和 PACS 系统

远程放射学(Teleradiology)和 PACS(Picture Archiving and Communication System)系统是为了解决医学影像的有效管理和及时调用而提出的系统,是远程医疗中两个紧密联系的研究热点。

PACS 系统是专门为图像管理而设计的图像存档和传输系统,它受多种技术的影响,如计算机技术、通信技术、存储媒介、数据识别、显示技术、图像的压缩、人工智能、通信的标准化接口、软件有效性、系统集成等。目前 PACS 系统中的四个重要研究领域为:系统结构设计、网络通信、数据库集成和访问以及数据和知识的获取。系统设计中注重的是系统的标准化、开放性和系统之间的互联性,国际上的两个通用标粉别为图像格式的 DICOM 3 标准(Digital Imaging and Communication in Medicine 3)和病人数据的 HL 7 标准(Health Level 7)。只有标准化的系统才可以保证系统的开放和系统之间的互联性。

在进行远程会诊或远程教学时,常需要将多幅图像进行对比,因此,PACS 系统对网络的要求较高,一般要求宽带网络。目前,初步的临床测试表明,应用 TCP/IP 的 ATM(Asynchronous Transfer Mode)在局域网和广域网上传送速率能达到 60 Mbps,即传送一幅大小为 10 MB 的数字化胸片需要 1.3 s,传送一幅大小为 40 MB 的 CT 图像需要 5.3 s。

数据库的集成和访问与从数据库中获取数据和知识是密切关联的两个研究领域。放射科医生、研究人员和医学教师需要使用医院信息系统和远程放射学中的不同类型的数据,需要从位于不同硬件平台上的数据库中获取数据并在不同的软件下显示,所以,如何集成这些数据库并从中获取数据和知识是远程医疗中的一个重要的课题。因此,PACS 系统的发展趋势是系统的集成,特别是要重视医疗保健意义上的系统集成(Health Care Integrated PACS,HI-PACS)。

在医院中建成一个 PACS 系统的价格非常昂贵。为了建设 PACS 系统,要求:

1)医院现有的各种成像设备具有符合国际标准(DICOM 3)的接口。

2)建立一个高速宽带局域网。

3)有数字化数据和图像的海量存储库。

4)有图像处理工作站和位于不同科室的图形终端。

5)有对非数字化图像进行数字化处理的设备。

6)有软件系统,包括数据库管理和终端控制系统。

远程放射学中,如果传送时间不是至关重要的因素,可以用较低的通信网来实现图像的远距离传送,如将图像送到影像专家家中浏览,图像在医院之间进行传送等。在瑞士,人们将窄带 ISDN(速率为 64 Kbps)用于这种对传送时间要求不高的场合。

(2)远程会诊和远程诊断

远程会诊(Teleconsulation)和诊断(Telediagnosis)是远程医疗研究中应用最广泛的技术,在提高边远地区医疗水平,对灾难中的受伤者等特殊病人实施紧急救助方面都具有重要作用。

远程会诊是参加会诊的专家对病人的医学图像和初步的诊断结果进行交互式讨论,其目的是给远地医生提供参考意见,帮助远地医生得出正确的诊断结果。在这个过程中,具有双向的同步音频和视频信号的视频会议系统是支持专家间语言和非语言的面对面对话的重要工具。由于视频仅用于讨论,因此,对视频图像质量要求不高,而音频信号要求清晰,没有延迟。远程会议系统的一个例子是连接美国的 Washington、Alaska、Montana 和 Idaho 四州的农村远程医疗网,每个州的一个诊所都配备一台基于 PC 的会议系统,包括一个数字扩音器、一台传真机、数字录像机、X 光数字化仪和监视器,这样,远地诊所医生就能与位于华盛顿医疗中心具备相似会议系统的专家进行远程会诊。目前,远程会诊系统的会诊专家能在看和交谈的同时向远端传送图像和其他的文件,并使用电子白板传送文字信息和图像。

远程诊断是医生通过对远地病人的图像和其他信息进行分析做出诊断结果,即最后的诊断结论是由与病人处于不同地方的远地医生做出的。远程会诊与诊断的显著区别在于远程诊断对医学图像的要求较高,即要求经过远程医疗系统经图像识别、压缩、处理和显示的医学图像不能有明显的失真。远程诊断系统有同步(交互式)和异步之分。同步系统具有与远程会诊系统类似的视频会议和文件共享的设备,但是要求更高的通信带宽以支持传送交互式图像和实时的高质量诊断图像。异步的远程诊断系统基于存储转发机制,需将各种信息如图像、视频、音频和文字组成的多媒体电子邮件,在方便的时候发送给专家,专家将诊断结论发给相关的医护人员。在远程诊断使用不多的场合,异步远程诊断系统可降低对带宽的要求,可采用比同步远程诊断和远程会诊低的通信网络。

整个远程医疗系统包括以下几部分:

1)视频电话,使参加远程会诊各方人员能进行面对面的讨论。

2)远程出席系统,使在中心医院的专家能够从远端医生或护理人员的“肩膀上”看到他们对当地病人的检查并进行指导。

3)远程放射学。在许多场合 X 光片是一个重要的诊断依据,当地的医护人员使用数字化仪和具有高分辨率显示的计算机将放射影像数字化并通过通信网络传送给中心医院,然后专家对图像进行讨论。

4)重要生理参数的远程监护,如 ECG 远程监护是将本地的 ECG 信号通过 PC 的数据口经过 ISDN 送到中心医院。

(3)远程监护和家庭护理

远程监护(Telemonitoring)和家庭护(Home Health Care,HHC)技术是近年来远程医疗非常重要的一个研究领域,但在远程医疗中又属于相对薄弱的研究领域。

远程监护提供了一种通过对生理参数进行连续监测来研究远地对象生理功能的方法。最早应用于远程监护的是美国航天局,于 20 世纪 70 年代,运用远程监护技术对太空中的宇航员进行生理参数监测。目前,美国军方正在研究一种供战时使用的人体状态监护仪(Personnel Status Monitor,PSM),这种微型仪器由士兵携带,用于监护佩带者的呼吸、体温、心率和其他的生理参数,其作用在于估计受伤者是否活着,并可确定受伤者的所在地。PSM 的通信方式是采用突发的发射方式以迷惑敌人,并运用传感技术监护血压和其他的血参数、心电图等重要生理参数。现在,远程测量和远程监护技术广泛地应用于家庭护理和急救系统中。

家庭护理技术是运用远程监护技术对家中患者的重要参数进行监测,并在发生意外时实施紧急救助。家庭监护中运用远程测量或远程监护技术,一般采用便利的、便宜的通信方式,如普通电话、N-ISDN、电视和交互电视等。目前,家庭护理系统研究的服务对象主要为:

1)手术后在家中的恢复病人。

2)残疾人和老年人。

3)高发病人群的家庭监护。

4)健康人的家庭监护。

由于心脏病发病时一般具有突发性和危险的特点,因此,将心电图的远程监护和报警作为家庭监护的一个重要应用。目前研究的家庭心电图远程监护报警系统一般有两种类型。

1)心电 BP 机系统。BP 机系统的家庭端一般包括一个类似 BP 机大小的心电图监护记录单元和通信单元。监护记录单元的功能是对佩带者的心电图进行监护,当发现心电异常或佩带者感到不适时按下按钮可记录下 6～240 s 的心电图,然后使用者将监护记录单元放在通信单元上,将记录的心电图通过接口转换经电话线送往医院。位于医院或诊所的中心端一般为一台计算机,能完成一对一的心电图接收、显示、归档等管理功能。传输方式基本为声耦合方式,即将 0.5～100 Hz 的心电图经过频率调制到语音频段后再通过电话话筒送出,在医院中心经过反变换恢复心电图数据。

2)心电长时间实时监护系统,如清华大学研制的家庭心电/血压监护网系统。该系统的家庭端单元由一个便携式心电检测仪和一台智能心电实时监护仪器构成。检测仪以无线电方式发送心电图，由智能心电监护仪接收，并对接收的心电图进行实时处理。当异常心电图超过报警阈值时自动拨号，将当时的心电图通过调制解调器实时送往医院。该系统在病人不适时具有手动按键报警功能和类似 Holter 的心电图长时间记录发送功能。清华大学的家庭心电/血压监护网系统除了具有心电图远程监护功能外，还可以配备血压计实现血压的远程监护。位于医院的中心端是一台基于 UNIX 操作系统的工作站，能实现同时对多个家中患者的心电图进行实时监护、归档、信号处理和病案管理等功能。

随着传感技术和远程监护的发展，健康者也会成为家庭监护的监护对象，通过对健康者的生理参数进行监护，有助于疾病的早期发现和及时的治疗。日本东京医科大学研究所通过监护一家三口的心电图来跟踪使用者的健康状况，以发现心脏病的早期症状。

(4)远程教育

远程教育包括对医护人员的专业教育(基础和继续教育)、获取远地信息(数据库、文献和专家)和社区医疗保健教育三部分。

远程教育通过远程通信网络提供多种多样的医学资源，如远程放射学和 PACS 提供的各种影像资料，远程会议系统提供了面对面的交流机会。目前，迅速发展的虚拟现实技术，在解剖、生理和病理学等教学中，对急救医护人员的培训中，以及在缩短外科医生实习期等方面具有重要作用。远程教育为医护人员提供了继续教育的机会，有利于学习新的医疗知识，掌握新的医疗技术。

对一般居民的医学教育和保健教育，从疾病的一次预防的观点看是非常重要的，从疾病的二次预防或三次预防的观点看也非常重要。因此，国外开发了采用多媒体技术的家庭医疗、看护的教育系统，具有针对家庭患者、高危疾病患者、老年人的疾病预防和防止疾病恶化的健康生活教育，以及针对家庭患者进行护理人员的护理教育功能。

(5)医院信息管理系统

医院信息管理系统(HIS)从名称上看包含的信息范围很广，但就最初建立这项系统的目的和目前系统的现状看，主要担负的是医院电子化管理的功能。30 年前，人们开始将计算机技术应用于医疗保健，建立了医学信息管理系统和医院信息管理系统，使医护人员能随时查询医院每天的临床活动及相关记录，其优点在于能及时了解医院内的医疗活动。随着通信技术和计算机技术的发展，医院信息管理系统到 20 世纪 80 年代迅速发展，成为分布式网络结构的系统，主要用于付款和病人计费管理。目前的医院信息管理系统管理功能全面，覆盖了门诊(病人挂号、预约和收费)、住院(病人的登记、收费及病房管理)、药品信息、医疗设备和医院财务等管理工作。国外医院信息管理系统发展早，普及率高。由于购买国外医院信息管理系统费用高，国内的一些大型医院都开发了自己的医院信息管理系统，但缺乏统一的标准，各医院之间的信息难以沟通。

鉴于这一形势，由国家投资的国家金卫工程——中国医院信息管理系统，已由卫生部医院管理研究所和众邦慧智计算机系统集成有限公司联合开发，并在北京人民医院等 13 家甲级医院投入使用。同时，中国人民解放军总后勤部卫生部、解放军总医院等医院、中国 HP 公司和微软公司也在联合开发为部队医院使用的医院信息管理系统。

计算机化的病人病历(Computer-based Patient Record，CPR)的发展为医院信息管理系统真正管理医疗信息提供了可能。目前,医院信息管理系统的发展趋势是与PACS、RIS等系统连接,实现医疗信息的共享。

3. 远程医疗对社会的影响

远程医疗的应用,首先会让病人不必长途跋涉去看专科医生,克服了距离上的障碍,从某种程度上降低了病人的医疗费用。其次,远程医疗减少了疾病的诊断和治疗在时间上的延误,减轻了病人的痛苦。第三,通过远程医疗,病人与专家之间"面对面"的交流增多,病人对自身病情的了解增多,战胜疾病的信心增强,有助于患者的治疗。这些无疑是患者的福音。

远程医疗对医生的影响也是不容忽视的。一方面,远程医疗将明显扩大医护人员与同事交流的范围与深度。远程医疗系统将病例报告和图像发送到参与讨论的同事,或需要参考文献的同事,或提供参考文献的同事的终端,这种交互式交流方式,大大方便了医生获取信息和交流信息。另一方面,系统提供的数据库中,有教学文档和教学工具。通过系统,即使边远地区的医生也可进行继续教育,可及时、准确地获取最新的医疗动态及治疗计划,增加临床知识,以便在同样的情况下更好地治疗和护理病人。同时,通过系统的反馈,也使中心地区的专家更多地了解边远地区的需求,促进他们为边远地区的医生提供更佳的教学。因此,社会医疗的整体水平也就随之提高,体现了信息化社会的丰硕成果。

9.4.4 视频监控系统

随着通信技术和编码理论的飞速发展,多媒体监控系统广泛应用在机场、宾馆、银行、仓库、交通、电力等各种重要场所和机构。传统的监控系统,其终端与传输设备大多采用模拟技术,设备庞大、连线复杂、操作维修不便,不利于系统的程序化控制,更难以利用现有的通信网络(LAN、PSTN、ISDN等)进行数据传输,实现远距离监控。随着Internet网络技术和多媒体通信技术的发展,一种以数字化、智能化为特点的多媒体远程监控系统应运而生,它实现了由模拟监控到数字监控的质的飞跃,能将监控信息从监控中心释放出来,监控的视频、音频、现场告警与控制信号可传至网络所及的每一个节点,人们可以利用计算机网络在不向地点同时监视、控制远程某一或某些场所,同时控制云台、镜头等设备并获得各种报警信号,进行远程指挥。

远程监控系统主要采用点对点和多址广播两种传输技术,多数情况下以点对点方式为主。它的主要特点是实时性要求高,延迟小,而且往往要求可控制、可切换视频源。另外,因被监控的对象运动幅度不同,所以要求的图像质量也不一样。一般像道路监控这样的场合,被监控的对象是高速运动的车辆,而且要求至少能看清车牌,因而要求的图像质量相当高,采用MPEG-1格式还难以满足要求,必须采用高码流的MPEG-2格式才行;而对楼宇监控这样的场合,在多数情况下被监控的对象是静止不动的,因而图像质量可适当降低些,一般采用MPEG-1格式就能满足要求。

1. 系统结构

图9-15是多媒体远程监控系统的结构示意图。系统由监控现场、传输网络和监控中心三部分组成。

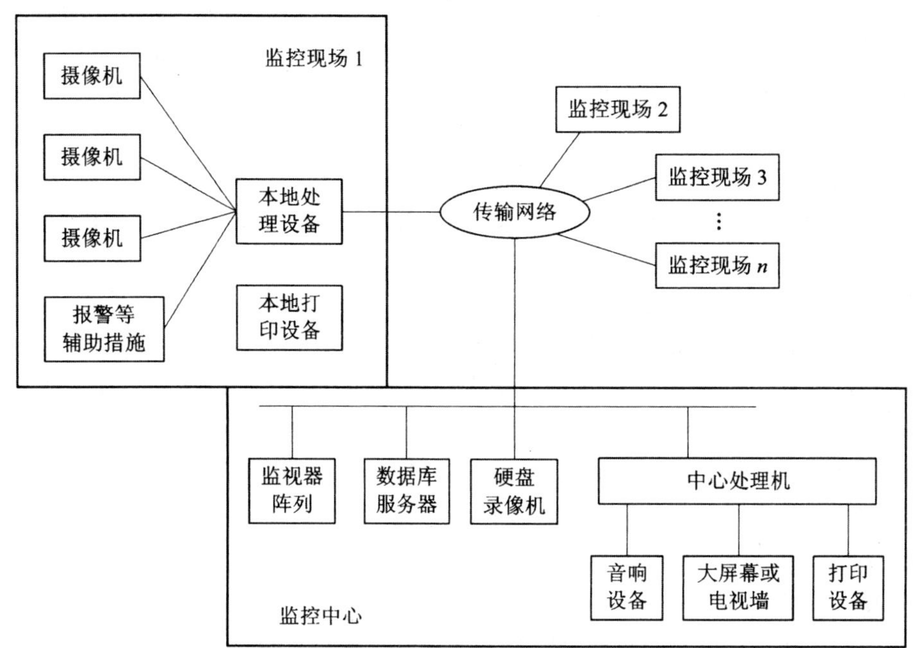

图 9-15　多媒体远程监控系统结构示意图

(1)监控现场

监控现场的核心是本地处理设备,是监控远端必配的设备,其主要功能是对摄像机采集到的图像信息和声音信息进行 A/D 变换和压缩编码。

监控现场的工作方式有两种。

第一种方式是由本地的主机对所设置的不同地点进行实时监控,适合于近距离监控。摄像机捕获的视频信号既可以实时存储到本地的硬盘中,也可以只供观察,一旦有报警触发,便自动将高质量的画面记录到硬盘中。本地端的主机可以无需外加画面分割器,同时监视多个流动画面(根据需要设置其数量)。录制在硬盘中的视频画面有较高的清晰度,图像的压缩比可调。硬盘中的数据循环存放,硬盘满后可覆盖最开始的记录,这样可以保证存储的数据是最新的。

存储在硬盘中的画面可供工作人员随时回放、搜索、图像调整(局部放大、调光等)等,同时可接打印机打印视频画面,也可以按照数据库方式查询检索。用户在软件中可设置捕捉图像的时间和长度,以及在无人值守时可分不同情况、时段进行不同的系统设置,并采取不同的处理措施。本地主机装有摄像机控制器,其主要作用是调控摄像机参数,如上、下、左、右地摇镜头,拉近、拉远镜头,调整光圈大小,聚焦等。云台的转动及可变焦镜头的控制也可由摄像机控制器通过本地主处理设备接收监控中心的指令来控制。

报警探头可根据现场需要配置不同的类型以满足多种监测需求,如红外、烟雾、门禁等。报警采集器将报警探头传来的报警信号收集起来并上传至本地处理设备,本地处理设备接到报警信号后按照用户设置采取一系列措施,如拨打报警电话、录像、灯光指示、关闭大门、开灯等。

监控现场的第二种工作方式是由本地处理设备将采集的图像通过线路接口送入通信链路

并传至监控中心，同时把本地端报警采集器采集到的报警信息打包成一定格式的数据流，通过传输网络传到监控中心；监控现场则把监控中心传来的控制信令抽取出来，进行命令格式分析，并按照命令内容执行相应的操作。

(2)监控中心

监控中心的核心设备是中心主处理机，其任务是将监控远端传来的经过压缩的图像码流解码并输出至监视器，选择接收任意一个远端的声音解码输出到扬声器，并把监控中心下行的声音编码传送给所选择的任意一个远端，也可用广播方式把声音传送给多个远端，同时它还能接收远端上传的报警信息，下达控制指令给远端处理设备，控制远端的各种设备。由于系统需要存储大量的视频信息，因此专门建立了一个硬盘录像机，用来存储现场传输过来的各摄像机拍摄的视频信号。系统中使用了大量的数据库表，包括摄像头信息表、地图和子地图信息表、报警器信息表、报警器预设信息表、视频通道的设置信息表、硬盘录像机的信息设置表、硬盘录像的定时时段设置表、操作日志记录表、硬盘录像存放位置表等。为了方便用户对这些数据进行操作和管理，专门增加了一台数据库服务器。

通过地理信息系统，监控中心可以显示监控地点信息的地图，在需要时也可以随时将某地点的图像信息传送过来。

监控中心的显示设备包括监视器阵列和大屏幕监视器。监视器阵列用以显示各个监控远端的图像，在条件允许的情况下，可使用与监控远端数目相同数量的监视器；当监视器数量少于监控远端的数目时，可在后台通过软件设置轮询功能，定时在各个监视器上轮流播放所有远端的图像。如果某个远端传来报警信号，监控中心就把整个带宽都分配给该远端用于图像传输，这样会得到高速率的图像传输，监控人员可以立即采取相应的措施。在事件发生后，监控中心还可以将存储在该远端处理设备硬盘上的视频图像文件上载过来，回放高质量的监控图像。在监控中心，大屏幕监视器用以显示当前最为关心的一路视频。它主要有两种情况：一种是操作人员在当前想观看的视频画面；另一种是当远端发生告警时，大屏幕上的画面自动切换到报警现场，并自动产生一系列动作，如记录报警时间、地点、场所、类型等参量，启动警铃，遥控远端切换图像至报警源，显示闪烁告警标志等。

2. 系统特点

多媒体远程监控系统与传统的模拟监控系统相比，有无可比拟的优势，主要表现在以下几个方面：

(1)音频和视频数字化

能够实现活动多画面视窗，完成任意分割，静态存盘及视频捕捉；能够实现长时间大容量、多通道硬盘录像，完成单路/多路回放及检索；能够实现多路视频报警、动态跟踪、图像识别，并能适应各种条件；能够支持多种视频压缩标准，满足各种不同层次的需要。

(2)监控网络化

由于多媒体远程监控系统的传输网络是基于LAN/WAN的数字通信网络，因此，系统可以实现点对点、一点对多点、多点对多点的任意网络监控组合，并能通过建立网络间不同级别的安全权限，满足大型网络监控的需求。

(3)管理智能化

由于系统模块化强，便于扩展，方便维护，能根据需要生成与之相匹配的多级监控系统，并辅助以强大的软件控制，因此，系统能自动跟踪、记录在监控中发生的一切信息并存储起来，进行统计分类一定时完成输出打印工作，实现全自动化管理。

3. 远程监控基于宽带接入网的实现

(1)基于 ADSL/Cable Modem 的点对点实现方式

基于 ADSL/Cable Modem 点对点方式的远程监控系统的结构如图 9-16 所示。住户家庭若有 PC 机，则在 PC 上增加一视频捕获卡，可接入 1～4 路模拟摄像信号。而 ADSL 用户传输单元 ATU-R 可充当视频处理的网络接口，经双绞线与 ISP 机房内的 DSLAM 数字用户线访问多路复用器中的 ATU-C。远端用户采用 ADSL/CM/LAN/Modem 等接入方法接入 Internet，再根据住户 ADSL 下的 IP 地址找到家庭内的 PC 或视频服务器，提取经 MPEG 压缩的图像信号，对家中老人、小孩、病人进行图像观察和语言交流。因住户需将数字图像上传至 Internet，故速率将受限于 ADSL 的上行速率(64～640 kb/s)。通过 Cable Modem 作时，情况基本相同，只是 ATU-R 换成 Cable Modem，DSLAM 换为 CMTS，而且 HFC 传输图像的上行速率最大可达 1.5 Mb/s，速率将高于 ADSL 的最大上行速率，但 HFC 传输存在带宽共享的问题。

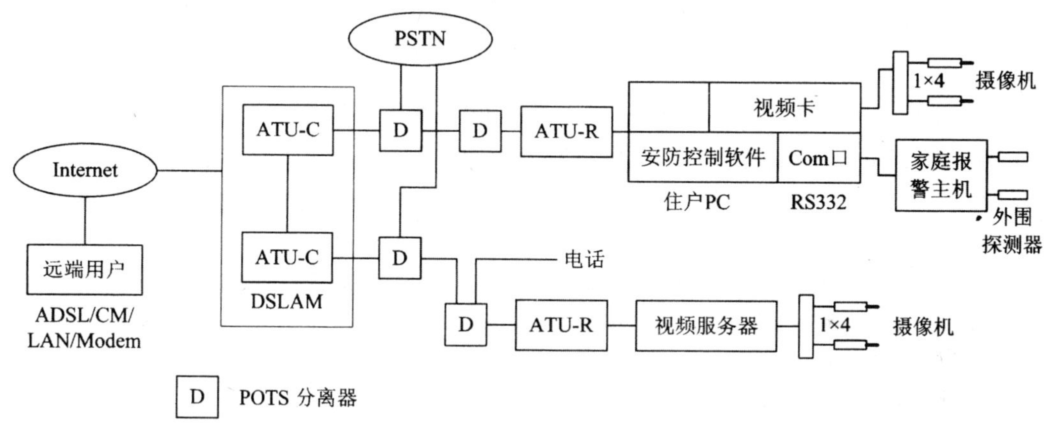

图 9-16　ADSL 方式的家庭远程控制系统的结构图

由于服务提供商不同，ADSL 与 Cable Modem 所提供的 IP 地址可能是动态的，但每次开机后 IP 地址将是不变的，因此远端用户根据这一 IP 地址可以找到住户家庭内的视频服务器，也可由住户家庭 PC 开机后固定地向远端用户发送告知 IP 地址的方法来实现互联。若住户 PC 内安装有专用安防控制软件，通过串行口接收家庭报警主机的 RS232 上传信号，可同时实现家庭安防系统的远程监视和控制(设防/撤防等)。

(2)基于宽带智能小区的局域网实现方式

利用 FTTX+LAN 的方式，宽带智能小区向住户提供了多种服务。同样，借助于小区局域网，亦可向住户提供远程监控的新业务。基于宽带智能小区的局域网方式的远程监控系统结构如图 9-17 所示。可在小区局域网上根据用户图像数量设置多台视频服务器，与视频矩阵经 RS232 接口相连。利用 CCTV 控制软件可经视频服务器对视频矩阵的 1000 路摄像机输入进行视频切换，即可由视频服务器 4 个视频输入通路调用 1000 路摄像机输入中的任意一个图像，这样便大大扩展了可监视的图像数量。而家庭安防系统的监控则可由局域网上的安防系统服务器来完成。当然，同时亦允许通过住户自身 PC 机来完成单独的视频图像输入和家庭安防情况的上传。

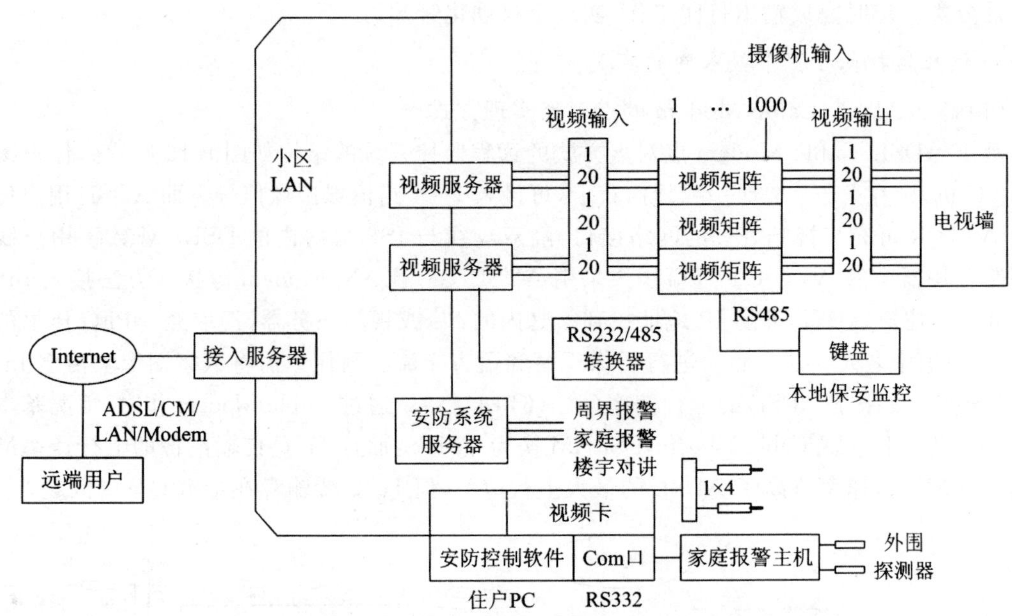

图 9-17　宽带智能小区的局域网方式的远程监控系统的结构

远端用户经 Internet 找到小区局域网的外部 IP 地址，经权限验证后由接入服务器的 IP 内部地址绑定，找到相应的视频服务器，经 CCTV 控制软件对视频矩阵的 1000 个视频输入进行调用切换。

鉴于大多数小区视频监控系统仍沿用传统的模拟摄像机加视频矩阵方式，以上远程监控系统结构也基于此系统构架。若小区使用数字视频系统，外围使用 IP Camera 或模拟 Camera 加 IP Server，核心使用 NVR（网络视频录像机）或直接使用中心控制软件调用外围图像，则可更方便地实现远程监控功能。

（3）基于企业局域网 VPN 的实现方式——TYCO/VIDEO 工程方案实例

随着视频技术的发展，企业视频监控系统也经历了从传统模拟摄像机加视频矩阵、模拟摄像机加数字视频录像机（DVR）、网络摄像机 IP Camera（或模拟摄像机/视频服务器 IP Encoder）力 HNVR 网络视频录像机，到最新中心管理软件/远程客户端软件直接调用控制外围 IP 摄像机的发展过程。具体参数见表 9-1。

表 9-1　企业视频监控系统参数

视频技术发展	中心设备	外围摄像机	远程监控
1	视频矩阵/长时间录像机	模拟摄像机	
2	视频矩阵/DVR	模拟摄像机	客户端软件
3	NVR/IP Decoder＋TV W ALLI	IP Camera 或 Camera＋IP Encoder	NVR 客户端软件
4	中心管理软件/档案管理软件（Achiver Manager）	IP Camera 或 Camera＋IP Encoder	远程登录视频软件

远程监控基于企业局域网方式的实现为企业的一些实际问题提供了解决方案。下面以某工程方案为例进行分析。

此工程方案中使用了美国 TYCO 公司旗下 TYCO/VIDEO 品牌的产品。TYCO/VIDEO 能够提供从传统系统到最新网络视频/远程监控的全面解决方案。此方案使用了基于 IP 的网络视频/远程监控系统，系统框图如图 9-18 所示。

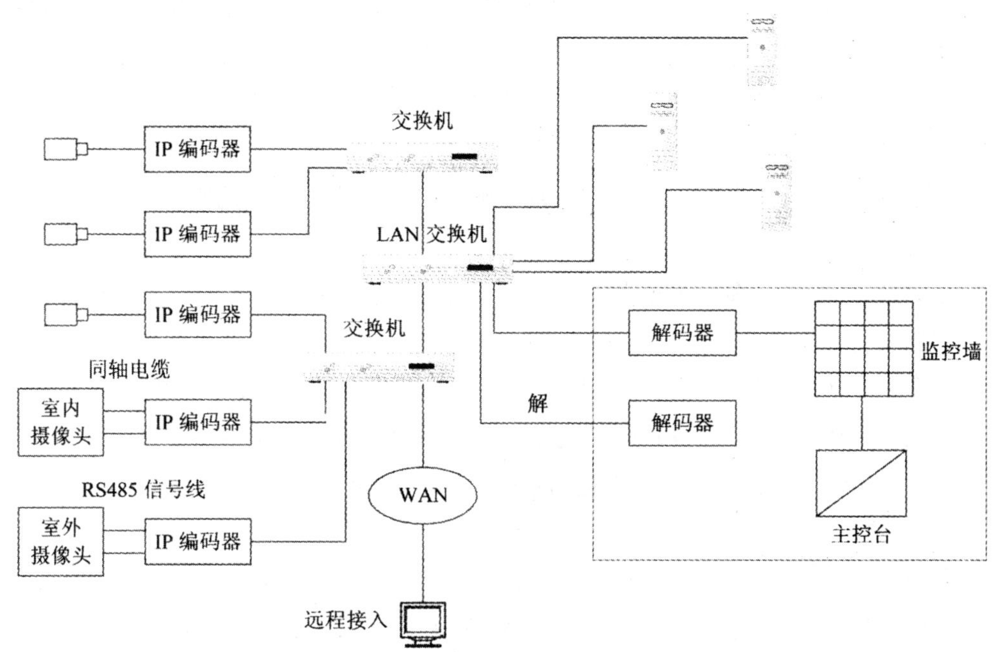

图 9-18　基于 IP 的网络视频/远程监控系统

鉴于 IP 摄像机在镜头选择性、环境适应性、性价比等方面的问题，多数数字系统仍会选择传统模拟摄像机/快球与 IP Encoder（单路、回路、8 路等）相配合使用。该系统使用 TYCO 470 固定摄像机和 ULTLAVII 917 快球作为外围监控设备，包括防水/防爆等不同配置以适应不同环境的要求，中心机房使用中心控制软件、客户端软件、存储管理软件对外围 Camera 图像进行切换控制、存储管理，而远端用户则使用客户端软件经 WAN 登录来实现远程监控、调用图像、快球 PTZ 控制。

参考文献

[1]赵英良,冯博琴,崔舒宁．多媒体技术及应用[M]．北京:清华大学出版社,2009.

[2]朱从旭,田琪．多媒体技术与应用[M]．北京:清华大学出版社,2011.

[3]薛为民,赵丽鲜,冯伟．多媒体技术及应用[M]．北京:清华大学出版社;北京交通大学出版社,2006.

[4]崔杜武,李家和,张烨,李雪．网络多媒体实用技术[M]．北京:人民邮电出版社,2000.

[5]丁贵广,尹亚光．多媒体技术[M]．北京:机械工业出版社,2009.

[6]王新良．计算机网络[M]．北京:机械工业出版社,2014.

[7]马华东．多媒体技术原理及应用[M]．第2版．北京:清华大学出版社,2008.

[8]马武．多媒体技术及应用[M]．北京:清华大学出版社,2008.

[9]刘海疆,周培祥等．网络多媒体应用技术[M]．北京:清华大学出版社,2005.

[10]李建芳．多媒体技术应用[M]．北京:北京交通大学出版社,2011.

[11]范铁生．多媒体技术基础与应用[M]．北京:电子工业出版社,2011.

[12]刘立新等．多媒体技术基础及应用[M]．第2版．北京:电子工业出版社,2011.

[13]朱虹等．数字图像处理基础[M]．北京:科学出版社,2009.

[14]蔡安妮．多媒体通信技术基础[M]．第2版．北京:电子工业出版社,2008.

[15]齐从谦．多媒体技术及其应用[M]．北京:机械工业出版社,2008.

[16]徐东平等．多媒体技术基础及应用[M]．杭州:浙江大学出版社,2010.

[17]许宏丽等．多媒体技术及应用[M]．北京:清华大学出版社,2011.

[18]王晓．多媒体技术与应用[M]．上海:华东理工大学出版社,2010.

[19]王庆荣．多媒体技术[M]．北京:北京交通大学出版社,2012.

[20]卢官明,焦良葆．多媒体信息处理[M]．北京:人民邮电出版社,2011.

[21]杨帆,赵立臻．多媒体技术与信息处理[M]．北京:中国水利水电出版社,2012.

[22]李祥生．多媒体信息处理技术[M]．北京:高等教育出版社,2010.

[23](日)小野濑一志著;强增福译．多媒体信息处理及通信[M]．北京:科学出版社,2003.

[24]许华虎．多媒体应用系统技术[M]．北京:机械工业出版社,2008.

[25]张玉艳,于翠波．数字移动通信系统[M]．北京:人民邮电出版社,2009.

[26]张晓燕,刘振霞,马志强．网络多媒体技术[M]. 西安:西安电子科技大学出版社,2009.

[27]张养力,吴琼．多媒体信息处理与应用[M]. 北京:清华大学出版社,2011.

[28]朱志祥,王瑞刚．IP网络多媒体通信技术及应用[M]. 西安:西安电子科技大学出版社,2007.